Willkommen im Schnittpunkt

Liebe Schülerin, lieber Schüler,

der Schnittpunkt soll dich in diesem Schuljahr beim Lernen begleiten und unterstützen. Damit du dich jederzeit zurecht findest, wollen wir dir einige Hinweise geben.

Zu Beginn des Buches findest du **Basiswissen** aus den letzten Schuljahren zum Nachschlagen und Auffrischen.

Jedes neue Kapitel beginnt mit einer **Doppelseite**, auf der es viel zu entdecken und auszuprobieren gibt und auf der du nachlesen kannst, was du in diesem Kapitel lernen wirst. Innerhalb der Kapitel wirst du vor allem die **Aufgaben** bearbeiten – gemeinsam mit anderen oder allein.
Auf vielen Aufgabenseiten findest du durch Symbole hervorgehobene Kästen, die Verschiedenes bieten:

Argumentieren und Kommunizieren: Hier kannst du über mathematische Themen reden, verschiedene Begriffe miteinander in Beziehung bringen, mit Klassenkameraden zusammenarbeiten und deine Ergebnisse präsentieren.

Problemlösen: Du löst spannende Fragestellungen und Probleme. Dafür findest du deinen eigenen Weg zur Lösung und du denkst über deine Ergebnisse und die der anderen nach. Vielleicht findest du auch noch eine bessere Lösung.

Modellieren: Für interessante Fragen aus dem alltäglichen Leben findest du Antworten. Dabei hilft dir das, was du im Mathematikunterricht schon gelernt hast.

Werkzeuge: Du verwendest mathematische Werkzeuge (z. B. das Lineal oder das Geodreieck) und andere Medien wie Bücher, den Computer oder das Internet.

Info: Informationen und Hinweise, die dir beim Lösen der Aufgaben helfen oder dir neue Einsichten verschaffen.

Am Ende eines Kapitels findest du in der **Zusammenfassung** noch einmal alles, was du dazugelernt hast. Hier kannst du dich für die Klassenarbeiten fit machen und jederzeit nachschlagen.

Unter **Üben • Anwenden • Nachdenken** sind Aufgaben zum Üben, Weiterdenken und Anknüpfen an früher Gelerntes zusammengestellt.

Die letzte Seite des Kapitels, der **Rückspiegel**, bietet dir eine Aufgabenauswahl, mit der du dein Wissen und Können testen kannst. Links findest du die leichteren, rechts die schwierigeren Aufgaben. Wenn du einen Aufgabentyp schon sehr gut beherrschst, kannst du nach rechts springen, wenn dir eine Art von Aufgaben noch Schwierigkeiten bereitet, wechselst du auf die linke Seite. Die Lösungen zu diesen Aufgaben findest du alle im letzten Teil des Buches.

Am Ende des Buches sind im **Sammelpunkt** und in den **Treffpunkten** noch einmal Aufgaben zusammengestellt, die alle Themen aus den Klassen 7 und 8 aufgreifen. Der **Sammelpunkt** ist eine Aufgabensammlung, deren Lösungen am Ende des Buches zu finden sind. Die **Treffpunkte** bieten dir jeweils eine Doppelseite zu einem spannenden Thema aus dem Leben, an dem du noch einmal auf viele bekannte Dinge aus dem Mathematikunterricht triffst und die du gemeinsam mit deinen Mitschülerinnen und Mitschülern bearbeiten kannst.

Inhalt

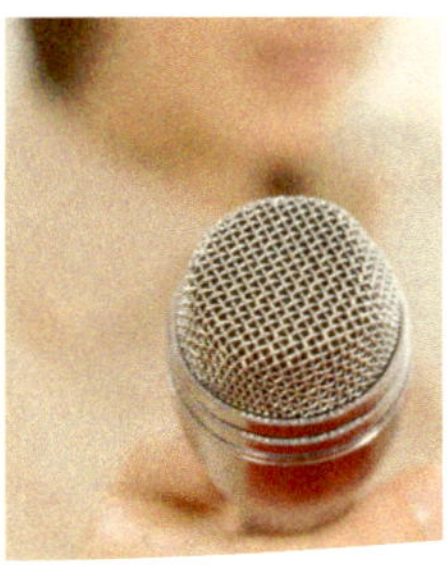

* Diese Inhalte sind nicht explizit im Kernlehrplan ausgewiesen.

** Die Treffpunkte sollten nicht vor der Bearbeitung des in Klammern angegebenen Kapitels eingesetzt werden.

Kompetenzentwicklung im Mathematikunterricht

Ein Wort an die Lehrerinnen und Lehrer und interessierte Eltern

Die Kernlehrpläne betonen, dass eine umfassende mathematische Grundbildung nur dann erreicht wird, wenn neben den inhaltlichen (fachmathematischen) Kompetenzen auch personale und soziale Kompetenzen entwickelt werden. Diese werden unter dem Stichwort „prozessbezogene Kompetenzen" subsumiert.

Diese prozessbezogenen Kompetenzen können nicht isoliert behandelt und geübt werden, sondern entwickeln sich erst in der aktiven Auseinandersetzung mit konkreten inhaltlichen Fragen der Mathematik. Umgekehrt werden sich die inhaltsbezogenen Kompetenzen nur dann entfalten, wenn übergreifende, prozessbezogene Kompetenzen aktiviert werden können.

Entsprechend dieser Unterrichtsziele sind im Schnittpunkt die inhalts- und die prozessbezogenen Kompetenzen eng miteinander verwoben. So werden in den Aufgaben immer wieder Fähigkeiten der vier prozessbezogenen Kompetenzbereiche Argumentieren und Kommunizieren, Problemlösen, Modellieren und Werkzeuge aufgegriffen und geübt. Zusätzlich wurden größere Aufgabenkontexte geschaffen, die es den Schülerinnen und Schülern ermöglichen, sich intensiv mit einem Thema zu beschäftigen. Diese Themenblöcke, die auch optisch in Kästen hervorgehoben sind, unterstützen die Herausbildung der einzelnen prozessbezogenen Fähigkeiten in besonderem Maße. Jeder Kasten ist einer der vier prozessbezogenen Kompetenzen zugeordnet, auch wenn meist Fähigkeiten aus mehreren Kompetenzbereichen angesprochen werden. Die Zuordnung erfolgte je nach Schwerpunktsetzung der angesprochenen Kompetenzen.

Die folgende Aufstellung beschreibt die den Kompetenzen untergeordneten Fähigkeiten und verweist auf die im Buch auftretenden prozessbezogenen Kästen:

Argumentieren und Kommunizieren
kommunizieren, präsentieren und argumentieren

Die Schülerinnen und Schüler lernen, mathematische Sachverhalte zutreffend und verständlich mitzuteilen, sie als Begründung für Behauptungen und Schlussfolgerungen zu nutzen, mathematische Begriffe und Inhalte zu vernetzen, ihre Ergebnisse zu präsentieren und im Team zu arbeiten.

Problemlösen
Probleme erfassen, erkunden und lösen

Die Schülerinnen und Schüler lernen, inner- und außermathematische Probleme, bei denen der Lösungsweg nicht unmittelbar erkennbar ist, zu strukturieren, in eigenen Worten wiederzugeben und zu lösen. Sie nutzen dafür unterschiedliche Problemlöseverfahren und -strategien und reflektieren und bewerten die eigenen Ergebnisse.

Modellieren
Modelle erstellen und nutzen

Die Schülerinnen und Schüler lernen, die Mathematik als Werkzeug zum Erfassen der realen Welt zu nutzen.
Sie übersetzen außermathematische Probleme in mathematische Modelle, überprüfen die am Modell gewonnenen Lösungen an der Realsituation und ordnen einem mathematischen Modell die passende Realsituation zu.

Werkzeuge
Medien und Werkzeuge verwenden

Die Schülerinnen und Schüler lernen, klassische mathematische Werkzeuge sowie neue elektronische Werkzeuge und Medien situationsangemessen einzusetzen.

Basiswissen | Rechnen mit Brüchen

$\frac{1}{6} + \frac{3}{4} = \frac{1 \cdot 2}{6 \cdot 2} + \frac{3 \cdot 3}{4 \cdot 3} = \frac{2}{12} + \frac{9}{12} = \frac{11}{12}$

$\frac{4}{5} - \frac{2}{3} = \frac{4 \cdot 3}{5 \cdot 3} - \frac{2 \cdot 5}{3 \cdot 5} = \frac{12}{15} - \frac{10}{15} = \frac{2}{15}$

$\frac{2}{3} + \frac{1}{2} = \frac{1}{2} + \frac{2}{3}$, denn $\frac{2}{3} + \frac{1}{2} = \frac{4}{6} + \frac{3}{6} = \frac{7}{6} = 1\frac{1}{6}$

$\frac{1}{2} + \frac{2}{3} = \frac{3}{6} + \frac{4}{6} = \frac{7}{6} = 1\frac{1}{6}$

$\left(\frac{2}{3} + \frac{2}{5}\right) + \frac{1}{5} = 2\ \frac{2}{3} + \left(\frac{2}{5} + \frac{1}{5}\right) = \frac{2}{3} + \frac{3}{5} = \frac{10}{15} + \frac{9}{15}$

$= \frac{19}{15} = 1\frac{4}{15}$

Brüche werden **addiert** oder **subtrahiert**, indem man die Brüche auf einen gemeinsamen Nenner erweitert und dann die Zähler addiert oder subtrahiert.
In Summen dürfen die Summanden vertauscht

und Klammern beliebig gesetzt und weggelassen werden.

1 Berechne im Kopf.

a) $\frac{4}{7} + \frac{3}{7}$ b) $\frac{4}{5} - \frac{1}{5}$ c) $\frac{3}{4} + \frac{5}{4}$
d) $\frac{1}{4} + \frac{1}{3}$ e) $1 - \frac{1}{5}$ f) $\frac{2}{3} + \frac{2}{5}$
g) $\frac{3}{8} + 1$ h) $\frac{3}{5} - \frac{1}{10}$ i) $\frac{11}{12} - \frac{5}{6}$

2 Addiere und subtrahiere.

a) $\frac{5}{6} + \frac{2}{9}$ b) $\frac{4}{7} + \frac{3}{5}$ c) $\frac{7}{8} - \frac{5}{9}$
d) $\frac{5}{8} + \frac{2}{5}$ e) $\frac{4}{5} - \frac{3}{4}$ f) $\frac{7}{9} - \frac{2}{3}$
g) $\frac{6}{7} - \frac{3}{10}$ h) $\frac{7}{12} + \frac{2}{5}$ i) $\frac{9}{10} - \frac{5}{8}$

3 Rechne mit gemischten Zahlen.

a) $1\frac{3}{8} - \frac{1}{4}$ b) $3\frac{2}{9} + 1\frac{1}{2}$
c) $2\frac{2}{5} + 1\frac{3}{4}$ d) $1\frac{5}{8} - 1\frac{3}{5}$
e) $1\frac{4}{9} - \frac{1}{6}$ f) $\frac{1}{2} + 1\frac{5}{6}$

4 Rechne vorteilhaft.

a) $\frac{4}{5} + \frac{5}{4} + \frac{1}{5}$ b) $\frac{1}{8} + \left(\frac{1}{4} + \frac{7}{8}\right)$
c) $\frac{1}{3} + \left(\frac{3}{5} + \frac{1}{6}\right) + \frac{7}{10}$ d) $\left(\frac{4}{9} + \frac{3}{4}\right) + \left(\frac{5}{9} + \frac{7}{8}\right)$
e) $\frac{2}{3} + \left(\frac{4}{7} + \frac{5}{6}\right) + \frac{3}{7} + \frac{5}{6}$ f) $\left(\frac{2}{3} + \frac{1}{9}\right) + \frac{1}{5} + \left(\frac{5}{6} + \frac{3}{10}\right)$

$\frac{2}{3} \cdot \frac{5}{7} = \frac{2 \cdot 5}{3 \cdot 7} = \frac{10}{21}$

$\frac{2}{3} : \frac{4}{5} = \frac{2}{3} \cdot \frac{5}{4} = \frac{2 \cdot 5}{3 \cdot 4} = \frac{10}{12} = \frac{5}{6}$

$\frac{3}{5} \cdot \frac{4}{7} = \frac{4}{7} \cdot \frac{3}{5}$, denn $\frac{3}{5} \cdot \frac{4}{7} = \frac{3 \cdot 4}{5 \cdot 7} = \frac{12}{35}$

$\frac{4}{7} \cdot \frac{3}{5} = \frac{4 \cdot 3}{7 \cdot 5} = \frac{12}{35}$

$\left(\frac{2}{3} \cdot \frac{2}{5}\right) \cdot \frac{5}{2} = \frac{2}{3} \cdot \left(\frac{2}{5} \cdot \frac{5}{2}\right) = \frac{2}{3} \cdot 1 = \frac{2}{3}$

Brüche werden **multipliziert**, indem man Zähler mit Zähler und Nenner mit Nenner multipliziert.
Brüche werden **dividiert**, indem man den ersten Bruch mit dem Kehrbruch des zweiten Bruches multipliziert.
In Produkten dürfen die Faktoren vertauscht und Klammern beliebig gesetzt und weggelassen werden.

5 Berechne im Kopf.

a) $\frac{3}{5} \cdot \frac{1}{2}$ b) $\frac{1}{2} \cdot \frac{9}{5}$ c) $\frac{2}{3} \cdot \frac{1}{2}$
d) $\frac{3}{8} \cdot 1$ e) $\frac{3}{4} : \frac{7}{3}$ f) $1 \cdot \frac{5}{7}$
g) $1 : \frac{5}{6}$ h) $\frac{2}{3} \cdot \frac{3}{4}$ i) $\frac{8}{9} : 1$

6 Multipliziere und dividiere.

a) $\frac{3}{5} \cdot \frac{7}{6}$ b) $\frac{3}{7} : \frac{8}{5}$ c) $\frac{4}{9} \cdot \frac{4}{5}$
d) $\frac{7}{9} \cdot \frac{1}{4}$ e) $\frac{5}{6} : \frac{6}{7}$ f) $\frac{4}{9} : \frac{7}{4}$
g) $\frac{11}{9} : \frac{6}{5}$ h) $\frac{5}{9} \cdot \frac{7}{8}$ i) $\frac{3}{8} : \frac{8}{7}$

7 Berechne. Kürze wenn möglich.

a) $\frac{5}{4} : \frac{15}{8}$ b) $\frac{8}{25} \cdot \frac{5}{12}$
c) $\frac{5}{9} \cdot \frac{3}{10}$ d) $\frac{3}{5} \cdot \frac{10}{3}$
e) $\frac{9}{8} : \frac{3}{10}$ f) $\frac{25}{12} : \frac{5}{6}$

8 Benutze die Rechengesetze.

a) $\left(\frac{2}{5} \cdot \frac{3}{4}\right) \cdot \frac{5}{3}$ b) $\frac{3}{8} \cdot \left(\frac{5}{7} \cdot \frac{4}{3}\right)$
c) $\left(\frac{8}{9} \cdot \frac{7}{5}\right) \cdot \left(\frac{3}{4} \cdot \frac{15}{14}\right)$ d) $\frac{5}{8} \cdot \left(\frac{14}{3} \cdot \frac{12}{25}\right) \cdot \frac{4}{7}$
e) $\frac{8}{6} \cdot \left(\frac{2}{25} \cdot \frac{4}{7}\right) \cdot \left(\frac{15}{8} \cdot \frac{21}{16}\right)$ f) $\left(\frac{8}{9} \cdot \frac{3}{10}\right) \cdot \frac{7}{20} \cdot \left(\frac{5}{4} \cdot \frac{10}{21}\right)$

Basiswissen | Rechnen mit rationalen Zahlen

Beim **Addieren** von rationalen Zahlen mit **gleichen Vorzeichen** addiert man zunächst die Zahlen, ohne die Vorzeichen zu berücksichtigen. Das Ergebnis erhält das gemeinsame Vorzeichen beider Zahlen. Bei **verschiedenen Vorzeichen** subtrahiert man die Zahlen ohne Berücksichtigung ihres Vorzeichens. Das Ergebnis erhält das Vorzeichen der Zahl, die von Null weiter entfernt liegt.

$-12 + (-17) = -29$
$17 + (-29) = -12$

Beim **Subtrahieren** einer rationalen Zahl wird ihre Gegenzahl addiert.

$(-11) - (+13) = (-11) + (-13) = -24$
$(-22) - (-15) = (-22) + (+15) = -7$

Haben beim **Multiplizieren** beide Faktoren **gleiche Vorzeichen**, dann ist der Wert des Produkts **positiv**. Haben die Faktoren **verschiedene Vorzeichen**, dann ist der Wert des Produkts **negativ**.

$(-12)\cdot(-7) = +(12\cdot 7) = 84$
$(-12)\cdot(+7) = -(12\cdot 7) = -84$

Haben beim **Dividieren** Dividend und Divisor **gleiche Vorzeichen**, dann ist der Wert des Quotienten **positiv**. Haben Dividend und Divisor **verschiedene Vorzeichen**, ist der Wert des Quotienten **negativ**.

$(-96):(-12) = +(96:12) = 8$
$(-96):(+12) = -(96:12) = -8$

1 a) $(+23) + (+36)$ b) $(-15) + (-45)$
c) $-45 + (-13)$ d) $34 + (-23)$
e) $-4{,}6 + 2{,}2$ f) $\frac{1}{2} + \left(-\frac{3}{4}\right)$

2 a) $(+34) - (+18)$ b) $(-56) - (-64)$
c) $42 - (-17)$ d) $-100 - 120$
e) $3{,}2 - 5{,}8$ f) $-\frac{1}{4} - \frac{1}{8}$

3 a) $(+12)\cdot(+9)$ b) $(-11)\cdot(-22)$
c) $-5\cdot(-25)$ d) $-0{,}5\cdot(-12{,}8)$
e) $-\frac{1}{3}\cdot\left(-\frac{1}{2}\right)$ f) $\frac{1}{2}\cdot\left(-\frac{1}{3}\right)$

4 a) $(+15)\cdot(-22)$ b) $(-9)\cdot(+19)$
c) $7\cdot(-21)$ d) $-30\cdot 0{,}4$
e) $\frac{1}{4}\cdot(-8)$ f) $-\frac{2}{3}\cdot 24$

5 a) $(+99):(+11)$ b) $(-100):(-8)$
c) $-175:(-25)$ d) $-15:(-0{,}5)$
e) $-\frac{17}{40}:(-17)$ f) $\frac{3}{4}:\left(-\frac{1}{4}\right)$

6 a) $(+56):(-7)$ b) $(-256):(+16)$
c) $72:(-3{,}6)$ d) $-3{,}9:0{,}13$
e) $\frac{1}{3}:\left(-\frac{2}{9}\right)$ f) $-5{,}2:0{,}1$

Berechnen von Rechenausdrücken
Rechenausdrücke mit rationalen Zahlen werden nach denselben Regeln berechnet wie Ausdrücke mit natürlichen Zahlen.

Punktrechnung geht vor **Strich**rechnung.

$-96 - 24:8 = -96 - 3 = -99$

Was in **Klammern** steht, wird **zuerst** berechnet.

$-15 - (100 - 2\cdot 25)$
$= -15 - (100 - 50) = -15 - 50 = -65$

Innere Klammer vor **äußerer Klammer**.

$12 - (35 - (25 - 12)) = 12 - (35 - 13)$
$= 12 - 22 = -10$

7 a) $20 + 11\cdot(-8)$
b) $13\cdot(-5) + 25\cdot(-11)$
c) $-2{,}5\cdot 10 - (-2)\cdot(-4{,}5) + 0{,}5\cdot(-4{,}2)$
d) $100:25 - (-8{,}4):(-2{,}1)$
e) $20 - (-25 + 105)$
f) $-(-35 - 35) - (36 - 37)$
g) $-\left(\frac{1}{2} - \frac{1}{3}\right) + \left(\frac{1}{3} - \frac{1}{2}\right)$

8 a) $5{,}2 - (10{,}8 - 2\cdot 5{,}6)$
b) $-150:25 - (5 - 225:15)$
c) $3\cdot(4 - 5) - 4\cdot(5 - 6)$
d) $250 - (23 - (45 - 22))$
e) $-10{,}2 - (5{,}3 - 2\cdot(4{,}5 - 2{,}5))$
f) $2\cdot(4 - 5{,}5) - (3\cdot(4{,}2 - 5{,}7) + 2)$
g) $10 - (2{,}5\cdot 2{,}1 - (1{,}5\cdot(-3) - 0{,}5))$

Basiswissen | Gleichungen lösen

$9x + 2(8 - 3x) = -59 + 4(24 - x)$

↓

$x = 3$

Um eine Gleichung zu lösen, führt man **Termumformungen** und **Äquivalenzumformungen** aus.
Durch solche Umformungen ändert sich die Lösung einer Gleichung nicht. Am Ende steht eine Gleichung, deren Lösung unmittelbar abzulesen ist.

$$\begin{aligned} 9x + 2(8 - 3x) &= -59 + 4(24 - x) \\ 9x + 16 - 6x &= -59 + 96 - 4x \\ 3x + 16 &= 37 - 4x \quad &|+4x \\ 7x + 16 &= 37 \quad &|-16 \\ 7x &= 21 \quad &|:7 \\ x &= 3 \end{aligned}$$

Termumformungen
- Die **Klammern** in der Gleichung werden zuerst aufgelöst.
- Die Terme auf der linken und der rechten Seite der Gleichung werden durch **Zusammenfassen** einzeln vereinfacht.

Äquivalenzumformungen
- Auf beiden Seiten der Gleichung wird derselbe Term addiert oder subtrahiert.
- Beide Seiten der Gleichung werden mit derselben Zahl multipliziert oder durch dieselbe Zahl dividiert.
  Ausgeschlossen sind die Multiplikation mit null und die Division durch null.

Probe:

linker Term	rechter Term
$9 \cdot 3 + 2(8 - 3 \cdot 3)$	$= -59 + 4(24 - 3)$
$= 27 + 2(8 - 9)$	$= -59 + 4 \cdot 21$
$= 27 + 2 \cdot (-1)$	$= -59 + 84$
$= 27 - 2$	$= 25$
$= 25$	

Zur Kontrolle der Rechnung kann die **Probe** durchgeführt werden. Dazu wird auf beiden Seiten der Gleichung für die Variable die Lösung der Gleichung eingesetzt. Die Werte der Terme auf der linken und rechten Seite der Gleichung müssen übereinstimmen.

1 Löse die Gleichung so weit wie möglich im Kopf.
a) $12x - 18 = 4x + 30$
b) $19x + 8 - 7x = 48 - 8x$
c) $29 - 17x = -18x + 30$
d) $34x - 27 + 8x = 50x - 87 - 2x$
e) $-x + 3x + 1 = -2x + 2 + 3x - 1$
f) $34 + 15x = 46 + 18x$

2 Löse die Gleichung.
a) $0,5x - 1 = 6$
b) $\frac{1}{3}x + 5 = 9$
c) $\frac{3}{4}x + \frac{7}{2} = \frac{1}{4}x + 6$
d) $\frac{5}{6}x + \frac{1}{4} = 4$
e) $1,5x + 8 = 6 - 0,5x$
f) $9,6x + 7 - 2,4x = -0,8x + 19$

3 Löse zuerst die Klammern auf, bevor du die Gleichung löst.
a) $6(3x + 4) = 5(2x + 8)$
b) $-12x + 4(x - 9) = 3(2 - 5x)$
c) $y + 2(7 - y) - 5 = 13(y - 9)$
d) $4(y - 11) = 11(y - 4)$
e) $3(6 - u) + 4(2u + 5) = 3(u - 8)$

4 Die drei Schwierigen!
a) $\frac{1}{3}x + \frac{1}{2}(4 - 2x) = \frac{7}{6} + x$
b) $6(5 + 6y) = \frac{3}{2}(9 + 21y) + 13,5$
c) $2(1 + z) + 3(7 - z) - 4(2z - 1) - (6 - 12z) = 0$

5 Das 7-Fache einer Zahl ist 3-mal so groß wie das um 5 verkleinerte 4-Fache.

6 a) In 8 Jahren wird Anca 3-mal so alt sein wie sie jetzt ist.
b) In 5 Jahren wird Bea 4-mal so alt sein wie sie vor 10 Jahren war.

7 Welche Aufgabe ist am Zahlenstrahl dargestellt? Löse sie und trage sie in einen richtig unterteilten Zahlenstrahl ein.

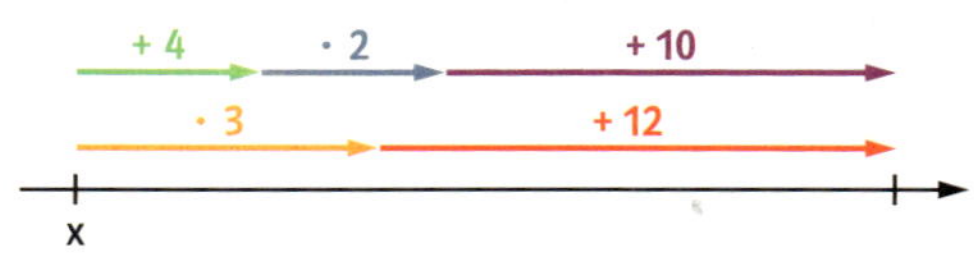

Basiswissen | Dreiecke

Die Summe der Winkel eines Dreiecks beträgt 180°: $\alpha + \beta + \gamma = 180°$.

spitzwinklig	Alle Winkel sind kleiner als 90°.
rechtwinklig	Ein Winkel beträgt 90°.
stumpfwinklig	Ein Winkel ist größer als 90°.
allgemein	Alle Seiten sind unterschiedlich lang.
gleichschenklig	Zwei Seiten sind gleich lang.
gleichseitig	Drei Seiten sind gleich lang.

Zum **Konstruieren** eines Dreiecks mit Geodreieck und Zirkel benötigt man drei Stücke. In einer Planfigur (Skizze) werden die gegebenen Stücke farbig hervorgehoben.

Gegeben:
b = 8 cm; c = 7 cm; α = 40°
SWS-Konstruktion

Planfigur

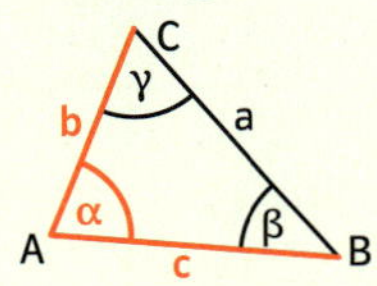

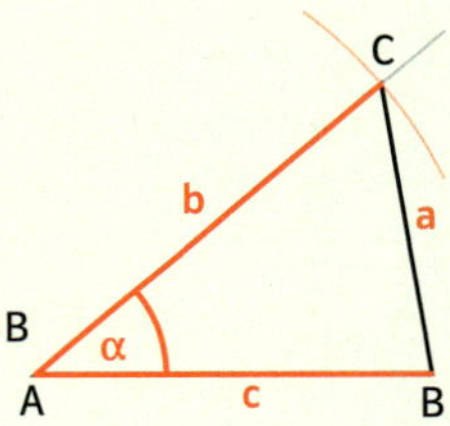

Konstruktion:
1. Seite c
2. Winkel α
3. der Kreis um A mit Radius b
4. Schnittpunkt des Kreises mit dem freien Schenkel von a.

Es gibt nur ein solches Dreieck.

Seiten-Winkel-Beziehung
In jedem Dreieck liegt der größeren von zwei Seiten auch der größere Winkel gegenüber und umgekehrt.
Dreiecksungleichung
In jedem Dreieck ist die Summe der Längen zweier Seiten größer als die Länge der dritten Seite.

In Dreiecken gibt es Linien mit besonderen Eigenschaften.
Eine **Höhe** verläuft von einem Eckpunkt senkrecht zur gegenüberliegenden Seite.

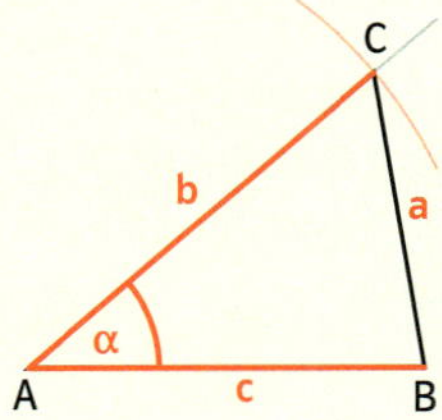

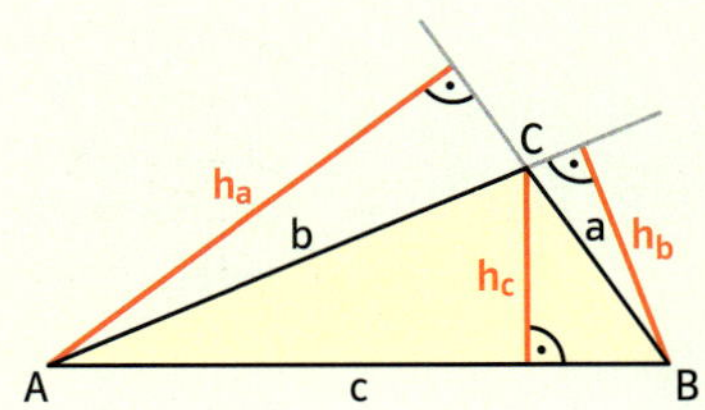

1 Ergänze die Winkel des Dreiecks. Benenne die Dreiecksart nach Winkeln.

	α	β	γ
a)	60°	60°	
b)		125°	15°
c)	45°		90°

2 Konstruiere das Dreieck.
a) a = 6 cm; b = 7 cm; c = 8 cm
b) a = 5 cm; c = 8 cm; β = 100°
c) b = 6,5 cm; α = 85°; γ = 50°
d) a = 11 cm; c = 7 cm; α = 42°

3 Wie hoch ist der Turm?

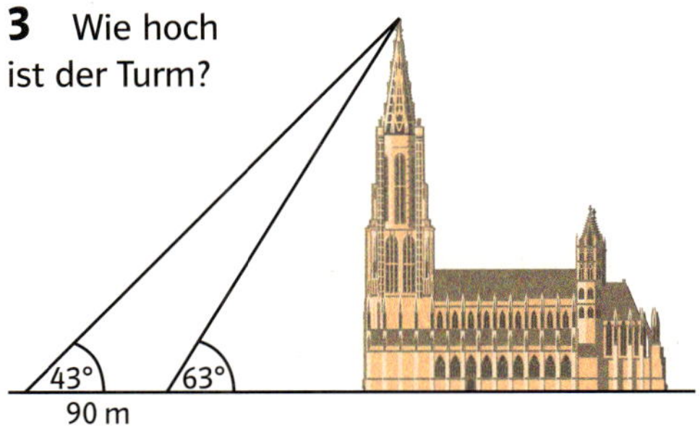

4 Konstruiere das Dreieck. Zeichne und miss die Höhen.
a) a = 6,2 cm; b = 5 cm; γ = 78°
b) c = 6 cm; b = 10 cm; β = 110°

Basiswissen | Vierecke

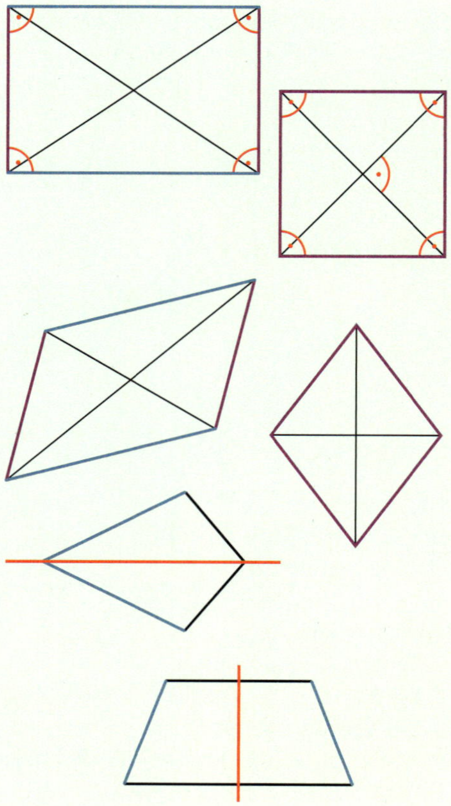

Das **Rechteck** hat vier rechte Winkel. Gegenüberliegende Seiten sind parallel und gleich lang.

Das **Quadrat** ist ein Rechteck mit vier gleich langen Seiten.

Das **Parallelogramm** hat parallele und gleich lange gegenüberliegende Seiten.

Die **Raute** ist ein Parallelogramm mit vier gleich langen Seiten.

Der **Drachen** hat zwei Eckpunkte, in denen gleich lange Seiten aneinander stoßen. Diese Eckpunkte liegen einander gegenüber und durch sie geht eine Symmetrieachse.

Das **symmetrische Trapez** hat zwei parallele Seiten. Die anderen zwei Seiten sind gleich lang. Durch die Mittelpunkte der parallelen Seiten geht eine Symmetrieachse.

1 Welche Vierecke sind Parallelogramme? Einige sind besondere Parallelogramme. Benenne sie. Findest du auch noch andere besondere Vierecke?

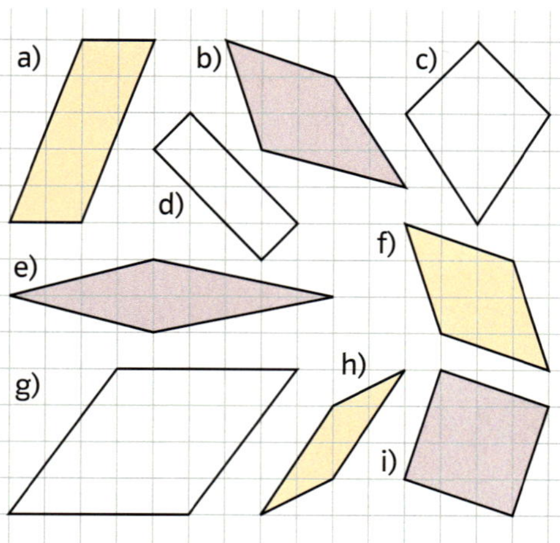

2 Ein Parallelogramm ABCD hat die Eckpunkte A(1|2); B(8|2) und C(3|4). Bestimme die Koordinaten von Eckpunkt D. Überlege, ob es mehrere Möglichkeiten gibt.

3 Nenne Vierecke, für die folgende Eigenschaften zutreffen.
a) Die Diagonalen halbieren sich und stehen senkrecht zueinander.
b) Zwei benachbarte Seiten sind gleich lang.
c) Zwei Paar Seiten sind parallel.

4 Zeichne.
a) Das Viereck ist zugleich ein Parallelogramm und ein Drachen.
b) Das Viereck ist zugleich eine Raute und ein Rechteck.

Basiswissen | Daten

Listen
Die Ergebnisse einer statistischen Erhebung können in **Urlisten** erfasst werden. Wird diese Urliste der Größe nach sortiert, so erhält man eine **Rangliste**.

Absolute und relative Häufigkeit
Gibt man zu jedem möglichen Wert der Liste an, wie oft er vorkommt, so erhält man eine **Häufigkeitsliste**.
Die Anzahl, mit der ein bestimmter Wert vorkommt, heißt **absolute Häufigkeit**.
Den Anteil, den die absolute Häufigkeit an der Gesamtzahl der erhobenen Daten hat, heißt **relative Häufigkeit**.

Kennwerte
Der kleinste Wert einer Rangliste heißt **Minimum**, der größte **Maximum**.
Die Summe aller Werte dividiert durch die Anzahl der Werte heißt **Mittelwert**.
Der Wert in der Mitte einer Rangliste heißt **Zentralwert (Median)**.
Hat die Rangliste eine ungerade Anzahl von Werten, so ist der mittlere Wert der Zentralwert. Hat sie eine gerade Anzahl, so stehen zwei Werte in der Mitte.
Als Zentralwert wird dann der Mittelwert dieser beiden Werte genommen.

Die Entbindungsstation eines Krankenhauses erfasst für zwei Wochen die Geburten pro Tag.
Urliste: 8, 2, 5, 5, 6, 3, 4, 3, 5, 4, 3, 5, 3, 3
Rangliste: 2, 3, 3, 3, 3, 3, 4, 4, 5, 5, 5, 5, 6, 8
Häufigkeitsliste:

Anzahl der Geburten	2	3	4	5	6	7	8
absolute Häufigkeit	1	5	2	4	1	0	1
relative Häufigkeit	$\frac{1}{14}$	$\frac{5}{14}$	$\frac{2}{14}$	$\frac{4}{14}$	$\frac{1}{14}$	0	$\frac{1}{14}$

Min. (2) … Max. (8)
2 3 3 3 3 3 4 4 5 5 5 5 6 8
Zentralwert: 4

Mittelwert:
$$\frac{2+3+3+3+3+3+4+4+5+5+5+5+6+8}{14}$$
$$= \frac{1\cdot 2 + 5\cdot 3 + 2\cdot 4 + 4\cdot 5 + 1\cdot 6 + 1\cdot 8}{14} \approx 4{,}21$$

Rangplatz	1.	2.	3.	4.	5.	6.	7.
Wert	0	3	3	5	7	10	11
Zentralwert				5			

Rangplatz	1.	2.	3.	4.	5.	6.	7.	8.
Wert	0	3	3	5	7	10	11	15
Zentralwert				$\frac{5+7}{2} = 6$				

1 Frau Korf schreibt einen Monat lang auf, wie viel sie täglich beim Einkauf ausgibt.
Alle Angaben sind auf Euro gerundet.
17; 29; 33; 12; 12; 8; 19; 26; 51; 18; 25; 47; 72; 13; 45; 9; 22; 36; 55; 14; 62; 31
a) Stelle eine Rangliste auf.
b) Bestimme Minimum, Maximum, Mittelwert und Zentralwert.

2 Bei einem Test erreichten die Schülerinnen und Schüler folgende Punktzahlen. Berechne die durchschnittliche Punktzahl.

Punkte	2	3	5	6	7	9	10	11	12	14	15
Häufigk.	1	1	2	3	2	1	5	7	4	3	2

3 Bei einer Verkehrskontrolle werden nebenstehende Mängel registriert.
a) Bestimme für die Mängel die prozentualen Häufigkeiten.
b) Wie viel Prozent der Mängel stellen die beiden Hauptmängel dar?

Mängel	*Anzahl*
Beleuchtung	*24*
Karosserie	*3*
Reifen	*16*
Warndreieck	*4*
Verbandskasten	*5*
ohne TÜV/AU	*1*
ohne Papiere	*7*
sonst. Mängel	*3*

4 3000 Personen wurden befragt, ob mehr Verkehrskontrollen durchgeführt werden sollten.
Bestimme die absoluten Häufigkeiten.

auf keinen Fall	41,2 %
eigentlich dagegen	21,5 %
unentschieden	12,4 %
eigentlich dafür	16,7 %
sehr dafür	8,2 %

Rechtecke legen

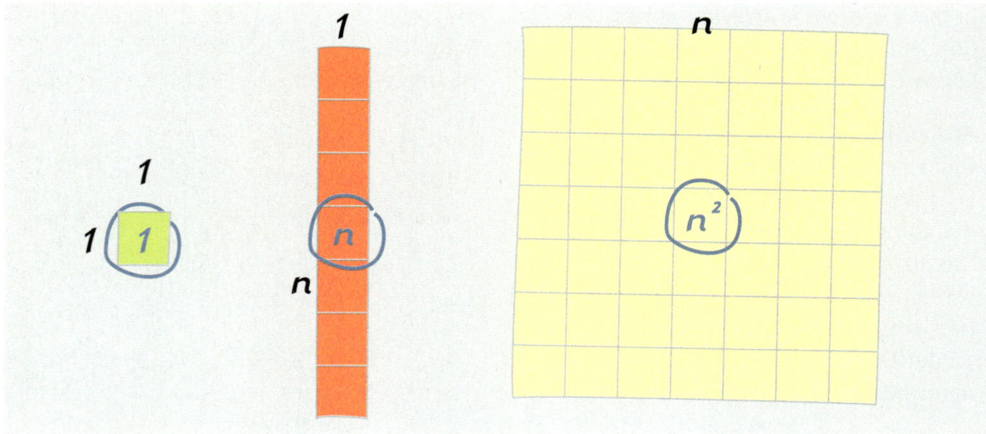

Aus Quadraten und Streifen sollen Rechtecke gelegt werden.
Dazu benötigt ihr **9 kleine Quadrate**, deren Seitenlänge ihr beliebig wählen könnt. Sie kann z. B. 1 cm; 1,5 cm oder 2 cm betragen. Weiter braucht ihr **6 Streifen**, die so breit sind wie ein kleines Quadrat. Die Länge der Streifen muss ein Vielfaches der Breite sein. Ihr könnt z. B. den Streifen 6-mal oder 7-mal so lang anfertigen wie die Breite.

Jetzt braucht ihr noch **4 große Quadrate**, deren Seitenlänge so groß sein muss wie die Länge eines Streifens.
Beschriftet die Flächen und Streifen wie abgebildet mit 1, n und n^2.
Wenn ihr mit euren Flächenstücken Rechtecke legt, dann dürft ihr nur Seiten mit gleichen Bezeichnungen aneinander legen, also n an n oder 1 an 1.

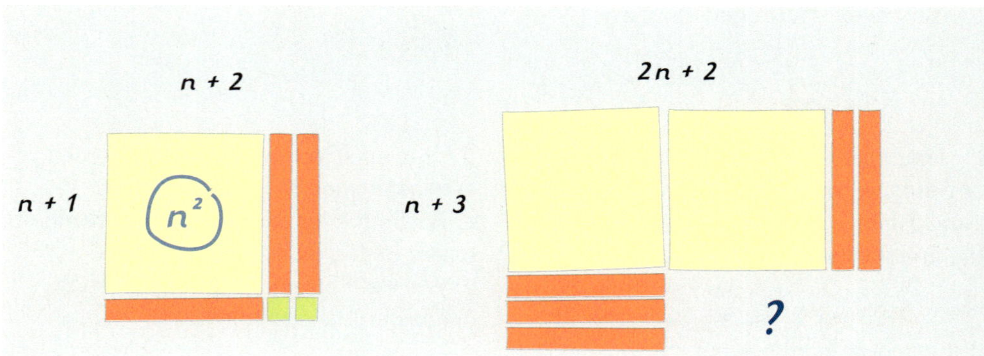

Sandra sagt, dass die ausgelegte Fläche des Rechtecks mit dem Term $n^2 + 3n + 2$ beschrieben werden kann. Daniel meint dagegen, dass der Term $(n + 1)(n + 2)$ richtig ist.

Wer hat Recht? Begründe.

Ergänze zu einem Rechteck.

Mit welchen beiden Termen kann man die Gesamtfläche ausdrücken?

Arbeite mit einem Partner oder einer Partnerin zusammen. Einer legt mit den kleinen und großen Quadraten sowie den Streifen Rechtecke, der andere beschreibt die Anzahl der kleinen Quadrate, die das Rechteck enthält, mit verschiedenen Termen.

Tauscht anschließend eure Rollen.

Ergänzt durch Anlegen von Streifen und kleinen Quadraten schrittweise zu immer größeren Quadraten.

Stellt auch dazu Terme auf.

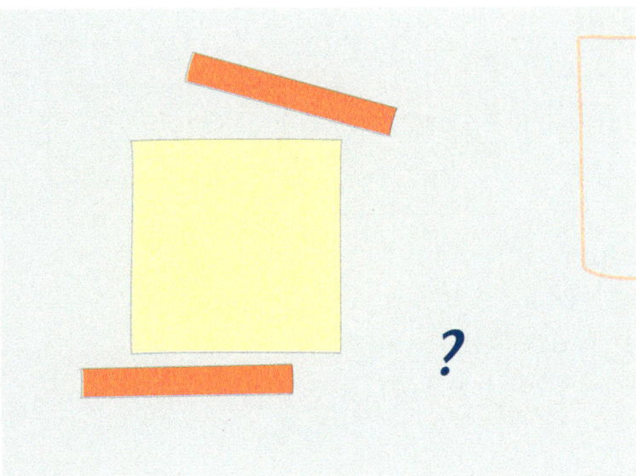

Lässt sich auch der Term $n^2 - 2n$ mithilfe der Quadrate und Streifen darstellen?

Gibt es einen anderen Term für dieselbe Fläche?

In diesem Kapitel lernst du,

- wie man Terme ausmultipliziert und ausklammert,
- wie Summen miteinander multipliziert werden,
- was man unter den binomischen Formeln versteht,
- wie mithilfe der binomischen Formeln Produkte zu Summen umgeformt werden und umgekehrt.

1 Ausmultiplizieren. Ausklammern

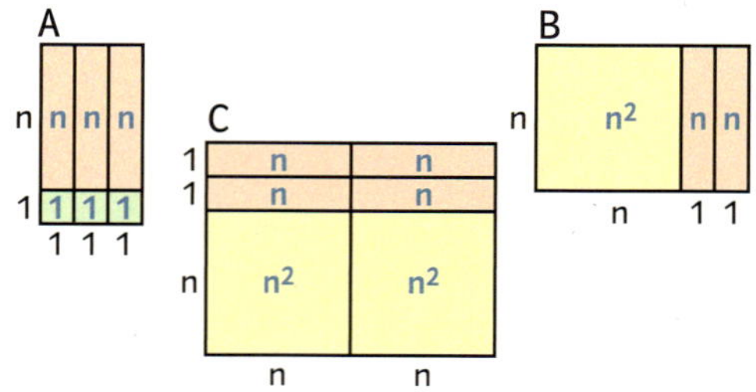

Jutta sagt: „Die Fläche der Figur **A** kann mit dem Term $3 \cdot (n + 1)$ beschrieben werden." Niklas meint, dass der Term $3 \cdot n + 3$ der richtige ist.

→ Was meint ihr? Begründet.

→ Verfahrt ebenso mit den Figuren **B** und **C**.

Terme wie $n \cdot (n + 4)$ oder $2n^2 + 8n$ lassen sich mithilfe des **Verteilungsgesetzes** (Distributivgesetzes) umformen. Dabei unterscheidet man

Ausmultiplizieren und

Durch das Ausmultiplizieren wird ein Produkt zu einer Summe.

Produkt: $n \cdot (n + 4)$

$= n \cdot n + n \cdot 4$

Summe: $= n^2 + 4n$

Ausklammern (Faktorisieren).

Beim Ausklammern wird eine Summe zu einem Produkt.

Summe: $2n^2 + 8n$

$= 2n \cdot n + 2n \cdot 4$

Produkt: $= 2n \cdot (n + 4)$

> Beim **Ausmultiplizieren** wird jeder Summand in der Klammer mit dem Faktor außerhalb der Klammer multipliziert.
> Aus einem Produkt wird eine Summe.
> Haben Summanden gemeinsame Faktoren, können diese **ausgeklammert** werden.
> Aus einer Summe wird ein Produkt.

Beispiele

a)

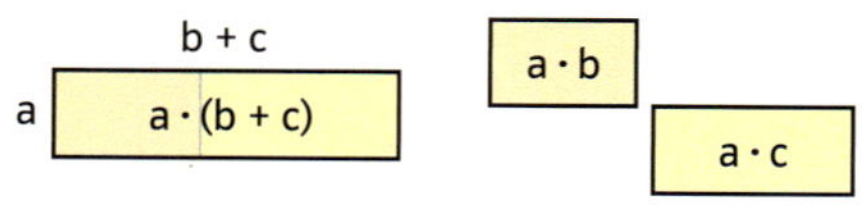

b)

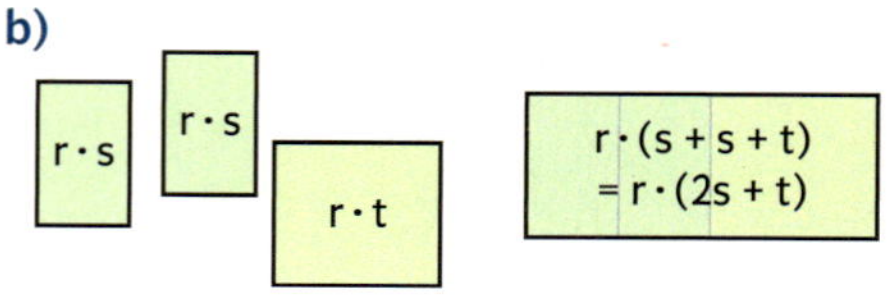

Durch Ausmultiplizieren in eine Summe verwandeln

c) $4x \cdot (5y + 7x)$
$= 4x \cdot 5y + 4x \cdot 7x$
$= 20xy + 28x^2$

d) $24ab + 42ac$
$= 6a \cdot 4b + 6a \cdot 7c$
$= 6a(4b + 7c)$

Das Verteilungsgesetz gilt auch für Differenzen:
$a \cdot (b - c)$
$= ab - ac$

Durch Ausklammern in ein Produkt verwandeln

e) $(5a + 3b) \cdot 2c$
$= 5a \cdot 2c + 3b \cdot 2c$
$= 10ac + 6bc$

f) $28x^2y + 21xy^2 - 7xy$
$= 7xy \cdot 4x + 7xy \cdot 3y - 7xy \cdot 1$
$= 7xy(4x + 3y - 1)$

Auch für die Division einer Summe oder Differenz gilt das Verteilungsgesetz.

g) $(144st + 108t) : 12$
$= 144st : 12 + 108t : 12$
$= 12st + 9t$

h) $(7{,}5x^2 - 5xy) : 2{,}5$
$= 7{,}5x^2 : 2{,}5 - 5xy : 2{,}5$
$= 3x^2 - 2xy$

Aufgaben

1 Stelle für die Fläche wie im Beispiel jeweils zwei Terme auf.

Beispiel:

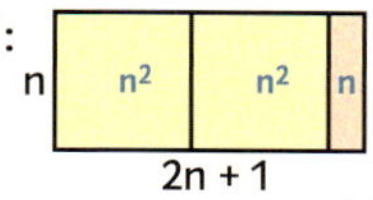

Summe: $2n^2 + n$
Produkt: $n \cdot (2n + 1)$

a)

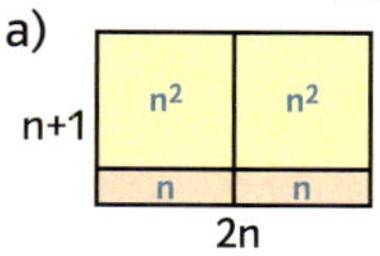

b)

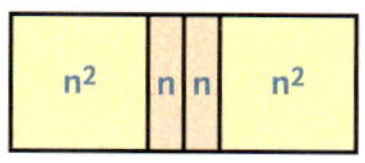

c)

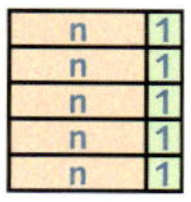

d)

2 Schreibe als Produkt und zeichne deine Lösung. Gibt es nur eine Möglichkeit?
a) $n^2 + 3n$
b) $2n^2 + 6n$
c) $3n + 3$
d) $n^2 + n$

3 Zeichne Flächen, deren Größe durch folgende Terme ausgedrückt ist. Schreibe auch als Summe.
a) $n \cdot (n + 1)$
b) $4n \cdot (n + 2)$
c) $2n \cdot n$
d) $2n \cdot 2n$

4 Drücke die Gesamtfläche als Summe und als Produkt aus.

a)

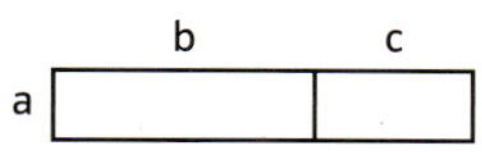

b)

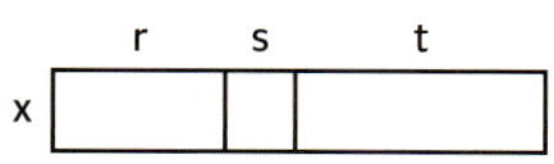

c)

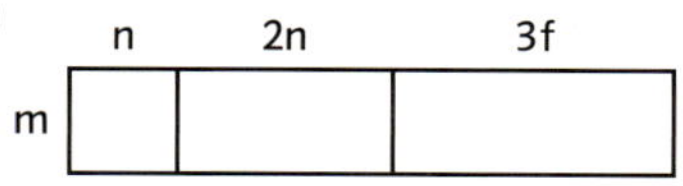

d)

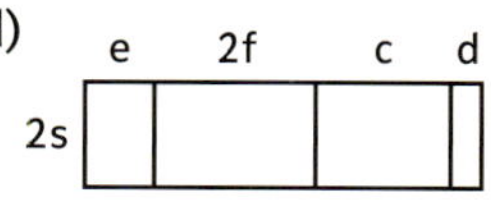

5 Setze in das Produkt und in die Summe ein. Wie rechnest du lieber?
a) $x = 8;\ y = 20$
$4x(5x + 3y)$ $\quad$ $20x^2 + 12xy$
b) $a = 3;\ b = 1$
$(2a - 3b) \cdot 6a$ $\quad$ $12a^2 - 18ab$
c) $m = 5;\ n = -2$
$2m(n + 4m^2)$ $\quad$ $2mn + 8m^3$

6 Schreibe als Summe.
a) $5(x + 2)$
b) $x(1 + y)$
c) $7(a - 1)$
d) $2x(y - 2)$
e) $(3b - 4a) \cdot 9a$
f) $0{,}5g(12 - 4f)$

7 Verwandle in ein Produkt.
a) $32x + 24y$
b) $49xy + 21x$
c) $22xy + 33yz$
d) $-45ab + 27bc$
e) $60st + 80s^2$
f) $105v^2w - 60vw$
g) $25x^2y - 16xy^2$
h) $12x^2y - 7xyz$
i) $240xy^2 - 150x^2y$
j) $27x^3y - 33xy^2$

8 Fülle die Lücken aus.
a) $9x(\square + 3y) = 36x + 27xy$
b) $6a(2a - \square) = 12a^2 - 54ab$
c) $(-5x) \cdot (\square - 4x) = -10xy + 20x^2$
d) $(-ab) \cdot (-a - \square) = a^2b + ab^2$

Rechnen mit Tabellen

Tabellen sind ein gutes Hilfsmittel, um schnell zur gesuchten Lösung zu gelangen.

Beispiel: $9 \cdot 24$

·	20	4
9	180	36

$9 \cdot 24 = 9 \cdot 20 + 9 \cdot 4$
$= 180 + 36$
$= 216$

■ Verfahre wie im Beispiel.
$4 \cdot 36$ $\quad$ $7 \cdot 44$ $\quad$ $34 \cdot 11$ $\quad$ $8 \cdot 53$

Manchmal ist es günstiger, einen Faktor als Differenz zu schreiben.
Beispiel: $8 \cdot 28 = 8 \cdot (30 - 2)$
$= 240 - 16$
$= 224$

■ Wie müssen die zugehörige Tabelle und die Rechnung dann verändert werden?
Arbeite mit deiner Nachbarin oder deinem Nachbarn.

■ Schreibt einen Faktor als Differenz und rechnet mithilfe der Tabelle. Erfindet weitere Aufgaben.
$6 \cdot 78$ $\quad$ $12 \cdot 27$ $\quad$ $13 \cdot 998$ $\quad$ $8 \cdot 889$

■ „Rückwärts" geht es auch. Findet ihr die Lösung, also das gesuchte Produkt?

·	?	?
?	540	45

·	?	?
?	440	−11

9 Welche Terme passen zusammen?

$5a(5-3a)$ | $6ab+12a^2$ | $(4c+6b)\cdot 7a$ | $-(15a^2-25a)$ | $35ab+28ac$ | $7a(-b+2a)$ | $25a-15a$ | $14a^2-7ab$ | $7a^2+5ab$ | $42ab+28ac$ | $7ab+14a^2$ | $3a(4a+2b)$

10 Dividiere.

a) $(35x-21y):7$
b) $(51t^2-85s):17$
c) $(4ab+5bc):\frac{1}{6}$
d) $\left(\frac{3}{5}x+\frac{9}{10}y^2\right):\frac{6}{5}$

Tipp:
Jede Dame wird begrüßt.

11 Multipliziere aus.

a) $4(a+b+3c)$
b) $4x(x+2y-z)$
c) $2a(5a-a^2-12b^2)$
d) $2xy(5x-7y-3z)$
e) $3y(5x^2-y+zy)$
f) $(-9r-4s+1)\cdot 2u$
g) $(2a-3b+c)\cdot 5ab$

12 Multipliziere mit dem Faktor −1.

a) $(8x+12y)$
b) $(11a-17b)$
c) $(4z-12y)$
d) $(2u-3v+4w)$
e) $(-e-f^2-g)$
f) $(-0{,}5x+0{,}8y^2)$
g) $(-q+r)(-1)$
h) $(-a)(-3a-b)$

13 Drücke die Mantelfläche in Produkt- und in Summenform aus. Eine Skizze des Netzes kann helfen.

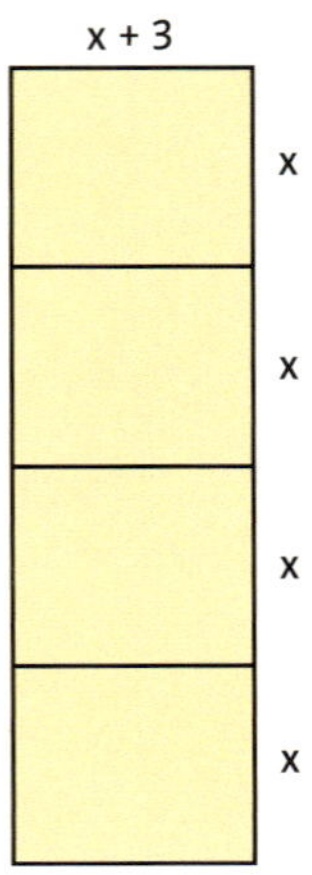

a)

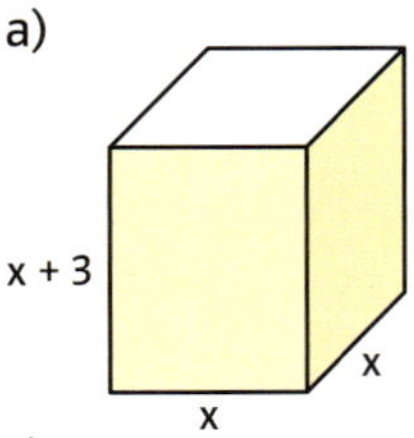

b)

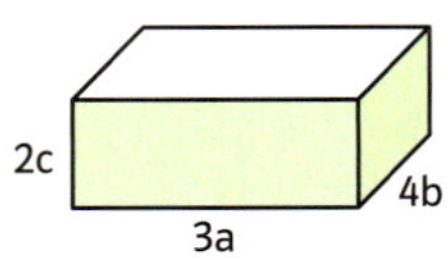

c)

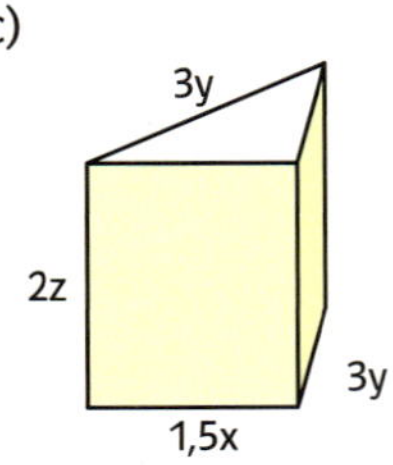

d)

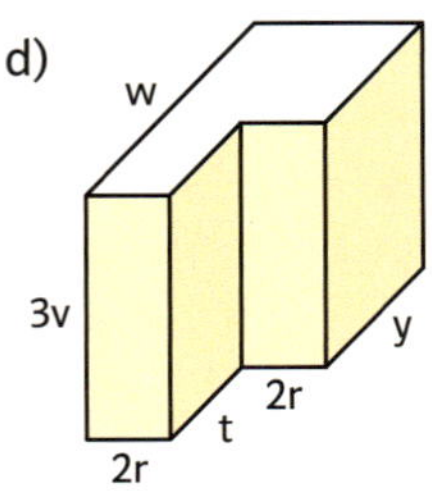

14 a) Bestimme die Grundfläche der drei Körper.
b) Erstelle einen Term für die Oberfläche.
c) Gib einen Term für das Volumen an.

(1)

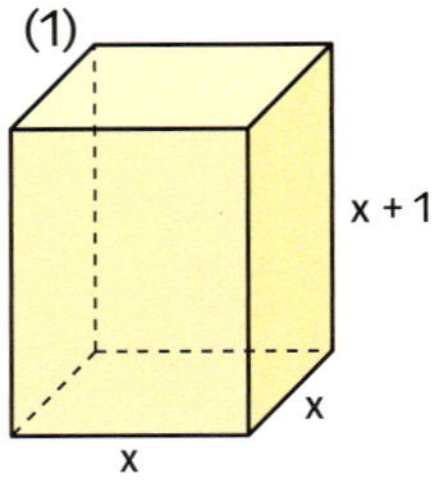

(2)

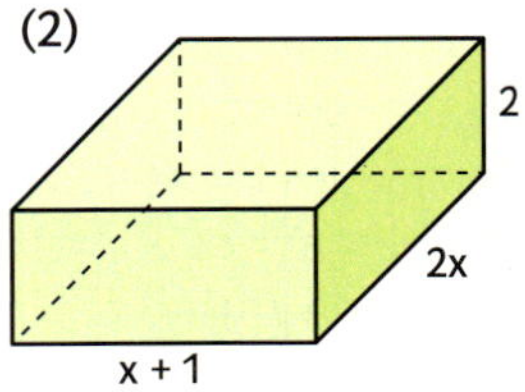

(3)

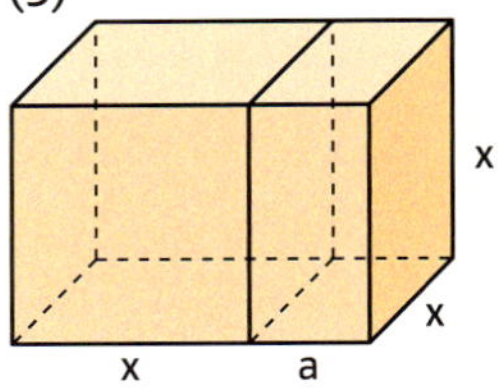

15 Klammere den Faktor −1 aus.

a) $-a-2$
b) $-5-x^2$
c) $-12a+b$
d) $-v+w^2$
e) $-x+2xy-y$
f) $5a^2+4b^2+3c^2$

16 Verwandle in ein Produkt.

a) $35mn-21m^2n+63mn^2$
b) $24xy^2+40x^2y-48xy$
c) $27ab^2c-81a^2b^3c^2-54a^2b^2c$
d) $-54a^2b^2c-18ab^2c+48abc^2-60abc$
e) $42x^3y^2z-7x^2yz^2-14xy^2z^2-49x^2y^2z$

17 Klammere im Zähler aus. Nur dann kannst du kürzen.

Beispiel: $\frac{42x-28y}{7}=\frac{7(6x-4y)}{7}=6x-4y$

a) $\frac{18a+27b}{3}$
b) $\frac{36x^2-54x}{6}$
c) $\frac{125a^2b-75ab}{-25}$
d) $\frac{-144x^2+108y^2}{12}$

18 Bei der Division $\frac{21x-42y}{7}$ erhält Sven das Ergebnis $3x-42y$.
Lisa errechnet $3x-6y$. Sie kann den Fehler von Sven erklären.
Findet ihr die Fehler? Arbeitet zusammen.

a) $\frac{6a-3}{3}=2a-3$
b) $\frac{36xy+12}{12}=36xy$
c) $\frac{5-10ac}{5}=1-5ac$
d) $\frac{72x^2-8}{8}=72x^2$

2 Multiplizieren von Summen

Die Fläche des Rechtecks **A** lässt sich mit dem Term $(n + 1) \cdot (n + 3)$ beschreiben.
→ Finde einen zweiten Term.
→ Warum müssen die beiden Terme wertgleich sein?
→ Gib zwei unterschiedliche Terme für die Fläche des Rechtecks **B** an.
→ Stellt euch gegenseitig ähnliche Aufgaben und vergleicht.

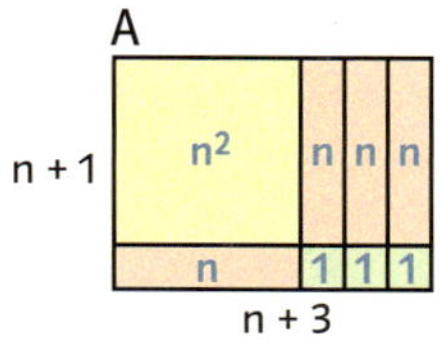

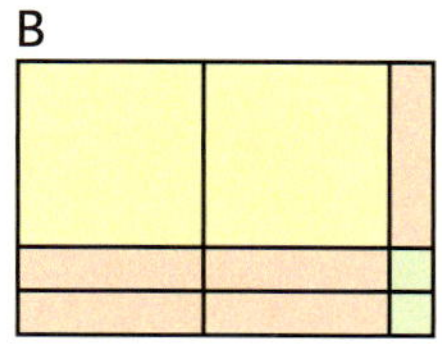

Bei der Multiplikation von zwei Summen wird das Verteilungsgesetz zweimal angewendet.

$(a + b) \cdot \boxed{(c + d)} = a \cdot \boxed{(c + d)} + b \cdot \boxed{(c + d)} = ac + ad + bc + bd$

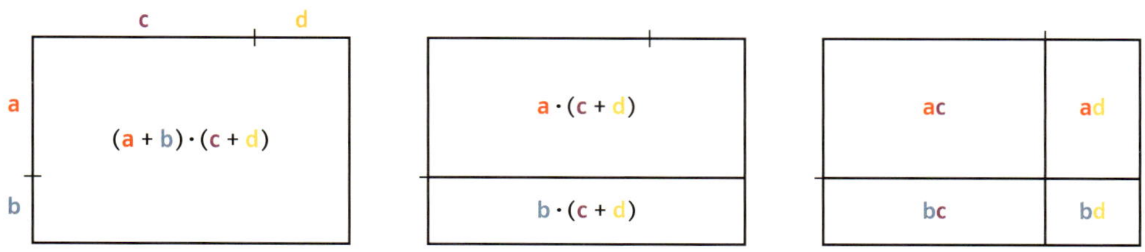

Summen werden miteinander **multipliziert**, indem man jeden Summanden der ersten Summe mit jedem Summanden der zweiten Summe multipliziert. Die Produkte werden anschließend addiert.
$(a + b)(c + d) = ac + ad + bc + bd$

Beispiele

a) $(7 + x)(y + 4)$
$= 7 \cdot y + 7 \cdot 4 + x \cdot y + x \cdot 4$
$= 7y + 28 + xy + 4x$

b) $(12n + 5)(4m + 6)$
$= 12n \cdot 4m + 12n \cdot 6 + 5 \cdot 4m + 5 \cdot 6$
$= 48mn + 72n + 20m + 30$

c) $(3x - 4y)(2x + y)$
$= 3x \cdot 2x + 3x \cdot y - 4y \cdot 2x - 4y \cdot y$
$= 6x^2 + 3xy - 8xy - 4y^2$
$= 6x^2 - 5xy - 4y^2$

d) $(r - t)(-5t + 2r)$
$= r \cdot (-5t) + r \cdot 2r + (-t) \cdot (-5t) + (-t) \cdot 2r$
$= -5rt + 2r^2 + 5t^2 - 2rt$
$= 5t^2 + 2r^2 - 7rt$

e) In den Klammern können auch mehr als zwei Summanden stehen.
$(2a - 3b) \cdot (a + b - c)$
$= 2a \cdot a + 2a \cdot b - 2a \cdot c - 3b \cdot a - 3b \cdot b + 3b \cdot c$
$= 2a^2 + 2ab - 2ac - 3ab - 3b^2 + 3bc$
$= 2a^2 - ab - 2ac - 3b^2 + 3bc$

Merke: „Jeder begrüßt jede."

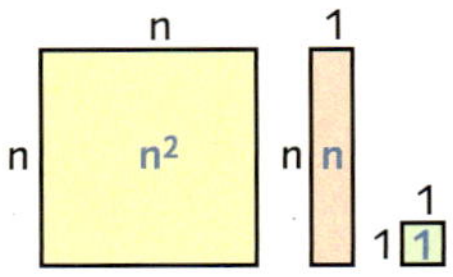

Beispiel:

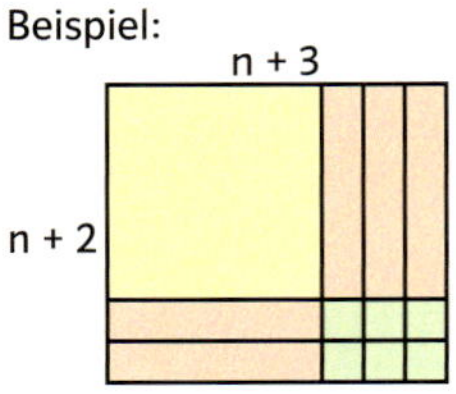

$(n+2)(n+3)$
$= n^2 + 5n + 6$

Aufgaben

1 Mit großen Quadraten, Streifen und kleinen Quadraten lassen sich Rechteckflächen legen. Drücke den Flächeninhalt mit zwei verschiedenen Termen aus.

a)

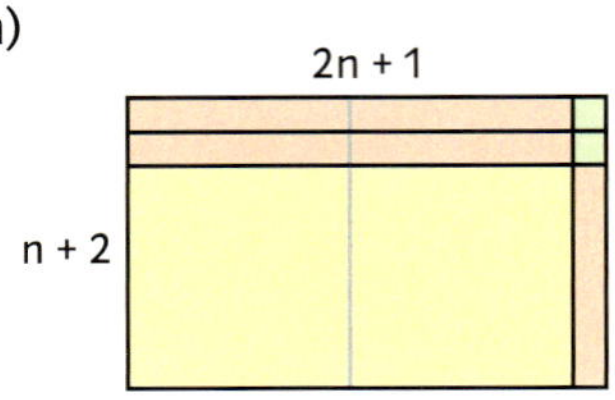

b)

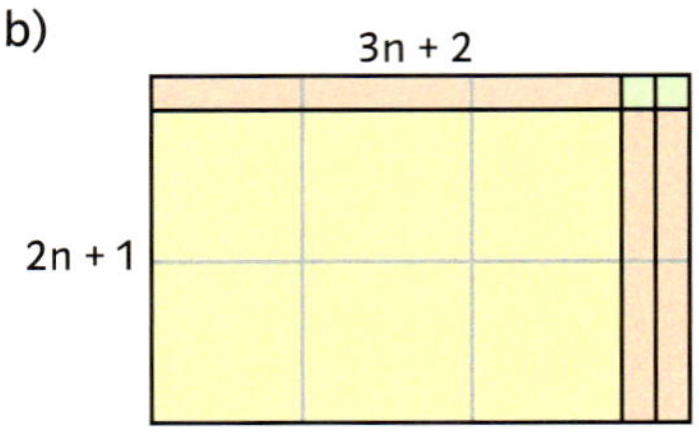

c)

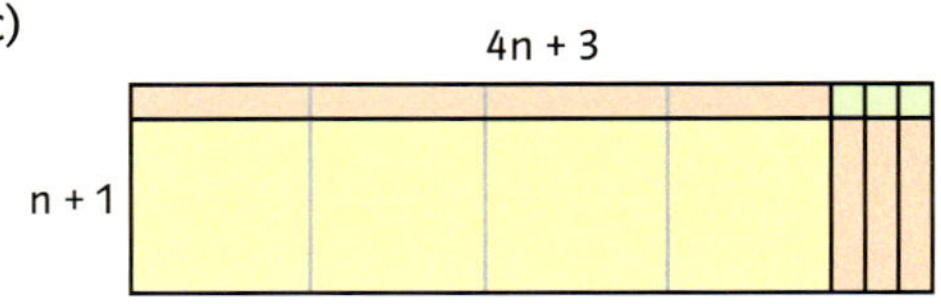

d) Legt eigene Flächen.

2 Verwandle in eine Summe.
Lege zur Kontrolle die Flächen nach.

a) $n \cdot (n+1)$ b) $2n \cdot (2n+2)$
c) $(n+3) \cdot (n+2)$ d) $4n \cdot (n+2)$

3 Verwandle in ein Produkt. Eine Zeichnung hilft, die Lösung zu finden.

a) $n^2 + 4n + 4$ b) $n^2 + 7n + 12$
c) $n^2 + 5n + 6$ d) $2n^2 + 3n + 1$

4 Rechne mit Symbolen und schreibe als Summe.

a) (△ + ◇)(◐ − ◫)
b) (2□ − △)(◐ − 3○)
c) (3◫ − 2○)(○ + 2△)
d) (△ − 4□)(−□ + 3◐)
e) (◐ + 2○ + 3◇)(−◇ − ○)

5 Verwandle in eine Summe.

a) $(3x + y)(6a + 2b)$
b) $(5a + 2b)(3c + 4d)$
c) $(8u + 4v)(6r - 6s)$
d) $(10k + 4i)(3m - 2n)$

6 Zeichne die Figuren in dein Heft. Schreibe die Produkte als Summen und trage die einzelnen Summanden in die passenden Felder ein.

a) $(a + b + c)(d + e)$
b) $(a + b + c)(d + e + f)$

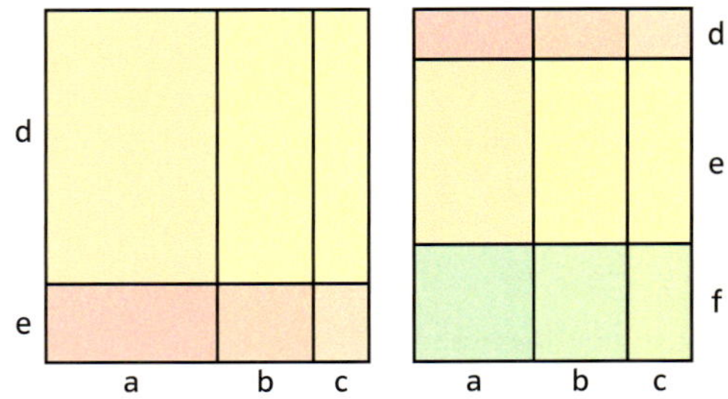

7 Multipliziere die Klammern aus.

a) $(1{,}5x + 3{,}2)(4{,}8y - 12)$
b) $(6y - 3{,}5x)(2{,}4y + x)$
c) $(12a - 2{,}8b)(-0{,}2a + 10b)$
d) $(-0{,}5r - 6{,}4s)(1{,}2u - 2{,}5v)$
e) $(-0{,}1xy + 1{,}5x)(-0{,}5x^2 + y^2)$

Multiplikationstabellen ?!

·	x	3
x	x^2	$x \cdot 3$
2	$2 \cdot x$	$2 \cdot 3$

Produkte von Summen lassen sich übersichtlich mithilfe einer Tabelle berechnen.

Beispiel: $(x + 3)(x + 2)$
$= x^2 + 3x + 2x + 6$
$= x^2 + 5x + 6$

- Berechnet ebenso
$(2x + 1)(x + 3)$; $(2x - 2)(3x + 1)$; $(6x - 5y)(2x - y)$.

- Solche Tabellen kann man auch „rückwärts" lesen. Findet ihr eine Lösung?

·	2n	?
n	?	4n
?	?	6

·	?	1
?	$6n^2$	?
6	?	6

- Erfinde eine Tabelle und lasse sie von deiner Nachbarin oder deinem Nachbarn ausfüllen. Gelingt es immer? Wann geht es nicht?

8 Rechne mit Brüchen.

a) $\left(\frac{1}{2}x + 1\right)\left(y + \frac{1}{4}\right)$　b) $\left(5x - \frac{1}{2}\right)\left(6 + \frac{1}{5}x\right)$

c) $\left(\frac{1}{4}a + 3\right)\left(2b - \frac{1}{2}\right)$　d) $\left(x - \frac{1}{2}y\right)\left(x - \frac{2}{3}y\right)$

e) $\left(\frac{3}{4}a - \frac{2}{3}b\right)\left(\frac{1}{3}a - \frac{1}{2}b\right)$　f) $\left(\frac{3}{2}j - \frac{3}{4}i\right)\left(\frac{2}{3}j - \frac{4}{3}i\right)$

9 Übertrage ins Heft und fülle die Lücken.

a) $(10s - 12t)(5s + 4t) = 50s^2 - □ - 48t^2$

b) $(6x + 4y)(2x + 8) = 12x^2 + □ + □ + 32y$

c) $(7a - b)(5c + 4d)$
$= 35ac - □ - □ + 28ad$

d) $(6xy + 4x)(3y - 1) = 18xy^2 + □ - 4x$

e) $(-10a + 6)(20ab + 12b) = -200a^2b + □$

10 Wie wurde hier faktorisiert? Ergänze im Heft.

a) $42xy - 14xyz = 7xy(□ - □)$

b) $□cd - 52df = □ \cdot (3cd - 4df)$

c) $45pq + 27p^2q^2 = □ \cdot (5 + □)$

d) $44xyz - 99xz = □ \cdot (□ - 9x)$

e) $a^2 + 18a + 77 = (a\,□\,7)(a\,□\,11)$

f) $x^2 + 5x - 126 = (x\,□\,9)(x\,□\,14)$

g) $12x^2 + 35x + 18 = (□ + 2)(4x + □)$

11 Auch Summen oder Differenzen kann man ausklammern.

Beispiel: $(x + 2) \cdot 5 + (x + 2) \cdot y$
$= (x + 2) \cdot (5 + y)$

a) $3(y - 2) + x(y - 2)$

b) $(x^2 + 1) \cdot y - (x^2 + 1) \cdot 3z$

c) $4a(2x + 1) + 3b(2x + 1) - 2c(2x + 1)$

d) $(a^2 - b^2) \cdot c - d(a^2 - b^2) + (a^2 - b^2) \cdot e$

12 Übertrage die Figur ins Heft. Färbe die Teilflächen und drücke das Produkt als Summe aus.

a) $(a + b)(b + c)$　b) $(b + c + d) \cdot b$

c) $(b + c)(c + d)$　d) $(c + d)(a + b + c)$

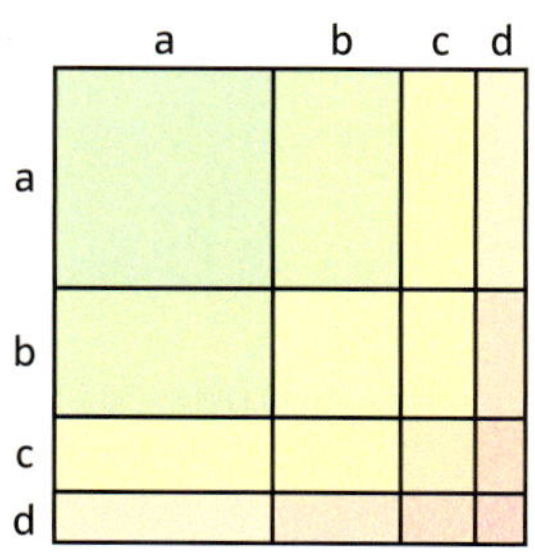

13 Betrachte die Quader.

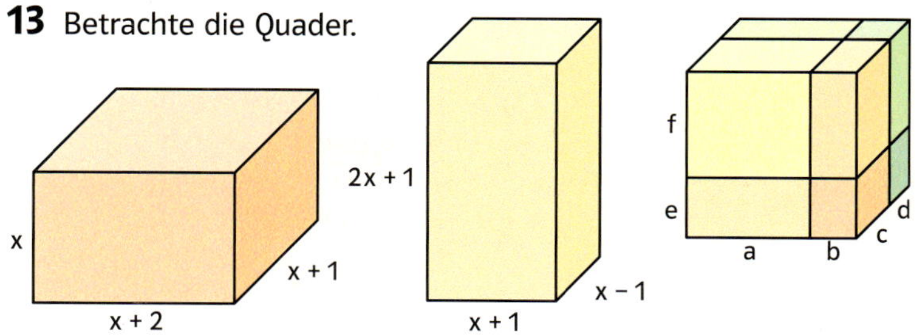

a) Bestimme die Grundfläche.
b) Erstelle eine Formel für die Oberfläche. Skizziere als Hilfe das Netz des Körpers.
c) Gib eine Formel für das Volumen an.

14 Der Flächeninhalt der Figur lässt sich auf verschiedene Arten ausdrücken:

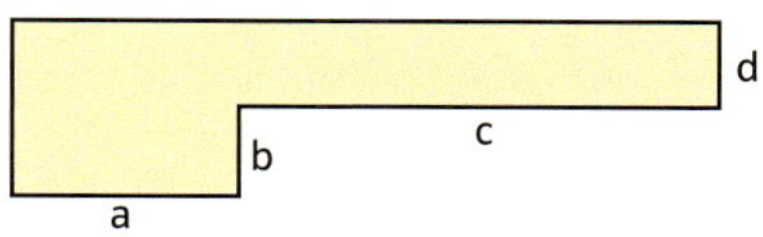

$A = a \cdot (b + d) + c \cdot d$
$A = (a + c)(b + d) - bc$

a) Erkläre an der Figur die Überlegungen, die hinter den beiden Termen stecken.
b) Suche einen weiteren Term für den Flächeninhalt.

15 Zu den Figuren A bis D sind Terme für Flächeninhalte angegeben.

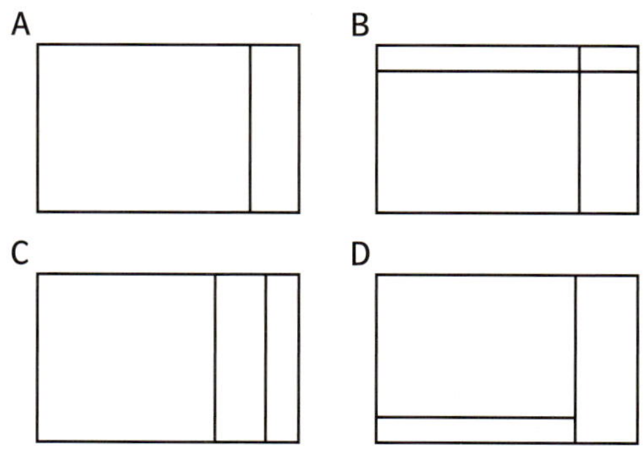

T1: $a \cdot b + b \cdot c$
T2: $(a + b)(c + d)$
T3: $a(b + c + d)$
T4: $(□ + □)(□ + □)$
T5: $b(a + c)$
T6: $a(c + d) + b(c + d)$
T7: $ab + ac + ad$
T8: $ac + ad + bc + bd$

a) Ordne den Figuren die richtigen Terme zu. Begründe.
b) Für welche Figur ist kein Term formuliert? Notiere ihn.
c) Zeichne eigene Rechtecke, erfinde eine Flächenaufteilung und lass eine Partnerin oder einen Partner den Term dazu finden.

3 Binomische Formeln

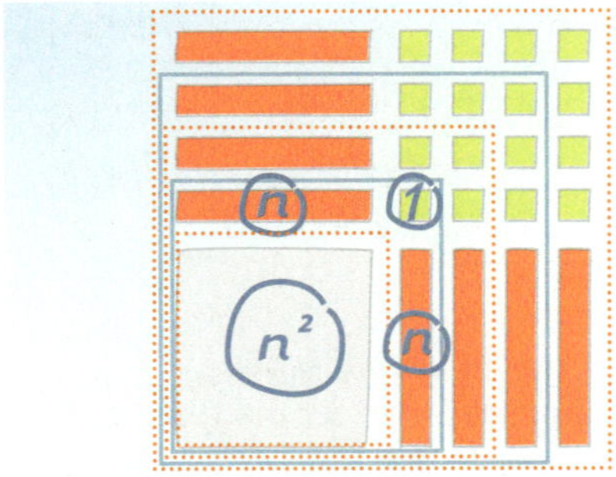

Du kannst Quadrate wachsen lassen, indem du ein großes Quadrat durch die entsprechende Anzahl von Einheitsstreifen und Einheitsquadraten ergänzt.

→ Wie heißt die Summe der Einzelflächen?

$(n + 1)^2 = n^2 + \ldots$

$(n + 2)^2 = n^2 + \ldots$

$(n + 3)^2 = n^2 + \ldots$

⋮

$(n + 25)^2 = n^2 + \ldots$

Die Produkte $(a + b)(a + b)$, $(a - b)(a - b)$ und $(a + b)(a - b)$ sind besondere Produkte. Werden sie multipliziert, so ist der Aufbau des Summanden immer gleich.

$(a + b)^2 = (a + b)(a + b)$	$(a - b)^2 = (a - b)(a - b)$	$(a + b)(a - b)$
$= a \cdot a + a \cdot b + b \cdot a + b \cdot b$	$= a \cdot a - a \cdot b - b \cdot a + b \cdot b$	$= a \cdot a - a \cdot b + b \cdot a - b \cdot b$
$= a^2 + 2ab + b^2$	$= a^2 - 2ab + b^2$	$= a^2 - b^2$

Durch das Zusammenfassen ergeben sich nur drei, im dritten Fall sogar nur zwei Summanden. Es lohnt, sich diese Umformungen als Formeln zu merken.

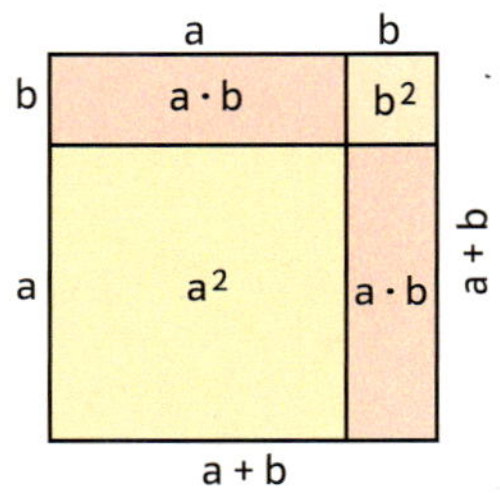

$(a + b)^2$

$= (a + b)(a + b)$

$= a^2 + ab + ab + b^2$

$= a^2 + 2ab + b^2$

Binomische Formeln

$(a + b)^2 = a^2 + 2ab + b^2$ 1. binomische Formel

$(a - b)^2 = a^2 - 2ab + b^2$ 2. binomische Formel

$(a + b)(a - b) = a^2 - b^2$ 3. binomische Formel

Beispiele

a) $(c + 3)^2 = c^2 + 2 \cdot 3c + 3^2$
$= c^2 + 6c + 9$

b) $(5 + w)(5 - w) = 5 \cdot 5 - w \cdot w$
$= 25 - w^2$

c) $(x - 3y)^2$
$= x^2 - 2 \cdot x \cdot 3y + (3y)^2$
$= x^2 - 6xy + 9y^2$

d) $(-2r + 3s)^2$
$= (-2r)^2 + 2 \cdot (-2r) \cdot 3s + (3s)^2$
$= 4r^2 - 12rs + 9s^2$

e) $(3m - 7n)(3m + 7n)$
$= (3m)^2 - (7n)^2$
$= 9m^2 - 49n^2$

f) $(-7a - 10b)^2$
$= (-7a)^2 - 2 \cdot (-7a) \cdot (10b) + (10b)^2$
$= 49a^2 + 140ab + 100b^2$

! *Achtung Vorzeichen!*

Aufgaben

1 Notiere die Formel mit Symbolen.
a) (△ + □)²   b) (○ − □)²
c) (◐ + ▷)²   d) (▯ + ◐)(▯ − ◐)
e) (▯ + △)²   f) (▽ + △)(▽ − △)

2 Schreibe das Quadrat als Summe.
a) $(v + w)^2 = \ldots$ b) $(a + z)^2 = \ldots$
c) $(y + 2)^2 = \ldots$ d) $(d + e)^2 = \ldots$
e) $(3 + a)^2 = \ldots$ f) $(x + 12)^2 = \ldots$

3 Schreibe als Summenterm.
a) $(m - n)^2$ b) $(y - z)^2$
c) $(c + 7)^2$ d) $(r - s)^2$
e) $(12 - 2a)^2$ f) $(15 + 3i)^2$

4 Löse die Klammern auf.
a) $(y + 4)(y - 4)$ b) $(n - q)(n + q)$
c) $(t + s)(t - s)$ d) $(u - v)(u + v)$
e) $(f + g)(f - g)$ f) $(k - j)(k + j)$

! *„binomisch“ lateinisch für bi – zwei nomen – Namen*

5 Setze ein und vergleiche die Werte.

	x	y	$(x+y)^2$	x^2+y^2
a)	4	3	□	□
b)	−2	1	□	□
c)	−3	−5	□	□
d)	$\frac{1}{3}$	$\frac{1}{6}$	□	□

6 Berechne mithilfe der Multiplikationstabelle.

Beispiel: $(x-3y)^2$

·	x	−3y
x	x^2	$-3xy$
−3y	$-3xy$	$+9y^2$

$x^2 - 6xy + 9y^2$

a) $(v-3w)^2$ b) $(2x+3y)^2$
c) $(8a-9b)^2$ d) $(10x-9y)^2$
e) $(0{,}5a+6c)^2$ f) $(2r-1{,}5t)^2$

7 Verwandle in eine Summe.
a) $(2s+3t)(2s-3t)$ b) $(10k-8i)^2$
c) $(6c-5d)(6c+5d)$ d) $(11c+9d)^2$
e) $(0{,}1t+5s)(0{,}1t-5s)$ f) $(15p-12q)^2$

8 Binom oder nicht? Korrigiere, falls nötig.
$(7p+3q)(7p-3)$ $(7p+3q)(3p-7q)$
$(7p+3q)(7p+3q)$ $(7p+3q)(7q+3p)$
$(7p+3q)(3q+7p)$ $(7p+3q)(3q-7p)$

9 Berechne.
a) $2(3a+2b)^2$ b) $6(5y-4z)^2$
c) $4x(6y+11)^2$ d) $(4p-6q)^2\cdot 3s$
e) $1{,}5(2m-4n)(2m+4n)$

10 Schreibe ohne Klammern, vereinfache.
a) $6x^2+(2x-12y)^2$
b) $11a^2-(7b+9a)^2$
c) $6a(5-2b)+(12a-7b)^2$
d) $(4b-10a)^2-(a+2b)(a-2b)$
e) $(3x+4)^2-(3-2x)^2$

11 Ergänze.
a) $(x+6)^2 = x^2 + \square + 36$
b) $(a-3)^2 = a^2 - 6a + \square$
c) $(20r+0{,}5s)^2 = \square + \square + 0{,}25s^2$
d) $\left(2g-\frac{1}{2}h\right)^2 = \square - \square + \frac{1}{4}h^2$
e) $\left(\frac{1}{2}c-\frac{1}{3}d\right)^2 = \frac{1}{4}c^2 - \square + \frac{1}{9}d^2$

12 Subtrahiere die Quadrate aufeinander folgender natürlicher Zahlen. Du erhältst dasselbe Ergebnis, wenn du die beiden Zahlen addierst.
a) Überprüfe diese Aussage.
b) Erkläre die geometrische Darstellung.
c) Zeige, dass die Behauptung allgemein für x und x + 1 gilt.

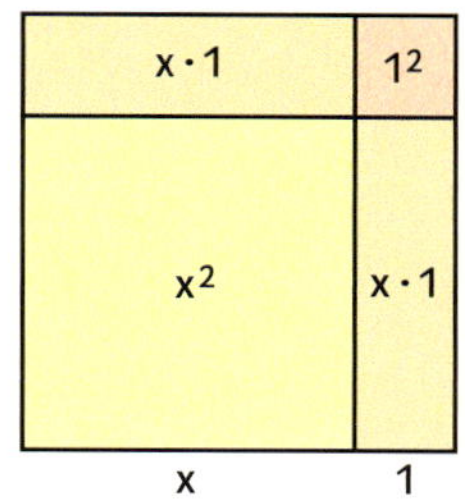

13 Achte auf Plus- und Minuszeichen.
a) $(-z+9)(z+9)$ b) $(-2w+u)^2$
c) $(-1+x)(x+1)$ d) $(-a+4)(-a-4)$
e) $(-5x-y)^2$ f) $(-10a+20b)^2$
g) $\left(-\frac{1}{2}x+y\right)^2$ h) $\left(\frac{1}{3}x-\frac{3}{4}y\right)^2$

Zeit sparen, Rechenvorteile nutzen ?!

Mit der **1. und 2. binomischen Formel** lassen sich Quadratzahlen leicht im Kopf berechnen.
Beispiel: $63^2 = (60+3)^2$
$= 60^2 + 2\cdot 60\cdot 3 + 3^2$
$= 3600 + 360 + 9 = 3969$

- Denke dir eigene Aufgaben aus und lasse sie von deiner Nachbarin oder deinem Nachbarn lösen.
Benutze auch die 2. binomische Formel.
- Wann ist es geschickter, die 1. binomische Formel zu verwenden, wann ist die 2. die günstigere?

Mit der **3. binomischen Formel** lassen sich Produkte der folgenden Art ganz schnell ohne Taschenrechner berechnen:
$103\cdot 97 = (100+3)(100-3)$
$= 100^2 - 3^2$
$= 10\,000 - 9 = 9991$

- Beschreibe das Besondere der Produkte und den Rechenweg.
- Erfinde vier weitere Aufgaben, rechne sie und stelle sie der Klasse vor.

Sieh dir die besonderen Ergebnisse an:
$6^2 - 5^2 = 11$ $7^2 - 4^2 = 33$
$56^2 - 55^2 = 111$ $57^2 - 54^2 = 333$
$556^2 - 555^2 = 1111$ ⋮
⋮

- Prüfe mit dem 3. Binom und erkläre.

4 Faktorisieren mit binomischen Formeln

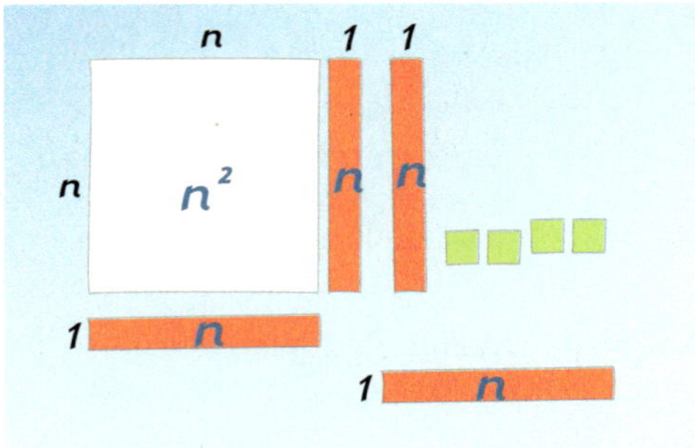

Ein großes Quadrat, mehrere Streifen und kleine Quadrate sollen zu größeren Quadraten zusammengelegt werden.

→ Drücke die Summe der Gesamtfläche als Produkt der Seitenlängen aus:

$n^2 + 2n + \square =$

$n^2 + 4n + \square =$

$n^2 + 6n + \square =$

→ Welche Bedingungen müssen erfüllt sein, damit du Quadrate legen kannst?

Treten in allen Summanden einer Summe gleiche Faktoren auf, kann man ausklammern: $18a^2 + 27ab = 9a \cdot (2a + 3b)$.
Dabei wird eine Summe in ein Produkt verwandelt. Dies nennt man **Faktorisieren**.
Auch mithilfe der binomischen Formeln kann man faktorisieren.

Summe oder Differenz			Produkt
$x^2 + 6x + 9$	$= (x+3)^2$	=	$(x+3)(x+3)$
$x^2 - 10x + 25$	$= (x-5)^2$	=	$(x-5)(x-5)$
$x^2 - 36$	$= x^2 - 6^2$	=	$(x+6)(x-6)$

Will man Summenterme in Produkte umwandeln (Faktorisieren), sind die binomischen Formeln hilfreich.

Beispiele

a) $x^2 + 18x + 81$
$= x^2 + 2 \cdot 9x + 9^2$
$= (x+9)^2$

b) $64y^2 - 48yz + 9z^2$
$= (8y)^2 - 2 \cdot (8y \cdot 3z) + (3z)^2$
$= (8y - 3z)^2$

c) $4x^2 - 121y^2$
$= (2x)^2 - (11y)^2$
$= (2x + 11y)(2x - 11y)$

d) Manchmal muss zuerst ein gemeinsamer Faktor ausgeklammert werden.
$8y^2 - 24yz + 18z^2$
$= 2(4y^2 - 12yz + 9z^2) = 2(2y - 3z)^2$

Bemerkungen

a) Mit der 1. oder 2. binomischen Formel kann nicht faktorisiert werden, wenn das doppelte Produkt (2ab) nicht passt.

$36n^2 + \mathbf{40}mn + 16m^2$
$\neq (6n)^2 +$ ~~$2 \cdot 6 \cdot 4$~~ $mn + (4m)^2$

$36n^2 + \mathbf{48}mn + 16m^2$
$= (6n)^2 + 2 \cdot 6 \cdot 4mn + (4m)^2$
$= (6n + 4m)^2$

b) Oft ist es wichtig zu wissen, für welchen Variablenwert ein Term den Wert null annimmt.

Dazu schreibt man einen Term wie $x^2 + 6x + 9$ in Produktform $(x+3)^2$.
Hier wird schnell deutlich, dass für $x = -3$ der Wert des Terms null ist.

Einen Term wie $x^2 - 4$ schreibt man als Produkt $(x+2)(x-2)$. Ist in einem Produkt ein Faktor null, ist auch der Produktwert null. Für $(x+2)(x-2)$ gilt dies für $x = 2$ oder $x = -2$.

Aufgaben

1 Setze ein und berechne die Termwerte.

x	$x^2 - 9$	$x^2 + 9$	$(x-3)^2$	$x^2 + 3$	$(x+3)(x-3)$
−2	□	□	□	□	□
−1	□	□	□	□	□
0	□	□	□	□	□
2	□	□	□	□	□
3	□	□	□	□	□

2 Verwandle in ein Produkt.
a) $x^2 + 2xy + y^2$ b) $v^2 - 2vw + w^2$
c) $x^2 + 6x + 9$ d) $x^2 + 8x + 16$
e) $x^2 - 18x + 81$ f) $x^2 - 24x + 144$

3 Zerlege in ein Produkt.
a) $x^2 - y^2$ b) $t^2 - u^2$
c) $b^2 - 16$ d) $36 - y^2$
e) $81 - 4z^2$ f) $400 - 9x^2$

4 Übertrage ins Heft und fülle aus.
a) $121m^2 - 25 = (\square - 5)(\square + 5)$
b) $81 - 144p^2 = (9 - \square)(9 + \square)$
c) $49 - 169z^2 = (7 - \square)(7 + \square)$
d) $144 - 0{,}25t^2 = (12 + \square)(12 - \square)$
e) $9x^2 - \frac{1}{4}z^2 = (\square - \square)(\square + \square)$

5 Ersetze die Lücken in deinem Heft.
a) $a^2 - 14a + 49 = (a - \square)^2$
b) $m^2 - 18m + 81 = (\square - \square)^2$
c) $121 - 22w + w^2 = (\square - \square)^2$
d) $x^2 + \square + y^2 = (\square + y)^2$
e) $x^2 - 10xy + \square = (x - \square)^2$
f) $s^2 + 24s + \square = (s + \square)^2$

6 Faktorisiere den Term.
a) $4a^2 + 9b^2 - 12ab$ b) $m^2 + 169 + 26m$
c) $9b^2 + 25c^2 - 30bc$ d) $1 + 2a + a^2$
e) $-56rs + 16s^2 + 49r^2$ f) $-4z^2 + 1$
g) $1 - 2{,}8x^2 + 1{,}96x^4$ h) $625 - 196a^2$
i) $-16z^2 + 40yz - 25y^2$ j) $0{,}49a^2 - 0{,}01b^2$

7 Die Differenz von zwei quadratischen Termen lässt sich immer in ein Produkt umformen.
a) $25y^2 - 9x^2$ b) $121 - 81g^2$
c) $169a^2 - 144b^2$ d) $1 - x^2$
e) $400p^2 - 1$ f) $100m^2 - n^2$

8 Ermittle durch Faktorisieren, für welche Werte von a der Termwert null wird.
a) $a^2 - 25$ b) $121 - a^2$
c) $a^2 + 8a + 16$ d) $1 + 2a + a^2$
e) $a^2 - 20a + 100$ f) $64a^2 - 16$
g) $a^2 - 34a + 289$ h) $25a^2 + 80a + 64$

9 Mithilfe von Multiplikationstabellen kann man Summenterme faktorisieren.

Beispiel: $9x^2 + 6xy + y^2$
$= (3x + y)(3x + y) = (3x + y)^2$

Trage zuerst die Quadrate ein.

·		
	$9x^2$	
		y^2

Schließe auf die Ausgangsglieder.

·	$3x$	y
$3x$	$9x^2$	
y		y^2

Halbiere das gemischte Glied und überprüfe beim Eintragen.

·	$3x$	y
$3x$	$9x^2$	$3xy$
y	$3xy$	y^2

a) $36r^2 - 48rs + 16s^2$ b) $q^2 + 4qz + 4z^2$
c) $9a^2 - 84a + 196$ d) $169 + 52x + 4x^2$
e) $x^2 - 18x + 81$ f) $a^2 + a + 0{,}25$

$n^2 - 1 = (\square)(\square)$
$n^2 - 4 = (\square)(\square)$
$n^2 - 9 = (\square)(\square)$
?
$4n^2 - 100 = (\square)(\square)$
$4n^2 - 121 = (\square)(\square)$
?
$9n^2 - 225 = (\square)(\square)$
$9n^2 - 256 = (\square)(\square)$
?

10 Mache den Binomtest! Überprüfe und korrigiere gegebenenfalls das doppelte Produkt, sodass du faktorisieren kannst.
a) $25m^2 + 20mn + n^2$ b) $36a^2 - 6a + 1$
c) $64t^2 + 132t + 81$ d) $4a^2 - 2ab + b^2$
e) $4c^2 - 34c + 289$ f) $z^2 - 18z + 81$
g) $0{,}04a^2 - 1{,}2ab + 0{,}09b^2$

11 Nicht alle Terme lassen sich mithilfe der binomischen Formeln faktorisieren. Begründe.

$9p^2 + 225q^2$
$0{,}4s^2 - 25t^2$
$r^2 - 18g - 81$
$1 + 4t^2$
$1{,}44m^2 - n^2$
$4n^2 + 16mn + 64m^2$
$-60ab + 25b^2 + 36a^2$
$-y^2 + 14y - 49$
$x^2 + 6x + 6{,}25$
$2x^2 + 4x + 1$
$16y^2 + 144xy + 81x^2$
$900a^2 - 600ab + 100b^2$

12 „Binom gewinnt"
Schreibt Terme, die sich bei geschicktem Zuordnen mit der binomischen Formel faktorisieren lassen, auf Kärtchen.
Wer durch Ziehen beim Partner drei zusammenpassende Karten erhält, darf ablegen.

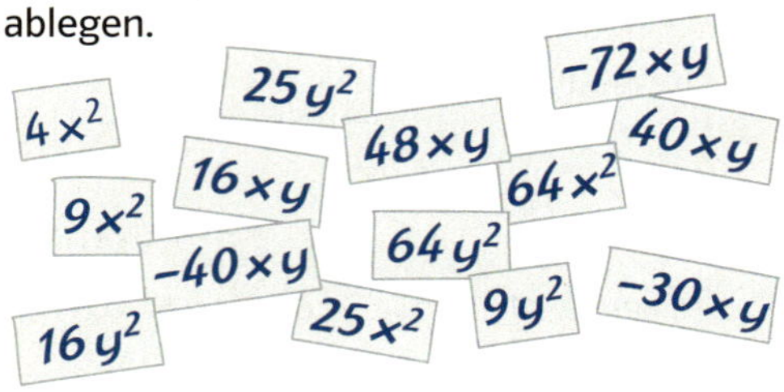

13 Beim Faktorisieren gibt es mehrere Möglichkeiten.

Beispiel:
□ + 24x + □
$= (x + 12)^2$; $(2x + 6)^2$; $(3x + 4)^2$

Gib drei Möglichkeiten an.
a) □ + 36x + □ b) □ + 50x + □
c) □ + 6ab + □ d) □ + ab + □

14 $2 \cdot 12 + 25 = 49$
$3 \cdot 13 + 25 = 64$
$4 \cdot 14 + 25 = 81$
...
Multipliziert man eine Zahl mit der um 10 vermehrten Zahl und addiert 25, erhält man eine Quadratzahl.
Setze fort und erkläre den Zusammenhang.

15 Faktorisiere. Klammere zunächst einen Faktor aus.

Beispiel:
$12x^2 + 72xy + 108y^2$
$= 12 \cdot (x^2 + 6xy + 9y^2)$
$= 12(x + 3y)^2$

a) $75a^2 - 108b^2$ b) $28v^2 - 112w^2$
c) $ax^2 + 6axy + 9ay^2$ d) $8ax^2 - 50ay^2$
e) $27x^2 + 18xy + 3y^2$ f) $0{,}5x^2 + 6x + 18$
g) $2ax^2 + 12axy + 18ay^2$
h) $\frac{1}{2}x^2 + 4x + 8$ i) $\frac{1}{5}x^2 + \frac{4}{5}xy + \frac{4}{5}y^2$

16 Faktorisiere zweimal.

Beispiel: $a^3 - a = a(a^2 - 1)$
$= a(a + 1)(a - 1)$

a) $a^3b - ab^3$ b) $8a^2 + 2b^2 + 8ab$
c) $6xy - 3x^2 - 3y^2$ d) $a^2c + 2abc + b^2c$
e) $2a + 2a^3 + 4a^2$
f) $50m^2 - 40mn + 8n^2$
g) $4x^3 + 4x^2 + x$
h) $12c^3 + 27cd^2 - 36c^2d$

17 Zerlege in möglichst viele Faktoren.

Beispiel: $n^3 - n = n(n^2 - 1) = n(n + 1)(n - 1)$

a) $n^5 - n = ?$
b) $n^9 - n = ?$
c) $n^{17} - n = ?$
d) $n^{33} - n = ?$
Es können auch mehr als drei Faktoren entstehen. Erkläre.

Die quadratische Ergänzung ?!

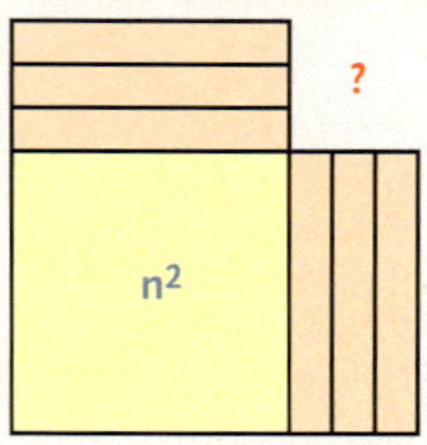

Aus einem Quadrat und sechs Streifen soll ein großes Quadrat gelegt werden.
- Wie viele kleine Quadrate fehlen?
- Kannst du aus dem Produktterm die gesuchte Anzahl ableiten?

Der fehlende Summand (?) zum vollständigen binomischen Term wird **quadratische Ergänzung** genannt. Er wird berechnet aus dem gegebenen, nicht-quadratischen Summanden, hier 6n. Der Faktor 6 wird halbiert und dann quadriert: $\left(\frac{6}{2}\right)^2 = 3^2 = 9$.
Der fehlende Summand ist hier also die Zahl 9.
- Ergänze und schreibe dann in der Produktform: $x^2 + 8x + △$; $x^2 - 2x + △$; $x^2 + x + △$.
- Wie funktioniert das Verfahren für Terme wie $x^2 + 6xy + △$ oder $4n^2 + 2nm + △$?
- Formuliere jeweils eine Regel und begründe, warum sie immer zum richtigen Summanden führen muss.
- Erkläre, warum es hier mehrere Möglichkeiten gibt: △ + 12ab + △. Welche sind das?

Zusammenfassung

Verteilungsgesetz

- **ausmultiplizieren**

Das Umformen eines Produkts in eine Summe mithilfe des Verteilungsgesetzes nennt man **Ausmultiplizieren**.
Dabei wird jeder Summand mit dem Faktor außerhalb der Klammer multipliziert.

$2n \cdot (n + m)$
$= 2n \cdot n + 2n \cdot m$
$= 2n^2 + 2nm$

- **ausklammern faktorisieren**

Das Umformen einer Summe in ein Produkt mithilfe des Verteilungsgesetzes nennt man **Ausklammern oder Faktorisieren**.
Dabei werden gemeinsame Faktoren vor die Klammer gesetzt.

$3n^2 + 6mn$
$= \mathbf{3n} \cdot n + \mathbf{3n} \cdot 2m$
$= \mathbf{3n}(n + 2m)$

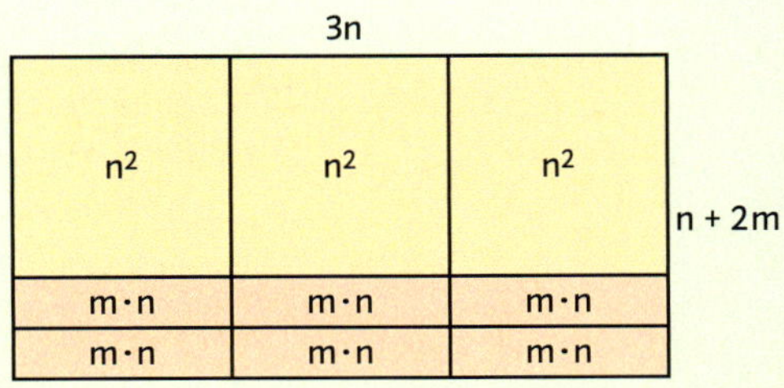

- **multiplizieren von Summen**

Werden zwei Summen miteinander multipliziert, wird jeder Summand der ersten Summe mit jedem Summanden der zweiten Summe multipliziert.
Die Produkte werden anschließend addiert.

$(m + 2n)(3m + n)$
$= m \cdot 3m + m \cdot n + 2n \cdot 3m + 2n \cdot n$
$= 3m^2 + mn + 6mn + 2n^2$
$= 3m^2 + 7mn + 2n^2$

Binomische Formeln

- **ausmultiplizieren**

1. binomische Formel:
$(a + b)(a + b) = (a + b)^2 = a^2 + 2ab + b^2$ — $(x + 5)^2 = x^2 + 10x + 25$

2. binomische Formel:
$(a - b)(a - b) = (a - b)^2 = a^2 - 2ab + b^2$ — $(3y - x)^2 = 9y^2 - 6xy + x^2$

3. binomische Formel:
$(a + b)(a - b) = a^2 - b^2$ — $(x + 2y)(x - 2y) = x^2 - 4y^2$

- **faktorisieren mithilfe der binomischen Formeln**

Liegen binomische Terme als Summen- oder Differenzterme vor, kann man sie zu Produkten umformen.

$x^2 + 2xy + y^2 = (x + y)^2$
$x^2 - 2xy + y^2 = (x - y)^2$
$x^2 - y^2 = (x + y)(x - y)$

Üben • Anwenden • Nachdenken

1 Bei einem Schachturnier spielte „jeder gegen jeden". Die Ergebnisse sind in einer Tabelle festgehalten.

	1.	2.	3.	4.	5.
1. Jens	□	0	$\frac{1}{2}$	1	1
2. Marina	1	□	1	$\frac{1}{2}$	1
3. Saskia	$\frac{1}{2}$	0	□	1	0
4. Fabian	0	$\frac{1}{2}$	0	□	0
5. Lara	0	0	1	1	□

a) Erkläre die Tabelle. Wie viele Partien fanden statt?
b) Stelle die Siegerliste auf.
c) Wie viele Spiele sind bei einem Turnier mit neun Teilnehmern zu organisieren?
d) Finde einen Term, der für die Anzahl der Spiele bei n Teilnehmern gilt.

2 Drücke die Gesamtfläche als Summe und als Produkt aus.

a)
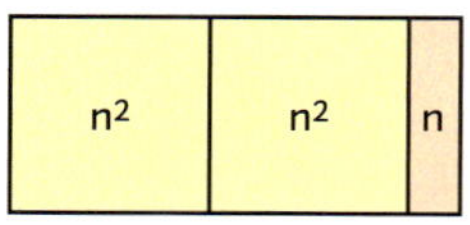

b)
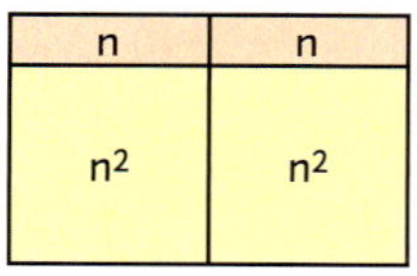

c)
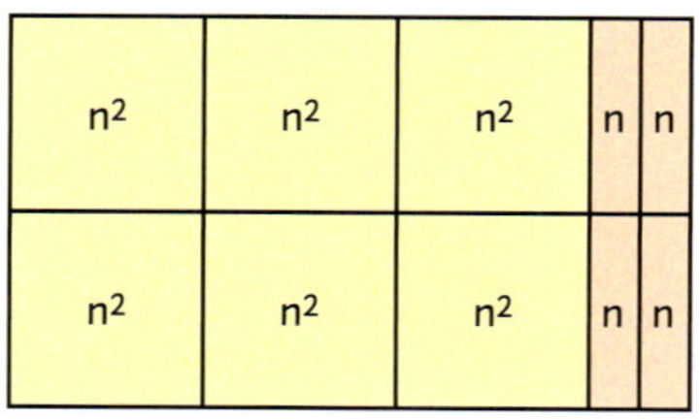

d) Erfindet selbst Flächen und stellt euch gegenseitig Aufgaben.

3 Verwandle in ein Produkt. Eine Zeichnung mit Quadraten und Streifen hilft, die Lösung zu finden.

a) $6n^2 + 3n$ b) $4n + 8n^2$
c) $n^2 + 2n + 1$ d) $n^2 + 6n + 9$
e) $n^2 + 3n + 2$ f) $n^2 + 7n + 12$
g) $2n^2 + 6n + 4$ h) $4n^2 + 6n + 2$

4 Gib den Flächeninhalt der Figur mit einem möglichst einfachen Term an.

a)
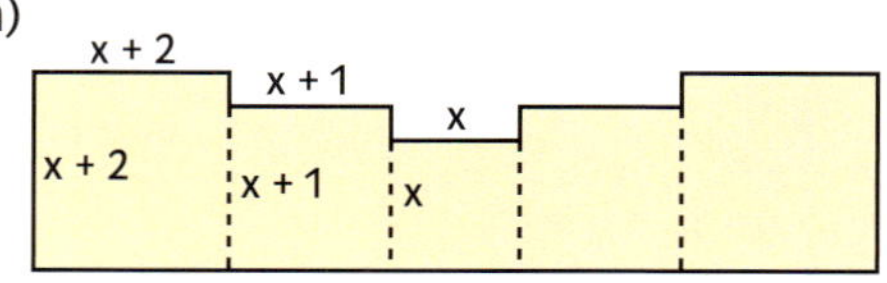

b)
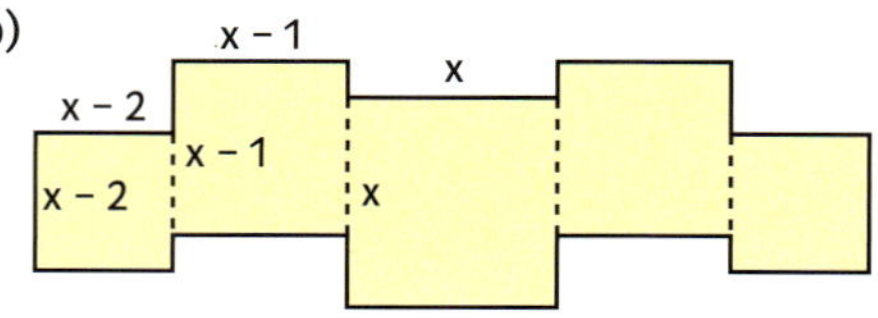

5 Multipliziere aus und fasse zusammen.

a) $5(12y - 7x) + 8(9y - 4x)$
b) $(13c - 10d)6a - 3c(a - 9d) - 2d(8c + a)$
c) $7a(-2 + a) - 5a^2 + 4(a - 1)$
d) $2(8x + 3y) + (y + 2) \cdot 5 - 4(x + 1)$
e) $10x(3x - 4y) + (8y - 5x) \cdot (-2y)$

6 Verwandle in eine Summe.

a) $(9a - 7b)(4c - 3d)$
b) $(4z + 5x)(-x + 3y)$
c) $(7x - 9)(-y + 3x)$
d) $(-2a + b)(5b - 1)$
e) $(a^2 - 3b)(-a - 5)$
f) $(-x - y)(-xy + 1)$
g) $(-v - w)(-s - t)$
h) $(-2x^2 - y^2)(-6 - z^2)$

7 Übertrage ins Heft und fülle die Lücken aus.

a) $(3x + 2)(9 + 4x) = \square + 35x + \square$
b) $(5a - 2b)(a + 3b) = \square + 13ab - \square$
c) $(3u + 9v)(5u - 6v) = 15u^2 + \square - 54v^2$
d) $(8y - x)(3y - 6x) = 24y^2 - \square + \square$
e) $(-5a - 3b)(-a + 5b) = \square - \square - 15b^2$
f) $(-6y^2 + 14x^2)(7x^2 + 3y^2) = 98x^4 - \square$
g) $(5a - 4c)(-3b + 6d)$
$= -15ab + \square + \square - 24cd$

8 Welche binomische Formel wird durch die Abbildung veranschaulicht? Erkläre und präsentiere deine Ergebnisse.

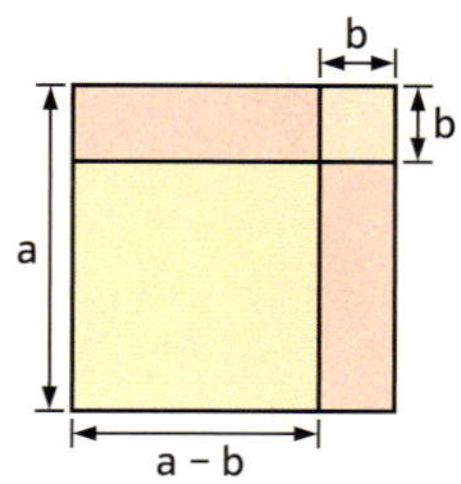

Taxigeometrie

?!

Die folgende Anordnung von natürlichen Zahlen in Dreiecksform heißt **pascalsches Dreieck**. Es wurde benannt nach dem berühmten französischen Mathematiker **Blaise Pascal** und sieht so aus:

Zeile 0	1
Zeile 1	1 1
Zeile 2	1 2 1
Zeile 3	1 3 3 1
Zeile 4	1 4 6 4 1
Zeile 5	1 5 10 10 5 1
:	
Zeile n	… … … … … …

Blaise Pascal (1623 – 1662)

- Sowohl die einzelnen Zeilen als auch die Zahlen in den farbig markierten Schrägzeilen weisen viele Besonderheiten auf. Welche Besonderheiten findest du?
- Sieh dir das pascalsche Dreieck genau an und erkläre, wie eine Zeile aus der vorherigen Zeile entsteht. Bestimme somit die Zahlen der nächsten zwei Zeilen.
- Berechne nun die Potenzen $(a + b)^1$, $(a + b)^2$, $(a + b)^3$, $(a + b)^4$ und $(a + b)^5$. Vergleiche die Ergebnisse mit den Zahlen des pascalschen Dreiecks. Was fällt dir auf?

In einigen Städten, wie z. B. Mannheim, sind die Straßen so angeordnet, dass sie ein fast regelmäßiges Gitter aus gleich großen Quadraten bilden. In einer solchen Stadt muss sich ein Taxifahrer gut zurechtfinden, um einen der kürzesten Wege von A nach B fahren zu können, denn in der Taxigeometrie kann es immer mehrere kürzeste Verbindungen zwischen zwei Punkten geben.

Arbeitet zu zweit:

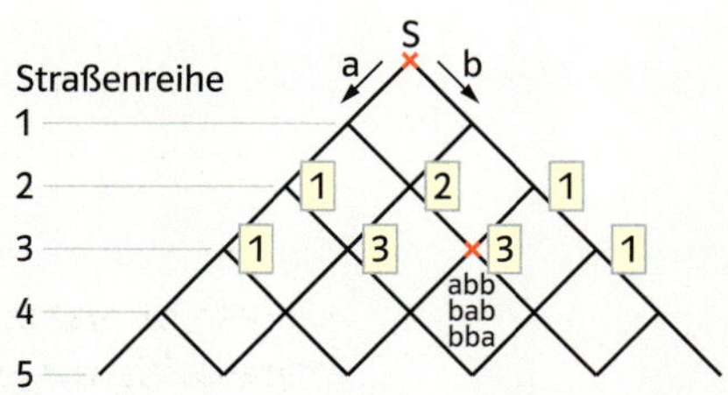

- Übertragt den vereinfachten Plan des Straßennetzes und notiert – wie in der Abbildung – an den Kreuzungspunkten, wie viele kürzeste Verbindungen es vom Taxistandort S aus gibt. a und b sind gleich lange Wegstrecken, gehen aber in unterschiedliche Richtungen. Erweitert den Plan um eine Kreuzungsreihe.
- Das Taxi fährt von S aus zu einem beliebigen Kreuzungspunkt. Notiert alle kürzeste Wege, die das Taxi dorthin fahren kann. Verkürzt die Schreibweisen:
a^2 statt aa, 2ab statt ab und ba, usw.
- Zeichnet ein weiteres Straßennetz und tragt nun an jeden Kreuzungspunkt die verkürzten Schreibweisen der Wege dorthin ein. Legt beide Diagramme nebeneinander und vergleicht mit den binomischen Formeln. Jetzt fällt euch sicherlich etwas auf.

9 Ergänze.
a) $(\square + 7m)^2 = 25n^2 \; \square \; \square \; \square \; \square$
b) $(12e + \square)^2 = \square \; \square \; \square \; \square \; 4f^2$
c) $(\square - \square)^2 = 6{,}25g^2 \; \square \; \square \; \square \; 100h^2$
d) $(3x - \square)^2 = \square \; \square \; 24xy \; \square \; \square$
e) $(\square + 1{,}5n)^2 = \square \; \square \; 30mn \; \square \; \square$
f) $(\square - \square)^2 = \square \; \square \; 9y \; \square \; 0{,}25$

10 Klammere den Faktor −1 aus und wandle den zweiten Faktor in ein Produkt um.
a) $-y^2 + 14y - 49$
b) $-9x^2 + 25y^2$
c) $-49r^2 - 56rs - 16s^2$
d) $-169a^2 + 144b^2$

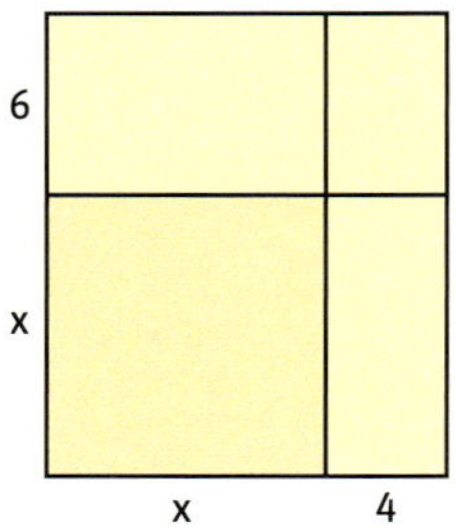

11 a) Durch eine Baulandumlegung vergrößert sich ein quadratischer Bauplatz mit der Seitenlänge x in eine Richtung um 6 m und in die andere um 4 m.
Wie groß ist die neue rechteckige Fläche?
b) Für einen Grundstückstausch wird ein rechteckiges Grundstück vorgeschlagen, das an einer Seite 3 m länger, an der anderen Seite aber 3 m kürzer als der ursprüngliche quadratische Bauplatz ist.
Wärst du mit diesem Grundstückstausch einverstanden?

12 Markus soll den Term
$((22 + 13)^2 + (22 - 13)^2) : (22^2 + 13^2)$
berechnen. Er erhält ein überraschend einfaches Ergebnis.
a) Rechne nach.
b) Berechne ebenso
$((35 + 28)^2 + (35 - 28)^2) : (35^2 + 28^2)$
Ersetze die Zahlen durch Variablen und erkläre die Lösung.

13 Übertrage vergrößert ins Heft und fülle die Lücken.

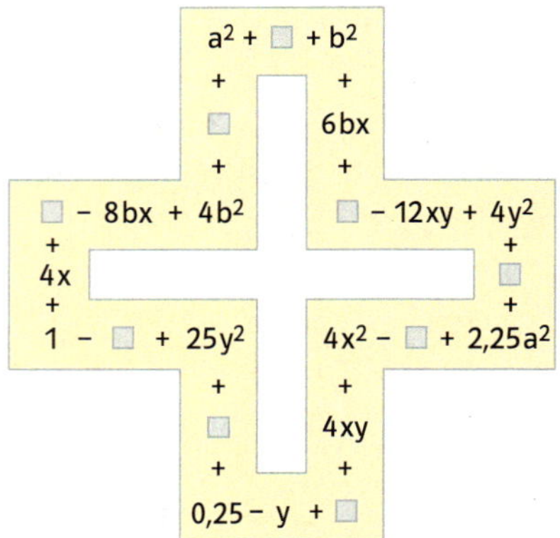

Babylonische Multiplikation

Die Babylonier benutzten Tontafeln mit Quadratzahlen, um größere Zahlen miteinander zu multiplizieren. Obwohl uns das heute sehr umständlich erscheint, war es in Wirklichkeit günstiger, denn sie hätten für das Berechnen von Produkten mithilfe von Multiplikationstafeln wesentlich mehr Tafeln benötigt als für das Rechnen mit Quadratzahlen.

$17 \cdot 13 = ?$

$17 + 13 = \mathbf{30}$
$17 - 13 = \mathbf{4}$
$\mathbf{30}^2 = 900$
$\mathbf{4}^2 = 16$
$900 - 16 = \mathbf{884}$
$884 : 4 = 221$
$17 \cdot 13 = 221$

Sollten die Zahlen a und b miteinander multipliziert werden, bildeten sie zunächst die Summe (a + b) und die Differenz (a − b), ermittelten dann die Quadrate der Summe und der Differenz und subtrahierten anschließend die beiden Ergebnisse voneinander. Schließlich teilten sie das Ergebnis durch 4.

- Berechne ebenso $18 \cdot 22$; $33 \cdot 27$; $46 \cdot 34$; $51 \cdot 49$; $62 \cdot 38$; $102 \cdot 98$; $106 \cdot 94$
- Weise die Richtigkeit dieses Rechenwegs allgemein nach, indem du den Term $((x + y)^2 - (x - y)^2) : 4$ vereinfachst.
- Erkläre die geometrische Darstellung.

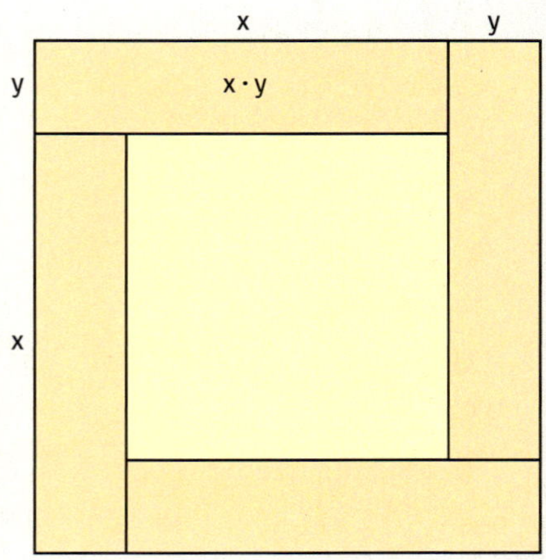

Rückspiegel

Rückspiegel

1 Gib den Flächeninhalt als Summe und als Produkt an.

a)

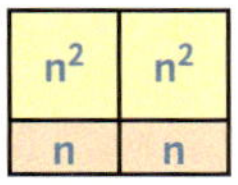

b)

2 Wandle in eine Summe um.

a) $6ax(4b + 3bx)$

b) $(14nm - n^2)\cdot(-3m)$

c) $(x + 3)(x - 4)$

d) $(y + 9)(3 - y)$

e) $(5x + 2)(6x - 3)$

f) $(2x + y)(-y + 3x)$

3 Vervollständige die Tabelle und gib den Term als Summe und als Produkt an.

a)

·	x	−6
x	□	□
5	□	□

b)

·	x	□
x	□	$-7x$
□	$12x$	□

4 Verwandle Summen in Produkte und Produkte in Summen.

a) $(9x + 5y)^2$

b) $(3x + 0{,}4y)^2$

c) $y^2 - 16xy + 64x^2$

d) $16a^2 + 40ab + 25b^2$

e) $81t^2 - 121s^2$

f) $(s - 2u)(s + 2u)$

5 Fülle die Lücken aus.

a) □ $+ 16x +$ □ $= (x + 8)^2$

b) $a^2 -$ □ $+ 100 = (a -$ □$)^2$

c) $121 - 22w +$ □ $=$ (□ $-$ □$)^2$

d) $4x^2 - 4xy +$ □ $= (2x -$ □$)^2$

e) $(6r +$ □$)^2 =$ □ $+$ □ $+ 81s^2$

6 Gib einen einfachen Term an für

a) die Oberfläche

b) das Volumen

des Körpers.

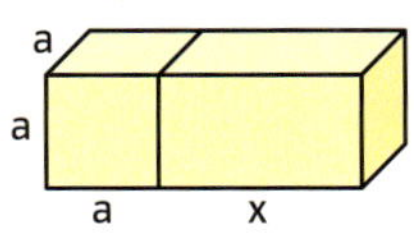

7 Klammere vor dem Faktorisieren einen geeigneten Faktor aus.

a) $4x^2 + 24xy + 36y^2$

b) $48x^2 - 120xy + 75y^2$

c) $28u^2 - 112w^2$

d) $0{,}5p^2 - 2p + 2$

1 Gib den Flächeninhalt als Summe und als Produkt an.

a)

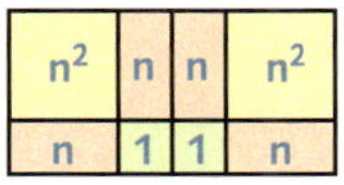

b)

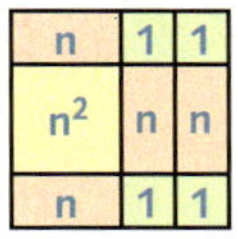

2 Wandle in eine Summe um.

a) $8a(3a + 4b)\cdot 2b$

b) $(-2x)(xy - 3x)\cdot 4x$

c) $(17 - t)(r - s)$

d) $(16 - a)(b - 15)$

e) $(8x - 0{,}5)(-6 + 2x)$

f) $(6x - y)(-0{,}8y - x)$

3 Vervollständige die Tabelle und gib den Term als Summe und als Produkt an.

a)

·	□	□
x	x^2	$-3x$
□	□	-42

b)

·	□	y
□	$-6x^2$	$2xy$
$-3y$	□	□

4 Verwandle Summen in Produkte und Produkte in Summen.

a) $(16t - 12s)^2$

b) $(0{,}7c - 0{,}2d)^2$

c) $9x^2 + 3xy + 0{,}25y^2$

d) $a^2 + ab + 0{,}25b^2$

e) $\left(\frac{1}{3}a - \frac{1}{2}b\right)\left(\frac{1}{3}a + \frac{1}{2}b\right)$

f) $x^2 - \frac{1}{4}y^2$

5 Fülle die Lücken aus.

a) $9x^2 +$ □ $+ 0{,}25y^2 = (3x +$ □$)^2$

b) □ $- 32mn + 4n^2 =$ (□ $- 2n)^2$

c) $c^2 - 34c +$ □ $=$ (□ $-$ □$)^2$

d) □ $- 56rs +$ □ $=$ (□ $-$ □$)^2$

e) (□ $-$ □$)^2 =$ □ $- 150ab + 25b^2$

6 Gib einen einfachen Term an für

a) die Oberfläche

b) das Volumen

des Körpers.

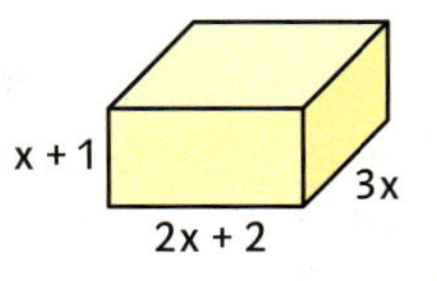

7 Klammere vor dem Faktorisieren einen geeigneten Faktor aus.

a) $\frac{1}{2}x^2 - 2x + 2$

b) $\frac{3}{4}v^2 - \frac{3}{16}w^2$

c) $150x^2 + 120xy + 24y^2$

d) $\frac{1}{5}x^2 + \frac{4}{5}xy + \frac{4}{5}y^2$

Von Bäumen und mehr

Grundstücksausgleich

Durch das 325 m lange und 120 m breite Grundstück der Familie Kruse wird eine neue Straße gebaut. Familie Kruse muss von der längeren Grundstücksseite 70 m abgeben.

An der kürzeren Grundstücksseite bietet die Gemeinde einen Flächenausgleich an.

Um wie viel müsste die andere Seite des Grundstücks für einen gerechten Ausgleich verlängert werden?

Sturmsichere Bäume

Ein Baum steht nur dann sturmsicher, wenn seine Höhe im Vergleich zum Umfang in Bodennähe nicht zu groß ist.

Man misst den Umfang u in Brusthöhe, also etwa bei 1,30 m.

Faustformeln für die Stammhöhe h in Abhängigkeit vom Umfang u

- im Freistand $h = 10 \cdot u$
- im dichten Bestand $h = 15 \cdot u$

Bianca, Anke und Tim haben für u 0,75 m; 1,30 m und 3,70 m gemessen.

Legt man nicht den Umfang sondern den Durchmesser zugrunde, spricht man von h/d-Verhältnis (Baumhöhe h zu Brusthöhendurchmesser d).
Ist der Wert h/d kleiner als 70, wird ein Baum als stabil bezeichnet. Ist der Wert h/d größer als 70, so steigt die Gefahr von Sturmschäden.

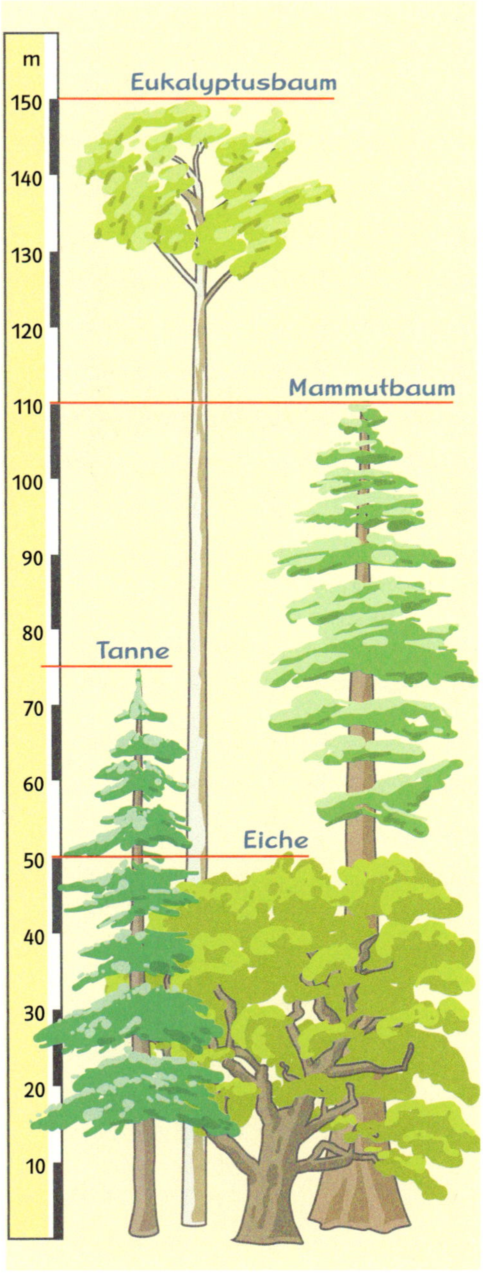

Jede Menge Holz

Auch das Volumen V eines Baumstamms lässt sich schätzen, ohne den Baum zu fällen. Die erste der zwei Faustformeln ist meist genauer als die zweite.

- $V = 0{,}4 \cdot u^3$
- $V = u^2$

Hier wird u in m eingegeben, V ergibt sich in m^3.

Sarah und David haben Stämme mit $u = 2{,}80\,m$ und $u = 3{,}70\,m$ gemessen.

$1\,m^3$ vieler Holzarten wiegt etwa 0,6 t. Gebt zwei Faustformeln für die Masse m eines Stamms an, der den Umfang u hat.

Bäume als Zeitzeugen

In Europa werden Bäume bis zu 45 m hoch. Wie schwer ist ein solcher Baumriese etwa? Was in Europa ein Riese ist, ist in Nordamerika ein Zwerg. Dort werden die größten Bäume 120 m hoch.

Bei gefällten Bäumen lässt sich die Lebensgeschichte und das Alter anhand der Jahresringe ablesen. Das Alter kann man jedoch auch mithilfe einer Faustformel bestimmen, ohne den Baum zu fällen. Sie ist aber ziemlich ungenau.

- $t = 0{,}4 \cdot u$

Hier wird u in cm eingegeben, und t ergibt sich in Jahren. Messt und rechnet selbst.
Sarah hat gelesen, dass es 1000-jährige Bäume gibt.

Auf den Spuren unserer Bäume

Untersucht Bäume in eurer Umgebung auf Sturmsicherheit, Volumen, Gewicht und Alter.
Was habt ihr festgestellt?

In diesem Kapitel lernst du,

- wie man mit Klammern in Gleichungen umgeht,
- dass eine Variable auch im Nenner stehen kann,
- wozu Formeln gut sind,
- wie man aus einer Formel andere gewinnt,
- wie man Textaufgaben mithilfe von Gleichungen löst.

1 Gleichungen mit Klammern

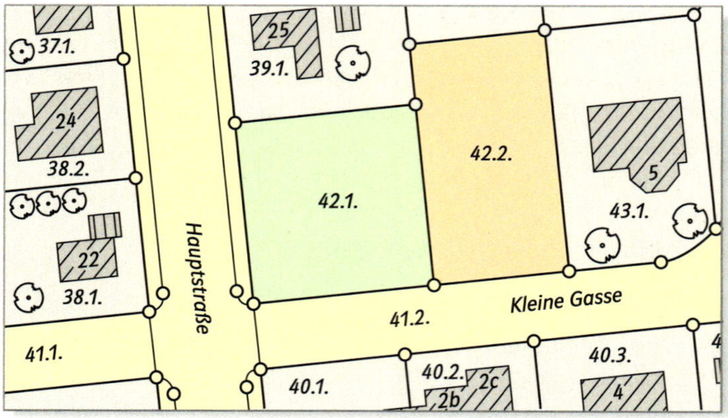

Familie Grüner hat beim Grundstückskauf die Wahl zwischen dem quadratischen Grundstück 42.1 und dem flächengleichen Flurstück 42.2. Dieses ist 8 m länger, dafür aber um 6 m schmaler als Grundstück 42.1.

→ Findest du ohne Messung heraus, wie lang und wie breit die Grundstücke 42.1 und 42.2 sind?

→ Das Grundstück 37.1 hat die doppelte Fläche des Grundstücks 42.1. Die an die Straße angrenzende Seite ist 1,5-mal länger als die des Grundstücks 42.1. Bestimme die zweite Seitenlänge des Grundstücks.

Kommen in einer Gleichung Terme mit Klammern vor, werden zuerst die Klammern aufgelöst.

$$\begin{aligned} 12(2x+1) - 15(x+3) &= 5(1-x) + 32 && \mid \text{Klammern ausmultiplizieren} \\ 24x + 12 - 15x - 45 &= 5 - 5x + 32 && \mid \text{zusammenfassen} \\ 9x - 33 &= 37 - 5x && \mid +33 \\ 9x &= 70 - 5x && \mid +5x \quad \text{ordnen} \\ 14x &= 70 && \mid :14 \\ x &= 5 \end{aligned}$$

An einer Gleichung der einfachsten Form wie $x = 5$ kann man die Lösung leicht ablesen. Die Lösungsmenge besteht aus der Zahl 5. Man schreibt kurz: $L = \{5\}$.

Lösungsverfahren für Gleichungen mit Klammern

1. Klammern auflösen.
2. Auf beiden Seiten Terme zusammenfassen.
3. Summanden mit Variablen auf der einen Seite und Summanden ohne Variablen auf der anderen Seite zusammenfassen und ordnen.
4. Durch den Koeffizienten der Variablen dividieren.
5. Die Lösungsmenge angeben.

Beispiele

a) $6x + 10 - 8x = 87 - (21 + 10x)$

$$\begin{aligned} 6x + 10 - 8x &= 87 - 21 - 10x \\ -2x + 10 &= 66 - 10x && \mid -10 \\ -2x &= 56 - 10x && \mid +10x \\ 8x &= 56 && \mid :8 \\ x &= 7 \quad L = \{7\} \end{aligned}$$

Probe:

linker Term	rechter Term
$6 \cdot 7 + 10 - 8 \cdot 7$	$87 - (21 + 10 \cdot 7)$
$42 + 10 - 56$	$87 - (21 + 70)$
$52 - 56$	$87 - 91$
-4	-4

b) $7(4x - 3) - (2x + 1) \cdot 9 = 2(x - 9)$

$$\begin{aligned} 28x - 21 - 18x - 9 &= 2x - 18 \\ 10x - 30 &= 2x - 18 && \mid +30 \\ 10x &= 2x + 12 && \mid -2x \\ 8x &= 12 && \mid :8 \\ x &= 1{,}5 \quad L = \{1{,}5\} \end{aligned}$$

Probe:

linker Term	rechter Term
$7(4 \cdot 1{,}5 - 3) - (2 \cdot 1{,}5 + 1) \cdot 9$	$2(1{,}5 - 9)$
$7(6 - 3) - (3 + 1) \cdot 9$	$2 \cdot (-7{,}5)$
$7 \cdot 3 - 4 \cdot 9$	-15
-15	-15

c) Multipliziere die Klammern aus.

$(x-3)(x-1) = (x+1)(x-9)$

$x^2 - 1x - 3x + 3 = x^2 - 9x + 1x - 9$

$x^2 - 4x + 3 = x^2 - 8x - 9 \quad | -x^2$

$-4x + 3 = -8x - 9 \quad | +8x$

$4x + 3 = -9 \quad | -3$

$4x = -12 \quad | :4$

$x = -3 \quad L = \{-3\}$

Probe:

linker Term	rechter Term
$(-3-3)(-3-1)$	$(-3+1)(-3-9)$
$-6\cdot(-4)$	$(-2)(-12)$
24	24

d) Vereinfache mithilfe der binomischen Formeln.

$(x+4)^2 - 3(x-10) = (x-3)(x+3)$

$x^2 + 8x + 16 - 3x + 30 = x^2 - 9 \quad | -x^2$

$8x + 16 - 3x + 30 = -9$

$5x + 46 = -9 \quad | -46$

$5x = -55 \quad | :5$

$x = -11 \quad L = \{-11\}$

Probe:

linker Term	rechter Term
$(-11+4)^2 - 3(-11-10)$	$(-11-3)(-11+3)$
$(-7)^2 - 3(-21)$	$-14\cdot(-8)$
49 + 63	112
112	112

Binomische Formeln

$(a+b)^2 = a^2 + 2ab + b^2$

$(a-b)^2 = a^2 - 2ab + b^2$

$(a+b)(a-b) = a^2 - b^2$

Aufgaben

1 Löse die Gleichung. Führe eine Probe durch.

a) $9x + 33 - (45 - 15x) = 15 - 3x$

b) $7 - (10 - 8x) = 23 - (4 + 14x)$

c) $(17x+22)-(5x+9) = (11x+15)-(22-21x)$

d) $(42x + 37) - (26 - 34x) = 26x + 211$

2 Gib die Lösung an und überprüfe.

a) $4(2x+3) = 3(3x+2)$

b) $(12 - 3x)\cdot 2 = 9(7x + 18)$

c) $3(9 - y) = 5(y - 9)$

d) $(2 - 3y)\cdot 5 + (8 - y)\cdot(-4) = 0$

3 Baut Gleichungen wie im Beispiel.

$3(2x-4) = 2(3+4x)$

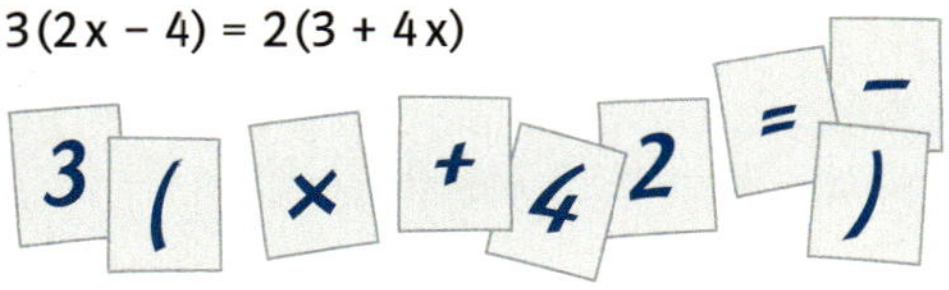

a) Stellt fünf weitere Gleichungen auf, löst sie und kontrolliert die Ergebnisse.

b) Stellt euch einen eigenen Gleichungsbaukasten zusammen und rechnet.

4 Beachte die Minusklammern. Ordne die richtige Lösung zu.

a) $2n^2 - (n+12)(2n+3) = 18$	12
b) $15n - (3n-5)(4n+5) = 5 - 12n^2$	1,5
c) $8n^2 - 2(2n-7)(2n+6) = 11n$	−1
d) $-10n^2 - 5(3-n)(2n+11) = -30n$	−2
e) $7(4n-3) - (2n+1)\cdot 9 = 2(n-9)$	3

5 Quadrat und Rechteck sind flächengleich. Berechne die Länge der gesuchten Seite x.

a)

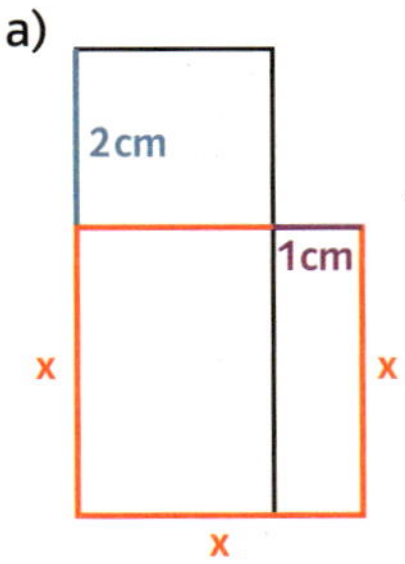

b)

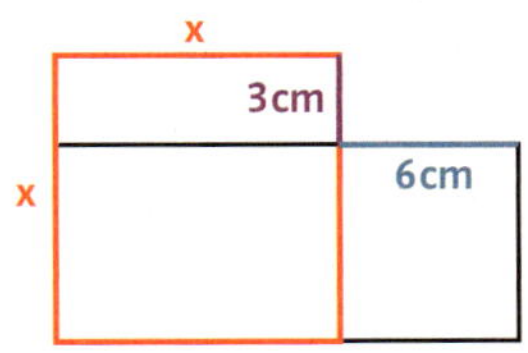

6 Rotes und schwarzes Rechteck sind flächengleich. Berechne die Länge der gesuchten Seite x.

a)

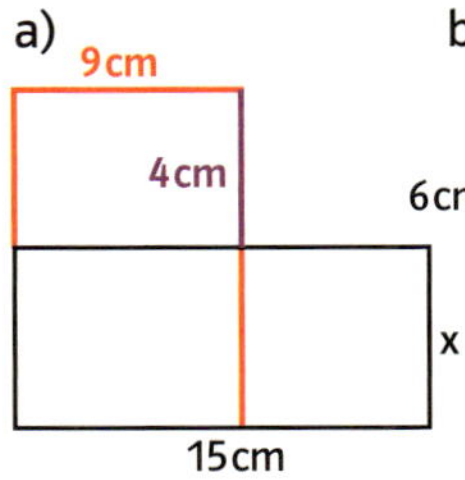

b)

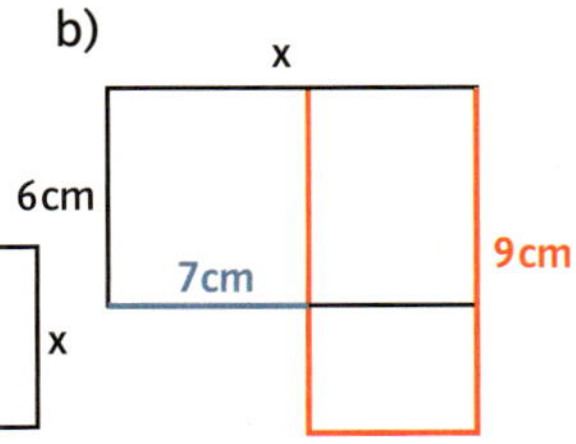

c)

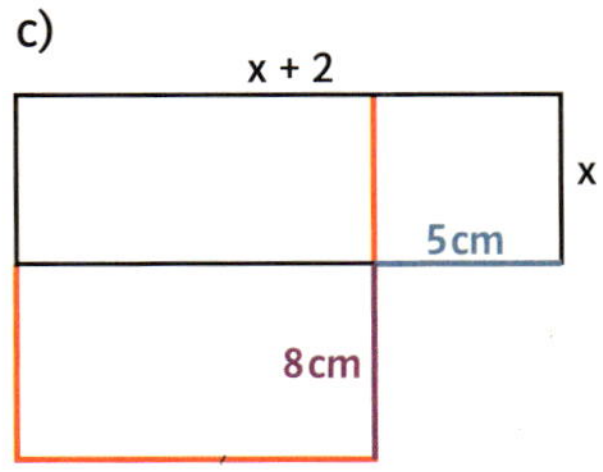

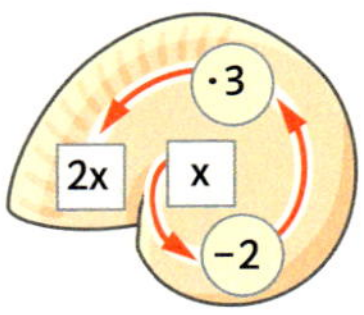

7 Stelle die Gleichung auf und löse sie.

Beispiel: $(x-2)\cdot 3 = 2x$

a)

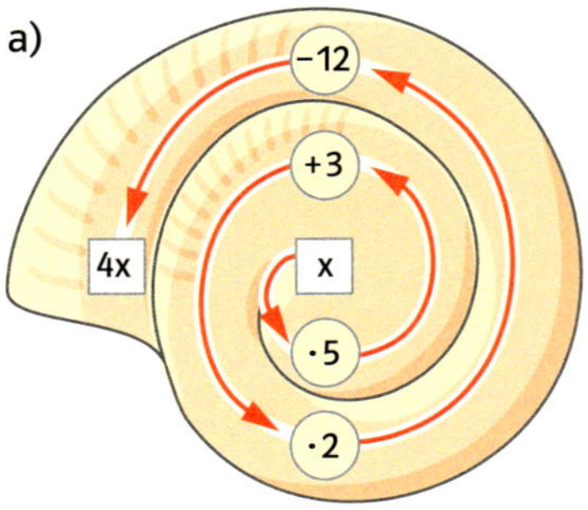

b)

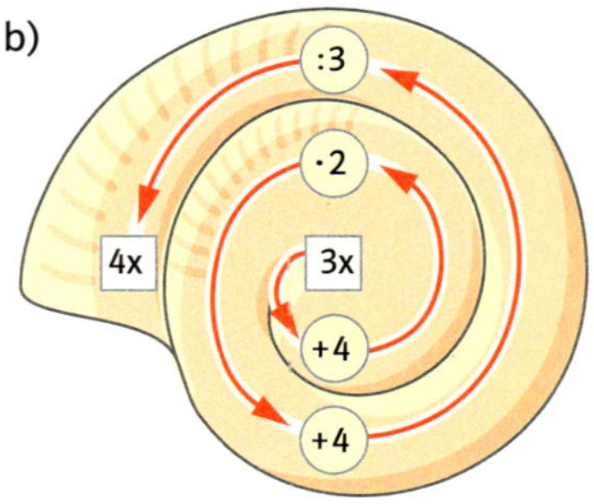

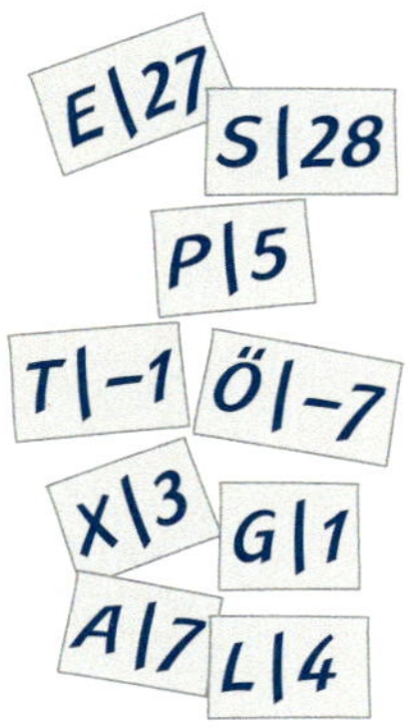

8 Die Karten auf dem Rand führen dich zum Lösungswort.

a) $7m + 2(m-12) = 2(m-13) + 3(2m+1)$
b) $8(m-1) - 17(3-m) = 4 - 12(3-2m)$
c) $7(6n+3) - 8(3-4n) = 12(2n+3) + 161$
d) $8(2n-3) - 5(2n+8) = 38 - 4(1-5n)$
e) $\frac{2}{3}m - \frac{2}{3} = 1 - \left(\frac{1}{2} - \frac{5}{8}m\right)$
f) $\frac{4}{5}n - \left(-1 - \frac{4}{3}n\right) = -\left(\frac{4}{5} + \frac{1}{3}\right)$

9 Achte auf den zusätzlichen Faktor. Führe eine Probe durch.

a) $4(x+6)(x-5) = 4x^2 - 11x$
b) $6x^2 + 18x = (x-3)(x+9)\cdot 6$
c) $(x+8)\cdot 3\cdot(x-4) = 3x^2 - 4x$

10 Die Lösungen findest du unter den Zahlen -5; -3; -2; -1; 0; 1; 2; 3; 4. Setze Zahlen probeweise ein, dann findest du die Lösung vielleicht schneller.

a) $(x+1)(x-9) = (x-3)(x-1)$
b) $(x+5)(3x+4) = (x+33)(3x-4)$
c) $(2x+2)(2x+3) = (x+1)(4x-3)$
d) $(3x-4)(6+4x) = (6x-2)(2x+12)$

11 a) Löse die Gleichungen.

$(x+1)^2 = (x+3)^2$
$(x+2)^2 = (x+4)^2$
$(x+3)^2 = (x+5)^2$
$(x+4)^2 = (x+6)^2$

b) Stellst du eine Gesetzmäßigkeit fest? Löse dann $(x+45)^2 = (x+47)^2$.

12 Es gibt Gleichungen, die eine, keine oder unendlich viele Lösungen haben.

Beispiel: $2(x+2) = 2x+2$
$2x + 4 = 2x + 2 \quad | -2x$
keine Lösung, weil: 4 = 2 falsch!

Wie ist es bei diesen Gleichungen?

a) $2x - 1 + 6(2x+1) = 16x - (2x-7)$
b) $3(x-1) = 9x - 3(2x+1)$
c) $(x+3)^2 - x = 5(x+5) - (x+4)(4-x)$
d) $10x - \left(\frac{1}{2} + 3x\right) = 2\left(\frac{7}{2}x - \frac{3}{4}\right)$
e) $x + \frac{1}{3} - \frac{3x+2}{15} = 1$
f) $4x(x+9) = 5(2x+1)^2 - 4(2x-1)^2$

Aufgaben selbst erfinden

Zu einer Gleichung lässt sich häufig eine passende Sachsituation finden. Einige Gleichungen können beispielsweise als Flächen dargestellt werden.

Beispiel: $4\cdot(2x+3) = 3\cdot(3x+2)$

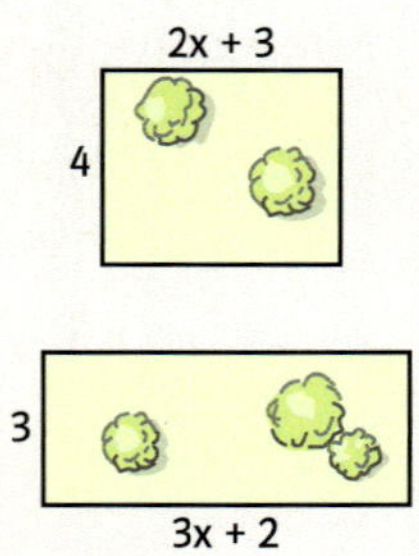

Dazu erfundene Aufgabe: Die beiden Grundstücke 1 und 2 haben den gleichen Flächeninhalt. Bestimme die Länge der unbekannten Seiten in Metern. Lösung:

$A_{(\text{Grundstück 1})} = A_{(\text{Grundstück 2})}$
$4\cdot(2x+3) = 3\cdot(3x+2)$
$8x + 12 = 9x + 6 \quad | -8x \,|\, -6$
$6 = x$

Seitenlänge Grundstück 1: $2x + 3 = 2\cdot 6 + 3 = 15$
Grundstück 2: $3x + 2 = 3\cdot 6 + 2 = 20$

Probe:

linker Term	rechter Term
4·15	3·20
60	60

Die unbekannten Grundstücksseiten sind 15 m und 20 m lang.

- Formuliere zu der Gleichung $x\cdot(x+6) = (x+2)^2$ eine Aufgabe. Überprüfe, ob du sie berechnen kannst.
- Erfinde selbst Aufgaben, die mithilfe von Gleichungen mit Klammern gelöst werden können. Kontrolliere deine Aufgabe, bevor du sie deiner Klasse zum Lösen vorlegst.

2 Formeln

At the beginning of the summer holidays Sarah and her mother have a trip on airplane to New York. The captain announces: The temperature in New York is 95 degrees.
Sarah hopes that her mother didn't understand.
Mrs. Swan, Sarah's seat neighbor, asks her: What was the temperature in Frankfurt at our departure?
Sarah answers: 15 degrees.
Mrs. Swan replies: Very chilly this July in Europe, isn't it?

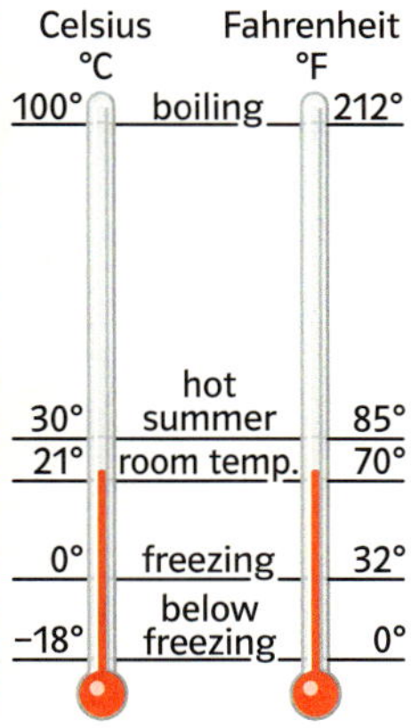

? $y = \frac{9}{5} \cdot x + 32$
Can you find out by yourself, what x and y mean here?

Die Prozentformel $p\,\% = \frac{W}{G}$ beschreibt den Zusammenhang zwischen den Variablen p % (Prozentsatz), W (Prozentwert) und G (Grundwert).

Wenn man für verschiedene Werte von G und p % den Prozentwert W berechnen soll, ist immer dieselbe Umformung nötig.

$7{,}5\,\% = \frac{W}{120\,€} \;|\cdot 120\,€;\quad 35\,\% = \frac{W}{8{,}37\,€} \;|\cdot 8{,}37\,€;\ \ldots$

Es ist dann praktischer, vor dem Einsetzen umzuformen und die umgeformte Formel zu benutzen.

$$p\,\% = \frac{W}{G} \qquad |\cdot G$$
$$G \cdot p\,\% = W$$
$$W = G \cdot p\,\%$$

Eine **Formel** beschreibt einen Zusammenhang zwischen Variablen, Größen und Zahlen.
Es ist oft vorteilhaft, eine Formel so umzuformen, dass die gesuchte Variable allein steht.
Man sagt: Die Formel wird nach dieser Variablen **aufgelöst**.

Beispiele

a) Die Summe der Kantenlängen eines Quaders ist $k = 4(a + b + c)$. Aus k, b und c soll a berechnet werden. Dazu wird die Formel nach a aufgelöst

$$k = 4(a + b + c) \qquad |:4$$
$$\frac{k}{4} = a + b + c \qquad |-b-c$$
$$a = \frac{k}{4} - b - c$$

Für $k = 120\,\text{cm}$ und einige Werte von b und c wird jetzt a berechnet (alle in cm).

b	10	10	10	9	2,5	6,2
c	5	8	10	10	3,5	7,9
a	15	12	10	11	24	15,9

b) „Geschwindigkeit gleich Weg durch Zeit"
Diese Formel wird nach der Zeit aufgelöst:

$$v = \frac{s}{t} \qquad |\cdot t$$
$$v \cdot t = s \qquad |:v$$
$$t = \frac{s}{v}$$

Die nach der Zeit aufgelöste Formel heißt „Zeit gleich Weg durch Geschwindigkeit".
Für $s = 100\,\text{km}$ kann man die Zeit t zu gegebener Geschwindigkeit v berechnen.

v in $\frac{km}{h}$	20	40	60	80	100
t in h	5	2,5	$1\frac{2}{3}$	$1\frac{1}{4}$	1

Geschwindigkeit $= \frac{\textit{Weg}}{\textit{Zeit}}$
$v = \frac{s}{t}$

Aufgaben

1 a) Stelle die Rechtecksformel $A = a \cdot b$ nach a um.
b) Berechne mithilfe einer umgestellten Formel die fehlende Seitenlänge des Rechtecks. (A in cm^2; a und b in cm)

A	80	80	80	90	90	90	100	100
a	16	18				25	29	
b			7	6	8			33

2 a) Stelle die Quaderformel $V = a \cdot b \cdot c$ nach a, nach b und nach c um.
b) Berechne die fehlende Kantenlänge des Quaders. (V in cm^3; a, b und c in cm)

V	80	90	100	120	140	170	241
a	16	15	8		8		17,1
b	2,5	3		7,5		5,6	14,1
c			2,5	32	2,8	4,6	

Eva: $c = 80 : (16 \cdot 2,5)$
Gerd: $c = 80 : 16 \cdot 2,5$
Saskia: $c = 80 : 16 : 2,5$

c) Der Taschenrechner hilft nur, wenn man ihn richtig benutzt. Rechnen Eva, Gerd oder Saskia für $V = 80\,cm^3$; $a = 16\,cm$; $b = 2,5\,cm$ den richtigen Wert für c aus?

3 a) Berechne die Grundfläche $G = a \cdot b$ des Quaders. (V in dm^3; c in dm)

V	60	120	150	225	280	400	1000
c	5	7,5	2,5	4,5	35	32	16

b) Gib zu den Ergebnissen aus a) je einige mögliche Kantenlängen a und b an. Auch Brüche sind erlaubt.

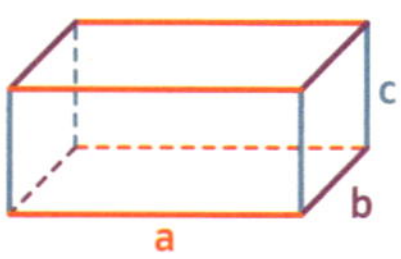

4 Ein Quader hat die Kantenlängen a, b und c. Die Summe seiner Kantenlängen ist $k = 4(a + b + c)$.
a) Stelle die Formel nach b und nach c um.
b) Berechne mithilfe der passend umgestellten Formel die fehlende Kantenlänge (alle Maße in cm).

! Eine Aufgabe ist nicht lösbar!

k	80	60	120	180	206	30	12	960
a		10	12	15	27,5		2	79
b	6	2		15	12	1	1	
c	5		12			1		81

Formeln falten ?!

Nadja, Hajo, Jasmin und Kai schneiden Streifen aus und falten sie rechtwinklig.

- Hajo misst zur Bestimmung des Flächeninhalts die Längen aus.
- Nadja überlegt, welche Fläche verloren geht, wenn sie einmal faltet. Sie findet eine Formel für den Flächeninhalt A_1 des einmal gefalteten Streifens.

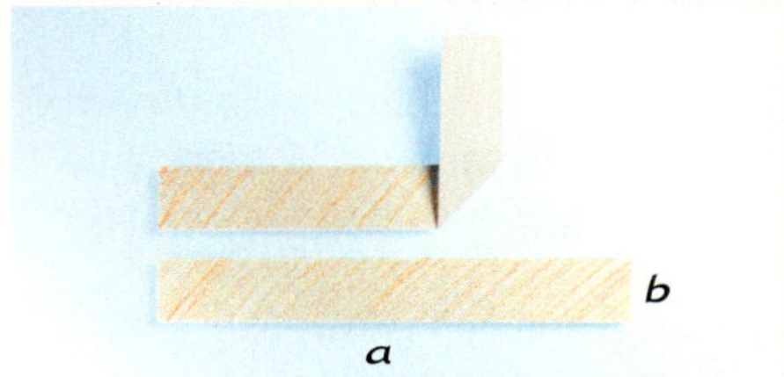

- Jasmin und Kai finden Formeln für die Flächeninhalte A_2, A_3 und A_4 von 2-mal, 3-mal, 4-mal gefalteten Streifen.
- Hajo schneidet Streifen aus mit $a = 24\,cm$; $b = 2\,cm$ und $a = 25\,cm$; $b = 6\,cm$. Er prüft die Formeln durch Messen nach.
- Kai will gefaltete Streifen herstellen mit $b = 2\,cm$ und $A_1 = 40\,cm^2$; $A_1 = 60\,cm^2$; $A_2 = 40\,cm^2$. $A_3 = 40\,cm^2$; $A_3 = 70\,cm^2$; $A_4 = 80\,cm^2$. Dazu löst er die Formeln nach a auf.
- Die vier finden heraus, wie man ein Achteck um ein Quadrat legen kann.

5 a) Löse die Prozentformel nach G auf.
b) Berechne W bzw. G mithilfe der umgestellten Formeln.

p%	5%	2%	3%	2,15%
G	350,00 €	350,00 €		
W			7,50 €	21,50 €

p%	4,5%	2,2%	22%	0,5%
G			864,30 €	620,00 €
W	144,90 €	13,80 €		

6 a) Löse die Formel $v = \frac{s}{t}$ nach s auf. Schreibe die neue Formel in Worten.
b) Berechne mit den passenden Formeln die in den Tabellen fehlenden Werte.

v in $\frac{km}{h}$	100	22	140	12		
t in h	$1\frac{1}{2}$	3			$4\frac{1}{2}$	$1\frac{1}{2}$
s in km			630	90	198	300

v	$320\frac{m}{min}$	$1000\frac{m}{min}$	$8\frac{m}{s}$	
t	2 min 30 s	4 min		45 min
s			100 m	1,8 km

7 In Aufgabe 6b) hast du viel gerechnet. Zur ersten Teilaufgabe passt die Mini-Geschichte:
„Frau Maier fährt mit dem Auto von Oberhausen nach Bielefeld.
Das sind etwa 150 km.
Wegen des dichten Verkehrs fährt sie durchschnittlich nur mit $100\frac{km}{h}$ und braucht $1\frac{1}{2}$ Stunden."
Erzähle oder schreibe auch zu anderen Teilaufgaben eine solche Mini-Geschichte.

8 Kerstin braucht mit dem Rad für ihren 5 km langen Schulweg 20 Minuten.
a) Am letzten Schultag fährt Kerstin vier Minuten zu spät ab. Wie schnell muss sie fahren, um noch rechtzeitig anzukommen?
b) Will Kerstin x Minuten Verspätung aufholen, muss sie mit der Geschwindigkeit v fahren. Ihre Mathematiklehrerin hat dazu eine Formel aufgestellt:
$v \cdot \left(\frac{20}{60} - \frac{x}{60}\right) = 5$ (x in min; v in $\frac{km}{h}$)
Löse die Formel nach v auf.
c) Berechne v für einige x-Werte. Wie viel Verspätung kann Kerstin noch aufholen?

9 Der Fahrenheit-Wert y der Temperatur lässt sich aus dem Celsius-Wert x durch eine Formel berechnen: $y = \frac{9}{5} \cdot x + 32$
a) Stelle eine Wertetabelle auf.

B10 f_x =9/5*A10+32

	A	B	C
1	Temperatur in °Celsius	Temperatur in °Fahrenheit	
2	−2		
3	−1	30,2	
4	0	32,0	
5	1	33,8	
6	2	35,6	
7	3	37,4	
8	4	39,2	
9	5	41,0	
10	6	42,8	
11	7		
12	8		
13	9		
14	10		
15			

b) Löse die Formel nach x auf.
Ordne in einer Wertetabelle einigen Fahrenheit-Werten y die Celsius-Werte x zu.
c) Welche x-Werte ergeben sich für die y-Werte 0 °F; 100 °F; −100 °F?

3 Bruchgleichungen*

Die Fahrtkosten betragen für alle zusammen 660 €, der gesamte Eintritt in den Tierpark beträgt 80 €. Der Einzelpreis für Fahrt und Tierpark beträgt 7,50 €.

Die Schüler der Klassenstufe 8 der Realschule verbringen ihren Ausflugstag in Bochum. Dabei besucht die Hälfte das Planetarium, ein Drittel den Tierpark und der Rest das Bergbaumuseum.
Bezeichnet man die Zahl der Schüler, die den Tierpark besuchen, mit x, ergibt sich die Gleichung: $\frac{660}{3x} + \frac{80}{x} = 7{,}50$ €.

→ Erkläre, wofür die Terme $\frac{660}{3x}$ und $\frac{80}{x}$ stehen.

→ Ermittle die Schülerzahlen.

Terme, die im Nenner eine Variable enthalten, nennt man **Bruchterme**. Gleichungen, in denen Bruchterme vorkommen, nennt man **Bruchgleichungen**. Setzt man für die Variablen rationale Zahlen ein, kann der Wert des Terms berechnet werden, außer wenn der Nenner den Wert null annimmt. So können zum Beispiel in die Bruchterme $\frac{1+x}{2-x}$ und $\frac{64}{2x-4}$ alle rationalen Zahlen außer 2 eingesetzt werden.
Man sagt: Die **Definitionsmenge** ist die Menge aller rationalen Zahlen ohne die Zahl 2 und schreibt kurz: $D = \mathbb{Q} \setminus \{2\}$.

Terme bzw. Gleichungen, die im Nenner eine Variable enthalten, heißen **Bruchterme** bzw. **Bruchgleichungen**.
Die **Definitionsmenge eines Bruchterms** bzw. **einer Bruchgleichung** enthält alle Zahlen, die beim Einsetzen in den Nenner des Bruchterms nicht den Wert null ergeben.

Beim Lösen von Bruchgleichungen multipliziert man zunächst beide Seiten der Gleichung mit einem gemeinsamen Nenner und benutzt dann **Äquivalenzumformungen**.

$$\frac{9}{2x} + \frac{6}{x} = \frac{7}{2} \qquad D = \mathbb{Q} \setminus \{0\}$$

$$\frac{9}{2x} + \frac{6}{x} = \frac{7}{2} \qquad | \cdot 2x$$

Ein gemeinsamer Nenner ist 2x.

$$\frac{9}{2x} \cdot 2x + \frac{6}{x} \cdot 2x = \frac{7}{2} \cdot 2x$$

Man erhält eine Gleichung ohne Brüche.

$$9 + 12 = 7x$$

$$21 = 7x \qquad |:7$$

$$3 = x$$

$$L = \{3\}$$

Probe:

linker Term	rechter Term
$\frac{9}{6} + \frac{6}{3}$	$\frac{7}{2}$
1,5 + 2	3,5
3,5	3,5

Da die Zahl 3 zu D gehört, gilt: $L = \{3\}$

Schritte für das Lösen einer Bruchgleichung
1. Die Definitionsmenge festlegen.
2. Durch Multiplizieren mit einem gemeinsamen Nenner eine Gleichung ohne Bruchterme herstellen.
3. Die Gleichung schrittweise vereinfachen.
4. Die Lösung mit der Definitionsmenge vergleichen.
5. Die Lösungsmenge angeben.

Beispiele

a)

$$\frac{7}{30x} - \frac{1}{24} = \frac{3}{20x} \qquad D = \mathbb{Q} \setminus \{0\}$$

$$\frac{7}{30x} - \frac{1}{24} = \frac{3}{20x} \qquad | \cdot 120x$$

$$\frac{7}{30x} \cdot 120x - \frac{1}{24} \cdot 120x = \frac{3}{20x} \cdot 120x$$

$$7 \cdot 4 - 5x = 3 \cdot 6 \qquad | -28$$

$$-5x = 18 - 28 \qquad | :(-5)$$

$$x = 2$$

$$L = \{2\}$$

Da die Zahl 2 zu D gehört, gilt: $L = \{2\}$

Probe:

linker Term	rechter Term
$\frac{7}{60} - \frac{1}{24}$	$\frac{3}{40}$
$\frac{14}{120} - \frac{5}{120}$	
$\frac{9}{120} = \frac{3}{40}$	$\frac{3}{40}$

b)

$$\frac{3}{x-3} = \frac{2}{2x-6} \qquad | \cdot (x-3)(2x-6) \qquad D = \mathbb{Q} \setminus \{3\}$$

$$\frac{3}{x-3}(x-3)(2x-6) = \frac{2}{2x-6}(x-3)(2x-6)$$

$$3(2x-6) = 2(x-3)$$

$$6x - 18 = 2x - 6 \qquad | -2x$$

$$4x - 18 = -6 \qquad | +18$$

$$4x = 12 \qquad | :4$$

$$x = 3$$

Da die Zahl 3 nicht zu D gehört, hat die Gleichung keine Lösung; man schreibt: $L = \{\,\}$.

Aufgaben

1 Übertrage die Tabelle ins Heft und fülle sie aus. Für welche Zahlen kann man den Wert des Terms nicht berechnen?

		1	4	0	−2	0,5	2,5
a)	$\frac{3x}{x-4}$		↯				
b)	$\frac{x-1}{x+2}$						
c)	$\frac{6}{2x-2}$						
d)	$\frac{x+3}{2x-1}$						

2 Bei diesem Spiel gewinnt, wer nach fünf Spielrunden mit der Summe seiner Termwerte näher bei 1 liegt.
Wähle für deinen Partner einen Term aus. Dieser benennt dazu eine Zahl aus dem Bereich von −10 bis 10.

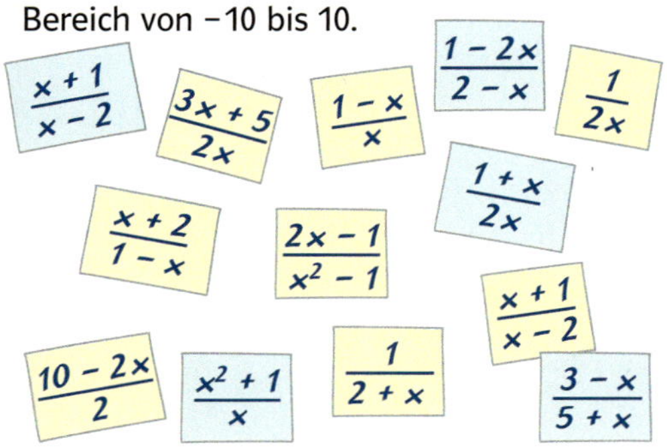

3 Erkläre, welche Zahl nicht eingesetzt werden kann.

a) $\frac{2}{x-2}$ b) $\frac{x-1}{5x}$ c) $\frac{2x}{1+x}$
d) $\frac{x+3}{10-x}$ e) $\frac{4x+1}{3}$ f) $\frac{5}{2x-4}$
g) $\frac{x}{5x+10}$ h) $\frac{x+1}{8x-48}$ i) $\frac{1-x}{100+20x}$

! *Wenn der Termwert nicht berechnet werden kann, kann man ↯ schreiben.*

4 Timo behauptet, dass in den Term $\frac{1}{x^2+1}$ jede Zahl eingesetzt werden kann. Hat er Recht? Begründe.
Gilt das auch für die weiteren Terme?

a) $\frac{1}{x^2}$ b) $\frac{x-1}{2x^2+7}$ c) $\frac{x+1}{(x-1)^2}$

5 Setzt man in den Bruchterm $\frac{x}{x+1}$ nacheinander 1; 2; 3; … ein, ergibt sich die Zahlenfolge $\frac{1}{2}$; $\frac{2}{3}$; $\frac{3}{4}$; …
Ermittle für die vorgegebenen Zahlenfolgen den zugehörigen Bruchterm.

a) $\frac{1}{2}$; $\frac{1}{4}$; $\frac{1}{6}$; $\frac{1}{8}$ b) $\frac{2}{1}$; $\frac{3}{4}$; $\frac{4}{9}$; $\frac{5}{16}$

6 Gib verschiedene Bruchterme mit der vorgegebenen Definitionsmenge an.

a) $D = \mathbb{Q} \setminus \{1\}$ b) $D = \mathbb{Q} \setminus \{1; -1\}$
c) $D = \mathbb{Q} \setminus \{0\}$ d) $D = \mathbb{Q} \setminus \{0; 2\}$
e) $D = \mathbb{Q} \setminus \{3; -3\}$ f) $D = \mathbb{Q} \setminus \{5; -4\}$

7 Gib die Definitions- und die Lösungsmenge an. Führe eine Probe durch.

a) $\frac{50}{x} - 1 = 4$ b) $\frac{20}{5x} = \frac{1}{2}$

c) $\frac{21}{x-3} = 3$ d) $\frac{100}{x+2} - 1 = 9$

e) $\frac{7x}{5x-2} - 5 = 5$ f) $\frac{3}{2x} + \frac{3}{x} = \frac{9}{8}$

g) $\frac{1}{3x} - \frac{2}{3} = \frac{1}{x}$ h) $\frac{7x+2}{1-4x} = -\frac{4}{3}$

8 Wie lautet das Lösungswort?

S 4 | L 5 | H 3 | C 1 | U −6 | C 11 | A −2 | H 2 | E 12 | B 7

a) $\frac{7}{x-2} + 4 = \frac{15}{x-2}$ b) $\frac{3}{x+4} + \frac{7}{x+4} = 2$

c) $\frac{30}{2x+1} - \frac{5}{2x+1} = 5$ d) $\frac{11}{4x+3} - 2 = \frac{21}{4x+3}$

e) $\frac{12}{x+1} - \frac{1}{2} = \frac{6}{x+1}$ f) $\frac{2}{3} - \frac{7}{9-4x} = -\frac{9}{9-4x}$

9 Gib die Lösungsmenge an.

a) $\frac{1}{16x} + \frac{x}{24x} = \frac{1}{12x}$ b) $\frac{x}{42x} = \frac{1}{14x} + \frac{1}{28x}$

c) $\frac{x}{48x} - \frac{1}{36x} = \frac{7}{18x}$ d) $\frac{1}{9} + \frac{17}{24x} = \frac{13}{18x}$

e) $\frac{13}{16x} - \frac{1}{12} + \frac{2}{9x} = \frac{5}{144x}$

10 Ordne die Lösungen zu.

a) $\frac{6}{x} - 2 = \frac{2}{x}$

b) $\frac{9}{x} + \frac{6}{2x} = -4$

c) $\frac{3}{4x} + \frac{3}{6x} = -\frac{5}{8}$

d) $\frac{18}{5x} + \frac{6}{15x} = 1$

e) $\frac{1}{3} - \frac{4}{5x} = \frac{x-1}{10x}$

f) $\frac{2}{3x} - \frac{1}{6} = \frac{1}{2x}$

g) $\frac{7}{3} - \frac{7}{x} + \frac{1-12x}{3x} = 0$

h) $\frac{25}{28x} + \frac{7}{12} = \frac{13}{42x}$

−4, −3, −2, −1, 1, 2, 3, 4

11 Bestimme die Definitions- und die Lösungsmenge.
Kontrolliere deine Ergebnisse.

a) $\frac{3}{x-4} = \frac{21}{x+2}$ b) $\frac{3}{x+2} = \frac{12}{5x+3}$

c) $\frac{3}{x-2} = \frac{15}{x^2-4}$ d) $\frac{7}{x+5} = \frac{7}{x^2+10x+25}$

e) $\frac{15}{5x+1} = \frac{5}{2x-2}$ f) $\frac{4}{3(x-3)} = \frac{x+10}{x-3}$

g) $\frac{4x+10}{4(2x+3)} = \frac{2x-3}{2(2x-21)}$ h) $\frac{x+7}{2x+1} = \frac{5(3-2x)}{9-20x}$

Bruchgleichungen lösen

Kai rechnet:

$\frac{50}{8(x+2)} - 1 = \frac{5}{4(x+2)}$ | Bruchterme gleichnamig machen
$D = \mathbb{Q}\setminus\{-2\}$

$\frac{50}{8(x+2)} - 1 = \frac{5\cdot 2}{8(x+2)}$ | $-\frac{50}{8(x+2)}$

$-1 = \frac{10}{8(x+2)} - \frac{50}{8(x+2)}$

$-1 = \frac{\cancel{-40}^{5}}{\cancel{8}(x+2)}$

$-1 = \frac{-5}{x+2}$ | $\cdot(x+2)$

$-x - 2 = -5$ | $+2$

$-x = -3$ | $\cdot(-1)$

$x = 3$

Vanessa rechnet:

$\frac{50}{8(x+2)} - 1 = \frac{5}{4(x+2)}$ | (gleichnamiger Nenner $\cdot 8(x+2)$

$\frac{50\cdot\cancel{8(x+2)}}{\cancel{8(x+2)}} - 8(x+2) = \frac{5\cdot\cancel{8}^{2}\cancel{(x+2)}}{\cancel{4(x+2)}}$

$50 - 8x - 16 = 10$

$-8x + 34 = 10$

$-8x = -24$ | $:(-8)$

$x = 3$

Vanessa und Kai haben eine Idee, wie man eine Bruchgleichung lösen könnte.

- Versetze dich mit deiner Partnerin oder deinem Partner in die Rolle von Vanessa bzw. Kai. Erklärt euch gegenseitig den Lösungsweg.
- Welche Unterschiede im Vorgehen beim Erweitern und Kürzen sind euch bei den Lösungswegen aufgefallen? Beschreibt.
- Gibt es einen Lösungsweg, den ihr bevorzugt? Begründet.

Verhältnisse – Brüche – Produkte

Besteht eine Bruchgleichung aus nur zwei Quotienten, bezeichnet man sie auch als **Verhältnisgleichung** oder als **Proportion**. Um eine Gleichung ohne Bruchterme zu erhalten, kann jede Verhältnisgleichung durch „Über-Kreuz-Multiplizieren" in eine Gleichung mit Produkten umgeformt werden.

Gleichung mit Quotienten

$\frac{45}{54} = \frac{20}{x}$ $\quad\quad$ $\frac{a}{b} = \frac{c}{x}$

Gleichung mit Produkten

$45 \cdot x = 54 \cdot 20 \quad |:45$ $\quad\quad$ $a \cdot x = b \cdot c \quad |:a$

$x = \frac{54 \cdot 20}{45}$ $\quad\quad$ $x = \frac{b \cdot c}{a}$

$x = 24 \quad L = \{24\}$

Ein Stadtplan hat den Maßstab 1:12 500. Misst du auf der Karte eine Entfernung von 8 cm ab, kannst du die wirkliche Strecke so berechnen: 1:12 500 = 8:x

Als Bruchgleichung: $\frac{1}{12\,500} = \frac{8}{x}$

$1 \cdot x = 8 \cdot 12\,500 \quad |:1$

$x = \frac{8 \cdot 12\,500}{1}$

$x = 100\,000\,\text{cm}$

$x = 1000\,\text{m} = 1\,\text{km}$

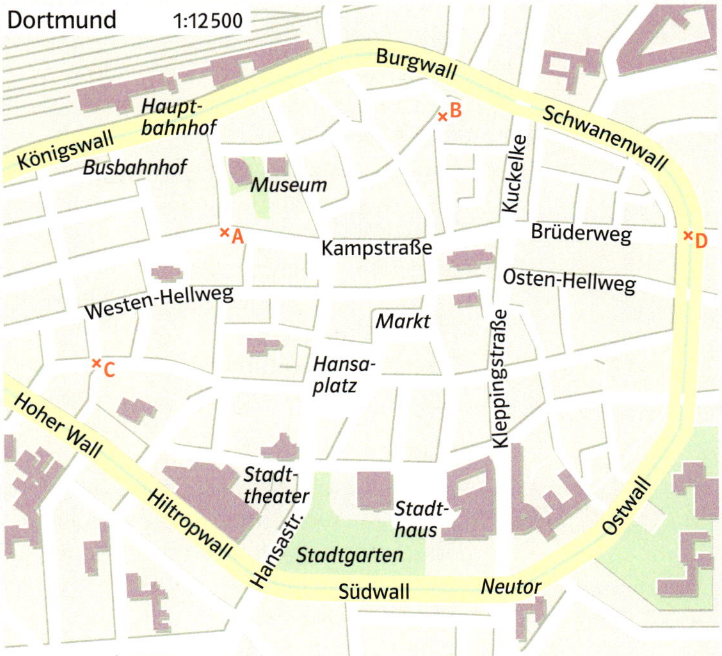

- Bestimme die tatsächliche Weglänge von A nach B.
- Suche den kürzesten Fußweg von C nach D. Beschreibe ihn und berechne die tatsächliche Länge. Vergleiche mit deiner Partnerin oder deinem Partner.
- Angelina und Janine machen einen Stadtbummel. Zuhause erzählen die beiden, dass sie mindestens 6 km gelaufen sind. Welchem Weg auf der Karte könnte das entsprechen? Gib verschiedene Möglichkeiten an.
- Formuliere für deine Mitschülerinnen und Mitschüler Aufgaben mit anderen Karten. Benutze dazu zum Beispiel einen Atlas.

Auch in anderen Breichen des Alltags kommst du schnell mithilfe der „Über-Kreuz-Multiplikation" zum Ergebnis:
Für die Wischerflüssigkeit empfiehlt es sich im Winter, Frostschutzmittel und Wasser im Verhältnis 2:3 zu mischen.

- Wie viel % Wasser enthält das Gemisch?
- Wie mischst du Frostschutzmittel und Wasser für eine 6-l-Füllung?
- Im 6-l-Behälter ist noch ein halber Liter Restflüssigkeit enthalten. Fülle auf.

- Die unterschiedliche Anziehungskraft der Himmelskörper lässt sich mit der Erdanziehungskraft ins Verhältnis setzen. So kannst du die auf der Erde erzielten Weltrekorde im Weitsprung (8,95 m) und Hochsprung (2,45 m) der Männer umrechnen.

Erde : Mond	6:1
Erde : Mars	2,6:1
Erde : Venus	11:10
Erde : Saturn	16:15
Erde : Jupiter	5:21
Erde : Sonne	5:126

4 Lesen und Lösen*

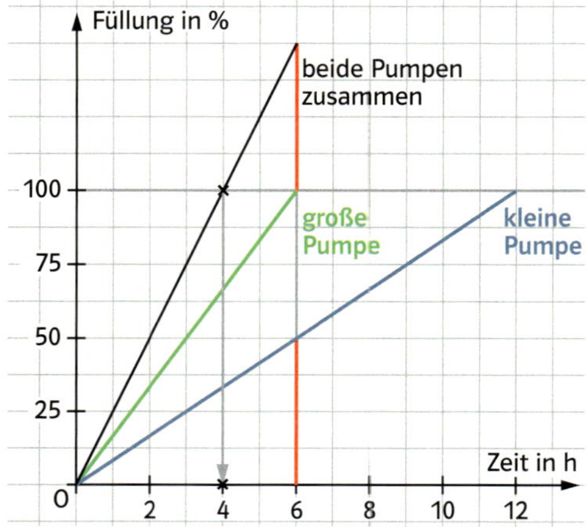

Die große Pumpe braucht zum Füllen des Beckens sechs Stunden, die kleine Pumpe braucht zwölf Stunden. Wie lange brauchen beide Pumpen zusammen?

→ Paul überlegt: Angenommen, in das Becken passen 6000 l Wasser. Dann …

→ Chris rechnet aus, welcher Bruchteil des Beckens nach einer Stunde gefüllt ist.

→ Lea sagt: In drei Stunden füllt die erste Pumpe das Becken zur Hälfte, die andere zu einem Viertel. Zusammen füllen sie also in drei Stunden das Becken zu drei Vierteln.

→ Eva findet sogar eine grafische Lösung.

Zum Lösen von Textaufgaben gibt es kein Patentrezept, aber gute Hilfen.

1. Benenne die unbekannten Größen: die Zahl x, die Zeit t, die Länge a, …
2. Stelle einen Zusammenhang zwischen den Größen her, erst in Worten, dann in einer Gleichung oder in einer Grafik.
3. Rechne vorsichtig: Prüfe schwierige Schritte immer gleich nach.
4. Prüfe das Ergebnis: Ist es als Zahl richtig, hat es die richtige Einheit, ist es sinnvoll?
5. Schreibe einen Antwortsatz.

Geschwindigkeit = $\frac{\textit{Weg}}{\textit{Zeit}}$

$v = \frac{s}{t}$

Beispiel

Arne hat sich heute beeilt. In der Zeit, die er normalerweise mit dem Rad für den Schulweg braucht, hätte er den $1\frac{1}{2}$-fachen Weg zurückgelegt. Dadurch hat er fünf Minuten gespart. Wie lange braucht er im Normalfall?

1. Variable benennen

normale Zeit: t; Einheit: Minute
Länge des Schulwegs: s; Einheit: km

2. Gleichung aufstellen

Die Geschwindigkeit ist der $1\frac{1}{2}$-fache Weg dividiert durch die normale Zeit und auch der normale Weg dividiert durch die um 5 min verkürzte Zeit: $\frac{1{,}5\,s}{t} = \frac{s}{t-5}$

3. Rechnung

$$
\begin{aligned}
\frac{1{,}5\,s}{t} &= \frac{s}{t-5} && |\cdot t\,|\cdot(t-5)\\
1{,}5\,s\cdot(t-5) &= s\cdot t && |:s\\
1{,}5\cdot(t-5) &= t\\
1{,}5\,t - 7{,}5 &= t && |+7{,}5\,|-t\\
0{,}5\,t &= 7{,}5 && |:0{,}5\\
t &= 15
\end{aligned}
$$

4. Ergebnis prüfen

linke Seite: $\frac{1{,}5\,s}{t} = \frac{1{,}5\,s}{15} = \frac{s}{10}$ rechte Seite: $\frac{s}{t-5} = \frac{s}{15-5} = \frac{s}{10}$

Die Lösung muss dieselbe Einheit wie t haben, also min.
Eine Fahrzeit von 15 Minuten für den Schulweg kommt häufig vor.

5. Antwortsatz

Arne braucht im Normalfall 15 Minuten.

Aufgaben

1 a) Bea fährt heute schneller als sonst zur Schule. In der normalen Fahrzeit käme sie heute $1\frac{1}{2}$-mal so weit wie sonst. Sie spart neun Minuten. Wie lange fährt sie gewöhnlich?
b) Conny bummelt auf der Fahrt zum Training. In der normalen Fahrzeit schafft sie heute nur $\frac{2}{3}$ des Wegs. Sie kommt zwölf Minuten zu spät.

2 Zum Schaubild gehört eine Fahrgeschichte: „Bei normaler Geschwindigkeit braucht Karim 30 min. Fährt er $1\frac{1}{2}$-mal so schnell, braucht er nur 20 min."

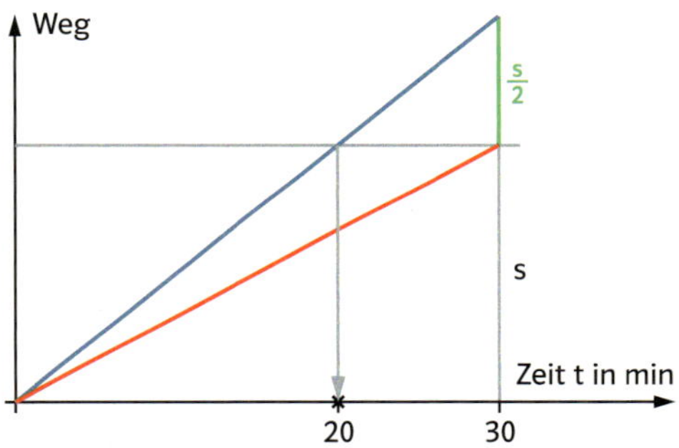

Schreibe solche Geschichten zu den folgenden zwei Schaubildern. Prüfe durch Zeichnung oder Rechnung nach, ob die Zahlen zueinander passen.

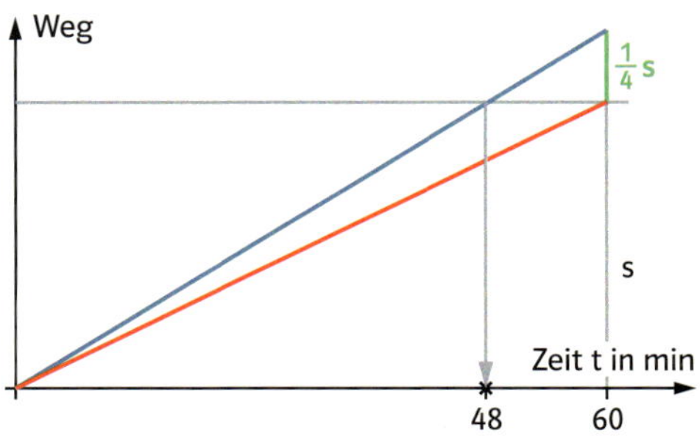

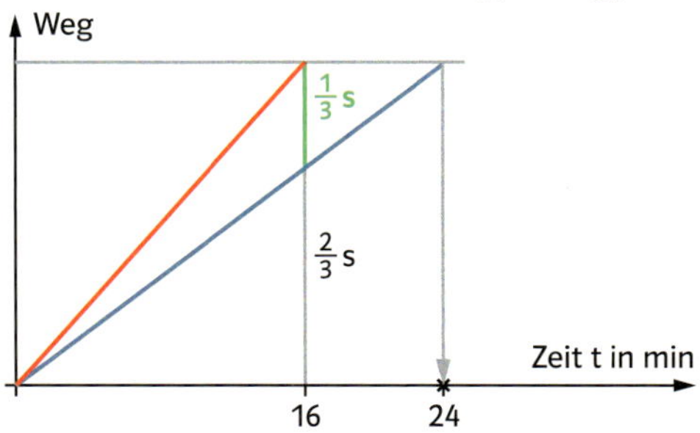

3 Piet trainiert auf seinem Mountain-Bike für ein Bergzeitfahren. Für den 8 km langen Anstieg braucht er 30 Minuten. Abwärts braucht er nur $7\frac{1}{2}$ Minuten.
a) Wie schnell fährt er bergauf, wie schnell zurück?
b) Wie groß ist seine Durchschnittsgeschwindigkeit auf der ganzen Strecke?
c) Erkläre an der Grafik, warum die Durchschnittsgeschwindigkeit so niedrig ist.

! Vorsicht: Sturzgefahr bei eiliger Antwort!

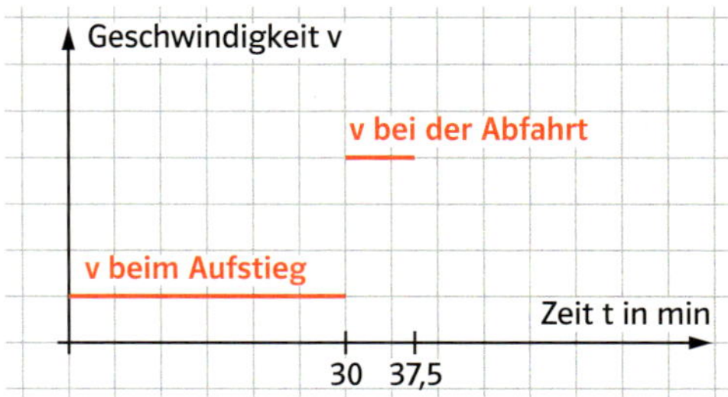

4 In großen Höhen bläst oft ein gleichmäßiger starker Wind. Hat ein Flugzeug gegen ruhende Luft die Geschwindigkeit v_1, so ist bei Rückenwind mit Geschwindigkeit v_2 die Fluggeschwindigkeit über Grund $v_1 + v_2$.
Bei Gegenwind ist die Geschwindigkeit über Grund $v_1 - v_2$.
a) Nimm $v_1 = 800\,\frac{km}{h}$, $v_2 = 160\,\frac{km}{h}$ und die Flugstrecke $s = 7200\,km$ (einfacher Weg). Berechne die Flugzeiten für den Weg bei Rückenwind und den Weg bei Gegenwind. Vergleiche mit der Flugzeit bei Windstille.
b) Wähle selbst Werte für v_1; v_2 und s und vergleiche die Flugzeiten.
c) Erkläre die Grafik.

! „Geschwindigkeit über Grund": Geschwindigkeit gegenüber der Erdoberfläche

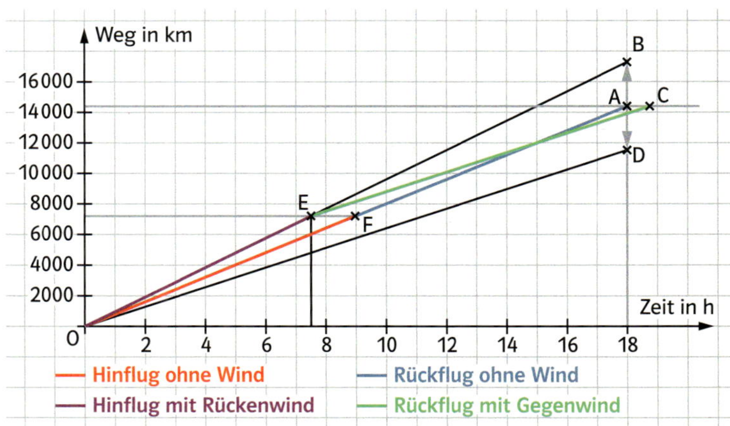

5 Vier Fotohandys wurden auf Ausstattung (a), Betriebsdauer (b), Form (f), Hörqualität (h) und Strahlungsbelastung (s) getestet. Die Wertungsskala reichte von 1 (sehr gut) bis 4 (schlecht).

	a	b	f	h	s
Erkki	3	3	4	2	2
Hip	1	2	4	4	1
Nicki	1	3	2	4	1
Sizzle	2	4	1	4	3

Die Gesamtwertung g wurde mit einer Formel bestimmt:

$g = a \cdot 15\,\% + b \cdot 20\,\% + f \cdot 25\,\%$
$\quad + h \cdot 25\,\% + s \cdot 15\,\%$

a) Wie schnitten die vier Handys ab?
b) Der Hersteller von „Erkki" hofft auf den ersten Platz im Nachfolgetest. Aus Kostengründen kann er nur eine der Wertungen um 2 Punkte verbessern. Wo setzt er an?
c) Prozentzahlen unter 10 % sind bei solchen Tests sinnlos. Kannst du unter dieser Bedingung die Prozentzahlen so festlegen, dass „Sizzle" am besten abschneidet? Beachte auch, dass die Prozentzahlen die Summe 100 % haben müssen.

6 In den Zahlenrätseln ist mit „Zahl" eine ganze Zahl oder auch eine Bruchzahl gemeint.
Der Kehrwert einer Zahl x ist $\frac{1}{x}$.
a) Vergrößert man den Kehrwert einer Zahl um 1, so erhält man $\frac{3}{2}$.
b) Vergrößert man den Kehrwert einer Zahl um $\frac{1}{3}$, so erhält man $\frac{1}{2}$.
c) Addiert man zum Kehrwert einer Zahl den Kehrwert der verdoppelten Zahl, so erhält man $\frac{3}{4}$.
d) Addiert man zum Kehrwert einer Zahl den Kehrwert der verdoppelten Zahl und den verdoppelten Kehrwert der Zahl, so erhält man $\frac{7}{8}$.
e) Dividiert man eine Zahl durch die um 2 verminderte Zahl, erhält man 1,4.
f) Der Zähler eines Bruchs ist um 5 kleiner als der Nenner.
Verdoppelt man den Zähler und addiert 2 zum Nenner, ergibt sich 1.

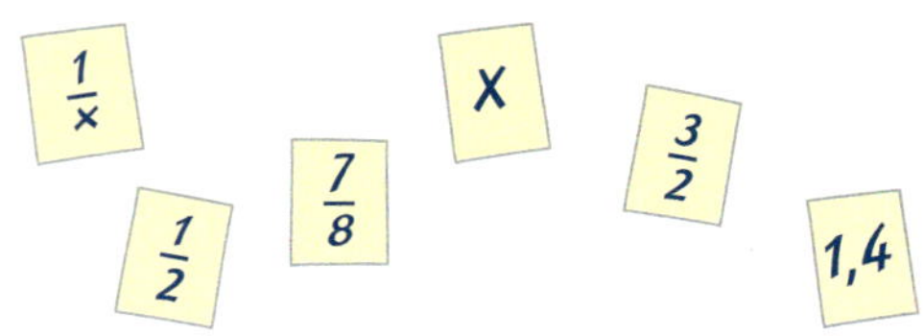

Der Durchschnittskosten-Effekt

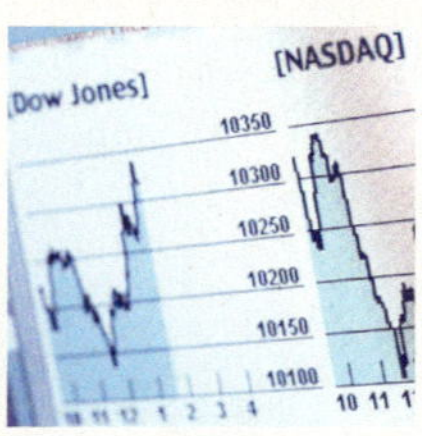

Frau Maier vereinbart mit ihrer Bank, monatlich für 600 € Wertpapiere zu kaufen.
Bei Vertragsabschluss am 1. Januar kostet das Stück 4,00 €.
Am 1. Februar ist der Preis der gleiche, zum 1. März steigt er auf 5,00 €, zum 1. April fällt er auf 3,00 €.

▪ Wie viel Stück erhält Frau Maier
- im Januar und Februar zusammen?
- im März und April zusammen?

Warum ist das Ergebnis überraschend?

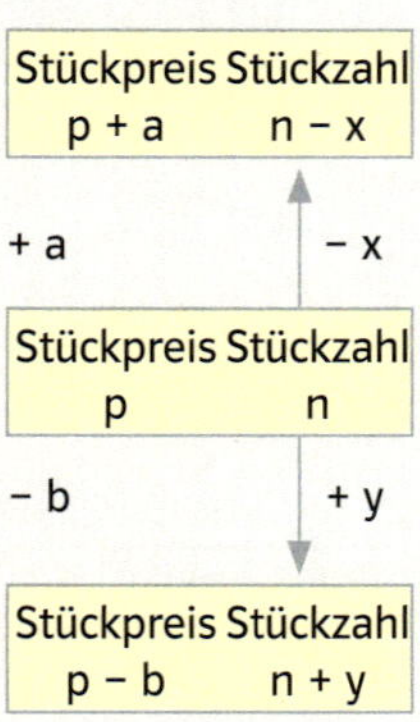

Sind für den Kauf von Wertpapieren feste Kosten k eingeplant, so erhält man beim Stückpreis p die Stückzahl $n = \frac{k}{p}$.
▪ Steigt der Stückpreis um a, sinkt die Stückzahl um x.
Gib eine Formel an, in der x durch p, a und k ausgedrückt wird.

▪ Sinkt der Stückpreis um b, steigt die Stückzahl um y.
Gib eine Formel an, in der y durch p, b und k ausgedrückt wird.
▪ Setze k = 120,00 € und p = 5,00 €. Berechne x für a = 1,00 € und y für b = 1,00 €.
▪ Setze wieder k = 120,00 € und p = 5,00 €. Wähle für a und b einige gleiche Werte und vergleiche die zugehörigen Werte von x und y.
In der Praxis schwanken die Preise in der Regel nicht so stark.

Zusammenfassung

Lösen von Gleichungen mit Klammern

Kommen in einer Gleichung **Klammern** vor, werden diese zuerst aufgelöst.
Mithilfe von Umformungen kommt man zur Lösung. Man gibt sie als **Lösungsmenge** an.
Zur Kontrolle ist es vorteilhaft, die **Probe** durchzuführen.

$$(x-3)^2 - x^2 = 3 - 3(x+2)$$
$$x^2 - 6x + 9 - x^2 = 3 - 3x - 6$$
$$-6x + 9 = -3x - 3 \quad |+3x|-9$$
$$-3x = -12 \quad |:(-3)$$
$$x = 4$$
$$L = \{4\}$$

Probe:

linker Term	rechter Term
$(4-3)^2 - 16$	$3 - 3\cdot 6$
$1 - 16$	$3 - 18$
-15	-15

Formeln

Eine **Formel** beschreibt einen Zusammenhang zwischen Variablen, Größen und Zahlen. Um Werte einer Variablen in der Formel zu berechnen, löst man die Formel nach dieser Variablen auf.

$p\% = \frac{W}{G}$ wird nach G aufgelöst:

$$p\% = \frac{W}{G} \quad |\cdot G$$
$$p\% \cdot G = W \quad |:p\%$$
$$G = \frac{W}{p\%}$$
$$G = \frac{W\cdot 100}{p}$$

Bruchterme und Bruchgleichungen*

Terme bzw. Gleichungen, die im Nenner eine Variable enthalten, nennt man **Bruchterme** bzw. **Bruchgleichungen**.
Die **Definitionsmenge** eines Bruchterms enthält alle Zahlen, die beim Einsetzen in den Bruchterm im Nenner nicht den Wert null ergeben.

$\frac{5}{x-1}$; $\frac{7}{30x} - \frac{1}{24} = \frac{3}{20x}$

$D = \mathbb{Q} \setminus \{1\}$

Lösen einer Bruchgleichung*

1. Vor der Lösung einer Bruchgleichung legt man zuerst die Definitionsmenge fest.
2. Durch Multiplizieren mit einem gemeinsamen Nenner erhält man eine Gleichung ohne Bruchterme.
3. Die Gleichung wird schrittweise vereinfacht.
4. Man vergleicht die Lösung mit der Definitionsmenge.
5. Die Lösungsmenge wird angegeben.

$$\frac{25}{28x} + \frac{7}{12} = \frac{13}{42x} \qquad D = \mathbb{Q} \setminus \{0\}$$
$$\frac{25}{28x} + \frac{7}{12} = \frac{13}{42x} \quad |\cdot 84x$$
$$\frac{25\cdot 84x}{28x} + \frac{7\cdot 84x}{12} = \frac{13\cdot 84x}{42x}$$
$$25\cdot 3 + 7\cdot 7x = 13\cdot 2$$
$$75 + 49x = 26 \quad |-7{,}5$$
$$49x = -49$$
$$x = -1$$
$$L = \{-1\}$$

Textaufgaben lesen und lösen*

In fünf Schritten zur Lösung
1. Variable benennen
2. Gleichung aufstellen
3. Rechnung ausführen und Schritt für Schritt kontrollieren
4. Ergebnis prüfen:
   Stimmt die Probe? Stimmt die Einheit? Ist das Ergebnis sinnvoll?
5. Antwortsatz aufschreiben.

Üben • Anwenden • Nachdenken

1 Löse die Gleichung und mache eine Probe.
a) $11 = (24 - x) - (19 - 2x)$
b) $19 - (7 - 4x) = 8x + (30 - 3x)$
c) $3y - 30 - (y + 28) = 3y - (2y + 4)$
d) $7{,}5y - (25 - 5y) = 8y - 34$

0 4
2 8
3 10

2 Die Lösungen findest du auf dem Rand.
a) $2(3x - 4) = 5x$ b) $-3(x - 5) = 15$
c) $6x = (5 - 2x) \cdot (-4)$
d) $6(4 - n) + 3n = 4n - 4$
e) $12(n - 1) = 52 - 14(n - 1)$
f) $n - 2(n - 1) = 3n - (8 - n)$

3 Welche der Terme sind gleichwertig?

$(a+b):2$ $\frac{1}{2}a + \frac{1}{2}b$ $\frac{a}{2} + \frac{b}{2}$ $\frac{a}{2} + \frac{1}{2}b$
$(a+b) \cdot \frac{1}{2}$ $\frac{1}{2}a + b:2$ $\frac{1}{2}(a+b)$ $\frac{a+b}{2}$

Würfeln um Bruchgleichungen

Tim und Anja setzen ihre gewürfelten Zahlen in einen der Bruchterme ein. Jeden Term dürfen sie nur einmal verwenden.

$\frac{4+x}{x-2}$ $\frac{3+x}{3-x}$ $\frac{x^2}{2x}$ $\frac{x}{4-x}$ $\frac{5x}{6-x}$ $\frac{6}{x-1}$ $\frac{2+2x}{5-x}$ $\frac{2x+4}{x-3}$ $\frac{5-x}{x+1}$

Tim	Term	Punkte
1. Wurf ⚀	$\frac{5x}{6-x} = \frac{5 \cdot 1}{6-1} = 1$	1
2. Wurf ⚅	$\frac{6}{x-1} = \frac{6}{6-1} = 1{,}2$	1,2
3. Wurf ⚂	$\frac{3+x}{3-x} = \frac{3+3}{3-3} = \frac{6}{0}$	
	keine Lösung	0
4. Wurf ⚃	$\frac{2+2x}{5-x} = \frac{2+2 \cdot 4}{5-4} = 10$	10
		12,2

Anja	Term	Punkte
1. Wurf ⚂	$\frac{6}{x-1} = \frac{6}{3-1} = 3$	3
2. Wurf ⚄	$\frac{x^2}{2 \cdot x} = \frac{5^2}{2 \cdot 5} = 2{,}5$	2,5

- Tim hat beim 3. Wurf nicht aufgepasst. Erkläre.
- Spielt das Spiel nach. Gewonnen hat, wer nach vier Würfen die größte Summe der berechneten Werte hat.
- Überlegt euch eigene Regeln und spielt es noch einmal.

4 Die Gleichung $2(4x - \square) = 2x + 2$ ist unvollständig.
a) Welche Zahl musst du für die Leerstelle einsetzen, damit die Gleichung die Lösung 2 hat?
b) Ersetze die Leerstelle so, dass die Lösung der Gleichung 3; 4 oder 5 ist. Findest du einen einfachen Lösungsweg?

5 a) Drücke den Umfang und den Flächeninhalt der Rechtecke mit den angegebenen Termen aus und vereinfache diese.
b) Was muss für e eingesetzt werden, damit das Seitenverhältnis der Rechtecke 3 : 4 beträgt?

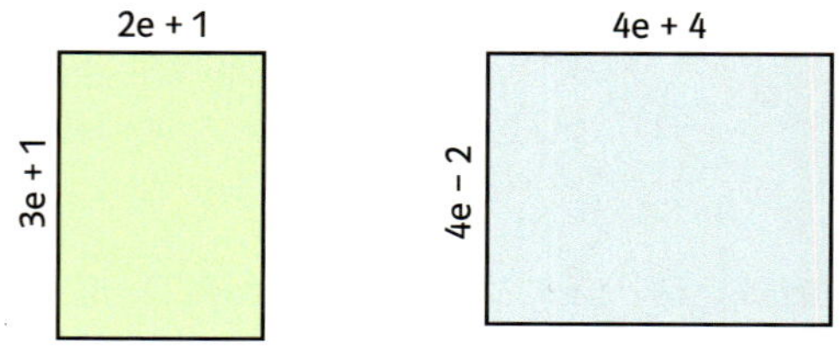

6 Die Lösungsmengen ergeben ein besonderes Datum.
a) $(x + 7)(x + 9) = x^2 + 15x + 65$
b) $(x + 6)(x - 1) = x^2 + 4x - 2$
c) $x^2 - 12x - 25 = (x - 4)(x + 11)$
d) $x^2 + 8\frac{3}{4}x - 12{,}5 = (x - 3{,}5)(x - 8)$

7 Die Summe der Lösungen beträgt $-0{,}5$.
a) $(x - 1)^2 + (x + 2)^2 = 2x^2$
b) $(y + 9)^2 - (y - 5)^2 = 28$
c) $(m + 5)^2 - (m - 3)^2 = 12m + 48$
d) $(u + 4)^2 - (u - 3)(u + 3) = 3(u - 10)$
e) $(s + 6)^2 - (s - 9)^2 = 135$

8 Die Lösung einer Gleichung kann auch eine Variable enthalten.

Beispiel:
$$2(x + e) = 6e + 2$$
$$2x + 2e = 6e + 2 \quad | -2e$$
$$2x = 4e + 2 \quad | :2$$
$$x = 2e + 1$$
$$L = \{2e + 1\}$$

a) $4(5e - x) = 4(4e - 1)$
b) $3(e - x) = 2(3x + 6e)$
c) $4(e - x) = -3(e + x)$
d) $20x + 3(11e - 2) = 7(2 - e)$

9 Setze in den Term die natürlichen Zahlen von 1 bis 6 ein.
Wann erhältst du das größte, wann das kleinste Ergebnis? Gibt es Sonderfälle?

$$\frac{60}{6-x} - \frac{24}{5-x} + \frac{6}{4-x}$$

10 Bestimme Definitions- und Lösungsmenge. Führe eine Probe durch.

a) $\frac{4}{4+x} = \frac{2}{x-3}$ b) $\frac{1}{x-1} = \frac{4}{3x+2}$

c) $\frac{1}{3x} = \frac{1}{x+1} - \frac{1}{3x}$ d) $\frac{5}{2(x-1)} + \frac{7}{2x} = \frac{11}{2(x-1)}$

11 Korrigiere die Fehler und gib Tipps, wie man sie vermeiden kann.

a)

$\frac{13}{x+3} = \frac{5}{x+1}$ $|\, D = \mathbb{Q}\setminus\{-1; -3\}$

$13 \cdot (x+1) = 5 \cdot (x+3)$

$13x + 1 = 5x + 3$

$8x = 2$

$x = \frac{1}{4}$

Probe: linker Term $\frac{13}{\frac{1}{4}+3} = 4$ rechter Term $\frac{5}{\frac{1}{4}+1} = 4$

b)

$24 - \frac{2x-3}{3x} = \frac{2-4x}{6x}$ $|\, D = \mathbb{Q}\setminus\{0\}$

$24 - (2x-3) \cdot 6x = 3x \cdot (2-4x)$

$24 - 12x^2 - 18x = 6x - 12x^2$

$24 = 24x$

$x = 1$

12 Schmilzt man Kupfer und Zinn zusammen, erhält man Bronze. Es soll eine Mischung im Verhältnis 8 : 3 hergestellt werden.
a) Es werden 72 g Zinn verarbeitet.
b) Für eine Statue werden 143 g Bronze benötigt.
c) Messing enthält Kupfer und Zink in einem Verhältnis von 7 : 3. Formuliere dazu Aufgaben für deine Mitschülerinnen und Mitschüler. Löse sie vorher.

13 Das Seitenverhältnis a : b bestimmt die Form eines Rechtecks.
a) Bestimme die Rechtecke mit dem Seitenverhältnis 3 : 2 und
b = 8 cm; b = 15 cm; a = 9 cm; a = 15 cm.
b) Erkundige dich, auf welchen Formaten Fotos ausgedruckt werden. Haben diese Rechtecke dieselbe Form?
c) Konstruiere wie im Bild im Innern eines Rechtecks einige weitere Rechtecke und bestimme ihr Seitenverhältnis.

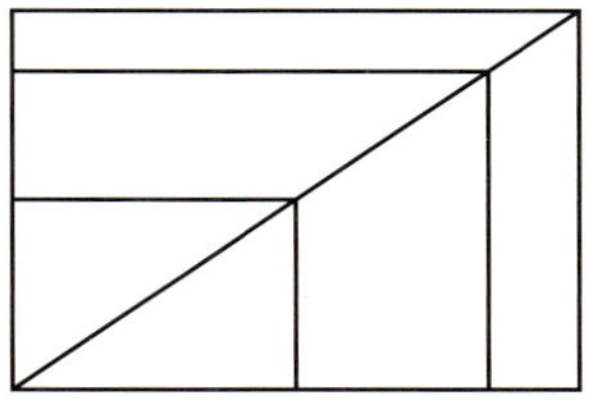

14 Ein Quader hat das Seitenverhältnis a : b : c = 4 : 3 : 2. Berechne die nicht angegebenen Seiten, wenn
a) a = 24 cm b) b = 15 cm c) c = 7,5 cm.

Termwertberechnungen mit Tabellenkalkulation

Mit einem Tabellenkalkulationsprogramm kannst du untersuchen, wie sich der Termwert von $\frac{1}{x}$ verändert, wenn die Eingabewerte anwachsen oder kleiner werden.

	A	B	C	E	F	G	H
1							
2	Der Termwert von $\frac{1}{x}$ – was passiert in der Nähe der Null?						
3							
4		x	1:x		x	1:x	
5	Werte von	−4	−0,25	Werte von	−1	−1	
6	−4 bis 4	−3	−0,33	−1 bis 1	−0,8	−1,25	
7	↓	−2	−0,50	↓	−0,6	−1,67	
8		−1	−1,00		−0,4	−2,50	
9		0	#DIV/0!		−0,2	−5,00	
10		1	1,00		0	#DIV/0!	
11		2	0,50		0,2	5,00	
12		3	0,33		0,4	2,50	
13		4	0,25		0,6	1,67	
14					0,8	1,25	
					1	1,00	

- Beschreibe in Worten, wie sich die Termwerte in den Tabellen verändern.
- Kannst du das Zeichen in C9 und G10 erklären?
- Ergänze im Heft: „Je näher man ☐, desto kleiner/größer ☐. Je weiter man ☐, desto kleiner/größer ☐."
- Wie geht es wohl weiter, wenn die eingesetzten Zahlenwerte noch kleiner werden? Überprüfe deine Vermutung.

Geschwindigkeitsformel

$v = \frac{s}{t}$

Prozentformel

$p\,\% = \frac{W}{G}$

15 Die Geschwindigkeitsformel und die Prozentformel verbinden je drei Größen. Wie ändert sich die dritte Größe, wenn zwei Größen verändert werden?
Antworte ohne zu rechnen.

- s und t werden verdoppelt.
- s wird verdoppelt, t wird halbiert.
- G wird verdoppelt, W wird halbiert.
- v und t werden verdoppelt.
- p % und W werden verdoppelt.
- G wird vervierfacht, W wird verdoppelt.

Stellt euch gegenseitig solche Aufgaben.

16 a) Ein Rennpferd schafft 1 km in 1 min, ein Fußgänger braucht dafür 12 min.
In welchem Verhältnis stehen die Zeiten, in welchem die Geschwindigkeiten?
b) Ein Pkw erreicht im Durchschnitt die Geschwindigkeit $v_1 = 125\,\frac{km}{h}$, ein Reisebus $v_2 = 75\,\frac{km}{h}$. In welchem Verhältnis stehen v_1 und v_2?
In welchem Verhältnis stehen die Zeiten t_1 und t_2, die der Pkw und der Reisebus für 250 km brauchen?
c) Berechne $t_1 : t_2$ aus b) auch für andere Streckenlängen. Was stellst du fest?

17 Die Dichte eines Stoffs ist der Quotient aus der Masse m und dem Volumen V. Sie wird in $\frac{g}{cm^3}$ gemessen und mit ϱ (sprich: ro) bezeichnet.
Es gilt also $\varrho = \frac{m}{V}$.
a) Ein Vollziegel mit a = 24,0 cm; b = 11,5 cm und c = 5,2 cm wiegt 2300 g. Wie groß ist seine Dichte?
b) Stelle die Dichte-Formel nach m und nach V um.
c) Eisen hat die Dichte $\varrho = 7{,}87\,\frac{g}{cm^3}$.
Wie schwer ist ein Eisenwürfel mit der Kantenlänge a = 5 cm?
d) Styropor hat je nach Sorte eine Dichte zwischen $0{,}02\,\frac{g}{cm^3}$ und $0{,}1\,\frac{g}{cm^3}$.
In welchen Grenzen liegt das Volumen eines 300 g schweren Verpackungselements?
e) Stelle selbst Aufgaben zur Dichte.

Stoff	Aluminium	Blei	Gold	Platin
ϱ in $\frac{g}{cm^3}$	2,7	11,3	19,3	21,5

? Wie viele solche Ziegel sind etwa so schwer wie der Goldbarren?

18 Mit der Formel im Bild kann man den Bremsweg eines Pkw aus der Geschwindigkeit berechnen.

Dabei bedeutet v die Geschwindigkeit in $\frac{km}{h}$ und s den Bremsweg in m.
a) Lege eine Tabelle an, in der die s-Werte für v = 0; 10; 20; … 200 $\frac{km}{h}$ stehen.
b) Welche Rechenschritte hast du ausgeführt? Notiere eine Regel in Worten.
c) Wie ändert sich der Bremsweg, wenn sich die Geschwindigkeit verdoppelt?
d) Ein Pkw hat vor dem Aufprall auf ein stehendes Fahrzeug eine 40 m lange Bremsspur auf den Asphalt gezeichnet. Hat der Fahrer die Geschwindigkeitsbeschränkung von $60\,\frac{km}{h}$ eingehalten?
Tipp: Du kannst die Formel nicht nach v auflösen, aber das ist auch gar nicht nötig.
e) Die Bremswegformel ist für das Rechnen bequem, aber veraltet. Heutige Bremsen wirken besser. Daher benutzt man auch die Formel $s = \left(\frac{v}{10}\right)^2 : 2$.
Lege eine neue v-s-Tabelle an.
f) Für den Bremsweg des Fahrrads gilt genähert $s = \left(\frac{v}{9}\right)^2$; v in $\frac{km}{h}$; s in m.
Lege eine s-v-Tabelle an.
Vergleiche mit den Pkw-Bremswegen.
Sollten Fahrradbremsen so gut wirken wie Autobremsen?

Rückspiegel

1 Löse die Gleichung.

a) $2(x + 3) + 4x = 24$
b) $13 = 7(3x - 2) + 10x - 35$
c) $2(-x - 3) \cdot 7 - 3x = -8$
d) $6x = (5 - 2x) \cdot (-4)$

2 Was muss in die Gleichung
$3(2x + 1) + 6(x - 3) = \square$
für $\square$ eingesetzt werden, damit L die Lösungsmenge ist?

a) $L = \{2\}$
b) $L = \{3\}$
c) $L = \{10\}$
d) $L = \{0\}$
e) $L = \{-4\}$

3 Achte auf die binomischen Formeln.

a) $(x - 1)^2 + (x + 2)^2 = 2x^2$
b) $(y + 9)^2 - (y - 5)^2 = 28$
c) $4(1 - x) = (x - 2)^2 - (x + 2)^2$
d) $(z + 4)^2 - (z - 3)(z + 3) = 3(z - 10)$

4 Rotes und schwarzes Rechteck sind flächengleich. Berechne die unbekannte Länge.

a)

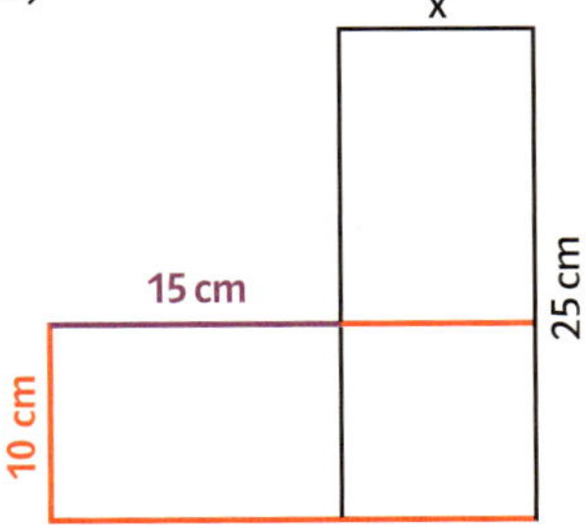

b)

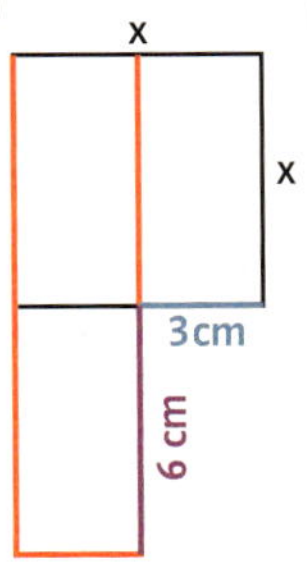

5 a) Löse die Formel $A = a \cdot b$ nach b auf.
b) Berechne b für

$A = 56\,cm^2$	$A = 108\,cm^2$	$A = 36{,}4\,cm^2$
$a = 14\,cm$	$a = 24\,cm$	$a = 5{,}6\,cm$

6 Am Anfang des Schuljahrs läuft Luis 75 m in 10,2 s.

a) Er verbessert seine Zeit um $t = 0{,}2\,s$; $0{,}4\,s$; $0{,}8\,s$. Wie schnell (in $\frac{m}{s}$) läuft er dann?
b) Stelle eine Formel auf, in der die Geschwindigkeit v (in $\frac{m}{s}$) durch die Zeitersparnis t (in s) ausgedrückt wird.

1 Löse die Gleichung.

a) $5(4x - 5) + 4(3x - 4) = 23$
b) $-6(5x - 12) = 57 - 5(4x + 13)$
c) $8(6x - 2) - 9(4x + 12) = 5(x - 5) - 15$
d) $1 - \left(3x + \frac{2}{5}\right) = x - \left(\frac{9}{10} + 3x\right)$

2 Was muss in die Gleichung
$3(e - x) = 2(3x + 6e)$
für e eingesetzt werden, damit L die Lösungsmenge ist?

a) $L = \{2\}$
b) $L = \{0\}$
c) $L = \{6\}$
d) $L = \{-2\}$
e) $L = \{-0{,}5\}$

3 Achte auf die binomischen Formeln.

a) $(x + 2)^2 - (x - 4)^2 = 2(x - 4) + 9x$
b) $(y - 5)^2 + (y + 6)^2 = (y - 9)^2 + (y + 8)^2$
c) $3x^2 - 2x = x^2 + (x - 1)^2 + (x - 1)(x + 2)$
d) $(3z - 2)^2 - 3(z - 1)^2 = -(3z + 2)(3 - 2z)$

4 Rotes und schwarzes Rechteck sind flächengleich. Berechne die unbekannte Länge.

a)

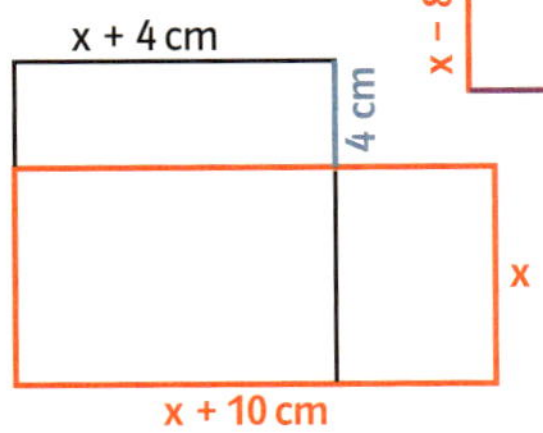

b)

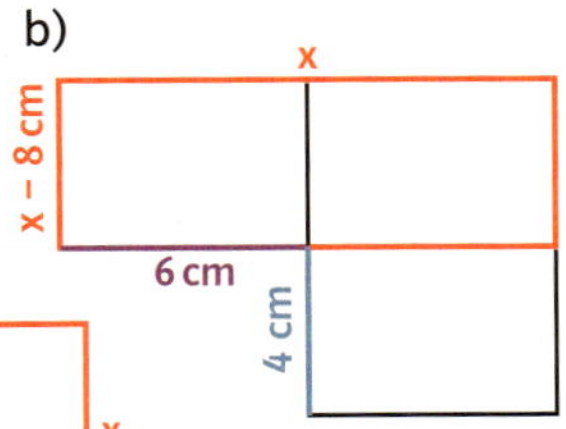

5 a) Löse die Formel $p\,\% = \frac{W}{G}$ nach G auf.
b) Berechne G für

$W = 29{,}40\,€$	$W = 17{,}5\,m$	$W = 120\,kg$
$p\,\% = 7\,\%$	$p\,\% = 0{,}5\,\%$	$p\,\% = 12{,}5\,\%$

6 Frau Pfeifer liefert Waren aus. Für die 84 km zum Lager braucht sie 1 h Fahrzeit.

a) Sie wird um $t = \frac{1}{4}\,h$; 2 min; 12 min; 20 min aufgehalten. Mit welcher Geschwindigkeit v (in $\frac{km}{h}$) muss sie fahren, um rechtzeitig anzukommen?
b) Stelle eine Formel auf, in der v durch die Zeitverzögerung t (in h) ausgedrückt wird.

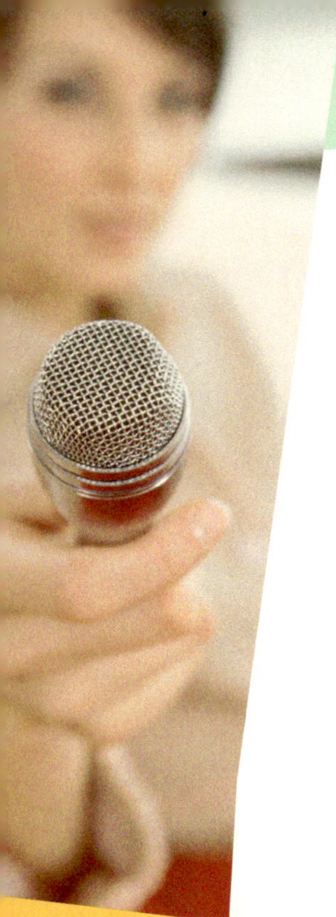

Jugendliche und Fernsehen

Das Fernsehverhalten Jugendlicher wird durch verschiedende Faktoren beeinflusst. Vermutlich führt der Besitz eines eigenen Fernsehers dazu, das Fernsehgerät auch mehr zu nutzen, andererseits könnte die Mitgliedschaft im Verein dazu führen, seltener fernzusehen.

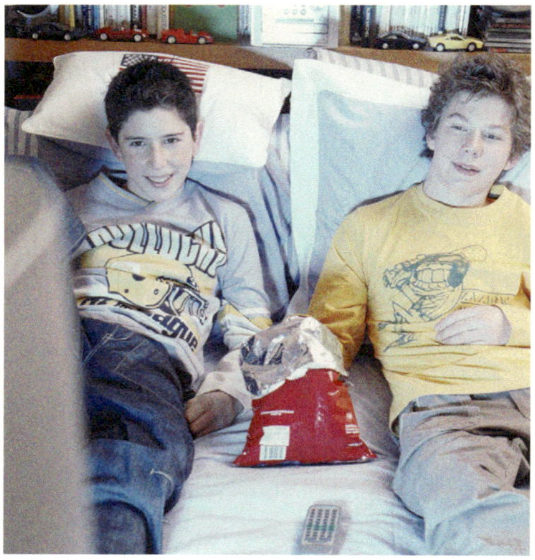

Da die Erhebung anonym sein muss, gibt jeder Befragte auf dem Frageoben statt des Namens eine frei gewählte Kennung an. Diese Kennung kann ein beliebiges Wort oder eine Zahlenkombination sein.

Mit dem Fragebogen könnt ihr das Fernsehverhalten unter Berücksichtigung der beiden Gesichtspunkte „eigener Fernseher" und „Mitgliedschaft im Verein" für eure Klasse untersuchen.

Fragebogen

Kennung ______________

Junge ☐ Mädchen ☐ Alter _____

a) Hast du ein eigenes Fernsehgerät?

Ja ☐ Nein ☐

b) Bist du aktives Mitglied in einem Verein, in dem du regelmäßig einige Stunden pro Woche verbringst? Falls „ja": Wie viele Stunden pro Woche verbringst du im Verein?

Ja ☐ Nein ☐ Stunden _____

c) Wie viele Stunden hast du in den letzten sieben Tagen einen Fernseher benutzt? (nur volle Stunden angeben)

Stunden _____

Fertigt einen solchen Fragebogen an. Kopiert ihn und führt die Umfrage durch.

Urliste

Kennung	Geschlecht	Alter	Fernsehzeit in Stunden	eigener Fernseher	Mitglied im Verein	Vereinszeit in Stunden
007	m	14	3	nein	ja	2,5
8-tung	w	13	12	ja	ja	6,0
Aha	w	15	15	ja	nein	–
Bär	m	14	60	ja	nein	–
...						

Um die Umfrage auszuwerten, empfiehlt es sich, die Daten in einer Urliste zu erfassen.

Stellt die Ergebnisse eurer Umfrage in einer solchen Urliste zusammen.

Die Befragung könnt ihr unter verschiedenen Gesichtspunkten auswerten:

- für alle Befragten
- getrennt nach Jungen und Mädchen
- getrennt nach Besitzern und Nichtbesitzern eines Fernsehgerätes
- getrennt nach Mitglied bzw. Nichtmitglied eines Vereins

Hierzu ist es hilfreich, Ranglisten anzufertigen. Stelle die vier Ranglisten auf.

Beantwortet mithilfe von Kennwerten folgende Fragen:

- Gibt es im Fernsehverhalten Unterschiede zwischen Jungen und Mädchen?
- Verleitet der eigene Fernseher dazu, mehr fernzusehen?
- Nutzen Mitglieder eines Vereins den Fernseher seltener?

Das Fernsehen dient sowohl der Unterhaltung als auch der Information. Schätzt ab, wie viele Stunden ihr pro Woche in etwa Fernsehen schaut.
Wie viele Stunden davon dienen der Unterhaltung, wie viele der Information?
Fasst die Ergebnisse eurer Klasse zusammen und beschreibt mit geeigneten Kennwerten, wie ihr das Fernsehen nutzt.
Ihr könnt zur Erfassung und Auswertung auch ein Tabellenkalkulationsprogramm nutzen.

In diesem Kapitel lernst du,

- statistische Erhebungen mit geeigneten Mitteln durchzuführen,
- wie man eine Stichprobe durchführt und auswertet,
- das Ergebnis einer statistischen Erhebung auszuwerten und zu interpretieren,
- das Ergebnis statistischer Erhebungen geeignet darzustellen.

1 Daten erfassen

Umfrage zu Fernsehserien

Liebe Schülerinnen und Schüler,
wir möchten in der nächsten Ausgabe der Kreidezeit über Fernsehserien berichten. Dazu brauchen wir eure Hilfe. Bitte füllt diesen Fragebogen gewissenhaft aus.

Zur Person:
Bist du ein Junge ☐
oder ein Mädchen? ☐

Wie alt bist du? _____ Jahre

Welche Klasse besuchst du? _____

Zur Sache:
Welche Fernsehserie schaust du am häufigsten? __________

Wie viel Zeit verbringst du damit pro Woche durchschnittlich? _____ Min.

Einige Schülerinnen und Schüler der Jahrgangsstufe 8 geben die Schülerzeitung „Kreidezeit“ heraus. In der nächsten Ausgabe soll ein ausführlicher Artikel über die beliebtesten Fernsehserien erscheinen. Dazu führen sie eine Umfrage unter den Mitschülerinnen und Mitschülern durch.
→ Entwirf einen geeigneten Fragebogen für diese Umfrage. Achte darauf, dass der Fragebogen verständlich formuliert und leicht auszuwerten ist.

Statistische Erhebungen helfen Fragen zu klären. Um die dazu notwendigen Daten zu erhalten, müssen sinnvolle Umfragen oder Experimente durchgeführt werden.
Möchte man z.B. über das Freizeitverhalten Jugendlicher Auskunft bekommen, so führt man eine Umfrage durch. Möchte man die Qualität eines Waschpulvers überprüfen, so macht man ein Experiment.

Die Daten einer statistischen Erhebung können durch Umfragen oder Experimente ermittelt werden.
Dazu benötigt man geeignete Fragebögen oder Messmethoden.

Beispiele

a) Umfrage zur Haustierhaltung.
Mögliche Fragen beziehen sich auf:
- Art der Tiere
- Anzahl der Tiere
- Alter der Tiere
- monatliche Kosten
- zeitlicher Pflegeaufwand

usw.

Die Daten werden durch eine Umfrage mithilfe eines Fragebogens ermittelt.

b) Überprüfung der Reifenqualität.
Mögliche Fragen beziehen sich auf:
- Bremsweg bei trockener Fahrbahn
- Bremsweg bei nasser Fahrbahn
- Haftung bei Schnee
- Lebensdauer
- Größe der Rollreibung

usw.

Die Daten werden durch Experimente mithilfe von Messungen ermittelt.

Aufgaben

1 Wie intensiv arbeiten Jugendliche im Haushalt mit? Die Schülerinnen und Schüler der 8c haben dazu Fragebögen entworfen.
a) Was ist an den Fragebögen gut, was ist schlecht? Diskutiert.

Wie oft hilfst du im Haushalt? ______

Hast du feste Aufgaben? ja □ nein □
Welche Tätigkeiten verrichtest du im Haushalt? ______

Hilfst du gerne im Haushalt? ja □ nein □

Bist du ein Junge □ oder ein Mädchen □ ?
Wie viele Stunden pro Woche hilfst du im Haushalt? ______
Gehst du einkaufen? ja □ nein □
Hilfst du beim Spülen? ja □ nein □
Versorgst du die Haustiere? ja □ nein □
Leerst du den Mülleimer? ja □ nein □
Welche weiteren Tätigkeiten verrichtest du regelmäßig im Haushalt? ______

Danke für deine Mitarbeit.

Dein Alter ____ *Dein Geschlecht* ____
Wie viele Geschwister hast du? ____
Wie viel Zeit verwendest du durchschnittlich pro Woche für folgende Tätigkeiten:
Mithilfe beim Spülen ______ *Min.*
Tisch decken ______ *Min.*
Einkaufen ______ *Min.*
Bügeln ______ *Min.*
Mülleimer leeren ______ *Min.*
Sonstige Tätigkeiten ______ *Min.*

b) Entwirf selbst einen Fragebogen. Überlege dir vorher, welche Daten das Thema am besten erfassen. Präsentiere den Fragebogen deiner Klasse.
c) Einigt euch in der Klasse auf einen gemeinsamen Fragebogen und führt die Umfrage durch. Wertet das Ergebnis aus. Welche Kennwerte eignen sich?

Der Trick mit dem Fragebogen

Die Erstellung eines **Fragebogens** erfordert viel Geschick. Die Fragen müssen verständlich formuliert sein. Sie dürfen den Befragten weder irritieren noch beeinflussen.

Fragebogen 1
Kaugummi kauen im Unterricht sollte verboten sein.
ja □ nein □

Fragebogen 2
Kaugummi kauen im Unterricht sollte nicht erlaubt sein.
ja □ nein □

■ Führt die Befragung in eurem Bekanntenkreis durch. Die Hälfte der Klasse benutzt Fragebogen 1, die andere Hälfte Fragebogen 2.
Haben die unterschiedlichen Formulierungen zu unterschiedlichen Ergebnissen geführt? Woran könnte das liegen?
■ Zu welchem Ergebnis soll dieser Fragebogen wohl führen? Begründet ausführlich.

1. *Es kann schon mal sein, dass mein Kind das Haus ohne Frühstück verlässt.* ja □ nein □
2. *Aus Zeitgründen gebe ich meinem Kind manchmal Geld mit, um sich etwas zum Frühstück zu kaufen.* ja □ nein □
3. *An diesem Kiosk sollte es auch Vollwertkost zu günstigen Preisen geben.* ja □ nein □
4. *An der Schule sollte es einen Kiosk geben.* ja □ nein □

■ Gebt Beispiele an, wie die Formulierung eines Fragebogens zum Thema Schulkiosk das Ergebnis beeinflussen kann.

■ Erstellt einen Fragebogen, der leicht zu dem entgegengesetzten Ergebnis führen könnte. Der letzte Satz soll aber gleich lauten.

■ Nennt Aussagen, denen man leicht zustimmen kann bzw. Aussagen, denen man nicht gerne zustimmt.
Welchen Einfluss haben diese Formulierungen auf das Ergebnis der Umfrage?

2 Beim Bogenschießen wird auf eine Scheibe mit 1,20 m Durchmesser aus einer Entfernung von 75 m geschossen.
Bei einem Wettbewerb hat man 72 Pfeile. Eine Bogenschützin hat an 12 Wettbewerben teilgenommen und folgende Punktzahlen erreicht:

Jan	512	Feb	498	Mär	501
Apr	520	Mai	531	Jun	524
Jul	513	Aug	508	Sep	521
Okt	496	Nov	515	Dez	517

a) In welchem Monat hatte sie den geringsten bzw. den größten Erfolg?
b) Wie viele Punkte hat sie pro Wettkampf durchschnittlich erreicht?
Wie viele sind es pro Schuss?
c) Die Bogenschützin behauptet, bei der Hälfte aller Wettkämpfe habe sie mehr als 515 Punkte erzielt.
Ihr Trainer meint, bei der Hälfte aller Wettkämpfe habe sie weniger als 517 Punkte erzielt. Vergleiche.
d) Welche Kennwerte werden in den Aufgaben a) bis c) ermittelt?

! *Der Zentralwert wird auch Median genannt.*

3 Um den Einfluss von Alkohol auf die Reaktionszeit von Erwachsenen zu testen, werden 100 Personen einem Reaktionstest unterzogen.
Zunächst wird der Versuch nüchtern, dann mit 0,5 Promille; 0,8 Promille und 1,2 Promille Alkohol im Blut durchgeführt.
Dabei hat jede Testperson 10 Versuche.
Der dabei erreichte Mittelwert dient als Richtwert für die Reaktionszeit dieser Testperson und wird in die entsprechende Tabellenspalte aufgenommen.

Reaktionszeit in $\frac{1}{10}$ s	6	7	8	9	10	11	12	13	14	15	16	17
nüchtern	4	15	28	31	18	3	1	0	0	0	0	0
bei 0,5 Promille	0	1	7	21	36	18	9	5	2	0	1	0
bei 0,8 Promille	0	0	2	13	19	24	20	14	3	3	2	0
bei 1,2 Promille	0	0	0	0	10	19	16	28	12	6	6	3

Bestimme für jede Zeile die durchschnittliche Reaktionszeit aller Testpersonen.
Welche Aussagen kannst du über den Einfluss von Alkohol auf die Fahrtüchtigkeit machen?

4 Wer reagiert schneller, Mädchen oder Jungen? Die Klassen 8 a und 8 b versuchen dies mit zwei unterschiedlichen Experimenten herauszufinden.

Klasse 8a

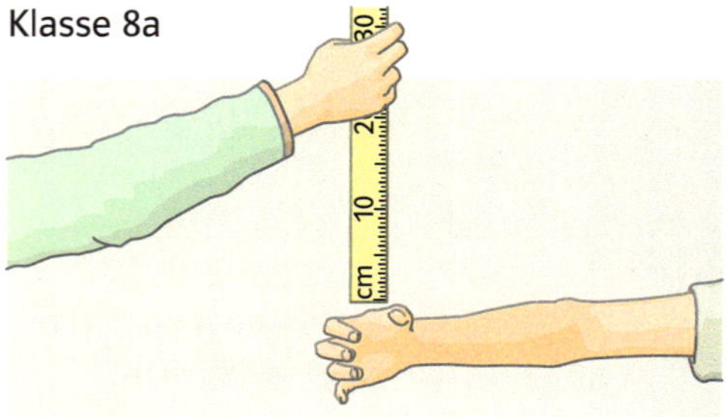

Klasse 8b

a) Beschreibe die beiden Experimente.
Welche Größe dient zur Beschreibung der Reaktionsfähigkeit?
b) Für welches Experiment würdest du dich entscheiden? Begründe.
c) Führt in eurer Klasse in Partnerarbeit ein Experiment zur Bestimmung der Reaktionsfähigkeit durch und wertet das Ergebnis mithilfe der Kennwerte Minimum, Maximum, Zentralwert und Mittelwert aus.
Gibt es bei der Auswertung Unterschiede zwischen dem Ergebnis der Jungen und Mädchen?

5 Welcher Strohhalm fliegt weiter?
Ein leichter oder ein schwerer Strohhalm?
a) Stelle eine Vermutung auf, begründe.
b) Beschreibe ein Experiment, mit dem diese Frage beantwortet werden kann.
c) Führt in Partnerarbeit das Experiment durch. Werft dazu mindestens 25-mal den leichten und 25-mal den schweren Strohhalm. Bestimmt Minimum, Maximum, Zentralwert und Mittelwert.
Schreibt kurz auf, wie ihr euren Eltern die Ergebnisse des Experiments schildern würdet.

2 Stichproben

In der ZDF-Sendung WISO finden regelmäßig Warentests statt. Unter dem Titel „Wie kernlos sind kernlose Mandarinen?“ wurde ein solcher Test durchgeführt. Dazu wurden aus 15 000 Mandarinen 250 wahllos herausgegriffen und aufgeschnitten. Dabei fand man zwölf Mandarinen mit Kernen.

→ Warum wurden nicht alle Mandarinen geprüft?

→ Wie viele kernhaltige Mandarinen werden ungefähr unter den 15 000 Mandarinen zu finden sein?

Oft ist es nicht möglich, die Gesamtheit zu erfassen. In manchen Fällen wird der zu untersuchende Gegenstand bei der Untersuchung zerstört, in anderen Fällen ist die Gesamtheit zu groß.

Im WDR-Fernsehen wird täglich im Vorabendprogramm die Sendung „Aktuelle Stunde“ ausgestrahlt. Um die Einschaltquote für NRW zu ermitteln, werden 2000 Personen befragt. Von ihnen schauen 94 Personen regelmäßig diese Sendung. Daraus ergibt sich eine Einschaltquote von $\frac{94}{2000} = 0{,}047 = 4{,}7\,\%$. In NRW schauen diese Sendung schätzungsweise 4,7% von 18,1 Mio. Einwohner, das sind 850 700, also etwa 0,85 Mio. Personen.

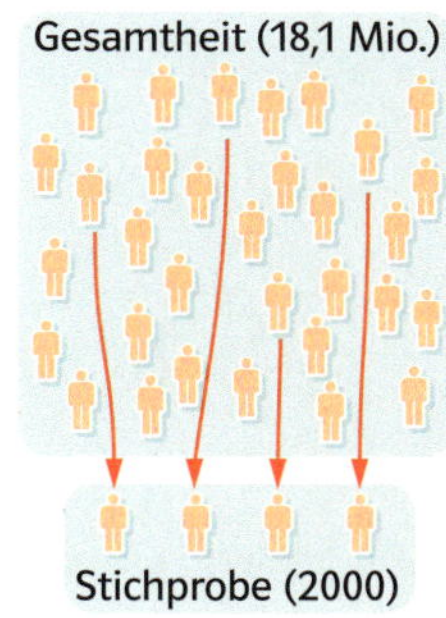

Wird bei einer statistischen Erhebung zu einer bestimmten Fragestellung nur ein Teil der Gesamtheit befragt oder untersucht, so spricht man von einer **Stichprobe**. Das Ergebnis der Stichprobe erlaubt Aussagen über die **Gesamtheit**.

Beispiel

An einem Urlaubsort werden 1200 Gäste befragt, wie sie angereist sind.

Verkehrsmittel	Auto	Eisenbahn	Bus	Flugzeug
absolute Häufigkeit	756	198	168	78
relative Häufigkeit	0,63	0,165	0,14	0,065

Nach einer Werbekampagne erwartet der Ort für das kommende Jahr 21 000 Gäste.
Da $21\,000 \cdot 0{,}165 = 3465$ ergibt, rechnet die Bahn mit etwa 3500 Fahrgästen.

Aufgaben

1 Um die Qualität einer Kaffeelieferung zu prüfen, wird mit einer Hohlnadel in den Kaffeesack gestochen. Auf diese Weise werden einige Kaffeebohnen entnommen und geprüft.
Erkläre, warum es sich bei diesem Verfahren um eine Stichprobe handelt.

2 Um festzustellen, ob ein Kuchen gar ist, sticht man einmal in den Teig.
a) Ist dieses Verfahren eine „Stichprobe“?
b) Wie muss man vorgehen, damit die Stichprobe eine relativ sichere Auskunft darüber gibt, ob der Kuchen gar ist? Befrage deine Eltern.

3 In einem Stadtteil von Köln sind ca. 35 500 Pkws zugelassen. Bei einem Fest zählt Sven auf dem Parkplatz nur die Autos aus Köln nach Marken sortiert.

Automarke	BMW	Ford	Merc.	Opel	VW	Sonst.
Anzahl	46	140	66	71	107	146

a) Wie viele Autos jeder Marke gibt es annähernd in dem Stadtteil?
b) Warum kann das Ergebnis der Stichprobe nicht auf ganz Deutschland übertragen werden?

4 Die Stadt Köln möchte zur Planung des Wohnungsbaus ermitteln, wie viele der 528 823 Haushalte in der Stadt Ein-, Zwei-, Drei-, ... Personenhaushalte sind.
Dazu wird eine Umfrage bei 1000 Haushalten gemacht.
Das Ergebnis dieser Stichprobe wird in einer Tabelle festgehalten.

Anzahl der Personen	1	2	3	4	mehr
Anzahl der Haushalte	498	271	120	78	33

Bestimme, wie viele Ein-, Zwei-, Drei-, ... Personenhaushalte es ungefähr in Köln gibt.

5 Eine Streichholzfirma stellt täglich 3 000 000 Schachteln Streichhölzer her.
Auf der Packung steht: 40 Hölzer.
Eine Stichprobe von 5000 Schachteln ergab die in der Tabelle links dargestellte Verteilung der tatsächlichen Inhalte.
a) Wie viele Schachteln mit der entsprechenden Anzahl Streichhölzer sind täglich zu erwarten?
b) Herr Feuerle kauft 20 Schachteln. Wie viele Streichhölzer hat er wohl tatsächlich gekauft?
c) Wie viel Prozent der Schachteln enthalten mindestens 39 Streichhölzer?
d) Wie viel Prozent der Schachteln enthalten mehr als 38 und weniger als 43 Streichhölzer?
e) Bei weniger als 38 Streichhölzern kann der Kunde reklamieren.

Inhalt	Anzahl
36	12
37	28
38	226
39	765
40	2517
41	936
42	354
43	162

Der Trick mit der Stichprobe

Bei einer Stichprobe muss man sorgfältig die Bedingungen auswählen, unter denen sie durchgeführt wird. Das Ergebnis soll schließlich auf die Gesamtheit übertragbar sein.
Überprüfe daraufhin die folgenden Stichproben und mache gegebenenfalls Verbesserungsvorschläge für eine angemessenere Stichprobe.

- Herr Völl möchte wissen, ob sein Dach noch in Ordnung ist. Dazu überprüft er 30 Dachpfannen, die sich gut erreichbar direkt am Dachfenster befinden.

- Das Jugendamt möchte wissen, wie viele Familien in einem Bezirk mehr als drei Kinder haben. Es bittet eine Schule der Gemeinde, eine Erhebung durchzuführen.

- Der Deutsche Mieterbund möchte ermitteln, wie viel Quadratmeter Wohnfläche pro Person zur Verfügung stehen. In zehn Großstädten werden dazu je 100 Haushalte im Stadtzentrum befragt.

- Zur Planung des öffentlichen Nahverkehrs wird in den Sommerferien täglich zu unterschiedlichen Zeiten eine Fahrgastbefragung durchgeführt.

- In einer Buchhandlung wird jeder 50. Kunde gefragt, wie viele Bücher er jährlich etwa kauft.

3 Daten auswerten

In einer Realschule wird mit einer Stichprobe ermittelt, wie viele Stunden pro Woche Schülerinnen und Schüler durchschnittlich fernsehen.
→ Bestimme Maximum, Minimum, Zentralwert und Mittelwert für Jungen und Mädchen getrennt. Was fällt dir auf?
→ Mehr als 50 % der Jungen sehen pro Woche 10 bis 20 Stunden fern. Vergleiche mit den Mädchen.
→ Stelle weitere Vergleiche an.
Zum Beispiel in welchem Bereich die unteren 25 % oder die oberen 25 % der Stichprobe liegen.

Std. pro Woche	Jungen	Mädchen
28	|	
25	𝍸 ||	𝍸 |
23	||	
20	𝍸 |||	𝍸 𝍸
18	||	|||
15	𝍸 |||	𝍸
14		||
12	𝍸 |	||||
10	𝍸 |	𝍸
9	||	
8	|	||||
7	||||	
5	𝍸	|||
4	|	

Um statistische Erhebungen besser miteinander vergleichen zu können, werden Kennwerte ermittelt. Die bisher bekannten Kennwerte geben keinen hinreichenden Aufschluss darüber, wie die Daten (Merkmalswerte) liegen.
Dazu führen wir weitere Kennwerte ein, das **untere Quartil**, das **obere Quartil**, den Quartilabstand und die Spannweite.

Bestimmung der Kennwerte
In einer Rangliste belegen die Daten die Plätze 1 bis n.
- Multipliziere n mit $\frac{1}{4}$ **(unteres Quartil q_u)**; $\frac{1}{2}$ **(Zentralwert z)** und $\frac{3}{4}$ **(oberes Quartil q_o)**.
- Ist das Ergebnis nicht ganzzahlig, so nimm den Wert des nächst höheren Rangplatzes als Quartil bzw. Zentralwert.
- Ist das Ergebnis ganzzahlig, so nimm den Mittelwert aus den Werten dieses und des nächst höheren Rangplatzes als Quartil bzw. Zentralwert.

Der Unterschied zwischen q_o und q_u heißt **Quartilabstand q**.
Der Unterschied zwischen Minimum und Maximum heißt **Spannweite w**.

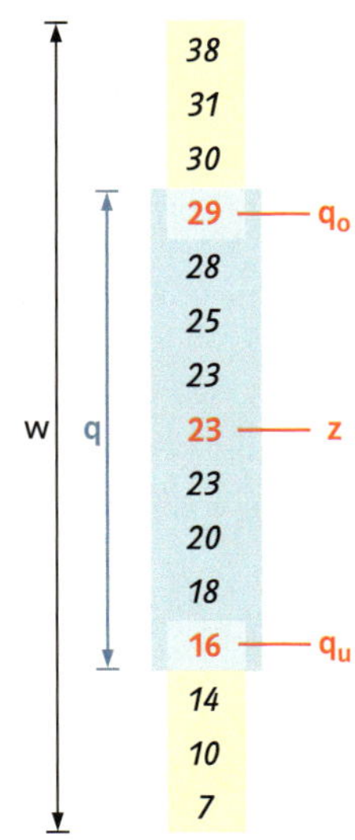

Bemerkung
Das untere Quartil markiert den 1. Abschnitt. Mindestens 25 % aller Daten sind kleiner oder gleich q_u. Das obere Quartil markiert den letzten Abschnitt. Mindestens 25 % aller Daten sind größer oder gleich q_o. Den Bereich von q_u bis q_o nennt man **zentrale Hälfte**, hierin befinden sich mindestens 50 % aller Daten. Der Quartilabstand q ist ein Maß für die Dichte der Daten. Je kleiner q ist, desto dichter liegen die Daten in der zentralen Hälfte.

Beispiele
a) Die Rangliste gibt die Handy-Ausgaben pro Monat in Euro an.

| 7 10 14 | 18 20 23 | 23 25 28 | 30 31 38 |

16 (q_u) 23 (z) 29 (q_o)

$q = 29 - 16 = 13$
$w = 38 - 7 = 31$

b) In der Klasse 8c mit 14 Mädchen und 16 Jungen wird ermittelt, wie viele Stunden pro Woche die Jugendlichen durchschnittlich Sportsendungen im Fernsehen verfolgen.

Mädchen:

Rangplatz	1.	2.	3.	4.	5.	6.	7.	8.	9.	10.	11.	12.	13.	14.
Stunden	0	0	0	1	1	2	2	2	4	5	6	6	6	7

Jungen:

Rangplatz	1.	2.	3.	4.	5.	6.	7.	8.	9.	10.	11.	12.	13.	14.	15.	16.
Stunden	0	1	1	2	2	2	3	4	4	4	4	4	5	5	6	10

Bestimmung der Quartile:

Die Quartile können durch Abzählen in der Rangliste bestimmt werden. Dazu werden die Rangplätze für das untere Quartil, den Zentralwert und das obere Quartil bestimmt.

Mädchen:

n = 14	3,5	7	10,5
Platz	4.	7./8.	11.
Quartil	$q_u = 1$	$z = 2$	$q_o = 6$

Die Liste der Mädchen umfasst 14 Werte. Also muss $\frac{1}{4}$; $\frac{1}{2}$ und $\frac{3}{4}$ von 14 bestimmt werden.

$\frac{1}{4} \cdot 14 = 3{,}5$; Die nächstgrößere ganze Zahl ist 4. Auf dem 4. Rangplatz steht der Wert 1.
Das untere Quartil q_u ist also 1.
Zur Bestimmung der anderen Quartile wird genauso verfahren.
$\frac{1}{2} \cdot 14 = 7$; z liegt zwischen dem 7. und 8. Rangplatz: $z = \frac{2+2}{2} = 2$
$\frac{3}{4} \cdot 14 = 10{,}5$; q_o liegt auf dem 11. Rangplatz: $q_o = 6$

Jungen:

n = 16	4	8	12
Platz	4./5.	8./9.	12./13.
Quartil	$q_u = 2$	$z = 4$	$q_o = 4{,}5$

Vergleich der Quartilabstände:
- Mindestens 50 % der Jungen schauen zwischen 2 und 4,5 Stunden Sportsendungen pro Woche, die Zeit unterscheidet sich somit nur um 2,5 Stunden.
- Bei den Mädchen streuen die Werte in der zentralen Hälfte um 5 Stunden.

Die Jungengruppe unterscheidet sich in ihren Fernsehgewohnheiten also weniger als die Mädchengruppe.
Vergleich der Zentralwerte:
- Die Hälfte der Jungen schaut pro Woche mindestens 4 Stunden,
- die Hälfte der Mädchen aber höchstens 2 Stunden.

Die Jungen scheinen an Sportsendungen interessierter zu sein als die Mädchen.

c) In einer Umfrage wurden 113 Jugendliche gefragt, wie viele Minuten pro Woche sie mindestens im Internet chatten. Da man in der Häufigkeitsliste die Rangplätze nicht direkt ablesen kann, wurde die Zeile „Rangplatzsumme" ergänzt.

Nutzung in Min./Woche	0	15	30	45	60	75	90	105	120	135	150	165	180	195	210	225
Anzahl der Nennungen	17	7	8	6	9	17	10	4	6	6	7	3	5	2	2	4
Rangplatzsumme	17	24	32	38	47	64	74	78	84	90	97	100	105	107	109	113

Bestimmung der Quartile:

q_o liegt auf dem 85. Rangplatz. Dieser Platz ist in der unteren Zeile in der 10. Spalte erreicht. Die zugehörige Nutzungsdauer beträgt 135 Minuten. Also ist $q_o = 135$.

n = 113	28,25	56,5	84,75
Platz	29.	57.	85.
Quartil	$q_u = 30$	$z = 75$	$q_o = 135$

Aufgaben

1 Bestimme für die folgenden Ranglisten unteres und oberes Quartil, Quartilabstand, Zentralwert und Spannweite.
a) 3; 5; 7; 9; 11; 13; 15; 17; 19; 21; 23; 25
b) 7; 7; 10; 10; 12; 12; 15; 15; 18; 18; 20
c) 5; 6; 24; 28; 56; 58; 75; 78; 79; 85
d) 0; 3; 3; 5; 7; 10; 13; 17; 19; 19; 22; 23

2 Bestimme für die Rangliste unteres und oberes Quartil, Quartilabstand, Zentralwert, Minimum, Maximum, Spannweite und Mittelwert. Streiche anschließend den ersten und zweiten sowie den vorletzten und letzten Wert und berechne die Kennwerte neu.
Was fällt dir auf?
0; 2; 5; 5; 6; 7; 8; 8; 10; 12; 13; 13; 15; 17; 20; 22; 25; 26; 28; 31; 33; 35; 35; 57; 85

3 Betrachte die beiden Ranglisten.

0	0	7	7	7	8	8	8	9	11	12
0	2	2	2	3	8	12	12	12	12	12

a) Beschreibe ohne Rechnung, was die beiden Datenlisten gemeinsam haben und worin sie sich unterscheiden.
b) Bestimme für beide Listen Mittelwert, Spannweite und Zentralwert.
Was stellst du fest?
c) Bestimme für beide Ranglisten oberes und unteres Quartil sowie den Quartilabstand.
Welche Aussage kannst du jetzt machen?

4 Übertrage die Tabelle in dein Heft und ergänze die fehlenden Werte.

	a)	b)	c)	d)
Minimum	0		13	
unteres Quartil	5	9	24	7,0
oberes Quartil	19			9,5
Maximum	34	31	41	12,0
Quartilabstand		8	12	
Spannweite		27		8,5

5 Bestimme für die in Häufigkeitslisten zusammengefassten Ergebnisse folgender Befragungen unteres und oberes Quartil, Zentralwert und Quartilabstand.
a) Anzahl guter Freundinnen und Freunde

Anzahl	0	1	2	3	4	5	6	7	8	9	10
Häufigkeit	4	5	4	7	9	8	3	5	6	2	1

b) Ausgaben für Schulmaterial pro Monat

Ausg. in €	2	5	6	8	10	12	15	16	20
Häufigkeit	3	8	4	2	12	5	6	1	2

c) Anzahl der bisher besuchten Schulen

Anzahl	2	3	4	5	6	7	8
Häufigkeit	128	109	42	21	11	0	2

6 In den Jahrgangsstufen 5 und 8 wird die durchschnittliche Nutzung des Internets pro Woche in Stunden erhoben.
Nach der Auswertung ergaben sich folgende Kennwerte.

Nutzung des Internets in Stunden

Kennwert	Jahrgang 5	Jahrgang 8
Minimum	0	0
unteres Quartil	1	1
Zentralwert	2	3
oberes Quartil	5	6
Maximum	18	20
Mittelwert	3,24	4,01

a) Mache Aussagen über Unterschiede und Gemeinsamkeiten zwischen den beiden Gruppen. Begründe ausführlich.
b) Überprüfe folgende Aussagen:
- Etwa 50 % der Jugendlichen in der Jahrgangsstufe 5 nutzen das Internet 1 bis 5 Stunden die Woche.
- Die zentrale Hälfte streut in der Jahrgangsstufe 8 stärker als in der Jahrgangsstufe 5.
- Mindestens 25 % der Jugendlichen in der Jahrgangsstufe 8 nutzen das Internet mehr als 7 Stunden pro Woche.

c) Mache weitere Aussagen mithilfe der Kennwerte.

Best.	♂	♀
0	17	11
1	14	12
2	9	8
3	5	7
5	3	6
6	4	1
8	0	3
9	2	0

7 Die Nutzung des E-Commerce durch Jugendliche wird für Mädchen und Jungen getrennt untersucht. Dabei wird die durchschnittliche Anzahl der Bestellungen pro Quartal (drei Monate) in einer Häufigkeitsliste erfasst.
Bestimme die Quartile und den Mittelwert. Mache Aussagen über Unterschiede und Gemeinsamkeiten.

8 Wie viele SMS-Kontakte habt ihr pro Woche? Erfasst für eure Klasse die Daten und bestimmt Minimum, Maximum, Mittelwert, unteres und oberes Quartil, Zentralwert und den Quartilabstand. Verfasst mit diesen Kennwerten einen Artikel für die Schülerzeitung oder erstellt eine ausführliche Präsentation mit Grafiken und erläuternden Texten.

Quartile mit dem Computer

Für Ur- und Ranglisten können die Quartile auch mit dem Computer bestimmt werden. Der Computer berechnet die Quartile nach einer komplizierten Formel. Deshalb erhältst du mit dem Computer meist etwas andere Werte als durch Abzählen.
Das vom Computer berechnete untere Quartil genügt jedoch immer der wichtigen Eigenschaft, dass mindestens 25 % aller Werte nicht größer als dieses untere Quartil sind. Entsprechend gilt für das obere Quartil, dass mindestens 25 % aller Werte nicht kleiner als das obere Quartil sind.

G9 ▾ *fx* =QUARTILE(A7:D15;1)

	A	B	C	D	E	F	G	H
1	**Lassalle-Realschule**							
2								
3	Handy-Ausgaben in Euro für den Monat Mai 2006							
4								
5	Umfrage in Jahrgangsstufe 8							
6								
7	30	14	11	20		Minimum:	2	
8	35	7	25	6				
9	5	14	20	13		unteres Quartil:	13	
10	34	15	16	10				
11	15	21	23	32		Zentralwert:	17,5	
12	25	5	21	47				
13	14	4	19	32		oberes Quartil:	25	
14	33	18	17	2				
15	17	22	13	29		Maximum:	47	
16								
17						Mittelwert:	19	

Mit dem Befehl **=Quartile(A7:D15;1)** wird das untere Quartil, mit dem Befehl **=Quartile(A7:D15;3)** das obere Quartil bestimmt.

- Welche Werte bekommt man für **=Quartile(A7:D15;0)**, **=Quartile(A7:D15;2)** und **=Quartile(A7:D15;4)**?
Erkläre die Zahlen 0 bis 4.
- Stelle die Handy-Ausgaben in einer Rangliste dar und prüfe:
  - Mindestens 25 % aller Werte sind nicht größer als 13,00 €.
  - Mindestens 25 % aller Werte sind nicht kleiner als 25,00 €.
- Wie hoch waren eure Handy-Kosten im letzten Monat? Gebt eure Daten in den Computer ein und lasst die Kennwerte bestimmen. Vergleicht eure Kennwerte mit denen der Lassalle-Realschule.
- Verfasse für eine Schülerzeitung einen kurzen Artikel über die Handy-Ausgaben.

4 Daten darstellen und beurteilen

Mit einer Wasserpistole sollen zehn Kerzen mit zehn Schuss ausgelöscht werden. Im Wettbewerb tritt eine Klasse 8 gegen eine Klasse 5 an.

→ Welche Klasse hat gewonnen? Begründe deine Entscheidung mithilfe von Kennwerten.

Anzahl der ausgelöschten Kerzen

Klasse 5: *3, 4, 4, 6, 5, 1, 5, 5, 3, 3, 8, 5, 2, 7, 5, 4, 7, 10, 1, 4, 3, 8, 3, 5*

Klasse 8: *6, 6, 4, 4, 4, 5, 1, 7, 5, 5, 4, 8, 3, 4, 6, 2, 5, 0, 7, 10, 1, 4, 6, 5, 3, 5*

Kennwerte sind zur Beurteilung statistischer Erhebungen sehr hilfreich. Zur besseren Übersicht werden sie in einem Kennwertdiagramm, dem **Boxplot**, dargestellt.

Zum Zeichnen eines **Boxplots** werden über eine Skala, die alle Werte der Erhebung umfasst, die Kennwerte Minimum, Maximum, Zentralwert, unteres und oberes Quartil eingetragen. Die zentrale Hälfte zwischen dem unteren und oberen Quartil wird als **Box** gezeichnet. Zwischen den Quartilen und dem Minimum bzw. dem Maximum werden Striche, die so genannten **Antennen**, gezeichnet.

Boxplot:

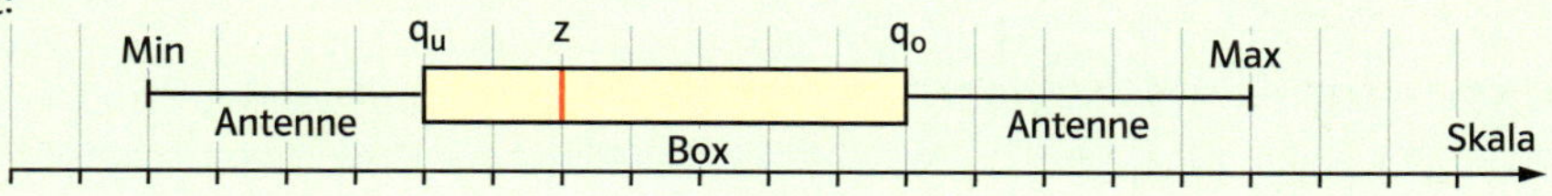

Beispiel

Wie häufig sind Jugendliche und Erwachsene im letzten Jahr ins Kino gegangen?

Häufigkeit der Besuche	0	1	2	3	4	5	6	7	8	9	10	15	17	19	24
Anzahl der Jugendlichen	3	7	14	23	21	17	11	5	7	3	1	2	1	1	1
Anzahl der Erwachsenen	22	26	25	17	14	7	2	3	1	0	3	1	0	0	0

Zum Zeichnen der beiden Boxplots ist es hilfreich, die Kennwerte in einer Tabelle zu erfassen.

	Jugendliche		Erwachsene	
	Rangplatz	Wert	Rangplatz	Wert
Minimum:	1	0	1	0
unteres Quartil:	30	3	31	1
Zentralwert:	59	4	61	2
oberes Quartil:	88	6	91	4
Maximum:	117	24	121	15

! *Boxplots können auch senkrecht gezeichnet werden.*

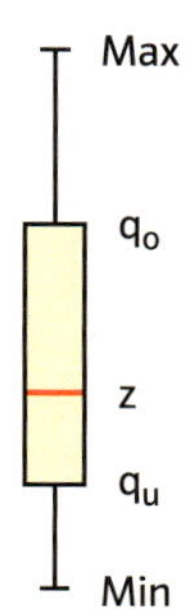

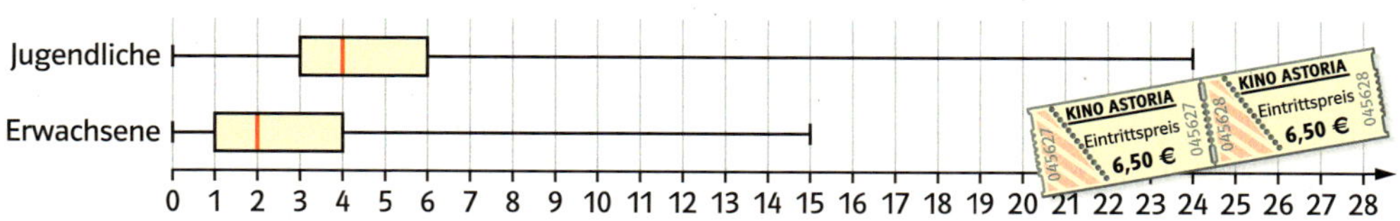

Aus den Boxplots der vorigen Seite kann Folgendes abgelesen werden:

- Von den Erwachsenen gehen mindestens 25 % nicht mehr als einmal pro Jahr ins Kino, mindestens 25 % gehen aber auch viermal und öfter ins Kino.
- Mindestens 50 % der Jugendlichen gehen drei- bis sechsmal im Jahr ins Kino.
- Mindestens 50 % der Erwachsenen gehen nur ein- bis viermal im Jahr ins Kino.
- Während von den Jugendlichen mindestens 50 % mehr als viermal im Jahr ins Kino gehen, sind es bei den Erwachsenen nur ungefähr 25 %.
- Bei den Jugendlichen setzen sich einige Ausreißer deutlicher nach oben ab als bei den Erwachsenen, das zeigen die Antennen.
- Die zentralen Hälften für die Jugendlichen und Erwachsenen sind gleich groß, jedoch gegeneinander versetzt. In beiden Fällen liegen die Daten des unteren Bereichs der zentralen Hälfte dichter als die des oberen Bereichs.

In beiden Gruppen zeigt also die Mehrheit ein nahezu gleiches Kinoverhalten, die Jugendlichen gehen aber insgesamt häufiger ins Kino.

Aufgaben

1 Zeichne den Boxplot.

	Minimum	unteres Quartil	Zentralwert	oberes Quartil	Maximum
a)	0	12	15	21	27
b)	17	23	31	42	59
c)	50	120	175	210	250

2 Zeichne zur Rangliste einen Boxplot.
a) 5; 8; 8; 12; 14; 15; 15; 17; 19; 19; 19; 24; 25; 27; 27; 28; 32; 36
b) 0; 2; 18; 26; 30; 32; 32; 33; 35; 38; 39; 40; 40; 42; 51

3 Die vier Boxplots stellen das Ergebnis einer Umfrage nach den durchschnittlichen Handy-Kosten pro Monat dar, abhängig von der Altersgruppe.

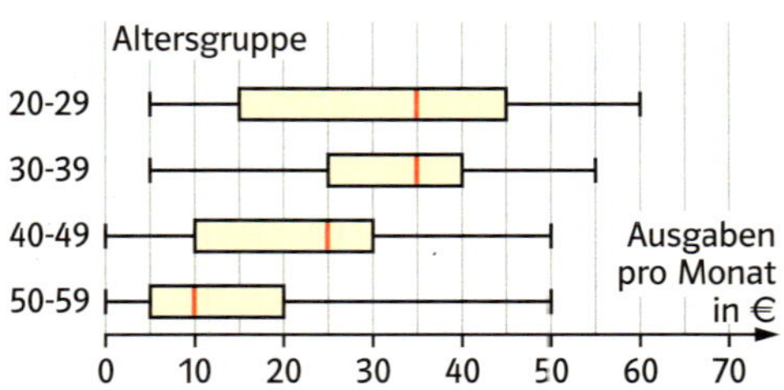

a) Fasse in einer Tabelle alle Kennwerte, die du ablesen kannst, zusammen.
b) Interpretiere jeden einzelnen Boxplot.
c) Vergleiche die Boxplots miteinander. Welche Aussagen kannst du machen?

4 Zeichne für die beiden Ranglisten die Boxplots. Was stellst du fest?

0	5	5	5	7	7	7	9	9	9	15	15	15
0	0	0	5	5	5	7	7	7	9	9	9	15

5 Bei einer Umfrage wurden 69 Wissenschaftlerinnen und Wissenschaftler befragt, wie viele Fachbücher sie jährlich etwa lesen. Das Ergebnis ist in der Häufigkeitsliste zusammengefasst.

gelesene Bücher	3	4	5	6	7	8	9
Anzahl der Nennungen	2	8	10	8	4	3	8

gelesene Bücher	10	11	12	13	14	15	16
Anzahl der Nennungen	15	3	4	0	1	2	1

a) Erstelle ein Säulendiagramm. Der Computer kann dir helfen.
b) Bestimme die notwendigen Kennwerte und zeichne den Boxplot. Es ist hilfreich, dazu in der Tabelle eine zusätzliche Zeile mit der Rangplatzsumme zu bilden.
c) Verfasse für ein Wissenschaftsmagazin einen Artikel über den Leseeifer der Wissenschaftlerinnen und Wissenschaftler. Dokumentiere den Artikel mit einem geeigneten Diagramm.

6 In der Klasse 8 b soll der Frage nachgegangen werden, ob Mädchen kleiner sind als Jungen. In der Liste ist die Körpergröße in cm angegeben.

Kyra	167	Linda	162	Cora	167
Janine	166	Renate	169	Katrin	170
Mariola	159	Jenny	163	Alina	160
Lena	164	Sarah	165	Afua	165
Eugen	181	Dirk	173	Daniel	164
Ken	168	Jan	185	Mirko	178
Artur	174	Alex	183	Marvin	165
Tobbi	171	Sven	169	Iwan	169
Tino	168	Abdul	160	Holger	192

a) Erstelle für Jungen und Mädchen getrennt einen Boxplot. Beantworte mithilfe der Boxplots die Frage, ob Mädchen kleiner sind als Jungen.
b) Führt eine solche Messung in eurer Klasse durch.

7 In einer Mehlfabrik werden 500-g-Tüten abgepackt. Um die Qualität der vier Abfüllmaschinen zu prüfen, wird von jeder Maschine eine Stichprobe genommen. Die Ergebnisse der Stichprobe sind in den Boxplots wiedergegeben.

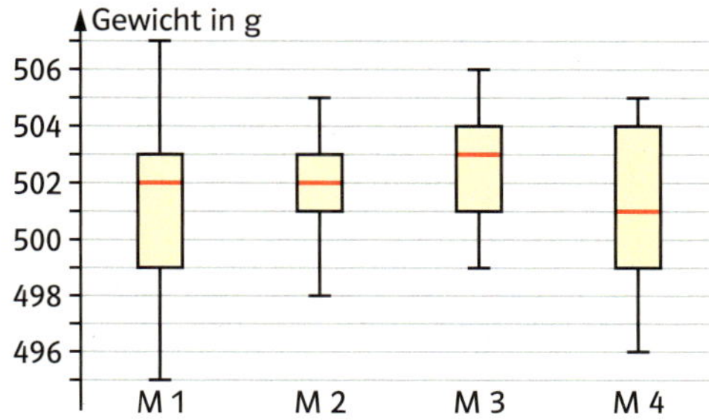

Beurteile die Qualität der Maschineneinstellung. Welche Maschinen sollten nachjustiert werden? Warum?

Getrimmte Flieger

Kann die Flugeigenschaft eines Papierfliegers mit Büroklammern verbessert werden? Eine statistische Erhebung soll helfen, diese Frage zu beantworten.

- Fertige aus einem DIN-A4-Blatt gemäß der Faltanleitung einen Papierflieger an.

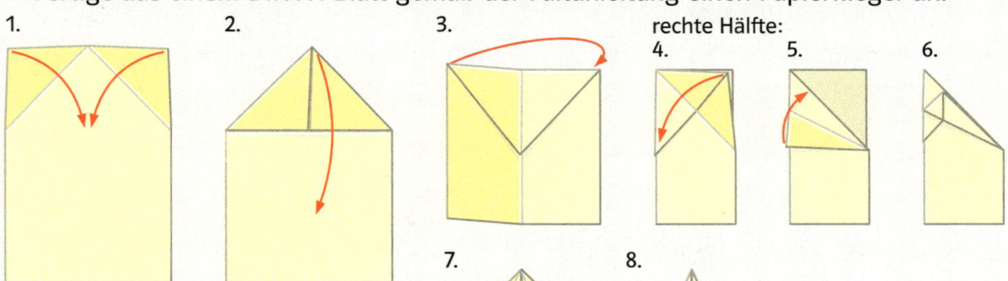

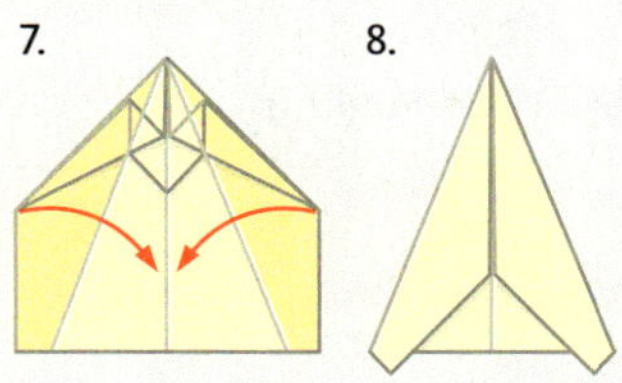

Linke Hälfte wie rechte Hälfte 4.–6. falten. Anschließend auffalten und wie in Bild 7 fortfahren. Du erhältst Bild 8. Falte an der Mittellinie auf, der Flieger ist fertig.

- Um die Flugeigenschaften zu testen, miss für 25 Flüge die Flugweite.

Erstelle für die Messreihe einen Boxplot. Dabei könnt ihr gut in Dreiergruppen arbeiten. Einer wirft, einer misst, einer schreibt auf.
Mit einer Büroklammer am Bug des Flugzeugs kannst du den Flieger trimmen.

- Prüfe die Flugeigenschaften des getrimmten Fliegers. Zunächst mit einer, dann mit zwei und schließlich mit drei Büroklammern. Erstelle für die Ergebnisse die Boxplots und vergleiche. Mache Aussagen darüber, ob das Trimmen die Flugeigenschaften verbessert.
- Mit wie vielen Büroklammern wird die beste Flugeigenschaft erzielt?

Zusammenfassung

Daten erfassen

Die Daten einer statistischen Erhebung können durch Umfragen oder Experimente ermittelt werden.

- **Fragebogen Experiment**

Dazu benötigt man geeignete Fragebögen oder Messmethoden.

- **Stichprobe**

Wird bei einer statistischen Erhebung nur ein Teil der **Gesamtheit** befragt, so spricht man von einer **Stichprobe**.

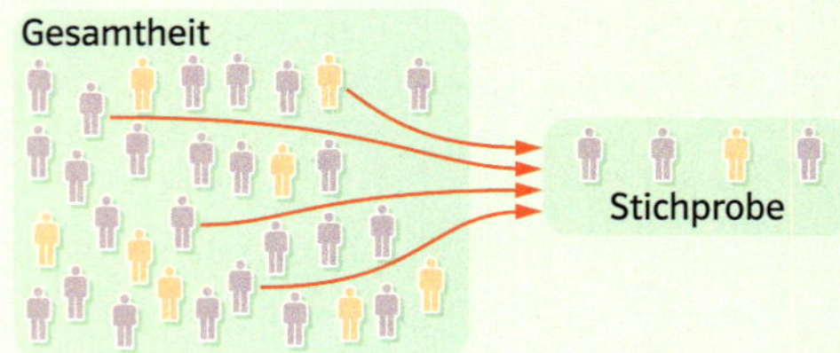

Daten auswerten

Um statistische Erhebungen besser auswerten und vergleichen zu können, werden **Kennwerte** ermittelt.

- **Quartile**

Die **Quartile** teilen die Rangliste in vier Abschnitte auf. In jedem Abschnitt befinden sich mindestens 25 % aller Werte der Rangliste.

Rangliste mit Rangplatznummerierung:

1.	2.	3.	4.	5.	6.	7.	8.	9.	10.	11.	12.	13.	14.
2	4	5	7	8	8	10	12	13	13	17	18	18	20

- **Bestimmung der Quartile**
- **unteres Quartil**
- **oberes Quartil**
- **Zentralwert**

In der Rangliste belegen die Daten die Plätze 1 bis n.
Multipliziere n mit $\frac{1}{4}$ **(unteres Quartil)**, $\frac{1}{2}$ **(Zentralwert)** und $\frac{3}{4}$ **(oberes Quartil)**.
Ist das Ergebnis nicht ganzzahlig, so nimmt man den Wert des nächst höheren Rangplatzes, sonst den Mittelwert aus dem Wert dieses und des nächst höheren Rangplatzes.

n = 14	3,5	7	10,5
Platz	4.	7./8.	11.
Quartil	$q_u = 7$	$z = 11$	$q_o = 17$

11
| 2 4 5 7 8 8 10 12 13 13 17 18 18 20 |
↑ Min, ↑ q_u, ↑ z, ↑ q_o, ↑ Max

zentrale Hälfte

- **Quartilabstand**

Der Unterschied zwischen oberem und unterem Quartil heißt **Quartilabstand q**. Er ist ein Maß für die Dichte der Daten in der zentralen Hälfte.

Quartilabstand
$q = q_o - q_u = 17 - 7 = 10$

- **Spannweite**

Der Unterschied zwischen Minimum und Maximum heißt Spannweite w.

$w = \text{Max} - \text{Min} = 20 - 2 = 18$

Daten darstellen und beurteilen

- **Boxplot**

Der **Boxplot** ist eine grafische Veranschaulichung der Quartile. Dabei wird der erste und letzte Abschnitt zwischen Minimum und q_u bzw. Maximum und q_o als **Antenne**, der zweite und dritte Abschnitt als Box über eine Skala gezeichnet. In der Box wird der Zentralwert markiert.

Boxplot zur Rangliste

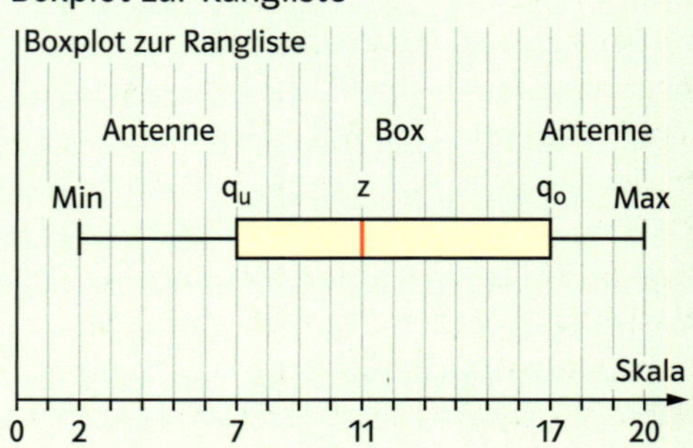

Üben • Anwenden • Nachdenken

1 Viele Menschen nutzen das Internet zum Versenden von E-Mails. In der Tabelle ist das Ergebnis einer Umfrage zu diesem Thema erfasst. Befragt wurden Erwachsene im Alter von 25 bis 65 Jahren.

Anzahl der versandten E-Mails pro Tag	Alter bis 30 Jahre	Alter über 30 Jahre
0	3	29
1	5	21
2	17	16
3	25	13
4	17	6
5	30	11
6	13	9
7	6	2
8	10	3
9	4	0
10	5	7
11	2	0
12	1	2

E-Mails, die schnelle Post

Das Versenden von E-Mails wird immer beliebter. Vor allem junge Menschen nutzen diese Möglichkeit intensiv. Immerhin versenden über die Hälfte von ihnen regelmäßig mehr als 4 E-Mails pro Tag, unter den über 30-Jährigen sind dies nur 30 %.
Auch scheint sich die Gruppe der unter 30-Jährigen über die Vorteile der elektronischen Post einig zu sein, senden doch mehr als 50 % von ihnen zwischen 4 und 8 E-Mails pro Tag, während in der älteren Gruppe die Spanne von 0 bis 12 E-Mails pro Tag reicht.

Der Zeitungsartikel wurde mithilfe dieser Daten verfasst.
a) Der Artikel enthält eine Reihe von Behauptungen. Kannst du sie bestätigen? Wo findest du Fehler?
b) Schreibe selbst einen Zeitungsartikel.
c) Führt auch statistische Vergleiche durch. Befragt dazu eure Eltern zu verschiedenen Gesichtspunkten der Nutzung des Internets und vergleicht mit eurer Nutzung. Fasst die Ergebnisse der Klasse zusammen.

2 Die Herausgeber einer Schülerzeitung wollen die Meinung der Schülerinnen und Schüler zu ihrer Zeitung in Erfahrung bringen. Dazu entwickeln sie einen Fragebogen.

Fragebogen zur Schülerzeitung Kreidezeit

1. Welche Note gibst du unserer Schülerzeitung?
(sehr gut) 1 2 3 4 5 6 (ungenügend)
2. Welche Themen sollen deiner Meinung nach bevorzugt angesprochen werden?
a) Themen aus dem Schulalltag ☐
b) Musik ☐
c) alles über Lehrer ☐
d) Politik ☐
d) Buchvorstellungen ☐
e) Witze ☐
3. Wie findest du die Aufmachung unserer Zeitung? ______________
4. Für eine Schülerzeitung würde ich bis zu ________ € ausgeben.

a) Formuliert den Fragebogen in Partnerarbeit weiter aus.
b) Welche Möglichkeit der statistischen Auswertung und Darstellung bieten die Fragen?
c) Wenn ihr eine Schülerzeitung habt, so könnt ihr eine solche Umfrage durchführen und auswerten. Nutzt zur Erfassung eurer Daten ein Tabellenkalkulationsprogramm. Wie könnte eine gute Präsentation aussehen?

3 In der Schule wird ein Unfallbuch geführt. Jeder gemeldete Unfall, auch kleine Verletzungen, wird darin festgehalten.

Unfälle	0	1	2	3	4	5	6	7	8	9
Anzahl der Tage	5	6	4	2	0	1	2	2	0	1

a) Fertige eine Rangliste an.
b) Zeichne ein Säulendiagramm.
c) Zeichne den Boxplot und mache Aussagen über die Unfallhäufigkeit.

Es gibt noch weitere grafische Darstellungsmöglichkeiten von Kennwerten.

4 Die Ergebnisse der Pisa-Studie von 2003 wurden mit Perzentilbändern veranschaulicht. Nachfolgend siehst du für einige Länder die Perzentilbänder für die mathematische Kompetenz.

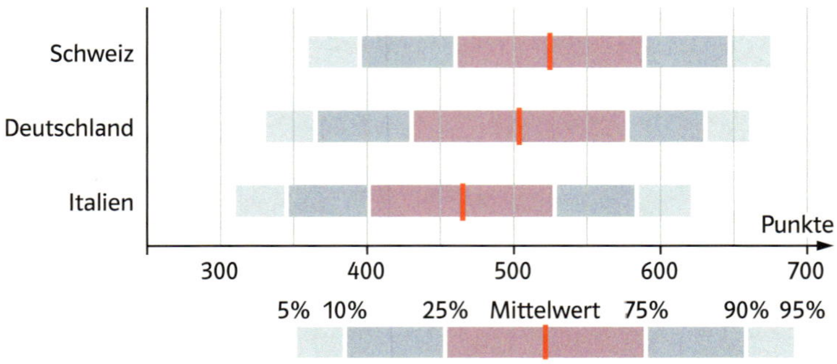

Was haben Perzentilbänder mit Boxplots gemeinsam, worin unterscheiden sie sich? Welchen Vor- bzw. Nachteil haben Perzentilbänder gegenüber Boxplots? Welchen Grund könnte es haben, auf die Antennen zu verzichten?

5 Erstelle aus dem Zeitungsartikel der Schülerzeitung die passenden Boxplots. Stimmt der letzte Satz des Artikels?

Fernsehen spricht Kinder wenig an.

Eine Studie über die Zeit, die Kinder und Jugendliche vor dem Fernseher verbringen, zeigt deutlich, dass mit zunehmendem Alter mehr Fernsehen geguckt wird. Von den befragten Fünftklässlern verbrachten die Hälfte nicht mehr als 9 Stunden pro Woche vor dem Fernseher, wo hingegen die Hälfte der Zehntklässler auf 16 Stunden kommt.
Obwohl es bei den Fünftklässlern Vielseher bis auf 45 Stunden brachten, schauten lediglich 25 % mehr als 13 Stunden und immerhin 25 % höchstens 5 Stunden. Bei den Zehntklässlern gab es mit höchstens 35 Stunden keine direkten Vielseher, aber weniger als 7 Stunden pro Woche schaffte keiner von ihnen, und immerhin die Hälfte der befragten Zehntklässler schaute zwischen 10 und 20 Stunden pro Woche. Dies alles zeigt, je älter die Kinder, desto mehr Fernsehen pro Woche.

Stabdiagramme und Boxplots

Stabdiagramme sind ähnlich dem Säulendiagramm eine Möglichkeit, statistische Erhebungen anschaulich darzustellen.
Um die Aussagekraft eines Stabdiagramms zu erhöhen hilft ein Boxplot, den man unter das Stabdiagramm zeichnet. Das abgebildete Stabdiagramm zeigt eine Umfrage unter Gameboy-Besitzern nach der durchschnittlichen Nutzungsdauer pro Woche.

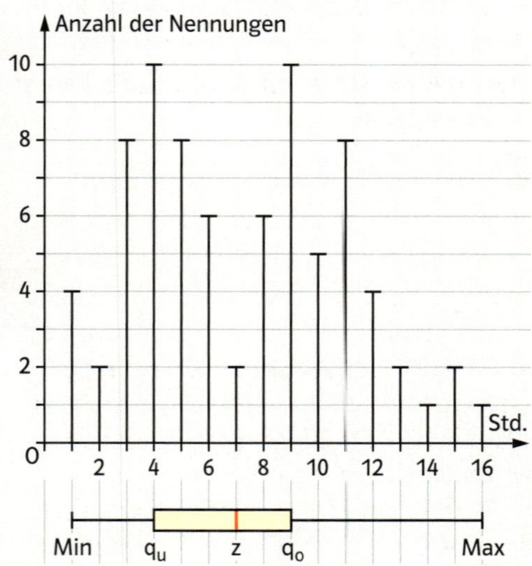

Das Stabdiagramm lässt eine Abschätzung der zentralen Hälfte bzw. des Zentralwerts kaum zu. Hier hilft der Boxplot.

■ Löst in Partnerarbeit. Einer zeichnet das Stabdiagramm, der andere den Boxplot. Erklärt euer Vorgehen.

Wert	1	2	3	4	5	6	7	8	9
Häufigkeit	7	8	7	4	4	3	2	1	1

■ Wie häufig fehlen Arbeitnehmer pro Jahr wegen Krankheit?

Anzahl der Fehltage	0	1	2	3	4	5	6	7	8	9	10
Anzahl der Arbeitn.	3	8	15	10	3	9	4	2	4	6	8

Anzahl der Fehltage	11	12	13	14	15	16	17	18	19	20
Anzahl der Arbeitn.	5	7	0	2	5	3	0	2	1	3

Löst in Partnerarbeit. Einer zeichnet das Stabdiagramm, der andere den Boxplot. Macht anschließend mithilfe eines Diagramms Aussagen über die Erhebung. Diskutiert die Vorzüge und Nachteile des Stabdiagramms bzw. des Boxplots.

6 Der Lehrer sagt, dass er die Hausaufgaben stichprobenartig prüfen werde.
a) Was meint er damit?
b) Wie wird er vorgehen?
c) Nenne andere Beispiele, bei denen stichprobenartig vorgegangen wird.

7 Ein Automobilwerk kauft 200 000 Scheinwerferlampen.
a) Bei einer Stichprobe sind von 1000 Lampen sechs Lampen defekt. Wie viele Lampen sind in etwa insgesamt defekt?
b) Warum reicht eine Stichprobe von 100 Lampen nicht aus?
c) Der Lampenhersteller Starlight wirbt damit, dass nur 0,1% der Lampen fehlerhaft sind. Das Automobilwerk kauft 250 000 Lampen.

8 In einer Schule mit 784 Schülerinnen und Schülern sind 95 türkischer, 47 griechischer, 12 italienischer, 7 spanischer und weitere 12 anderer als deutscher Nationalität. Per Losentscheid werden einmal 100, ein anderes Mal 200 Jugendliche für einen Zeichenwettbewerb ausgesucht.
Dabei erhielt man folgende Verteilung.

Gesamtzahl	100	200
türkisch	13	25
griechisch	5	11
italienisch	1	2
spanisch	0	2
sonstige	2	2

a) Vergleiche die Häufigkeiten der beiden Stichproben untereinander und mit der Gesamtheit.
b) Welche Schwierigkeiten können bei Stichproben auftreten?
c) Welche Bedeutung hat die Größe der Stichprobe?

9 a) Zeichne den Boxplot über die Niederschlagsmengen in Afrika mithilfe der Tabelle (alle Werte in mm pro Jahr).

Min	q_u	z	q_o	Max
22	462	1070	1564	3475

b) Stelle die Angaben des Artikels in einem Boxplot dar.

> Australien ist ein sehr trockener Kontinent, obwohl es Gebiete mit bis zu 2870 mm Niederschlag im Jahr gibt. Aber in der Hälfte aller Gebiete liegt der jährliche Niederschlag unter 600 mm. In den trockensten Gebieten kommt es oft nur auf 115 mm Niederschlag pro Jahr. Vergegenwärtigt man sich, dass in gut der Hälfte aller Gebiete der jährliche Niederschlag gerade mal zwischen 320 mm und 920 mm liegt, so wird die Trockenheit des australischen Kontinents deutlich.

c) Verfasse und präsentiere einen ähnlichen Artikel zum Boxplot der Aufgabe a).

10 Mit einem Test wird ermittelt, welche Lernmethode die Merkfähigkeit am besten fördert.
Dazu werden zunächst 15 verschiedene Hauptwörter vorgelesen. Drei Minuten später sollen die Schülerinnen und Schüler die behaltenen Wörter notieren. Anschließend werden 15 neue Hauptwörter nacheinander auf dem Tageslichtprojektor gezeigt. Auch diese werden drei Minuten später aufgeschrieben.
Das Ergebnis siehst du im Säulendiagramm.

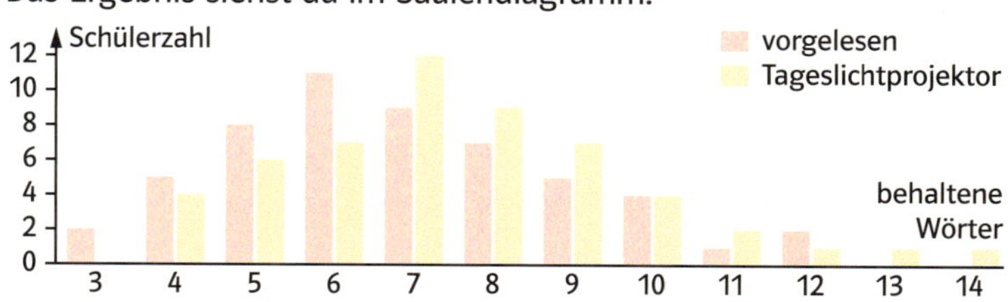

a) Bei welchem Verfahren können sich die Schülerinnen und Schüler die meisten Wörter merken? Zeichne die Boxplots und argumentiere mit den Kennwerten.
b) Führt in eurer Klasse selbst einen solchen Versuch durch und wertet ihn statistisch aus.

Umfrage zum Freizeitverhalten Jugendlicher

Fragebogen zum Freizeitverhalten

Mit diesem Fragebogen möchten wir herausfinden, wie viel Zeit du in der Regel pro Woche mit Sport und Hobbys verbringst und wie viel Geld du dafür ausgibst. Bitte nur ganzzahlige Werte eintragen.

Zur Person

1. Wie alt bist du? ______ Jahre
2. Welche Klasse besuchst du? ______
3. Bist du ein Junge □ oder Mädchen □?

Zur Sache

1. Wie viel Zeit verwendest du pro Woche
   a) für Sport? ___ Std. pro Woche
   b) für andere Hobbys? ___ Std. pro Woche
2. Wie viel Geld gibst du monatlich aus?
   a) für Sport ____ € im Monat
   b) für Hobbys ____ € im Monat

Vielen Dank, dass du uns geholfen hast.

Mit dem Fragebogen soll besonders der Frage nach dem zeitlichen und finanziellen Aufwand für Sport und sonstige Hobbys nachgegangen werden. Die Auswertung einer solchen Befragung in der Klasse 7c der Theodor-Heuss-Realschule seht ihr in der unten aufgeführten Liste.

Urliste zur Fragestellung Hobbys

Geschlecht	♂	♀	♀	♂	♀	♂	♂	♂	♀	♂	♂	♂	♀	♀	♀	♂	♀	♀	♀	♂	♂	♀	♂	♀	♀	♂	♀	♂	♀
€/Monat	15	30	24	10	25	60	12	20	24	15	25	35	25	20	50	30	32	60	36	55	15	40	35	25	20	170	45	30	75
Std./Woche	12	4	15	12	7	4	12	9	5	5	3	7	7	10	6	6	8	3	8	12	8	7	10	5	8	16	6	12	9

- Bestimmt für die Liste alle Kennwerte. Zeichnet Boxplots.
Führt die Auswertung auch für Jungen und Mädchen getrennt durch und vergleicht die Boxplots miteinander.
Zeichnet geeignete Diagramme.
Verfasst einen Zeitungsartikel mit den Ergebnissen eurer Auswertung.

- Führt eine ähnliche Umfrage in eurer Klasse durch. Überlegt, welche Daten ihr erheben wollt, welche Fragen nötig sind und wie der Fragebogen gestaltet wird. Erfasst eure Daten mit einem Tabellenkalkulationsprogramm.

- Prüft, ob die Aussagen des unten stehenden Zeitungsartikels stimmen.

ExtraBlatt

Hobbys kosten Zeit

Wer hat kein Hobby? In der Klasse 7c jedenfalls hat jeder zumindest ein Hobby, für das er pro Woche mindestens drei Stunden aufwendet. Ganz Beflissene gehen ihrem Hobby sogar bis zu 16 Stunden pro Woche nach. Gut die Hälfte aller Schülerinnen und Schüler verbringen zwischen sechs und zehn Stunden pro Woche mit ihrem Hobby. Im Durchschnitt hat jeder acht Stunden pro Woche Zeit, seinem Hobby zu frönen. Man sieht, Hobbys kosten Zeit, aber eine schöne Zeit.

Rückspiegel

Immer mehr Schülerinnen und Schüler nutzen das Internet zur Bearbeitung ihrer Hausaufgaben. Jugendliche der Jahrgangsstufe 8 wurden 2005 und 2006 befragt, wie oft sie im letzten Jahr das Internet zur Lösung ihrer Hausaufgaben genutzt haben.

	0	1	2	3	4	5	6	7	8	10	12	13	14	15	16	18	20	23	24	25	27	30	32	35	36	40
2005	11	8	5	4	2	6	4	1	5	8	4	1	1	5	0	2	7	1	2	4	0	0	0	0	0	0
2006	6	4	3	4	2	4	3	0	1	12	6	0	1	10	1	1	6	0	2	6	1	5	1	3	1	2

1 Wie viel Prozent der Jugendlichen haben 2005 das Internet zur Bewältigung ihrer Hausaufgaben mehr als 10-mal genutzt? Wie viel Prozent waren es 2006?

2 Die Auswertung einer Umfrage zum jährlichen Theaterbesuch führte zu folgenden Aussagen:

- Während die „Theatermuffel" gar nicht gehen, gehen die „Theaterfreaks" bis zu 18-mal im Jahr.
- Immerhin gehen ca. 50 % der Befragten mindestens 2-mal im Jahr ins Theater.
- Ca. 50 % der Befragten besuchen zwischen 1-mal und 6-mal im Jahr das Theater.

Zeichne einen passenden Boxplot.

3 Übertrage die Tabelle in dein Heft und ergänze sie. Zeichne die Boxplots.

	a)	b)	c)	d)
Min	0	9	3	4,7
q_u	5	23		
z	18	26	9	7,6
q_o		34	13	8,3
Max	127			14,5
q	34		7	3,2
Spannweite		64	25	

4 Auf einem Großmarkt kauft Frau Loos 50 Kisten mit je 30 Äpfeln. Sie überprüft stichprobenartig 25 Äpfel und findet darunter zwei faule.
a) Wie muss sie bei der Stichprobe vorgehen?
b) Mit wie vielen faulen Äpfeln muss sie insgesamt rechnen?

1 Wie hat sich die Nutzung des Internets zur Bewältigung der Hausaufgaben von 2005 zu 2006 verändert? Vergleiche mithilfe von zwei Boxplots.

2 Welche Aussagen sind richtig? Begründe.

- Das Internet wurde im Jahr 2006 tendenziell häufiger genutzt als 2005.
- Die zentrale Hälfte streute im Jahr 2006 stärker als 2005.
- Mindestens 25 % der Befragten nutzten im Jahr 2006 das Internet häufiger als 19-mal.
- Mindestens die Hälfte aller Befragten nutzten 2006 das Internet mehr als 10-mal.

3 In einer Bücherei wird die Anzahl der im Jahr ausgeliehenen Bücher nach Altersgruppen erfasst.

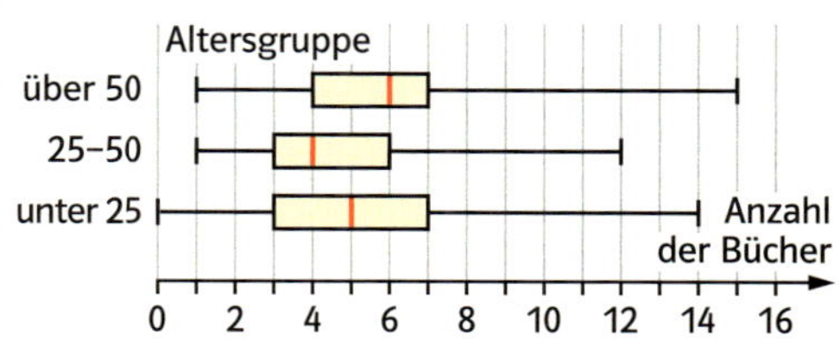

a) Fasse in einer Tabelle alle Kennwerte zusammen, die du ablesen kannst.
b) Vergleiche die Boxplots.

4 Herr Peters prüft die Qualität seiner Erbsen. Er öffnet 250 Schoten und zählt die darin befindlichen Erbsen.
a) Wie viele Erbsen kann man insgesamt in 15 000 Schoten erwarten?
b) Max kauft 300 Schoten und hat 1653 Erbsen. Er meint, das sind zu wenig.

Erbsen pro Schote	Schotenzahl
0	2
1	11
2	36
3	54
4	52
5	44
6	29
7	18
8	4

Vierecke legen und bewegen

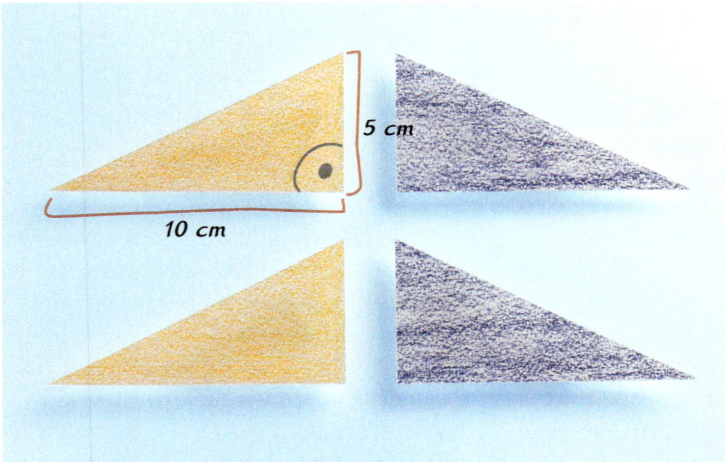

Schneidet aus Karton vier gleiche rechtwinklige Dreiecke aus. Färbt Vorder- und Rückseite unterschiedlich.

- Aus diesen Dreiecken könnt ihr verschiedene Arten von Vierecken legen. Ihr dürft auch Dreiecke wenden.
- Quadrat und Rechteck findet ihr sicher schnell.
- Um andere Vierecke zu finden, müsst ihr vielleicht länger probieren.
- Am schwierigsten ist ein Viereck zu finden, das nicht achsensymmetrisch ist und auch keine parallelen Seiten hat.
- Wer nicht ausschneiden möchte, kann mit einer Geometriesoftware arbeiten.

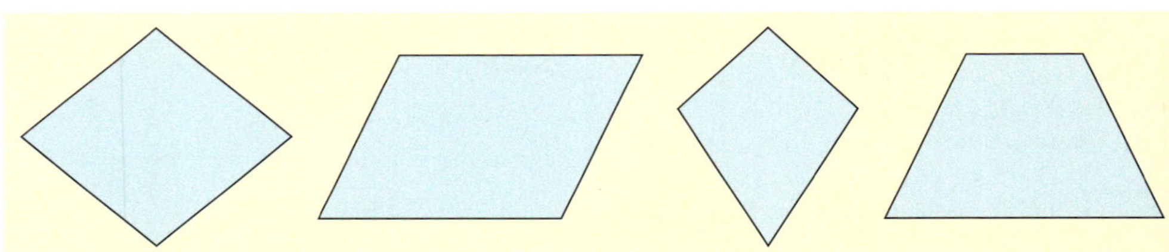

Vierecksart	Anzahl der verschiedenen Formen
Quadrat	
Rechteck	
Raute	1
Parallelogramm	2, 3 oder sogar 4?
Drachen	
symmetrisches Trapez	2
allgemeines Viereck	1, oder findest du mehr?

Aus Kartonstreifen könnt ihr bewegliche Vierecke bauen. Untersucht, wie sich die Form der Vierecke durch Bewegungen ändert.
Metallbänder, wie ihr sie im Technik-Baukasten finden könnt, geben stabilere Gelenkvierecke.

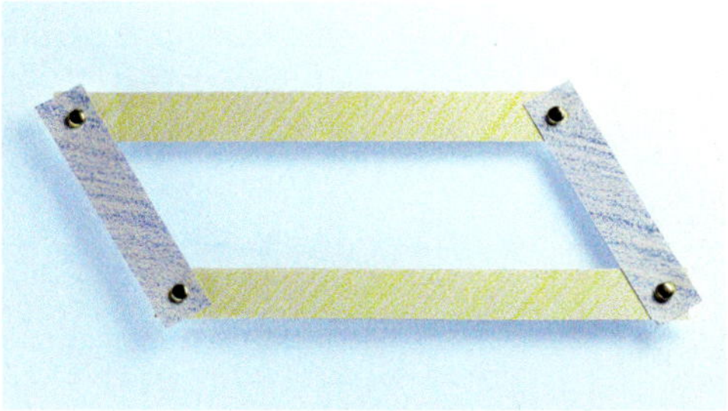

In vielen technischen Gegenständen findet ihr Gelenkvierecke. Beschreibt sie und versucht zu erklären, warum sie eingebaut sind. Findet ihr noch mehr Gelenkvierecke?

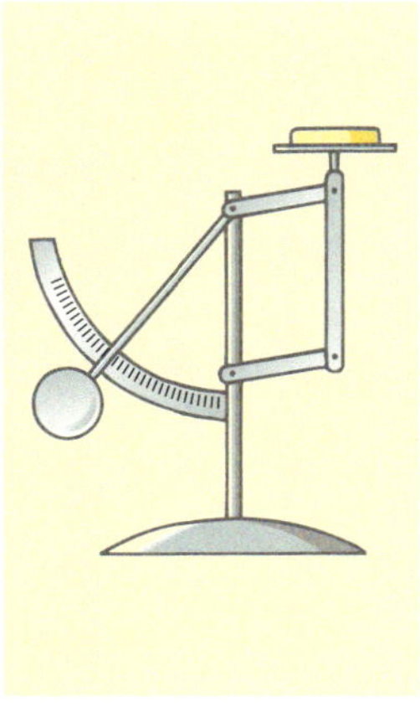

In diesem Kapitel lernst du,

- wie die besonderen Vierecke verwandt sind,
- dass die Winkelsumme in allen Vierecken dieselbe ist,
- wie man Vierecke nach Vorgabe zeichnet,
- wie man regelmäßige Vierecke zeichnet.

1 Haus der Vierecke

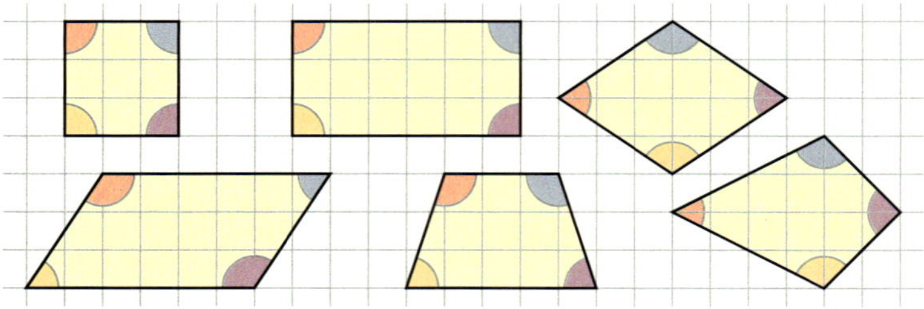

→ Schneide von jedem Viereck genau zwei Stück aus. Färbe die Ecken.
→ Wie viele Möglichkeiten gibt es jeweils, das zweite Viereck genau auf das erste zu legen?
Du darfst das zweite Viereck auch wenden.

Wenn man ein achsensymmetrisches Viereck an einer **Symmetrieachse** spiegelt, deckt das Spiegelbild das ursprüngliche Viereck genau zu. Manche Vierecke haben auch **Drehpunkte** mit **Symmetriewinkeln**. Dreht man das Viereck um einen Symmetriewinkel, deckt das gedrehte Viereck das ursprüngliche Viereck genau zu.

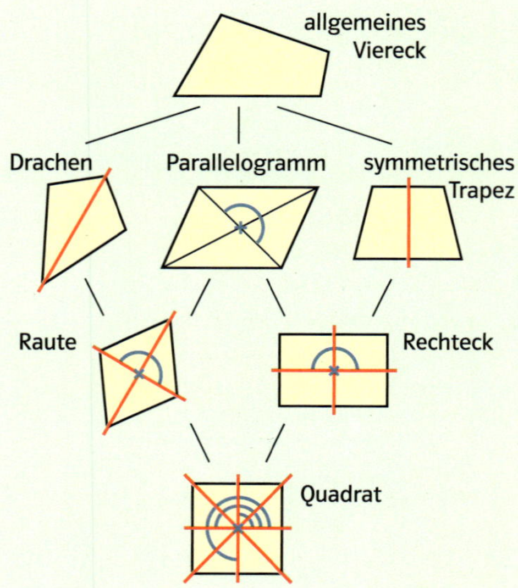

Vierecke mit Symmetrie heißen **besondere Vierecke**. Sie werden in das **Haus der Vierecke** einsortiert. Von oben nach unten kommen immer mehr Symmetrien hinzu.

Ganz oben steht das **allgemeine Viereck**. Es hat keine Symmetrie. Ganz unten steht das Quadrat. Es hat die meisten Symmetrien.

Bemerkung
Symmetrien können bei der Konstruktion besonderer Vierecke hilfreich sein.

Beispiele
a) Der Eckpunkt A und der Mittelpunkt M eines Quadrats sind gegeben. Die Bilderfolge zeigt, wie man daraus das Quadrat konstruieren kann.

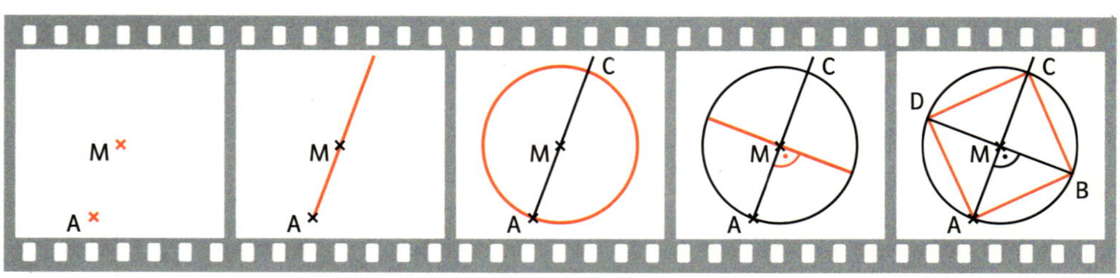

b) Die Diagonalen einer Raute sind 8 cm und 6 cm lang. Sie sind Symmetrieachsen der Figur und stehen senkrecht aufeinander.

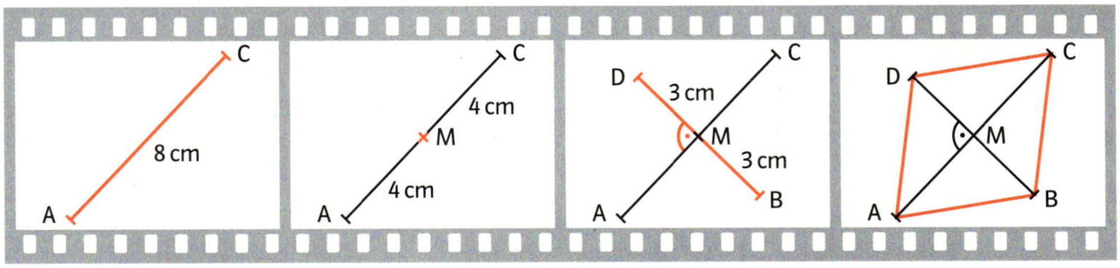

Aufgaben

1 Arbeitet in Gruppen. Jede Gruppe erstellt einen Steckbrief für ein besonderes Viereck. Die Steckbriefe werden der Klasse präsentiert. Sie können für die weitere Arbeit eine große Hilfe sein.

Steckbrief

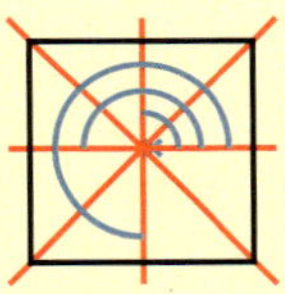

Name:	Quadrat
Seiten:	alle vier gleich lang, gegenüberliegende parallel
Winkel:	vier 90°-Winkel
Diagonalen:	sind senkrecht zueinander und halbieren sich
Achsensymmetrie:	vier Symmetrieachsen
Punktsymmetrie:	ja
Drehsymmetrie:	Drehwinkel 90°; 180°; 270°

2 Konstruiere das Quadrat ABCD

a) mit dem Eckpunkt A(3|2) und dem Mittelpunkt M(6|5).

b) mit dem Eckpunkt A(4|1) und dem Mittelpunkt M(6|5).

c) mit den Eckpunkten B(8|2) und D(2|6).

3 Zeichne das Parallelogramm ABCD mit den Eckpunkten

a) A(2|4); B(7|1); C(10|3).

b) A(−2|−2); B(7|1); C(8|7).

4 Das Quadrat lässt sich durch einen geraden Schnitt auf verschiedene Arten in Vierecke zerlegen: in zwei

- gleiche Rechtecke,
- verschiedene Rechtecke,
- gleiche Trapeze,
- verschiedene Trapeze.

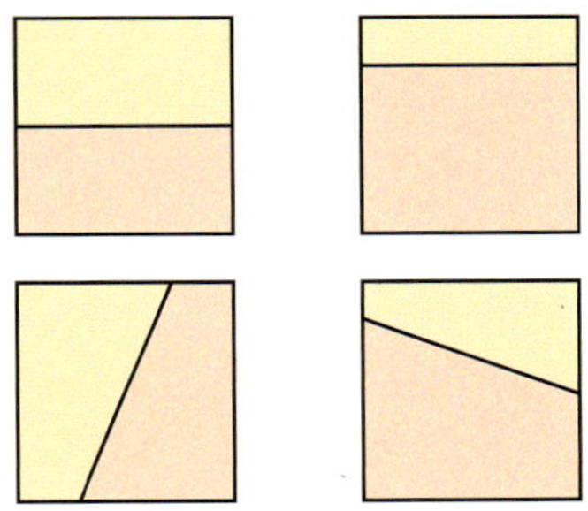

a) Welche Vierecke erhältst du, wenn du ein Rechteck auf diese Weise zerlegst?

b) Untersuche auch die anderen besonderen Vierecke.

5 Der Filmstreifen verrät dir, wie du ein Parallelogramm in zwei gleiche symmetrische Trapeze zerlegen kannst. Beschreibe das Vorgehen. Probiere dies an verschiedenen Parallelogrammen aus.
Gelingt das immer? Begründe.

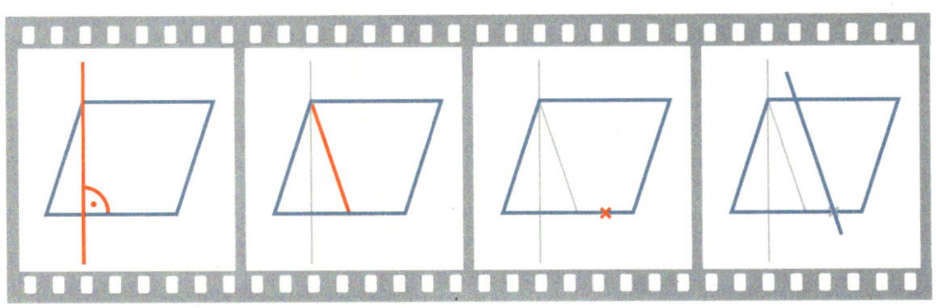

? *Welche Dreiecke und Vierecke findest du am Gittermast?*

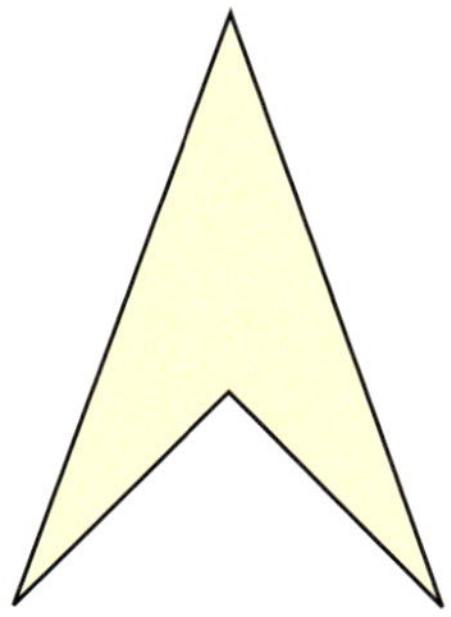

? *Warum ist auch ein Pfeilviereck ein Drachen?*

6 Zeichne eine Raute mit einer 10 cm langen und einer 5 cm langen Diagonale.

7 In welchen besonderen Vierecken halbiert jede der zwei Diagonalen die andere? In welchem Viereck halbiert nur eine Diagonale die andere?

8 Die Eckpunkte A(1|3) und B(8|4) und der Diagonalenschnittpunkt S(5|5) des Parallelogramms ABCD sind gegeben. Zeichne das Parallelogramm und schreibe auf, wie du vorgegangen bist.

9 Die Seite $\overline{AB}$ des Parallelogramms ABCD ist 7 cm lang, die Diagonale $\overline{AC}$ ist 10 cm lang und die Diagonale $\overline{BD}$ ist 6 cm lang. Zeichne das Parallelogramm.

10 Zeichne den Drachen ABCD mit der Symmetrieachse durch A und C und den Eckpunkten
a) A(1|1); B(9|2); C(10|7).
b) A(6|6); B(7|1); C(10|2).
c) A(2|2); B(9|5); C(6|6).

11 Zeichne das symmetrische Trapez ABCD. Die Mittelsenkrechte der Seite $\overline{AB}$ ist die Symmetrieachse.
Gegeben sind die Eckpunkte
a) A(1|1); B(9|5); C(5|8).
b) A(1|4); B(10|1); C(9|3).

12 a) Zeichne zwei allgemeine Vierecke mit den Eckpunkten
- A(−6|−2); B(2|−6); C(0|1); D(−8|3),
- A(−3|−3); B(5|−2); C(3|5); D(−1|3).

Verbinde die Mittelpunkte gegenüberliegender Seiten. Welche Koordinaten hat der Schnittpunkt S der zwei Verbindungsstrecken?
b) Berechne den Mittelwert der x-Koordinaten von A, B, C und D und ebenso den Mittelwert der y-Koordinaten.
Was fällt auf? Steckt eine Regel dahinter?
c) Experimentiere mit Vierecken, die du selbst wählst.
Stimmt die Regel aus Teilaufgabe b) auch dann, wenn die Koordinaten von S keine ganzen Zahlen sind?

Oberbegriffe – Unterbegriffe

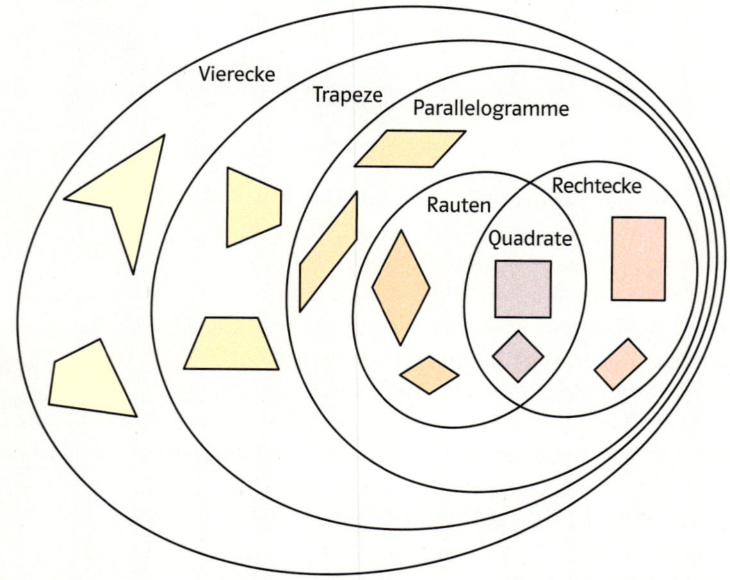

Die Abbildung zeigt eine Ordnung der besonderen Vierecke, an der du zum Beispiel ablesen kannst, dass Quadrate auch Rauten und Rechtecke sind. Der Begriff Raute ist somit ein Oberbegriff für den Begriff Quadrat.

- Finde zusammen mit deiner Partnerin oder deinem Partner die Erklärung dafür.
- Mithilfe dieser Ordnung könnt ihr noch weitere Oberbegriffe finden. Kontrolliert eure Ergebnisse jeweils mit der Frage: Welche Eigenschaften haben alle Figuren unter dem Oberbegriff gemeinsam?
- Ihr schreitet nun von außen nach innen. Welche Eigenschaften bleiben gleich und welche kommen bei den jeweiligen Vierecksarten neu hinzu?
- Vergleiche diese Ordnung mit dem Haus der Vierecke.

2 Vierecke. Winkelsumme

Es ist nicht schwer, im Quadratgitter gleiche Parallelogramme oder gleiche symmetrische Trapeze lückenlos aneinanderzufügen.

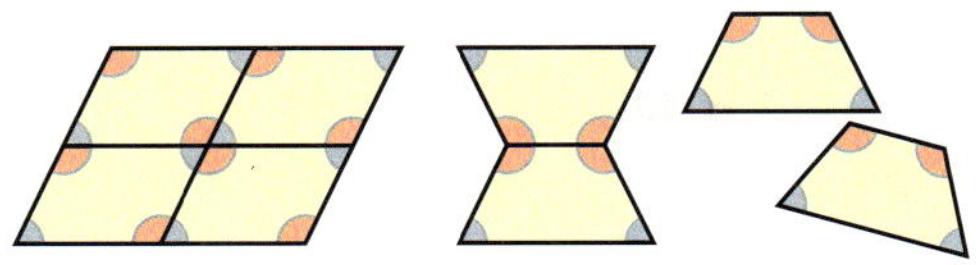

→ Geht es auch mit Drachen?
Zeichne oder schneide aus und lege.
→ Schneidet gemeinsam gleiche allgemeine Vierecke aus und legt sie lückenlos zusammen. Welche Winkel stoßen immer aneinander? Was erkennst du daraus?

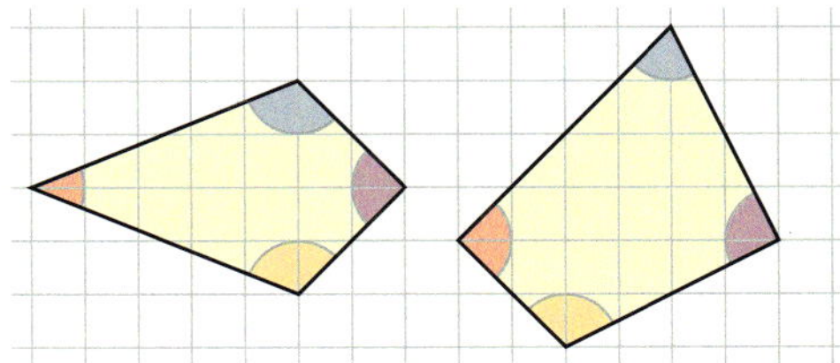

Jedes Viereck, auch ein eingedrücktes, lässt sich durch eine Diagonale in zwei Dreiecke zerlegen.
Seine Winkel sind daher zusammen so groß wie die Winkel dieser Dreiecke.
Die Winkelsumme beträgt also
$2 \cdot 180° = 360°$.

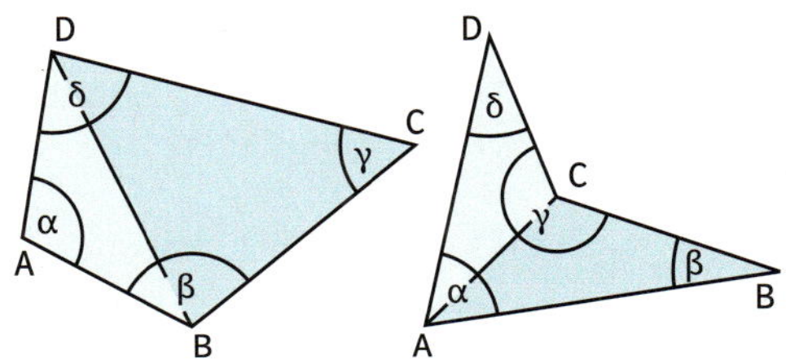

In jedem Viereck beträgt die **Winkelsumme** 360°.
Es gilt also $\alpha + \beta + \gamma + \delta = 360°$.

Beispiel
Ein allgemeines Viereck hat die Winkel
$\alpha = 70°$; $\beta = 50°$; $\gamma = 140°$.
Der vierte Winkel lässt sich berechnen:
$\alpha + \beta + \gamma + \delta = 360°$
$70° + 50° + 140° + \delta = 360°$
$260° + \delta = 360°$
$\delta = 100°$

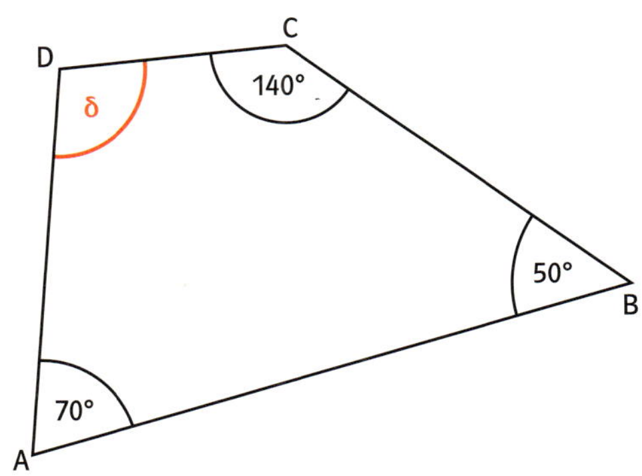

Aufgaben

1 Von einem Viereck sind drei Winkel gegeben. Wie groß ist der vierte Winkel?

	α	β	γ	δ
a)	100°	80°	50°	
b)	82°	45°	112°	
c)		92°	48°	90°

2 Zeichne das Viereck ins Heft und miss die Winkel.
Stimmt die Winkelsumme?
a) A(1|1); B(10|1); C(9|9); D(2|5)
b) A(−5|1); B(3|0); C(2|6); D(−5|8)
c) A(2|3); B(10|1); C(10|10); D(0|8)
d) A(−3|0); B(8|−1); C(2|2); D(4|8)
e) A(−6|−1); B(0|0); C(4|7); D(−2|6)

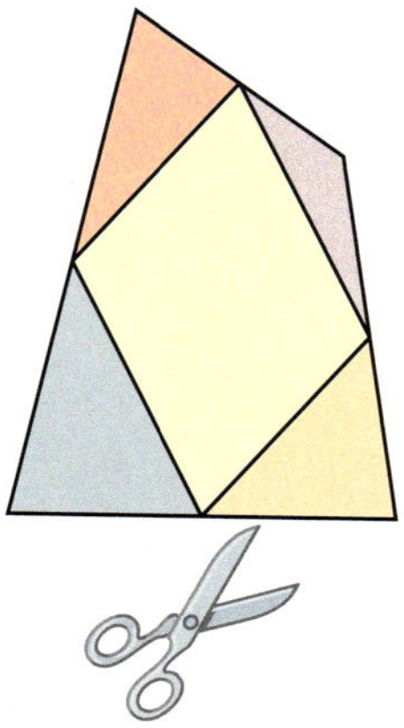

3 Zeichne ein allgemeines Viereck. Verbinde die Mittelpunkte benachbarter Seiten. Schneide die Dreiecke ab. Was kannst du aus ihnen legen?

4 a) Die zwei Winkel an einer Seite eines Parallelogramms haben zusammen 180°. Bestätige diese Aussage mit einem Merksatz über Stufenwinkel.
b) Begründe: Gegenüberliegende Winkel eines Paralelogramms sind gleich groß.

5 a) Formuliere Aussagen über die Winkel im symmetrischen Trapez.
b) Begründe die Aussagen aus a).

6 Erkläre in mehreren Schritten, warum die Winkelsumme in jedem Viereck 360° beträgt.

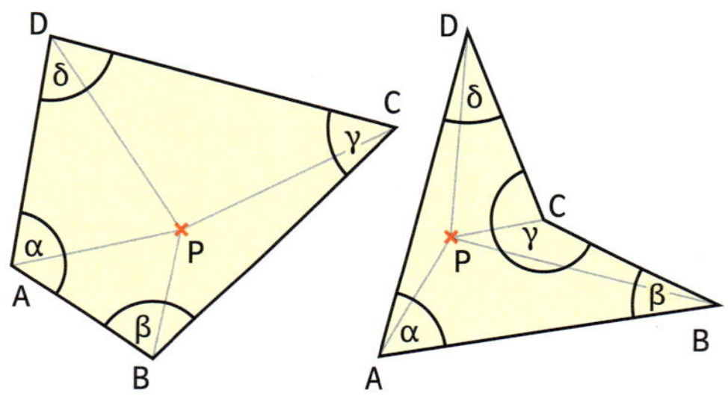

7 Wie groß sind die rot markierten Winkel der besonderen Vierecke?

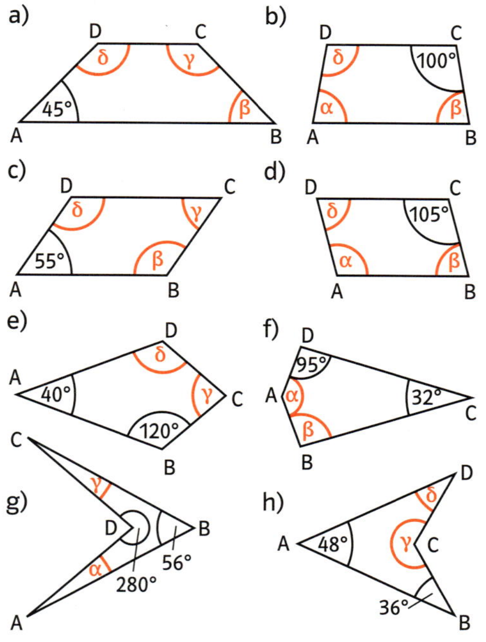

8 Berechne die rot markierten Winkel.

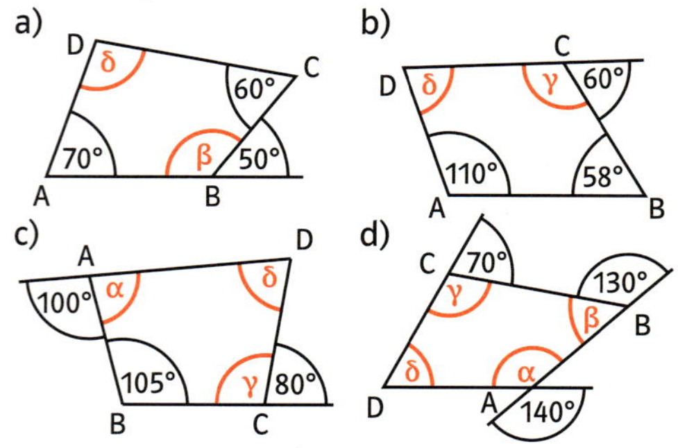

9 Berechne die Viereckswinkel.
a) Winkel β ist doppelt so groß wie α, Winkel γ ist dreimal so groß wie α, Winkel δ ist viermal so groß wie α.
b) Winkel β ist doppelt so groß wie α, Winkel γ ist doppelt so groß wie β, Winkel δ ist doppelt so groß wie γ.
c) Winkel β ist um 20° größer als α, Winkel γ ist um 20° größer als β, Winkel δ ist um 20° größer als γ.
d) Stelle selbst solche Aufgaben.

Rautenparkett ?!

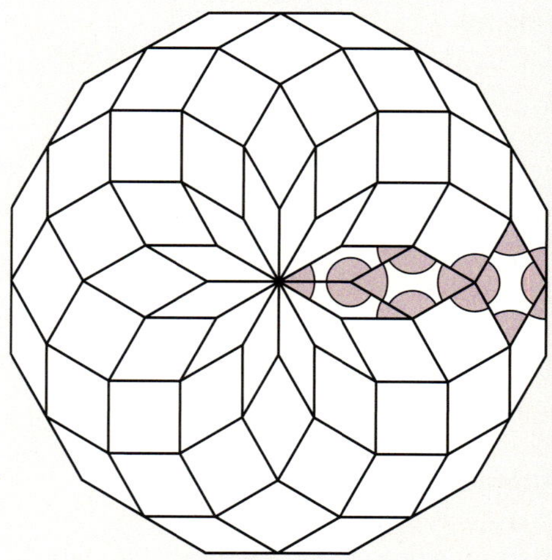

Wie groß sind die Winkel? Arbeitet in Gruppen. Untersucht zuerst, wie das Muster aufgebaut ist. Erstellt dann einen Plan für eure Vorgehensweise. Gibt es verschiedene Möglichkeiten? Überprüft gegenseitig eure Ergebnisse.

3 Vierecke konstruieren*

Du hast zwei 15-cm-Streifen und vier 10-cm-Streifen.
→ Wie viele Möglichkeiten gibt es, aus vier der sechs Streifen besondere Vierecke herzustellen?
→ Wie viele Möglichkeiten gibt es für allgemeine Vierecke?

Zwei kurze Streifen sind schon fest miteinander verbunden und lassen sich nicht mehr gegeneinander drehen.
→ Wie viele Möglichkeiten gibt es noch, aus dem abgewinkelten Teil und zwei der übrigen Streifen besondere und allgemeine Vierecke herzustellen?

Während ein Dreieck durch drei Seiten festgelegt ist, genügen vier Seiten nicht, um ein Viereck festzulegen. Auch vier Winkel und eine Seite sind nicht genug. Man braucht fünf Stücke, davon mindestens einen Winkel und zwei Seiten. Die besonderen Vierecke sind durch weniger Stücke festgelegt.

Seiten und Winkel heißen auch „Stücke".

Zur **Konstruktion eines Vierecks** gehören
- die Planfigur,
- die Konstruktionszeichnung,
- die Konstruktionsbeschreibung.

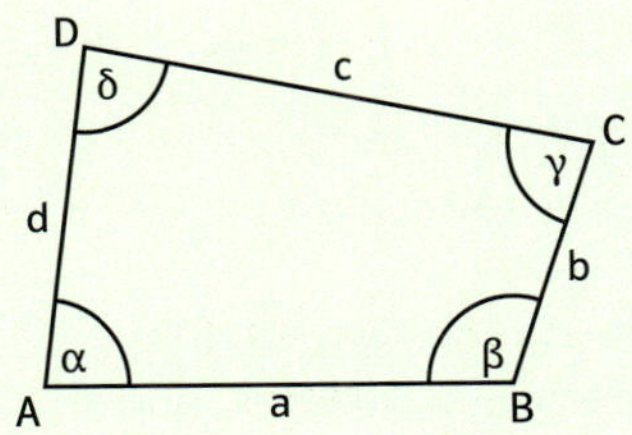

Beispiele

a) Zu konstruieren ist ein Viereck ABCD mit den Seitenlängen
a = 8 cm; b = 6 cm; c = 11 cm
und den Winkeln
β = 100°; γ = 70°.

Gegeben: a, b, c, β, γ
Planfigur

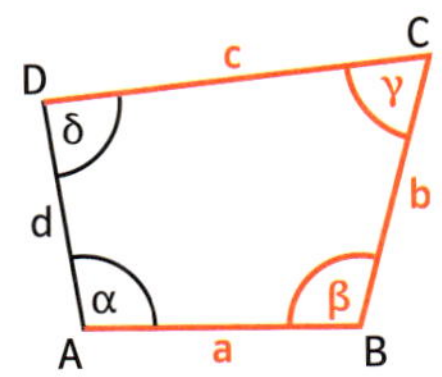

Konstruiert werden
1. die Seite a,
2. der Winkel β,
3. die Seite b,
4. der Winkel γ,
5. die Seite c,
6. die Seite d als Verbindungsstrecke der Endpunkte A und D.

Es gibt nur ein solches Viereck.

Konstruktionszeichnung

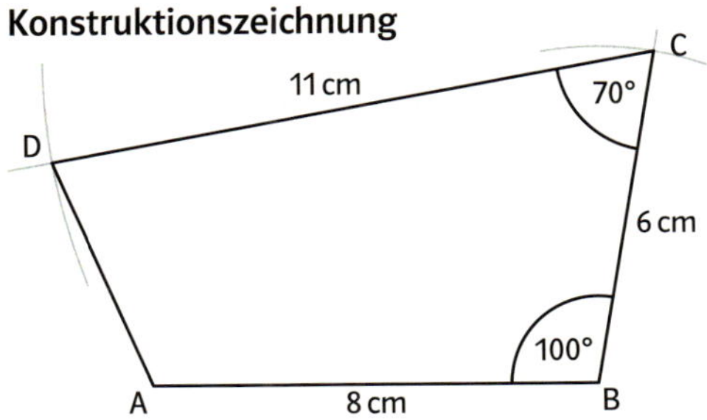

b) Zu konstruieren ist ein Viereck ABCD mit den Seitenlängen
$a = 9\,cm$; $b = 5\,cm$; $c = 6\,cm$
und den Winkeln
$\alpha = 80°$; $\beta = 60°$.

Konstruiert werden
1. die Seite a,
2. der Winkel α,
3. der Winkel β,
4. die Seite b,
5. der Kreis um C mit dem Radius 6 cm,
6. die Schnittpunkte D_1 und D_2 des Kreises mit dem freien Schenkel des Winkels α.

Es gibt zwei solche Vierecke, nämlich $ABCD_1$ und $ABCD_2$.

Gegeben: a, b, c, α, β

Planfigur

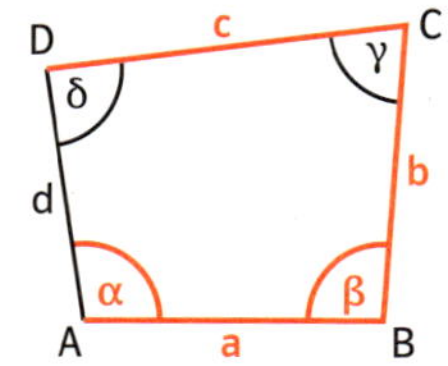

Konstruktionszeichnung

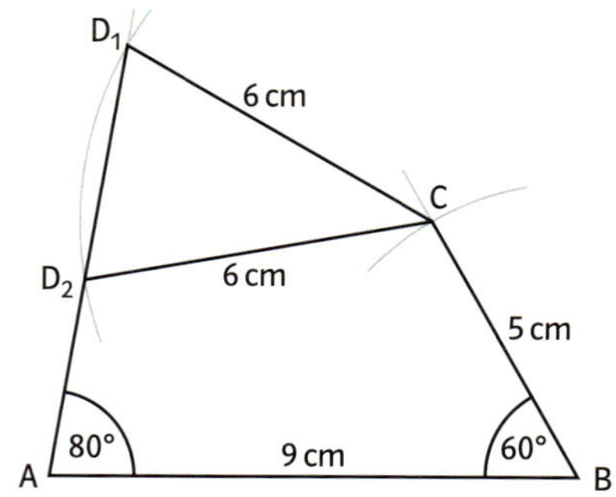

c) Zu konstruieren ist ein symmetrisches Trapez ABCD mit $a = 8\,cm$; $b = 5\,cm$ und $\beta = 60°$. Die Symmetrieachse soll die Mittelsenkrechte der Seite $\overline{AB}$ sein.

Konstruiert werden
1. die Seite a,
2. der Winkel β,
3. die Seite b mit Endpunkt C,
4. der Winkel $\alpha = \beta$,
5. die Seite $d = b$ mit Endpunkt D,
6. die Verbindungsstrecke von C und D.

Es gibt nur ein solches Viereck.

Gegeben: a, b, β

Planfigur

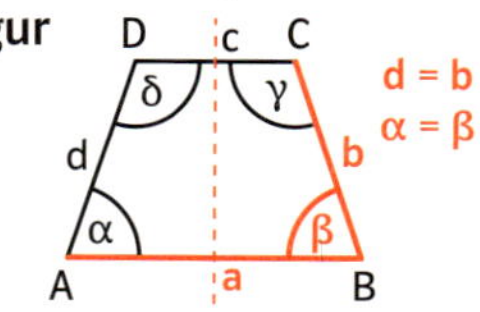

Konstruktionszeichnung

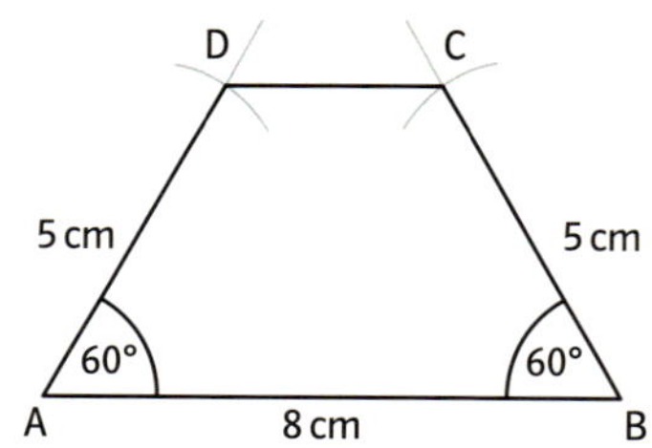

Aufgaben

Lösungsidee zu den Aufgaben 3 und 4:

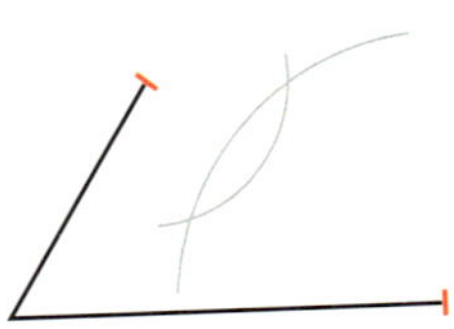

1 Konstruiere das Viereck wie in Beispiel a). Alle Seiten sind in cm angegeben.
a) $a = 6$; $b = 7$; $c = 8$; $\beta = 80°$; $\gamma = 70°$
b) $a = 8$; $b = 6$; $c = 9$; $\beta = 120°$; $\gamma = 75°$
c) $a = 9$; $b = 6$; $c = 6$; $\beta = 90°$; $\gamma = 110°$
d) $b = 8$; $c = 5$; $d = 6$; $\gamma = 60°$; $\delta = 150°$

2 Konstruiere das Viereck wie in Beispiel b).
Alle Seiten sind in cm angegeben.
a) $a = 9$; $b = 6$; $c = 5$; $\alpha = 75°$; $\beta = 60°$
b) $a = 7$; $b = 5$; $c = 9$; $\alpha = 110°$; $\beta = 85°$
c) $a = 6$; $b = 6$; $c = 6$; $\alpha = 70°$; $\beta = 110°$

3 Konstruiere das Viereck (Einheit: cm).
a) $a = 8$; $b = 6$; $c = 4$; $d = 7$; $\alpha = 75°$
b) $a = 6$; $b = 6$; $c = 8$; $d = 7$; $\alpha = 120°$

4 Gibt es ein Viereck mit $a = 6\,cm$; $b = 5\,cm$; $c = 4\,cm$; $d = 3\,cm$; $\alpha = 100°$?

5 Konstruiere das symmetrische Trapez ABCD. Die Symmetrieachse soll die Mittelsenkrechte der Seite $\overline{AB}$ sein.
a) $a = 7\,cm$; $b = 6\,cm$; $\beta = 65°$
b) $a = 9\,cm$; $d = 5\,cm$; $\beta = 45°$
c) $a = 9\,cm$; $b = 6\,cm$; $\gamma = 120°$

6 Konstruiere die Raute ABCD.
a) $a = 6\,cm$; $\alpha = 70°$
b) $a = 7\,cm$; $\beta = 100°$
c) $a = 5\,cm$; $\overline{AC} = 8\,cm$
d) $a = 5\,cm$; $\overline{AC} = 4\,cm$

7 Konstruiere den Drachen ABCD mit der Symmetrieachse e durch A und C.
a) $a = 7\,cm$; $b = 5\,cm$; $\beta = 110°$
b) $a = 4\,cm$; $b = 7\,cm$; $\alpha = 60°$
c) $a = 7\,cm$; $b = 4\,cm$; $\alpha = 60°$
d) $a = 7\,cm$; $b = 4\,cm$; $e = 9\,cm$
e) $a = 5\,cm$; $e = 9\,cm$; $\alpha = 80°$
f) $a = 8\,cm$; $\alpha = 70°$; $\beta = 100°$

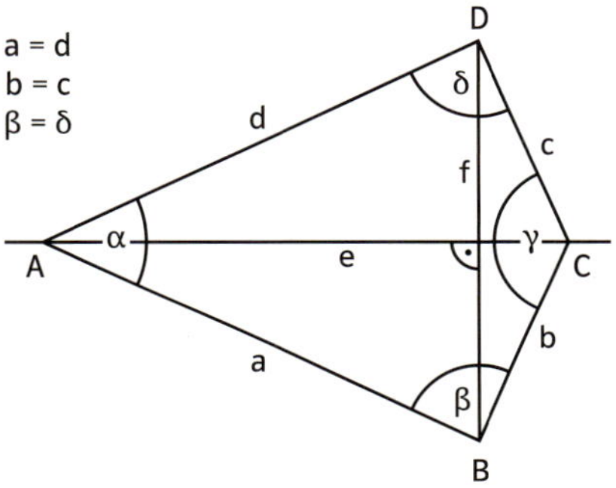

8 Der Querschnitt eines Deichs hat die Form eines Trapezes. Die Sohle ist 15,5 m lang. Die Böschungen sind 4,75 m und 8,20 m lang. Der Böschungswinkel an der längeren Seite beträgt 23°, an der kürzeren Seite 43°. Bestimme die Länge der Deichkrone und die Deichhöhe mithilfe einer maßstabsgetreuen Zeichnung.

9 Die Strecke $\overline{AB}$ kann wegen des unzugänglichen Geländes nicht direkt gemessen werden. Bestimme ihre Länge durch eine geeignete Zeichnung.

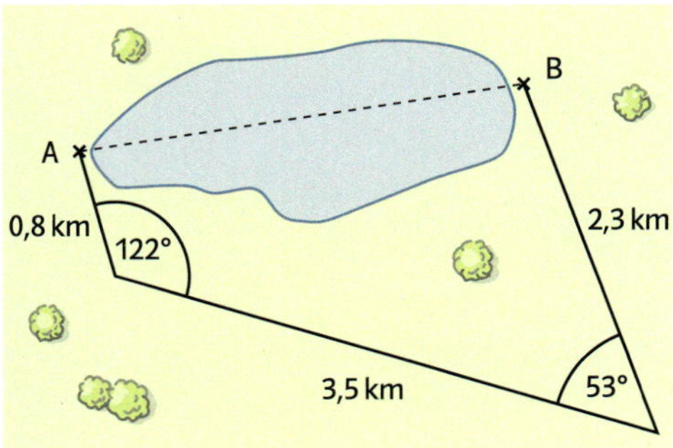

W-Vierecke

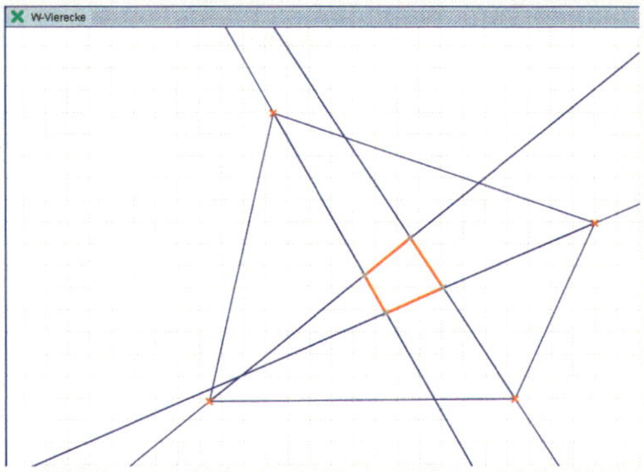

Die Punkte, in denen sich die Winkelhalbierenden benachbarter Ecken eines Vierecks schneiden, bilden das Winkelhalbierenden-Viereck, kurz W-Viereck.

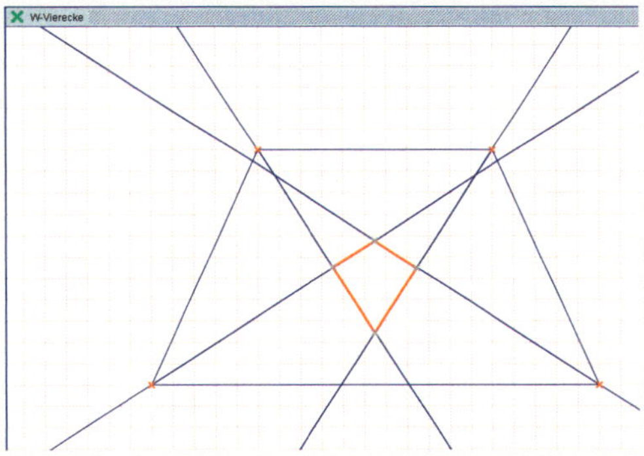

■ Untersuche am PC die W-Vierecke aller besonderen Vierecke. Was fällt dir auf?
Tipp: Denke an die Ordnung der besonderen Vierecke.

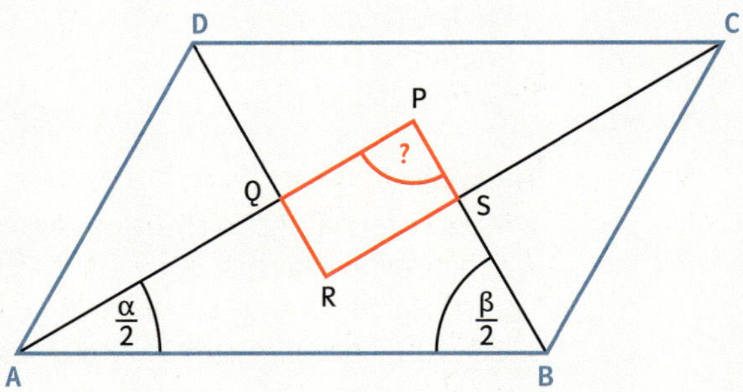

■ Begründe in mehreren Schritten, dass das W-Viereck des Parallelogramms ein Rechteck ist.
Tipp: Wie groß ist die Summe $\frac{\alpha}{2} + \frac{\beta}{2}$?

Übrigens: Es geht auch ohne PC. Papier und Bleistift sind auch nicht schlecht.

4 Regelmäßige Vielecke*

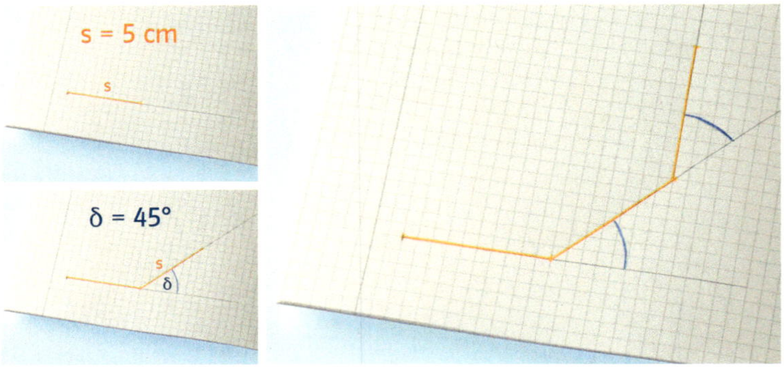

→ Zeichne einen Streckenzug wie in der Bilderfolge und setze ihn fort.
→ Beschreibe die Konstruktion ausführlich.
→ Probiere auch andere Streckenlängen und Abknickwinkel aus.
→ Manche Streckenzüge laufen in sich zurück. Erkennst du eine Regel?

Mit einer Geometriesoftware kannst du viel genauer zeichnen.

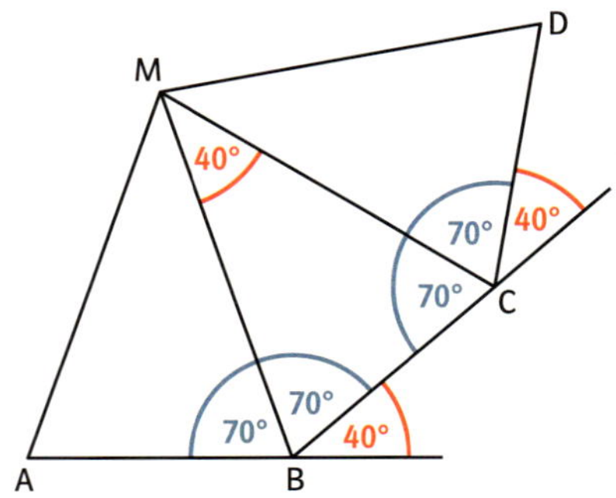

Warum schließt sich der Streckenzug bei einem 40°-Abknickwinkel?
Bei B und C liegen Nebenwinkel von $180° - 40° = 140°$. Halbiert man sie, entsteht das gleichschenklige Dreieck BCM. Sein Winkel bei M ist $180° - 2 \cdot 70° = 40°$. Wegen $360° : 40° = 9$ kommen in M neun solche Dreiecke zusammen. Der Streckenzug schließt sich nach neun Schritten und bildet ein Neuneck. Die Eckpunkte liegen auf einem Kreis um M.
Genauso überlegt man für einen beliebigen Abknickwinkel δ: Zwischen je zwei Strecken entsteht der Winkel $180° - \delta$. Im Mittelpunkt M kommen lauter Winkel der Größe δ zusammen. Wenn sich der Streckenzug nach n Schritten schließt, gilt $n \cdot \delta = 360°$.

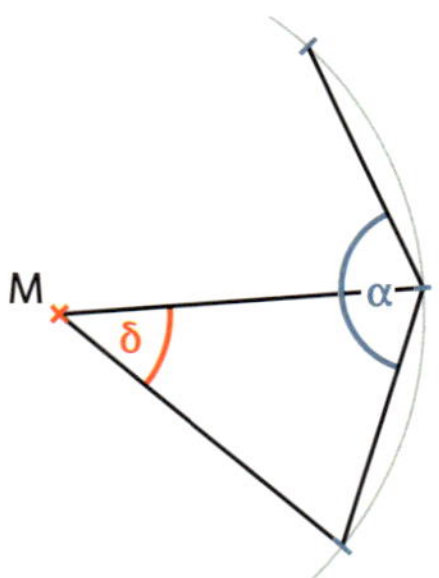

Ein **regelmäßiges Vieleck** hat gleich lange Seiten und gleich große Winkel.
Seine Eckpunkte liegen auf einem Kreis.
Die Größe der Mittelpunktswinkel eines regelmäßigen Vielecks mit n Eckpunkten beträgt $\delta = 360° : n$.
Die Größe der Winkel zwischen den Seiten beträgt $\alpha = 180° - \delta$.

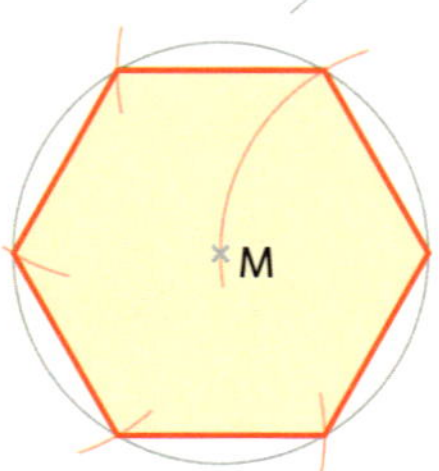

Beispiele

a) Das regelmäßige Sechseck hat den Mittelpunktswinkel $360° : 6 = 60°$. Es wird von M aus in sechs gleichschenklige Dreiecke mit 60°-Winkel zerlegt. Die Dreiecke sind also sogar gleichseitig.
Daher kann man das regelmäßige Sechseck durch Zirkelschläge auf der Kreislinie konstruieren.

b) Das regelmäßige Zwölfeck lässt sich auf verschiedene Arten konstruieren. Die Figur zeigt die Konstruktion aus zwei überkreuzten regelmäßigen Sechsecken.

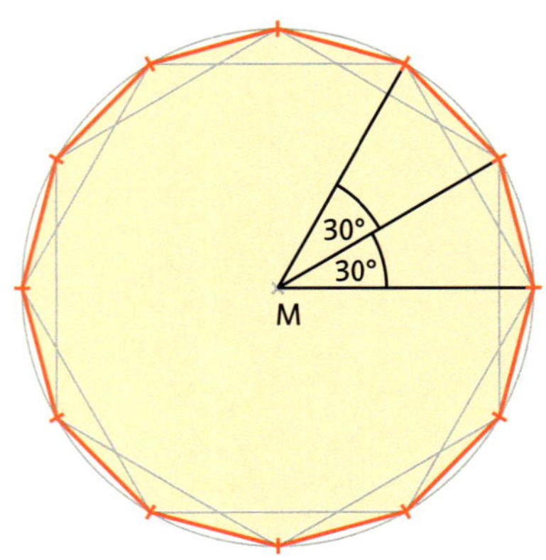

Aufgaben

1 Regelmäßige Vielecke – sieh dich um!

2 Konstruiere mit der Seitenlänge 5 cm ein regelmäßiges Vieleck
a) mit 6 Ecken. b) mit 8 Ecken.
c) mit 5 Ecken. d) mit 9 Ecken.

3 Konstruiere in einem Kreis mit Radius 5 cm ein regelmäßiges Vieleck
a) mit 8 Ecken. b) mit 9 Ecken.
c) mit 5 Ecken. d) mit 10 Ecken.

4 a) Konstruiere ein regelmäßiges Achteck in einem Kreis mit $r = 6\,cm$. Verbinde die Eckpunkte nach dem Muster, das du im Bild siehst.

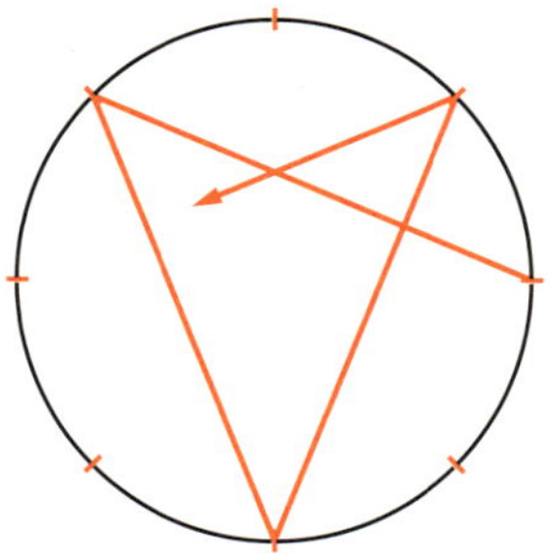

b) Zeichne auch Vieleckssterne mit dem regelmäßigen Neuneck und dem Zehneck. Du kannst selbst herausfinden, welche Überspring-Regeln schöne Sterne geben.
c) Überlege am regelmäßigen Zwölfeck, welche Überspring-Regeln geschlossene Sterne geben und welche nicht.

5 a) Konstruiere ein regelmäßiges Fünfeck mit Diagonalen in einem Kreis mit $r = 5\,cm$.
b) Das innere Fünfeck ist ebenfalls regelmäßig. Berechne aus seinen Winkeln die drei rot markierten Winkel.

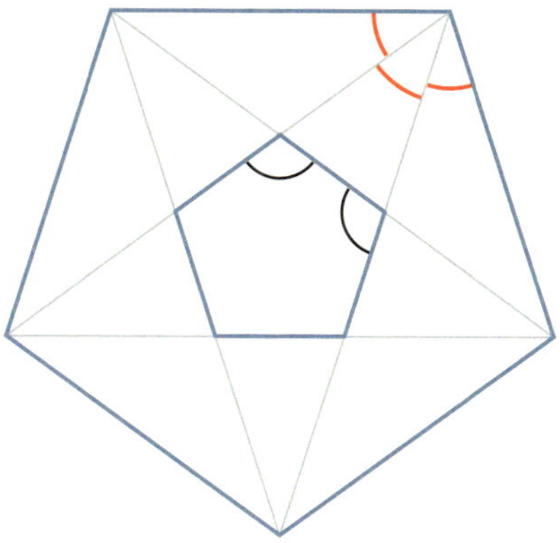

6 Die Figur zeigt eine geschickte Konstruktion des regelmäßigen Zehnecks. Sie ist leider schwer zu erklären.

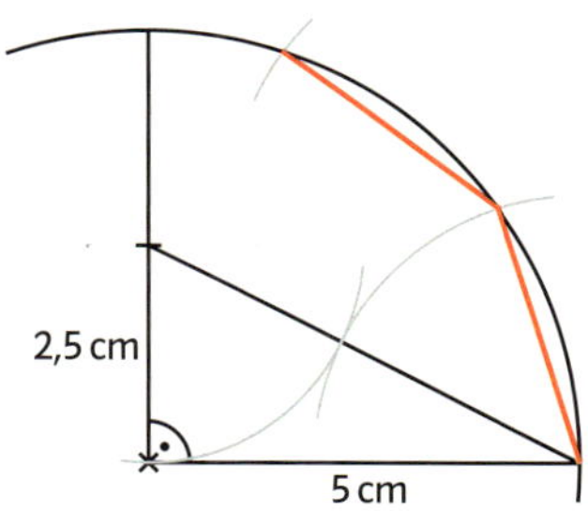

7 Zusammenknoten – glatt streichen – fertig ist das regelmäßige Vieleck! Experimentiere mit deiner Partnerin oder deinem Partner.

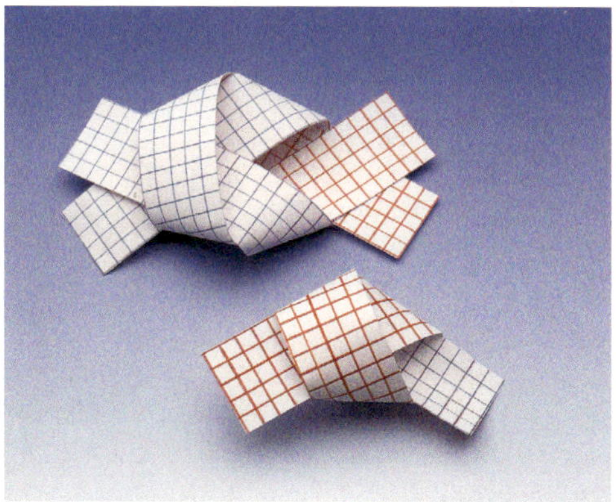

8 a) Berechne die Winkel δ und α der regelmäßigen n-Ecke und daraus ihre Winkelsumme W.

n	3	4	5	6	8	9	10	12	15	16	18	20	24
δ							36°					18°	
α							144°		156°				
W										2520°			

b) Kann man zwei regelmäßige Fünfecke und ein regelmäßiges Zehneck lückenlos aneinanderlegen? Geht das auch mit je einem Fünfeck, Sechseck und Achteck?

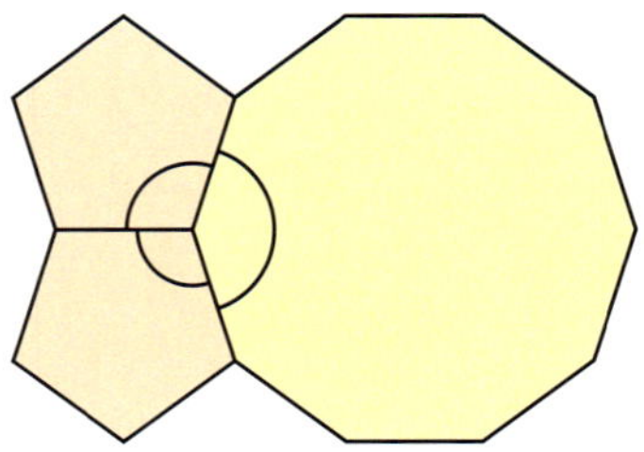

9 In der Figur ist das regelmäßige Achteck in acht Dreiecke zerlegt. Berechne daraus die Winkelsumme, ohne zuerst den Winkel zwischen den Seiten auszurechnen.

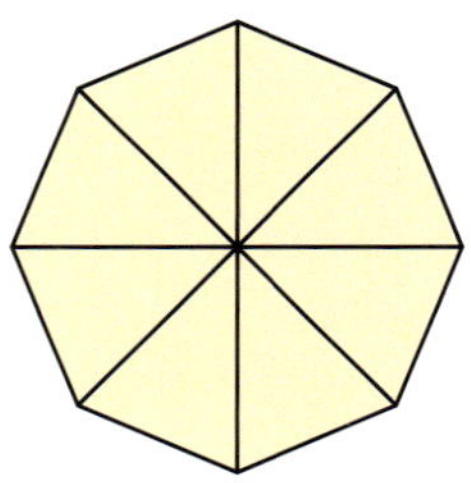

! Schau noch mal Aufgabe 8 an!

10 Die Winkelsumme der unregelmäßigen Vielecke kannst du auf dieselbe Art berechnen wie die Winkelsumme der regelmäßigen Vielecke. Gib einen Term an, mit dem sich die Winkelsumme für jedes Vieleck berechnen lässt.

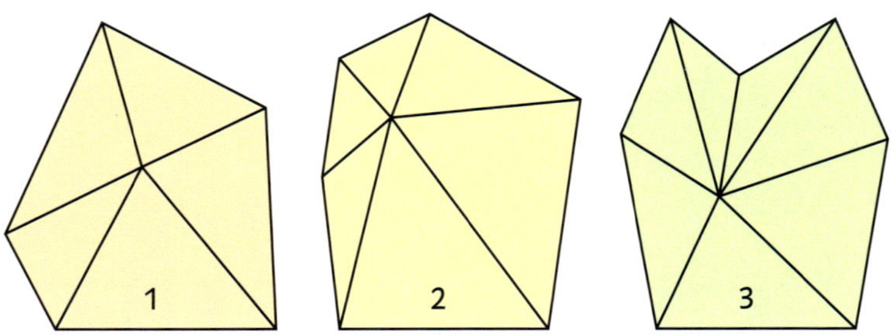

Sechseck-Puzzles ?!

■ Aus einem ganzen und zwei zerlegten regelmäßigen Sechsecken soll ein einziges regelmäßiges Sechseck zusammengesetzt werden.
Schneide die Teile aus.

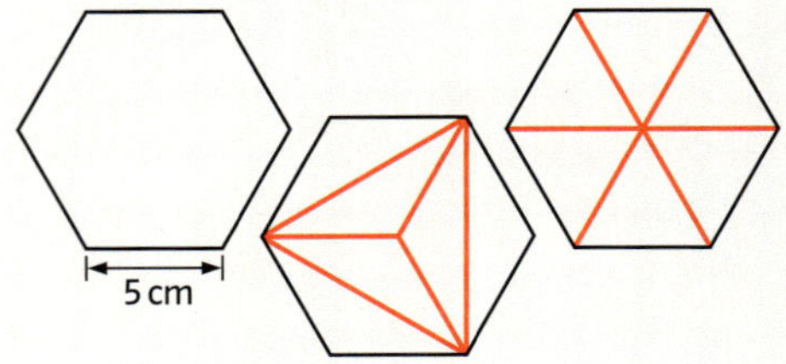

■ Lege aus den Teilen der zwei Sechsecksterne je ein gleichseitiges Dreieck.

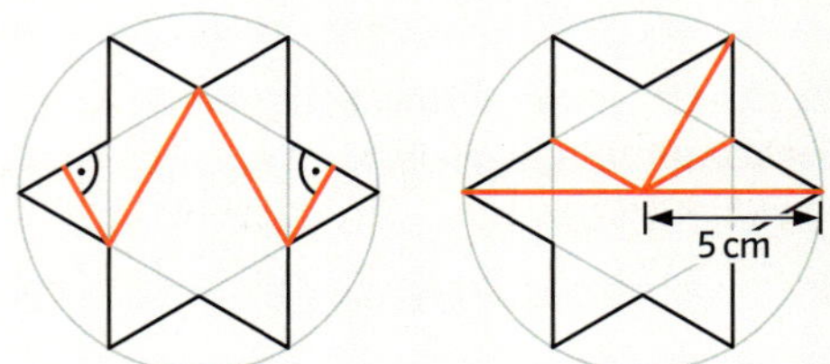

■ Zwei zerlegte Sechssterne lassen sich zu einem regelmäßigen Sechseck zusammenlegen.

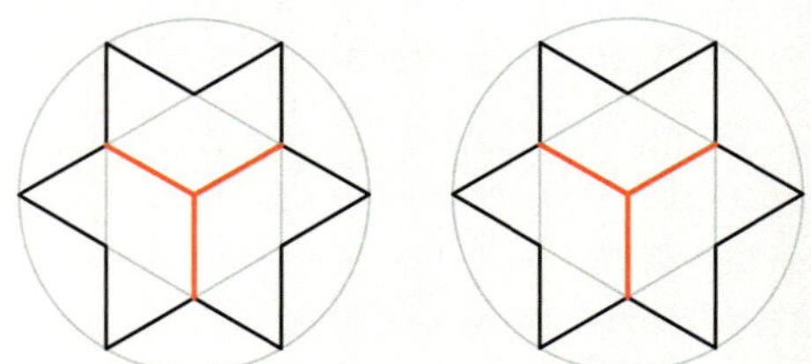

■ Wie wird aus dem zerlegten Quadrat ein regelmäßiges Achteck?

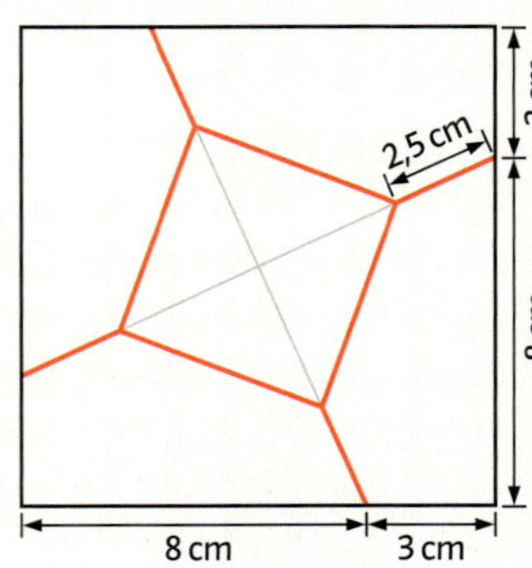

Zusammenfassung

Symmetrie im Haus der Vierecke

Die besonderen Vierecke haben **Symmetrieachsen** oder **Symmetriewinkel**.

Die besonderen Vierecke werden im **Haus der Vierecke** geordnet.
Nach unten hin kommen immer mehr Symmetrien dazu.

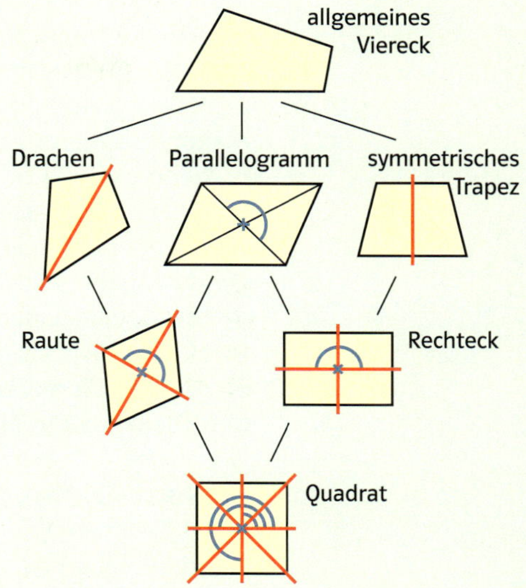

Winkelsumme des Vierecks

In jedem Viereck beträgt die **Winkelsumme** 360°.

$\alpha + \beta + \gamma + \delta = 360°$

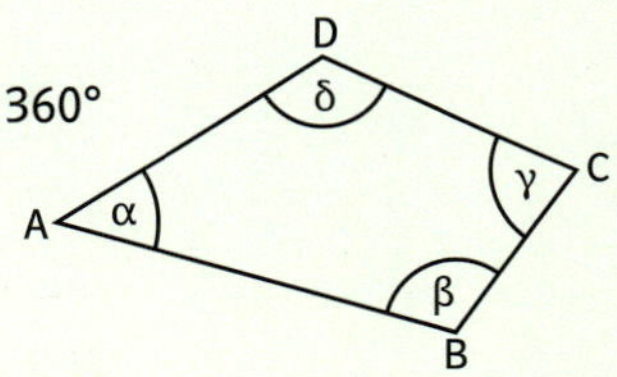

Vierecks-konstruktion*

Ein Viereck ist durch fünf geeignete Stücke festgelegt.

Zur **Konstruktion eines Vierecks** gehören
- die Planfigur,
- die Konstruktionszeichnung,
- die Konstruktionsbeschreibung.

Gegeben:
a, b, c, β, γ

Planfigur

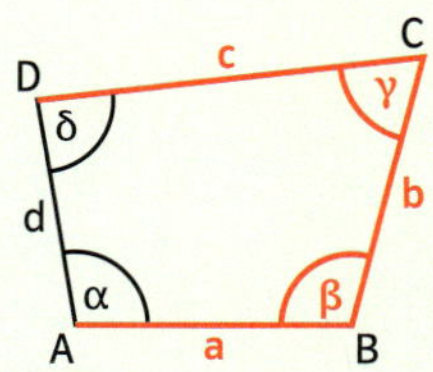

Konstruktionszeichnung
Ich konstruiere
1. die Seite a,
...

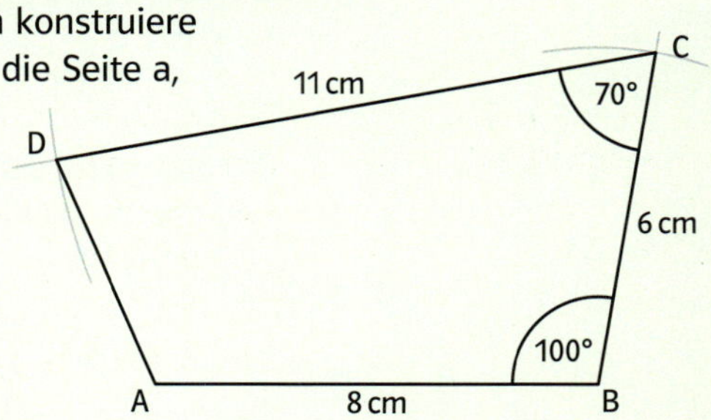

Regelmäßige Vielecke*

Ein **regelmäßiges Vieleck** hat gleich lange Seiten und gleich große Winkel.
Seine Eckpunkte liegen auf einem Kreis.
Die Mittelpunktswinkel eines regelmäßigen Vielecks mit n Eckpunkten betragen
δ = **360° : n.**
Die Winkel zwischen den Seiten betragen
$\alpha = 180° - \delta$.

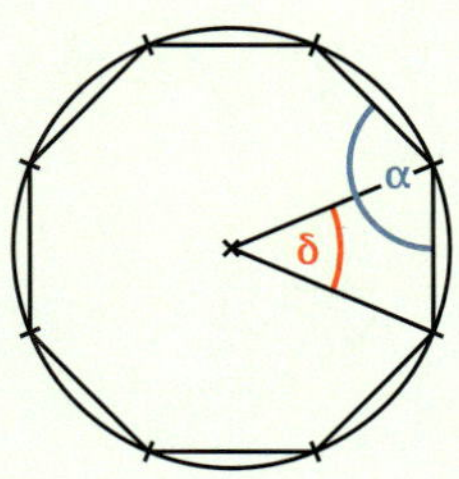

n = 8
$\delta = 360° : 8 = 45°$
$\alpha = 180° - \delta = 135°$

Üben • Anwenden • Nachdenken

1 Widerlege die Aussagen, indem du ein Gegenbeispiel zeichnest.
a) Bei allen Vierecken schneiden sich die Diagonalen im Innern des Vierecks.
b) Wenn ein Viereck vier gleich lange Seiten hat, ist es ein Quadrat.
c) In einem Drachen sind gegenüberliegende Winkel gleich groß.
d) Ist ein Viereck punktsymmetrisch, dann ist es auch achsensymmetrisch.
e) Bei allen Vierecken schneiden sich die Mittelsenkrechten in einem Punkt.

2 Welche Vierecksfigur könnte es sein? Bildet Gruppen und erstellt zu der Frage Kärtchen. Tauscht eure Kärtchen mit denen einer anderen Gruppe aus.

Vorderseite

Rückseite

3 In welchen besonderen Vierecken stehen die Diagonalen aufeinander senkrecht?

4 Welche Eigenschaften müssen zwei kongruente Dreiecke haben, damit man sie zu einem der folgenden Vierecke zusammenlegen kann?
a) Parallelogramm b) Rechteck
c) Quadrat d) Raute
e) symm. Trapez f) Drachen

5 Berechne den Winkel ε. Beschreibe und erkläre dein Vorgehen.

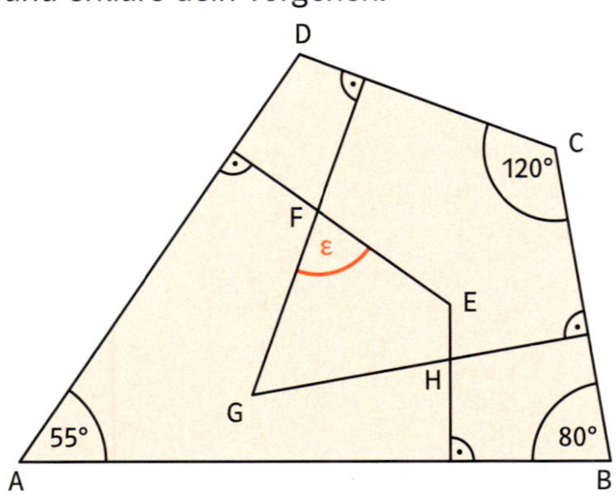

6 Konstruiere ein Parallelogramm mit
a) $a = 8\,cm$; $b = 5\,cm$ und $\alpha = 70°$.
b) $a = 8\,cm$; $b = 5\,cm$ und $\alpha = 110°$.
Was fällt dir auf? Erkläre.

7 Konstruiere ein Parallelogramm mit den Diagonalen $\overline{AC} = 9\,cm$; $\overline{BD} = 5\,cm$, dem Diagonalenschnittpunkt S und dem Diagonalenwinkel $\measuredangle ASB = 100°$.

8 Konstruiere einen Drachen mit den vorgegebenen Maßen.

a) $a = d = 7\,cm$; $b = c = 5\,cm$ und $\alpha = 60°$.
b) $a = d = 7\,cm$; $b = c = 5\,cm$ und $\gamma = 60°$.
c) $a = b = 7\,cm$; $c = d = 5\,cm$ und $\beta = 60°$.
In welchem Fall gibt es zwei unterschiedliche Drachen mit den vorgeschriebenen Maßen?

9 Konstruiere den Drachen mit den Diagonalen $\overline{AC} = 10\,cm$; $\overline{BD} = 6\,cm$ und dem Winkel $\alpha = 80°$.

10 Konstruiere das Viereck. Die Seiten sind in cm angegeben.
a) $a = 6$; $b = 5$; $c = 8$; $\beta = 70°$; $\gamma = 130°$
b) $a = 6$; $b = 5$; $c = 8$; $\alpha = 130°$; $\beta = 70°$

11 a) Konstruiere das symmetrische Trapez ABCD mit $a = 10\,cm$; $d = 7\,cm$ und $\alpha = 60°$. Die Seiten $\overline{AB}$ und $\overline{CD}$ sollen parallel sein.
b) Konstruiere die Winkelhalbierenden in allen vier Eckpunkten.
Was stellst du fest?
c) Konstruiere den Inkreis des symmetrischen Trapezes. Beschreibe die Konstruktion.

12 a) Konstruiere den Drachen ABCD mit $a = 9\,cm$; $b = 6\,cm$ und $\beta = 110°$. Die Symmetrieachse soll durch A und C gehen.
b) Konstruiere den Inkreis des Drachens.

13 Ein Drachen lässt sich konstruieren aus
- den Seiten a, b und dem Winkel β,
- den Seiten a, b und der gesamten Länge (e + f) der Diagonalen $\overline{AC}$,
- den Diagonalenabschnitten e, f und der Seite a.

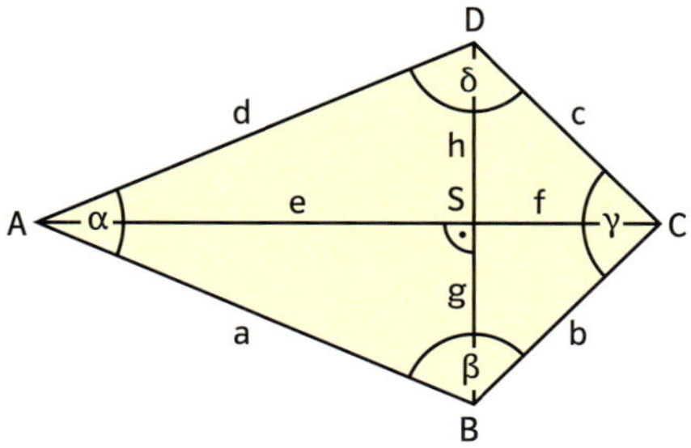

a) Gib dir für diese drei Konstruktionsmöglichkeiten selbst Werte vor und konstruiere den Drachen.
b) Suche weitere Konstruktionsmöglichkeiten.

14 a) Das Parallelogramm ABCD hat die Eckpunkte A(3|−2) und B(5|3). Die Diagonalen schneiden sich im Punkt S(0|0). Gib die Koordinaten von C und D an.
b) Konstruiere einige Parallelogramme mit Diagonalenschnittpunkt S(0|0). Welche Regel gilt für die Koordinaten der Eckpunkte? Formuliere und prüfe.

15 Konstruiere das Parallelogramm ABCD mit A(−4|−3); B(5|−2); C(6|5).
a) Welche Koordinaten hat der Punkt D?
b) Berechne den
- Mittelwert p aller vier x-Koordinaten,
- Mittelwert q aller vier y-Koordinaten.

Trage den Punkt P(p|q) ein.
Welchen Punkt des Parallelogramms erhältst du auf diese Weise?

16 a) Zeichne das Viereck ABCD mit A(−4|4); B(9|2); C(5|6); D(−2|4).
Trage die Diagonalen und ihre Mittelpunkte P und Q ein.
Welche Koordinaten hat der Mittelpunkt M der Strecke $\overline{PQ}$?
b) Die Koordinaten von M sind Mittelwerte. Hast du eine Idee, welche?
c) Prüfe deine Idee an anderen Vierecken.

17 In der Bilderfolge siehst du, wie man ein Viereck konstruiert, wenn die Seiten a, b, c und die Winkel α, δ gegeben sind.
Konstruiere ein Viereck aus a = 7 cm; b = 8 cm; c = 5 cm und α = 60°; δ = 80°.
Beschreibe die Konstruktion in Worten.

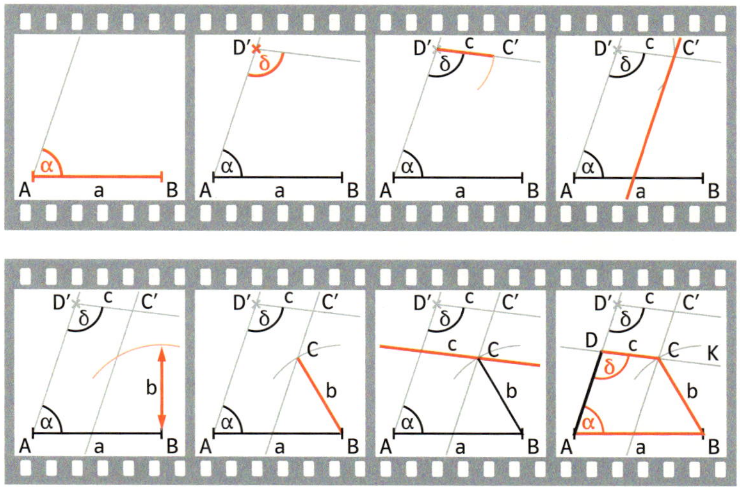

Rätselhafte Winkel ?!

ABCD ist ein Quadrat. Das Dreieck ABE ist gleichseitig.
- Wie groß ist der Winkel γ?

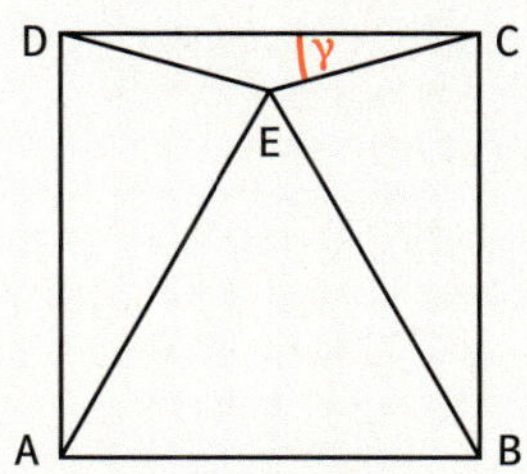

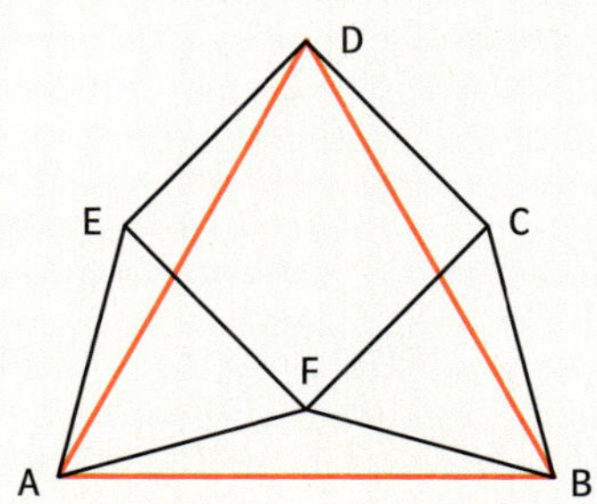

- EFCD ist ein Quadrat. Die Dreiecke AFE und BCF sind gleichseitig. Ist das Dreieck ABD gleichseitig?

Parkette

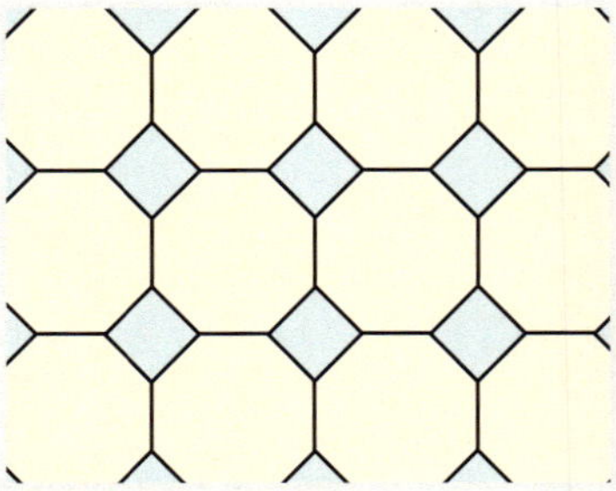

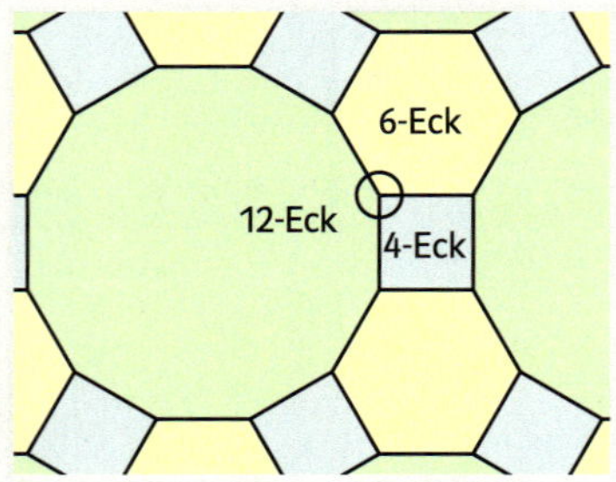

Mit geeigneten regelmäßigen Vielecken kann man die ganze Ebene lückenlos zudecken. Solche Muster heißen **Parkette**.
In einem **regelmäßigen** Parkett
- sind alle Flächen von derselben Folge von Vielecken umringt,
- sind alle Ecken von derselben Folge von Vielecken umringt.

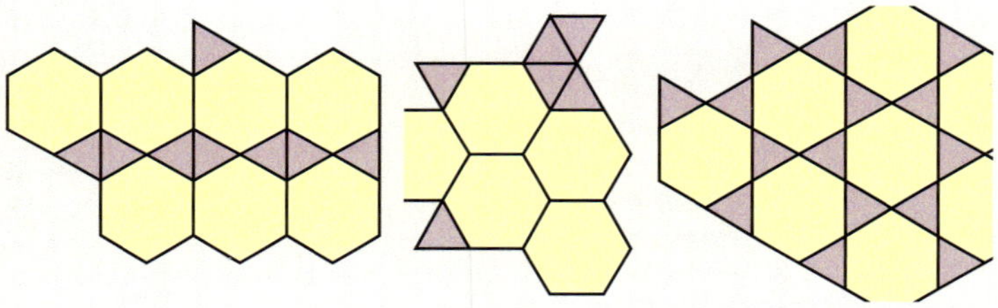

■ Silya legt Sechsecke und Dreiecke auf verschiedene Arten aneinander. Manche ihrer Parkette sind regelmäßig, andere nicht. Probiere selbst.

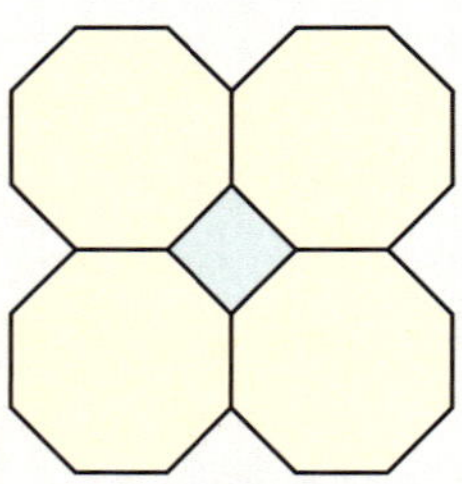
4-8-8-Parkett

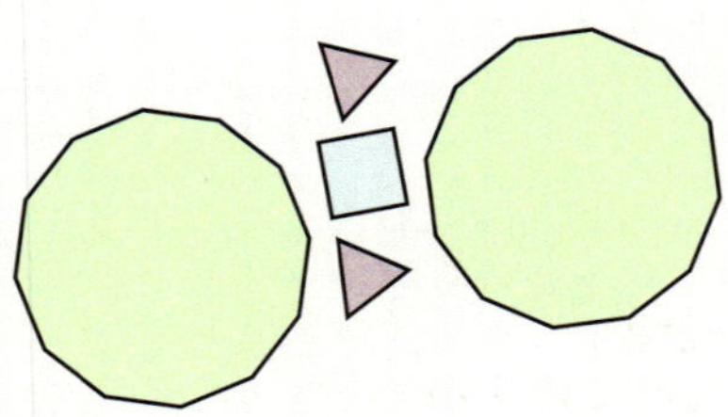

■ Kai kennt das 4-8-8-Parkett aus dem Badezimmer und legt es nach.
Dann probiert er, was man mit Zwölfecken anfangen kann.

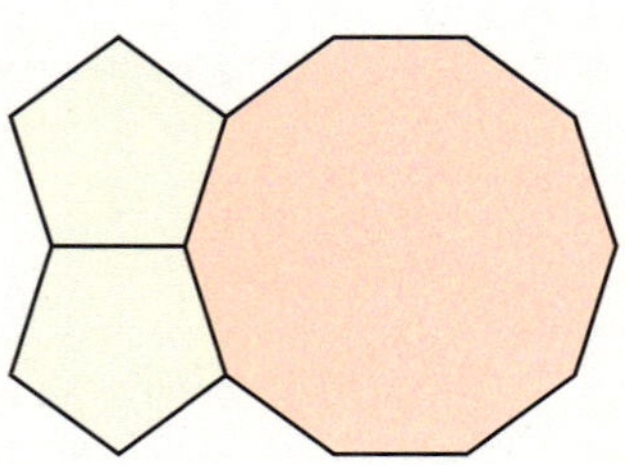
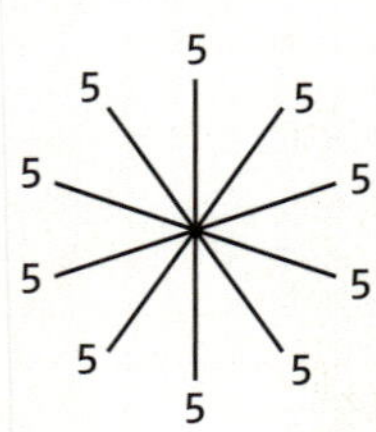

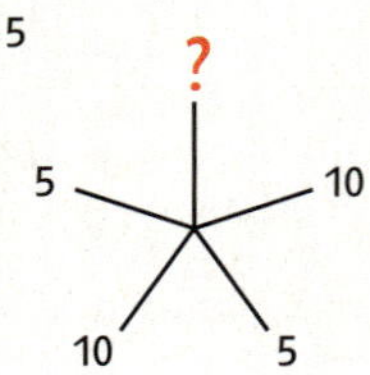

■ Janine hat herausgefunden, dass zwei Fünfecke und ein Zehneck den **Winkeltest** bestehen: Die Winkelsumme in einer Ecke beträgt 360°.
Wenn Janine mit einem Zehneck anfängt, kann sie einen Ring von Vielecken herumlegen. Fängt sie mit einem Fünfeck an, geht das nicht. Sie macht zwei Skizzen und schreibt auf, warum kein Parkett herauskommt.

■ Anna bringt System in den Winkeltest. Sie legt eine Tabelle der Vieleckswinkel an.

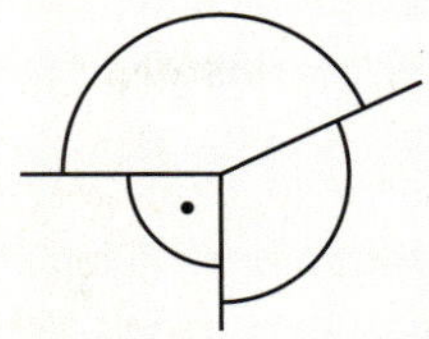

Eckenzahl	3	4	5	6	8	9	10	12	15	16	18	20	24
Winkel α	60°	90°				140°							165°

Anna überlegt: Wenn ich als erstes Vieleck ein Quadrat lege, ist an jeder Ecke noch ein Winkel von $360° - 90° = 270°$ frei.
Ich suche zwei Vieleckswinkel, die zusammen 270° ergeben.
Vielleicht kann ich auch einen Vieleckswinkel doppelt nehmen.

■ Mona sagt: Ich lege zuerst zwei Quadrate. Ein Winkel von 180° bleibt frei. Diesen kann ich auf mehrere Arten in Vieleckswinkel aufteilen.

■ Torben experimentiert mit verschiedenen regelmäßigen Vielecken. Manche Kombinationen bestehen den Winkeltest, andere fallen durch.

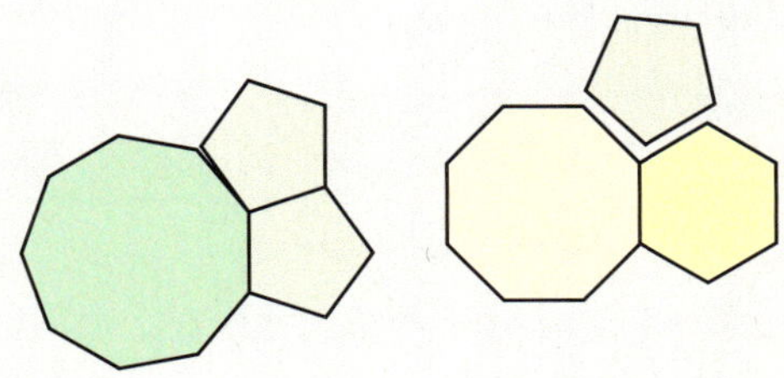

■ Tobias meint: Aus vier oder mehr verschiedenen Vielecks-Sorten kann man kein Parkett herstellen.
Er rechnet: $1 \cdot 60° + 1 \cdot 90° + \ldots$

■ Leonie findet die regelmäßigen Parkette allmählich langweilig und experimentiert mit Farben. Sie färbt das 6-6-6-Parkett und behauptet: Alle drei Farben kommen in gleich vielen Sechsecken vor.
Auch für das 3-3-3-3-3-3-Parkett findet sie schöne Färbungen.

■ Marius hat entdeckt, dass man Parkettsteine auch verändern kann. Was an einer Vielecksseite abgeschnitten wird, wird an einer anderen wieder angehängt.

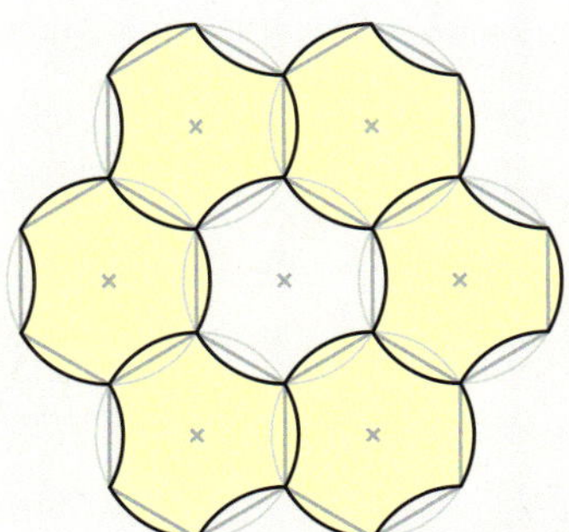

■ In Wohnungen, Treppenfluren, Baumärkten, auf Straßen und Plätzen findet ihr noch viele Parkette. Versucht herauszufinden, welchen Sinn die oft merkwürdigen Formen haben.
Wie wäre es mit einer Fotoausstellung? Vergesst dabei eure eigenen Parkette nicht.

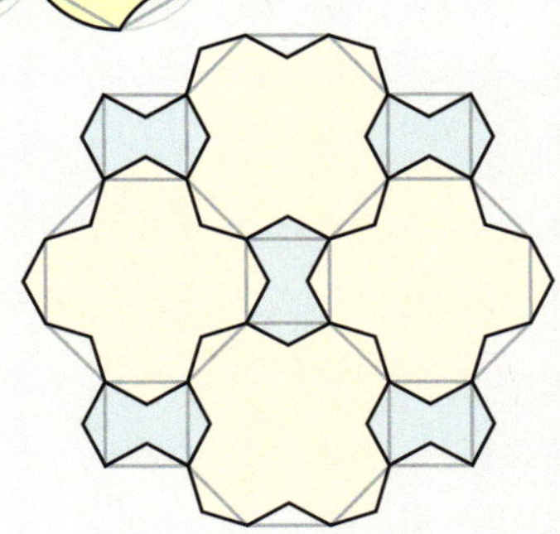

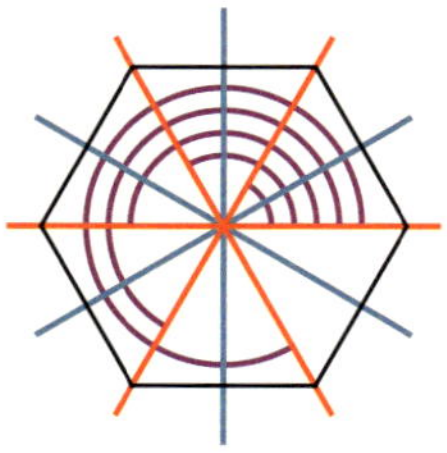

18 Das regelmäßige Sechseck hat sechs Symmetrieachsen. Drei gehen durch Eckpunkte, drei sind Mittelsenkrechte der Seiten. Das Sechseck hat auch einen Symmetriepunkt mit den Symmetriewinkeln 60°; 120°; 180°; 240°; 300°.
Im Bild unten siehst du sieben Sechsecke mit weniger Symmetrien. Die Sechsecke 1 bis 6 entstehen aus einem gleichseitigen Dreieck. Das Sechseck 7 ist anders aufgebaut.

1

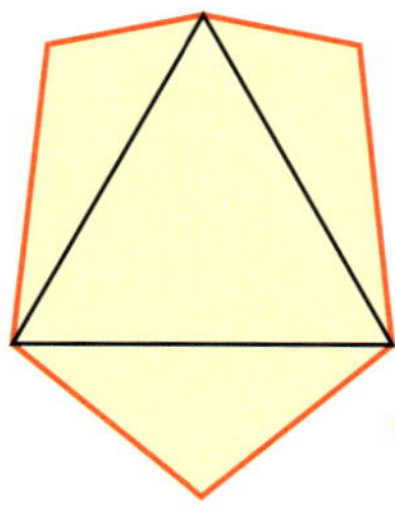

2

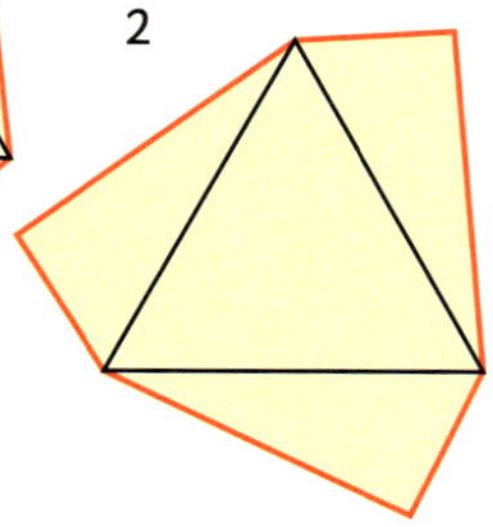

3

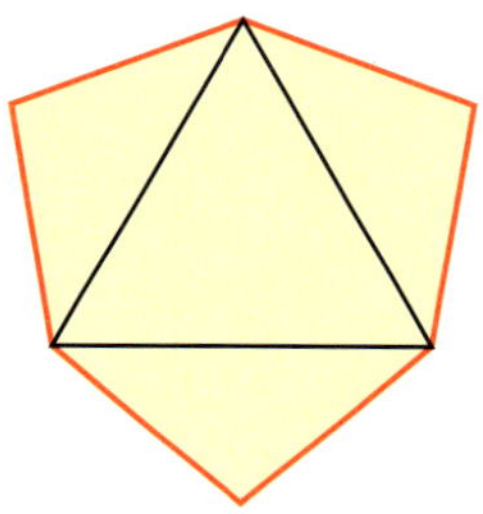

4

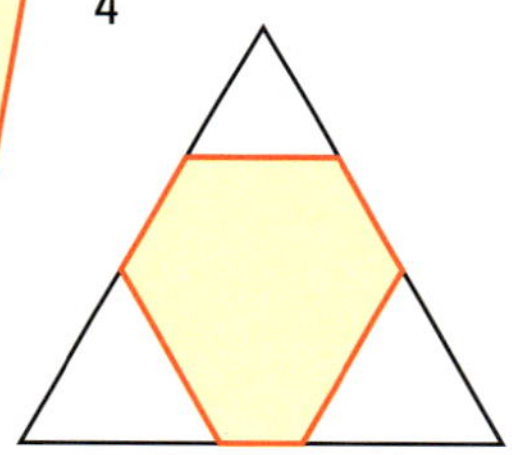

5

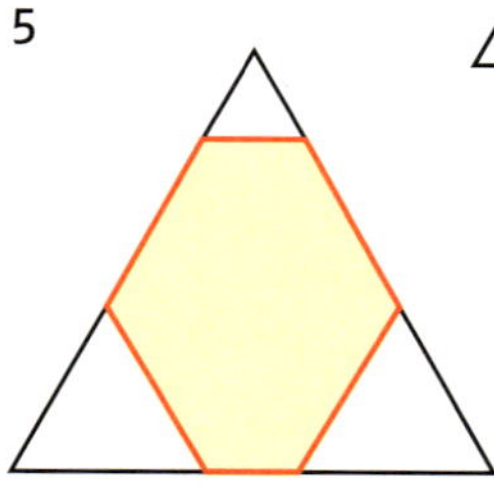

6

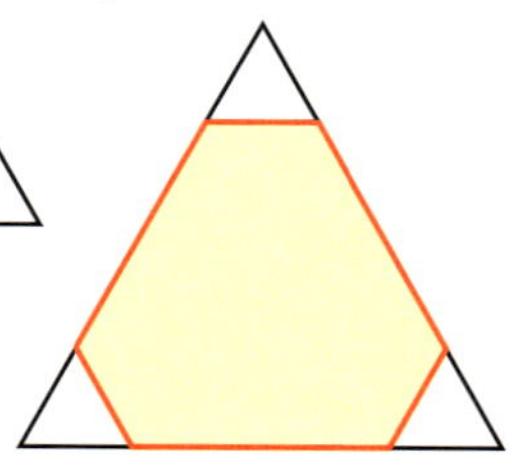

7

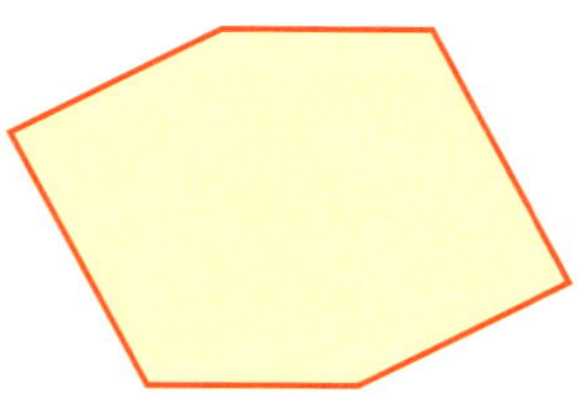

Beschreibe die Sechsecke und gib ihre Symmetrien an.

19 a) ABCD ist eine Raute, ABED ein Drachen. Berechne den Winkel ε. Beschreibe dein Vorgehen ausführlich.

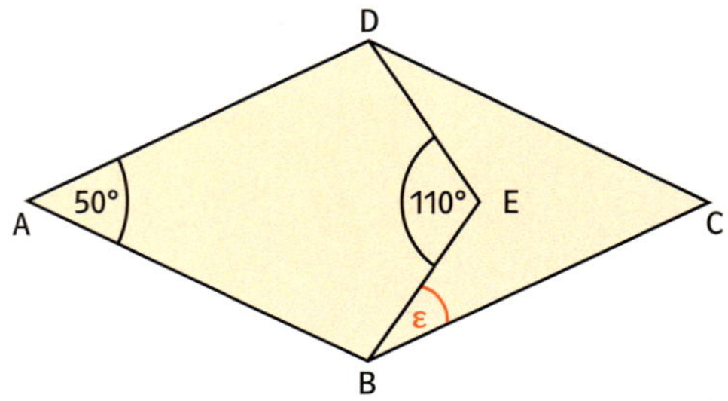

b) ABCD ist eine Raute, DCEF und ADGH sind symmetrische Trapeze. Berechne den Winkel ε. Begründe jeden Rechenschritt.

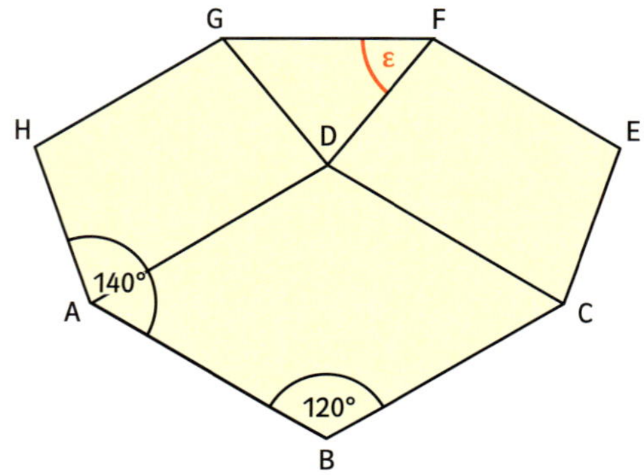

Figuren verformen am PC

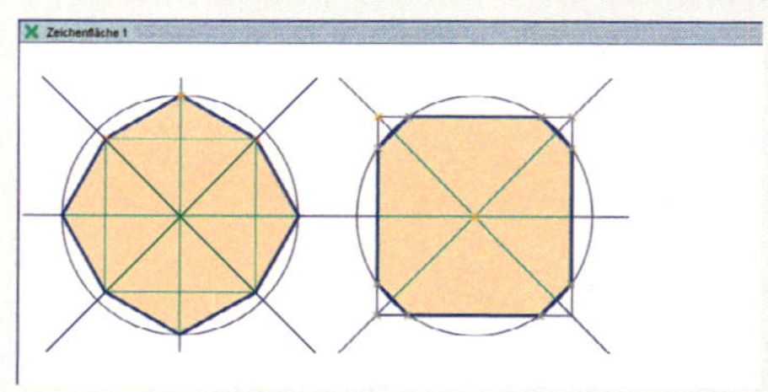

Arbeite mit einer Geometriesoftware.

- Setze auf die Seiten eines Quadrats gleich große gleichschenklige Dreiecke. Untersuche die neue Figur auf Symmetrien.
- Du kannst auch an jeder Quadratecke ein gleichschenkliges Dreieck abschneiden. Haben sich die Symmetrien verändert?
- Konstruiere mit deiner Geometriesoftware auf ähnliche Art weitere regelmäßige Figuren und untersuche sie auf Symmetrien.

Rückspiegel

Rückspiegel

1 a) Ein Parallelogramm hat die Eckpunkte A(2|1); B(7|3); C(8|7). Welche Koordinaten hat der Eckpunkt D?
b) Ein symmetrisches Trapez hat die Eckpunkte A(−3|2); B(5|2); C(3|6).
Seine Symmetrieachse ist die Mittelsenkrechte der Seite $\overline{AB}$. Welche Koordinaten hat der Eckpunkt D?

2 Konstruiere eine Raute
a) mit Diagonalen der Längen 8 cm und 5 cm.
b) mit der Seitenlänge 5 cm und dem Winkel $\alpha = 60°$.

3 Berechne die Winkel β, γ und δ des Parallelogramms ABCD.

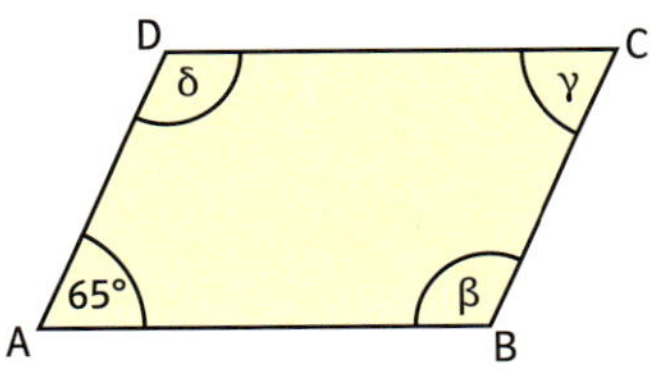

4 Berechne den Winkel β des symmetrischen Trapezes.

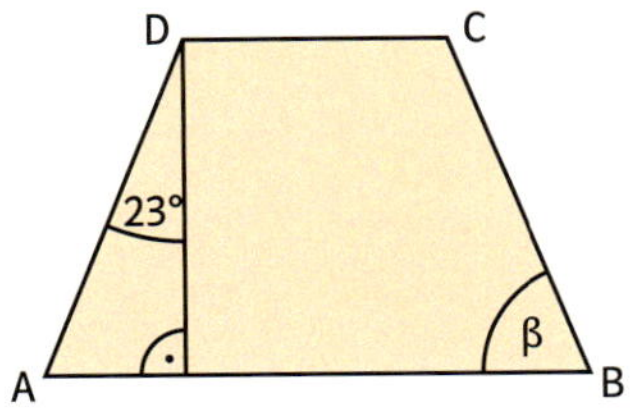

5 In einem Viereck ist
- β um 30° größer als α,
- γ dreimal so groß wie α,
- δ um 60° größer als α.

Berechne die Winkel.

6 Finde ein Gegenbeispiel zu der Behauptung.
a) Alle besonderen Vierecke sind achsensymmetrisch.
b) Jedes Parallelogramm ist auch eine Raute.
c) Ein Viereck mit zwei senkrechten Diagonalen ist ein Rechteck.

1 a) Ein Paralellogramm hat die Eckpunkte A(4|2); B(9|7) und den Diagonalenschnittpunkt S(5|5). Welche Koordinaten haben die Eckpunkte C und D?
b) Ein symmetrisches Trapez hat die Eckpunkte A(−3|−1); B(5|3); C(0|8).
Seine Symmetrieachse ist die Mittelsenkrechte der Seite $\overline{AB}$. Welche Koordinaten hat der Eckpunkt D?

2 Konstruiere einen Drachen mit der Symmetrieachse durch A und C und
a) $a = 6\,cm$; $\overline{AC} = 8\,cm$; $\alpha = 70°$.
b) $\overline{AC} = 9\,cm$; $\overline{BD} = 8\,cm$; $\alpha = 60°$.

3 Berechne die Winkel α und β des Parallelogramms ABCD.

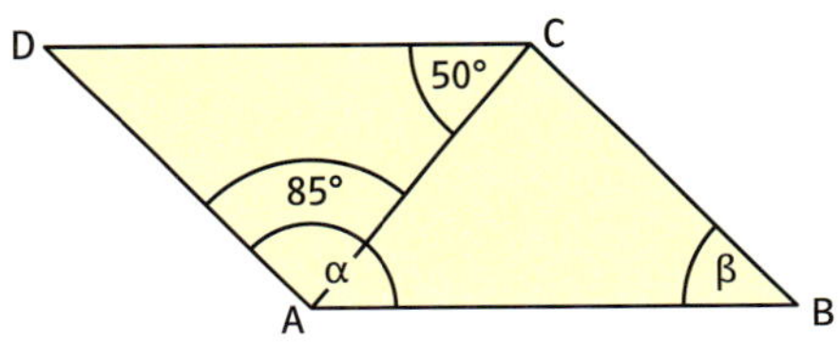

4 Berechne den Winkel α des symmetrischen Trapezes.

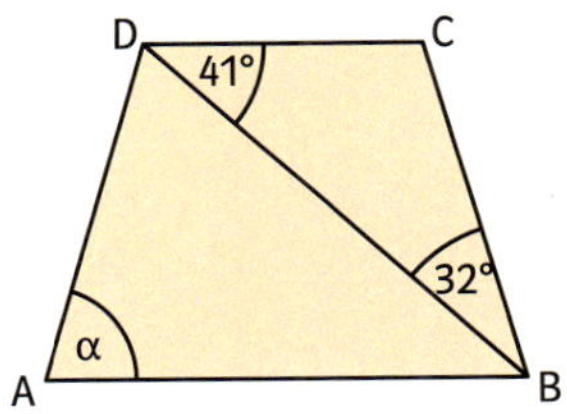

5 In einem Viereck ist
- β um 30° größer als das Doppelte von α,
- γ doppelt so groß wie α,
- δ um 70° kleiner als das Dreifache von α.

Berechne die Winkel.

6 Finde ein Gegenbeispiel zu der Behauptung.
a) In allen besonderen Vierecken stehen die Diagonalen senkrecht aufeinander.
b) Jedes Trapez hat mindestens zwei gleich große Winkel.
c) In einem Fünfeck schneiden sich die Winkelhalbierenden in einem Punkt.

Figuren und Flächen

Figuren legen

Das Tangram ist ein altes chinesisches Legespiel. Es besteht aus sieben Teilfiguren. Ihr könnt es aus Karton selbst herstellen. Welche geometrischen Formen erkennt ihr? Beschreibt ihre Eigenschaften.

Unter Verwendung aller Teilfiguren wurde ein Rechteck gelegt. Aus dieser Anordnung könnt ihr sehr einfach ein Parallelogramm, ein Dreieck oder ein Trapez herstellen.

Viele andere Figuren sind möglich. Erfindet selbst weitere und legt sie als Umriss einer Partnerin oder einem Partner zum Auslegen vor.

Linien begrenzen Flächen

Legt mit jeweils 24 Streichhölzern Dreiecke, verschiedene Vierecke und Vielecke. Tragt möglichst viele verschiedene Varianten zusammen und sprecht über die Eigenschaften der Figuren.
Findet ihr Gemeinsamkeiten?
Worin unterscheiden sie sich?
Wer findet das Rechteck, das bei Verwendung aller Streichhölzer den größten Flächeninhalt hat?

Spannt auf dem 5 × 5-Nagelbrett mit Gummiringen Dreiecke, Vierecke und Vielecke, die alle den gleichen Flächeninhalt haben.
Welche Gruppe findet die meisten Möglichkeiten?
Vergleicht auch die Umfänge der umspannten Figuren.

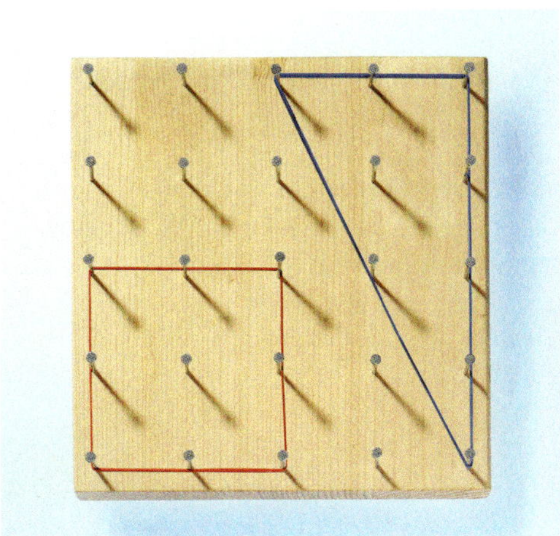

In diesem Kapitel lernst du,

- wie Umfänge von Figuren berechnet werden,
- wie man den Flächeninhalt geometrischer Figuren berechnet,
- wie man aus Formeln für einfache Figuren Formeln für andere Figuren gewinnen kann,
- dass es vielfältige praktische Probleme gibt, in denen Vielecke vorkommen.

1 Quadrat und Rechteck

Tobias will den Flächeninhalt des rechteckigen Parkplatzes bestimmen.
„Kein Problem", sagt er, „ich zähle einfach die Pflastersteine."
→ Seine große Schwester behauptet, dass man mit einer einfachen Rechnung schneller zum Ziel kommt.

Um den **Flächeninhalt** eines Rechtecks zu bestimmen, legt man es mit Zentimeterquadraten aus und bildet aus ihnen Streifen.
Es passen drei Streifen zu je fünf Quadratzentimetern bzw. fünf Streifen zu je drei Quadratzentimetern in das Rechteck.
Sein Flächeninhalt beträgt somit $15\,cm^2$.

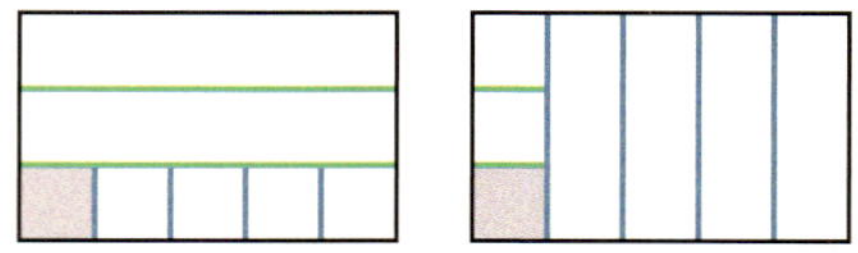

Soll der Flächeninhalt eines Rechtecks berechnet werden, bestimmt man zunächst die Länge a und die Breite b.
Der Flächeninhalt wird mit dem Produkt der Länge a und der Breite b berechnet.
$A = a \cdot b = 5 \cdot 3\,cm^2 = 15\,cm^2$

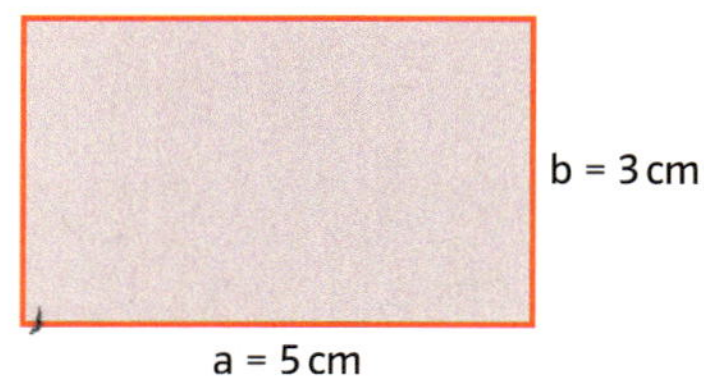

Der **Umfang** einer geometrischen Figur ist die Summe ihrer Seitenlängen.
Für das Rechteck ergibt sich:

$$u = a + b + a + b = 2 \cdot a + 2 \cdot b$$
$$= 2 \cdot (a + b)$$
$$= 2 \cdot (5 + 3)\,cm = 2 \cdot 8\,cm = 16\,cm$$

Ein Quadrat ist ein besonderes Rechteck. Länge und Breite sind gleich groß.

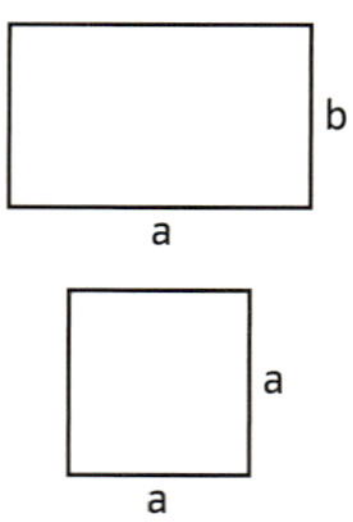

Der Flächeninhalt eines **Rechtecks** kann aus dem Produkt seiner Seitenlängen berechnet werden.
$\mathbf{A = a \cdot b}$
Für den Umfang gilt: $\mathbf{u = 2 \cdot (a + b)}$

Der Flächeninhalt eines **Quadrats** kann aus dem Quadrat seiner Seitenlänge berechnet werden.
$\mathbf{A = a \cdot a = a^2}$
Für den Umfang gilt: $\mathbf{u = 4 \cdot a}$

Beispiele

a) Aus dem Flächeninhalt A und einer Seite a eines Rechtecks wird die Länge der zweiten Seite berechnet.

$A = 45\,cm^2$ und $a = 9\,cm$

$A = a \cdot b \quad |:a$

$\frac{A}{a} = b$

$b = \frac{A}{a}$

$b = \frac{45}{9}\,cm$

$b = 5\,cm$

b) Aus dem Umfang u und einer Seite b eines Rechtecks wird die Länge der zweiten Seite berechnet.

$u = 17{,}8\,m$ und $b = 3{,}6\,m$

$u = 2 \cdot (a + b) \quad |:2$

$\frac{u}{2} = a + b \quad |-b$

$\frac{u}{2} - b = a$

$a = \frac{u}{2} - b$

$a = \left(\frac{17{,}8}{2} - 3{,}6\right)m = 5{,}3\,m$

Aufgaben

1 Ein Fußballfeld darf 90 bis 120 m lang und 45 bis 90 m breit sein. Wie groß sind Flächeninhalt und Umfang mindestens bzw. höchstens?

2 Berechne die Seitenlänge des Quadrates aus seinem Umfang bzw. seiner Fläche.
a) u = 6,4 cm b) u = 95,6 m c) u = 7,35 dm
d) A = 36 cm² e) A = 81 dm² f) A = 169 m²

3 Berechne die fehlenden Größen des Rechtecks.

a	5 cm		12,8 m	
b		8,5 cm		41,3 cm
u			38,6 m	6,84 m
A	40,0 cm²	2,55 dm²		

4 Überschlage zunächst. Überprüfe dann durch Rechnung.
a) Gib die Flächeninhalte der einzelnen Räume in m² an. Wie groß ist die gesamte Wohnfläche?
b) Für das Wohnzimmer und die Kinderzimmer werden Fußbodenleisten benötigt.

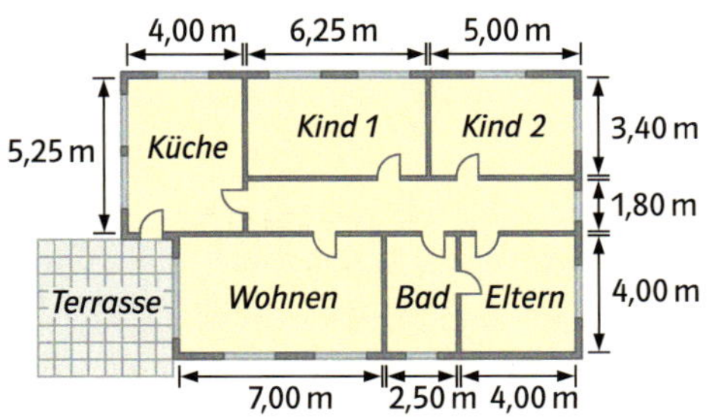

5 Reicht die Farbe, um die Decke eures Klassenzimmers zu streichen?

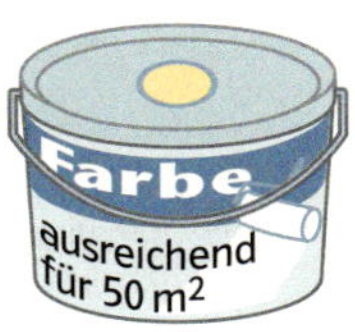

6 Ein Zimmer ist 2,55 m hoch; 4,50 m lang und 3,45 m breit. Ina möchte den Raum tapezieren.
Eine Tapetenrolle ist 50 cm breit und 10 m lang. Zur Vereinfachung berücksichtigt sie Fenster und Türen nicht. Sie braucht dann auch keinen Verschnitt einzukalkulieren.

7 Berechne Flächeninhalt und Umfang der Figuren.

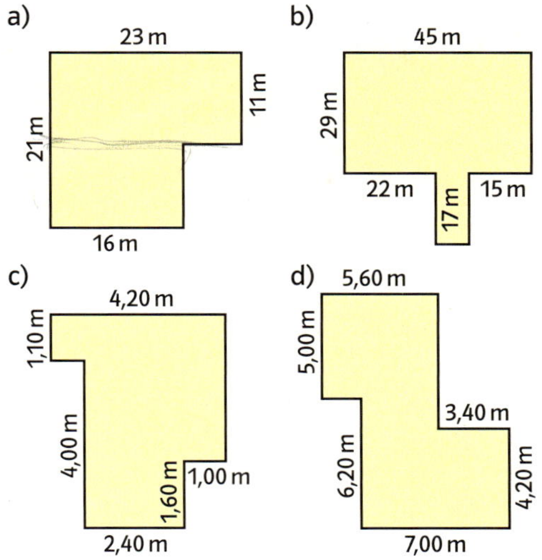

8 Einer spannt ein Rechteck, die Partnerin oder der Partner bestimmt den Flächeninhalt (in Nagelquadraten). Schätzt und rechnet.

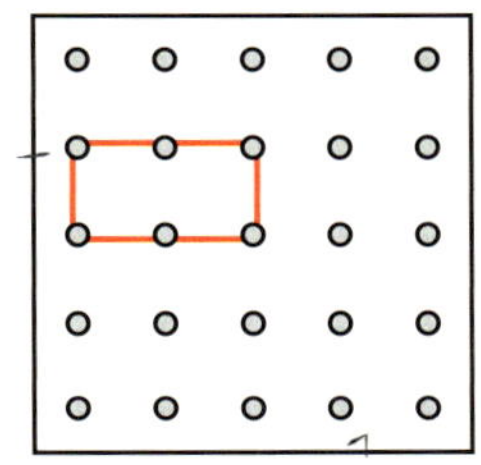

Rechtecke vervielfachen ?!

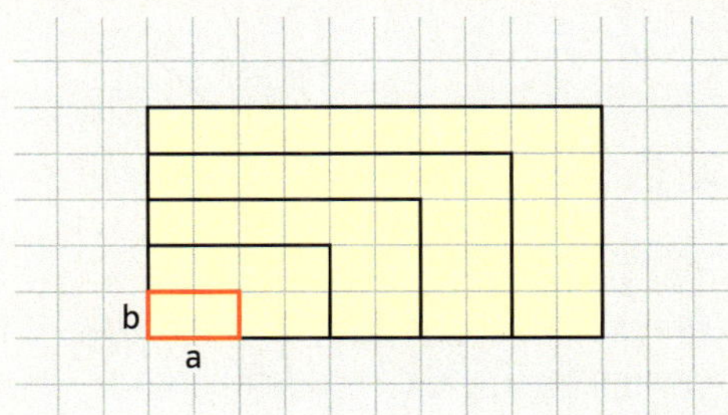

Werden die Seitenlängen a und b eines Rechtecks mit dem gleichen Faktor vervielfacht, so vervielfacht sich auch der Flächeninhalt.

- Formuliere eine Regel, wie sich die Größe der Rechteckfläche vervielfacht. Vielleicht hilft dir eine Tabelle, die Regel zu entdecken.
- Wie lautet die Regel, wenn die Rechteckseiten a und b mit verschiedenen Faktoren vervielfacht werden?
- Gilt die Regel auch, wenn die Seitenlängen a und b mit einem Faktor zwischen 0 und 1 multipliziert werden?
- Wie müssten die Faktoren gewählt werden, damit sich beim Vervielfachen der Seitenlängen der Flächeninhalt des Rechtecks nicht ändert?

2 Parallelogramm und Raute

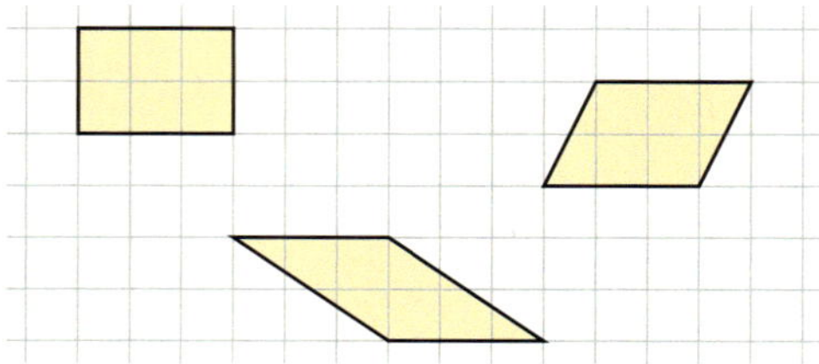

→ Bestimme die Flächeninhalte der Vierecke mithilfe von Einheitsquadraten.
→ Was stellst du fest, wenn du jeweils die Grundseiten und die Höhen vergleichst?

Um den Flächeninhalt eines Parallelogramms zu berechnen, kann man es in ein Rechteck umwandeln.
Der Flächeninhalt des Parallelogramms ist ebenso groß wie der Flächeninhalt des entstehenden Rechtecks mit den Seiten a und h_a: $A = a \cdot h_a$.

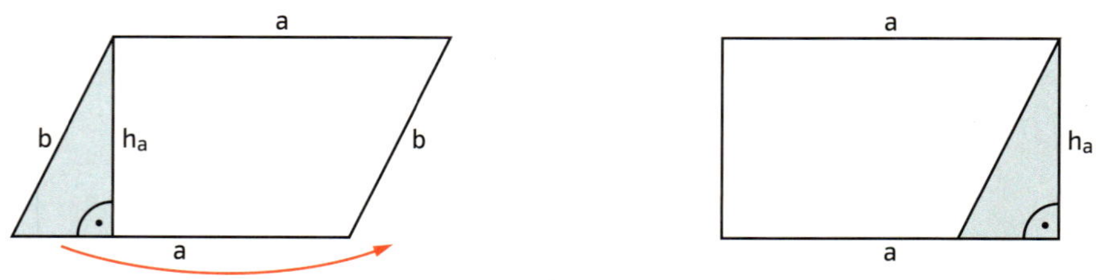

Die Raute ist ein besonderes Parallelogramm. Ihre Seiten sind alle gleich lang.

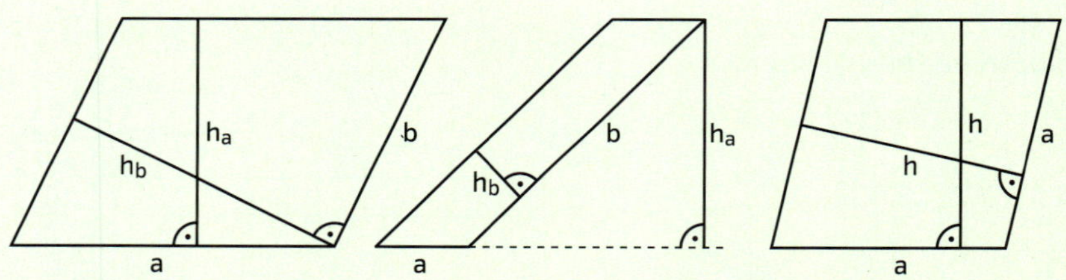

Der **Flächeninhalt eines Parallelogramms** kann aus dem Produkt einer Seitenlänge und der zugehörigen Höhe berechnet werden.
$\mathbf{A = a \cdot h_a}$ $\mathbf{A = b \cdot h_b}$
Für den **Umfang** gilt: $\mathbf{u = 2 \cdot (a + b)}$

Der **Flächeninhalt einer Raute** kann aus dem Produkt von Seitenlänge und Höhe berechnet werden.

$\mathbf{A = a \cdot h}$
Für den **Umfang** gilt: $\mathbf{u = 4 \cdot a}$

Beispiele

a) Aus der Seitenlänge a und der Höhe h_a wird der Flächeninhalt einer Raute berechnet.
$a = 12{,}0\,cm$
$h_a = 7{,}5\,cm$
$A = a \cdot h_a$
$A = 12{,}0 \cdot 7{,}5\,cm^2$
$A = 90{,}0\,cm^2$

b) Aus dem Flächeninhalt A und einer Seitenlänge b wird die zugehörige Höhe h_b eines Parallelogramms berechnet.
$A = 126{,}0\,cm^2$ und $b = 15{,}0\,cm$
$A = b \cdot h_b \quad | : b$
$\frac{A}{b} = h_b$
$h_b = \frac{A}{b}$
$h_b = \frac{126{,}0}{15{,}0}\,cm = 8{,}4\,cm$

Aufgaben

1 Zeichne verschiedene Parallelogramme. Bestimme beide Seitenlängen und Höhen durch Messung.
Berechne den Flächeninhalt mit beiden Formeln und vergleiche die Ergebnisse.

2 Berechne Flächeninhalt und Umfang des Parallelogramms.

a) $a = 6\,cm$, $b = 8\,cm$, $h_a = 4\,cm$
b) $a = 11{,}5\,m$, $b = 18{,}6\,m$, $h_b = 4{,}5\,m$
c) $a = 3\,dm$, $b = 71\,cm$, $h_a = 0{,}9\,m$

3 Eine Schülerin oder ein Schüler spannt auf dem Nagelbrett ein Parallelogramm, die Partnerin oder der Partner bestimmt den Flächeninhalt (in Nagelquadraten). Schätzt und rechnet.

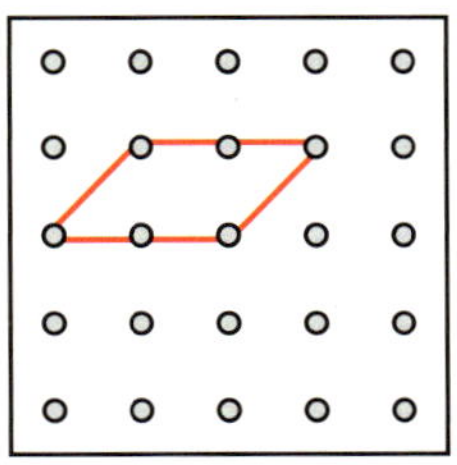

4 Berechne Umfang und Flächeninhalt.

a)

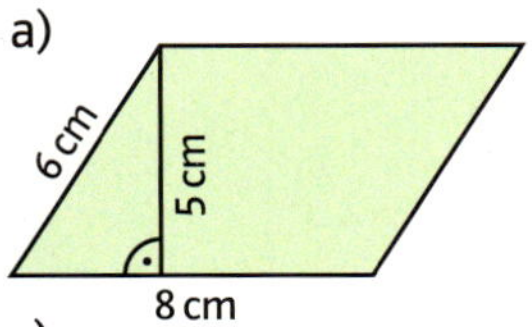

b)

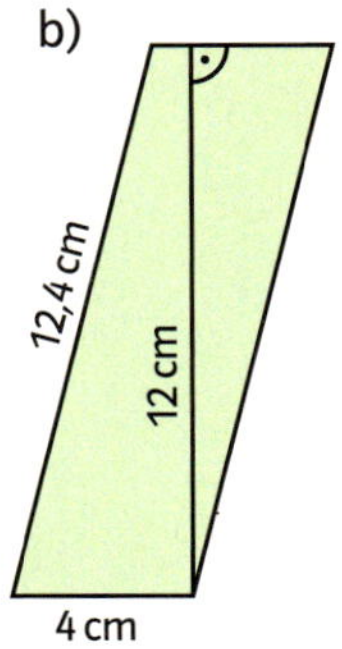

c)

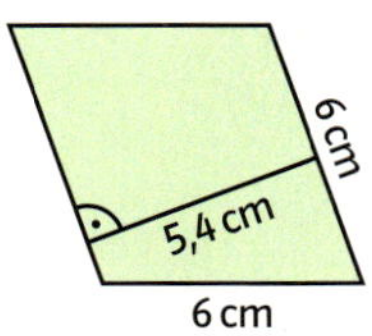

5 Bestimme den Flächeninhalt des Parallelogramms. Zeichne dazu die Punkte in ein Koordinatensystem (Längeneinheit 1 cm) ein und entnimm der Zeichnung die notwendigen Maße.

a) A(1 | 1); B(4 | 1); C(7 | 6); D(4 | 6)
b) A(1 | 2); B(7 | 1); C(6 | 5); D(0 | 6)
c) A(0 | 0); B(7 | 1,5); C(8 | 7,5); D(1 | 6)
d) A(3 | 0); B(8 | 2); C(8,5 | 5,5); D(3,5 | 3,5)

6 Berechne die fehlenden Größen des Parallelogramms. Vervollständige die Tabelle in deinem Heft.

a	9,0 cm	35 cm	40 m		
b		18 cm		7,5 m	
h_a	6,0 cm		12 m		6 m
h_b	4,5 cm				9 m
u			160 m	45,0 m	
A		315 cm^2		75,0 m^2	72 m^2

7 Konstruiere das Parallelogramm und berechne den Flächeninhalt.

a) $a = 6{,}8\,cm$, $b = 4{,}5\,cm$, $\alpha = 40°$
b) $\alpha = 45°$, $h_a = 3{,}5\,cm$, $h_b = 5{,}0\,cm$

8 Ein Parallelogramm hat eine 3 cm lange Seite und einen Flächeninhalt von 12 cm^2.
a) Zeichne drei verschiedene Parallelogramme mit diesen Maßen.
b) Gibt es eine Raute, die diese Bedingung erfüllt?

9 Bestimme die Höhen des Parallelogramms auf dem Rand.

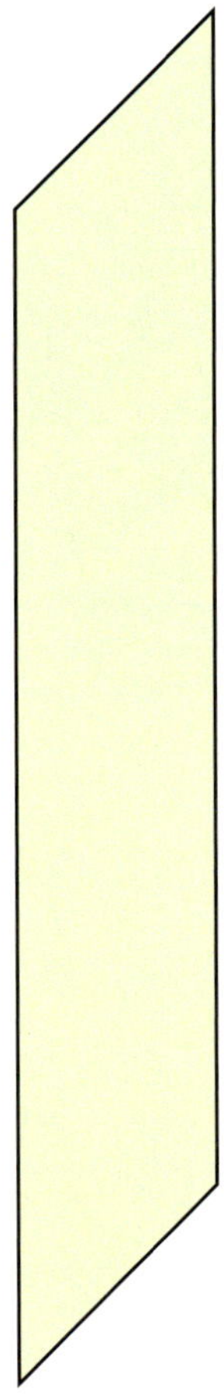

Parallelogramme falten ?!

Durch Falten kannst du ein Parallelogramm in ein Rechteck umwandeln.

- Falte ein ausgeschnittenes Parallelogramm zu einem Rechteck so wie in der Zeichnung angegeben. Vergleiche die Flächeninhalte der beiden Figuren.
- Erkläre, wie du mithilfe der gefalteten Figur zur Flächenformel des Parallelogramms $A = g \cdot h$ kommst.
Tipp:
Wo tauchen die Variablen g und h für Grundseite und Höhe des Parallelogramms in der gefalteten Figur wieder auf?
- Gibt es noch andere Möglichkeiten, ein Parallelogramm so zu falten, dass ein Rechteck entsteht?

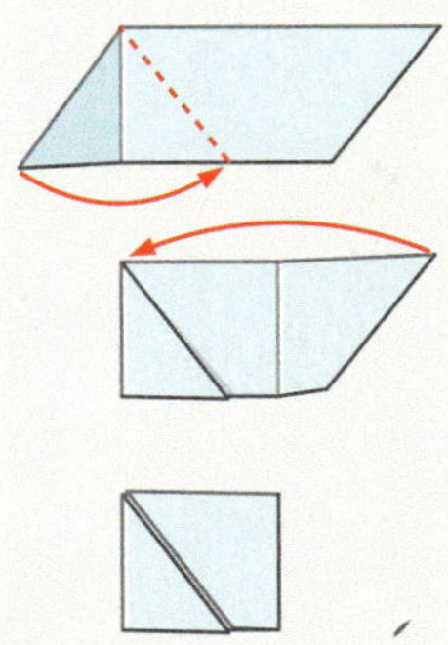

10 Die Fluggesellschaft will die Rechnung nicht zahlen.

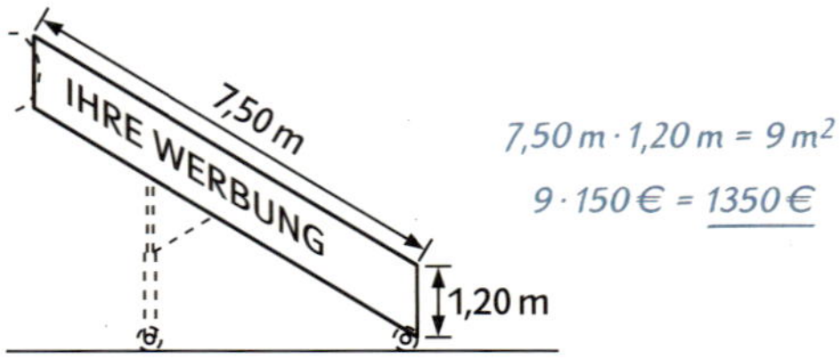

11 Bauer Grün muss für den Bau einer Straße über sein 75 m langes und 30 m breites Grundstück entschädigt werden.

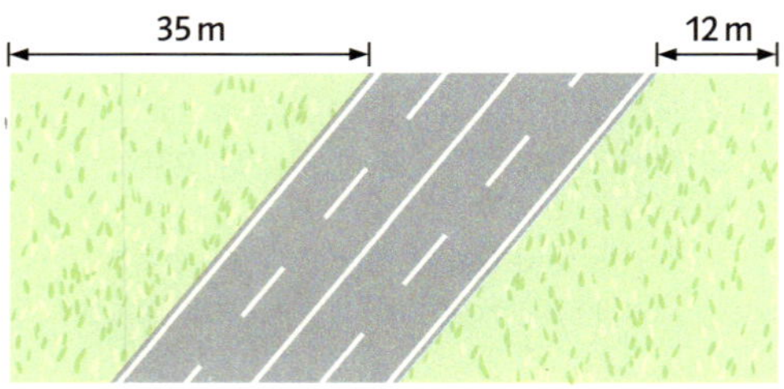

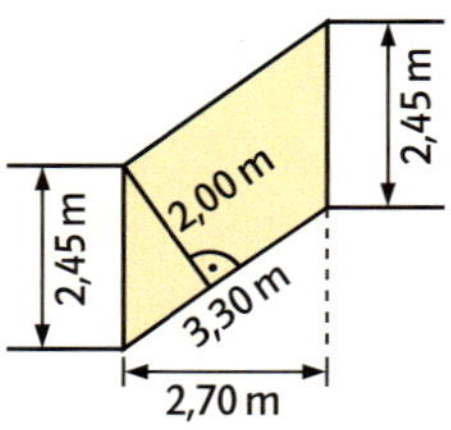

12 Die Wand des Treppenaufgangs soll mit Holz verkleidet werden. Für 1 m² Holzverkleidung sind 45,30 € zu bezahlen. Berechne die Kosten.

13 Der gefärbte Teil der Dachfläche eines Ferienhauses muss neu gedeckt werden. Für 1 m² benötigt man 35 Dachziegel.

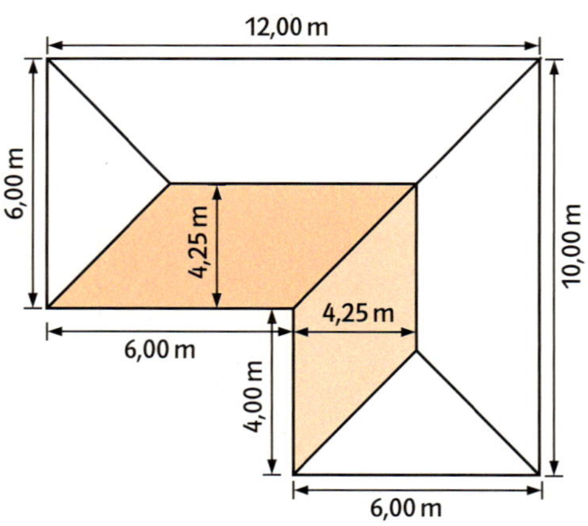

14 Zwei Straßen sind jeweils 7,50 m breit. Sie kreuzen sich unter einem Winkel von 60°. Wie groß ist der Flächeninhalt der Kreuzung? Fertige zunächst eine maßstabsgerechte Zeichnung an.

15 Vergleiche die Flächeninhalte und Umfänge der Vierecke.

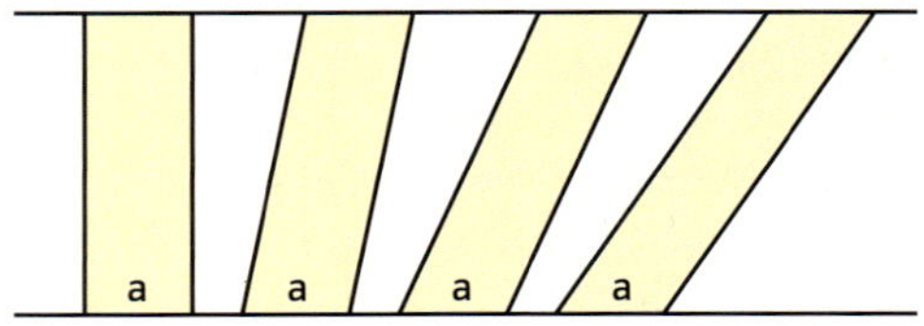

16 Begründe schrittweise, dass die Parallelogramme gleichen Flächeninhalt haben.

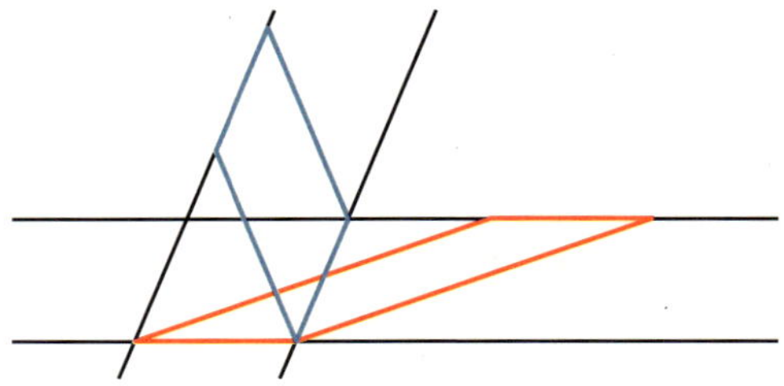

17 Übertrage die Figuren ins Heft. Entnimm der Zeichnung die notwendigen Maße und berechne Umfang und Flächeninhalt.
Erkläre einer Partnerin oder einem Partner, wie du vorgegangen bist.
Du kannst deine Ergebnisse durch Auszählen überprüfen.

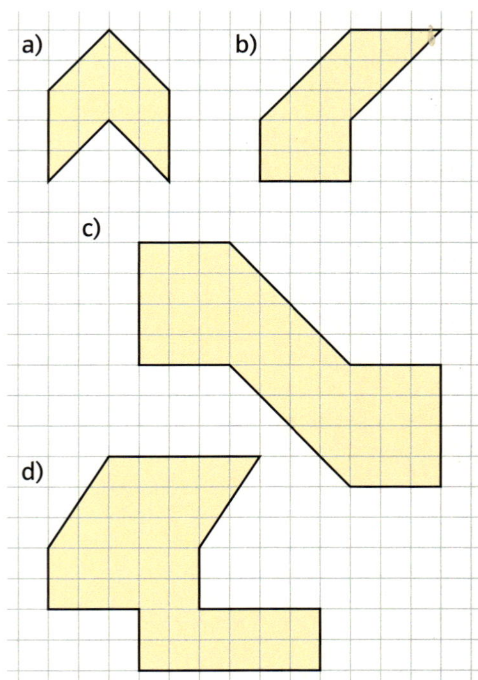

3 Dreieck

Schneide zwei kongruente Dreiecke aus und lege sie zu einem Parallelogramm zusammen.
→ Was kannst du über den Flächeninhalt eines Dreiecks im Vergleich zum entstandenen Parallelogramm aussagen?

Bei der Berechnung des Flächeninhaltes von Dreiecken kann man bereits bekannte Figuren nutzen.

! Auch durch Falten kann man ein Dreieck in ein Rechteck umwandeln.

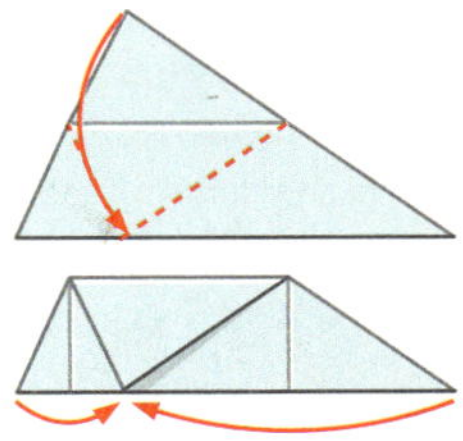

Ein rechtwinkliges Dreieck hat den halben Flächeninhalt eines Rechtecks.
$A = \frac{1}{2} a \cdot b$

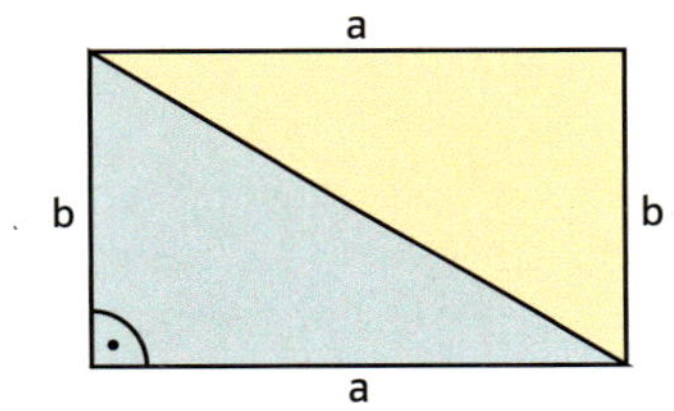

Ein allgemeines Dreieck kann man als halbes Parallelogramm betrachten.
$A = \frac{1}{2} a \cdot h_a$

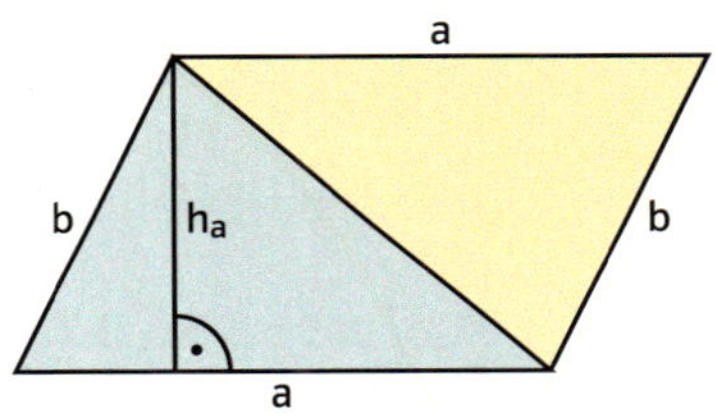

Der **Flächeninhalt eines Dreiecks** kann aus dem halben Produkt einer Seitenlänge und der zugehörigen Höhe berechnet werden.

$\mathbf{A = \frac{1}{2} a \cdot h_a}$ $\quad$ $\mathbf{A = \frac{1}{2} b \cdot h_b}$ $\quad$ $\mathbf{A = \frac{1}{2} c \cdot h_c}$

Beim **rechtwinkligen Dreieck** kann der Flächeninhalt aus dem halben Produkt der beiden am rechten Winkel anliegenden Seiten berechnet werden.

$\mathbf{A = \frac{1}{2} a \cdot b}$ $\quad (\gamma = 90°)$

Für den **Umfang** eines Dreiecks gilt: $\mathbf{u = a + b + c}$

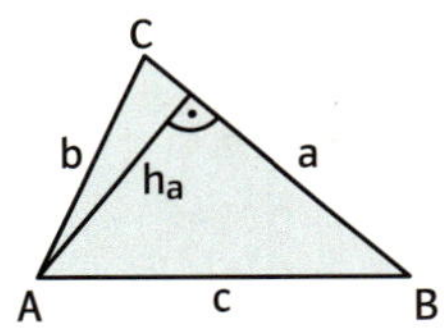

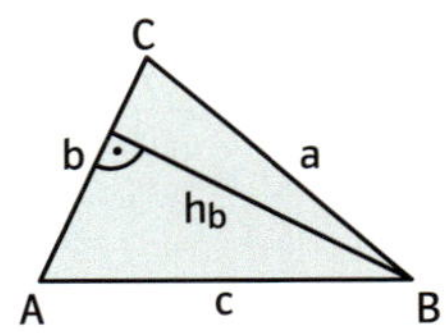

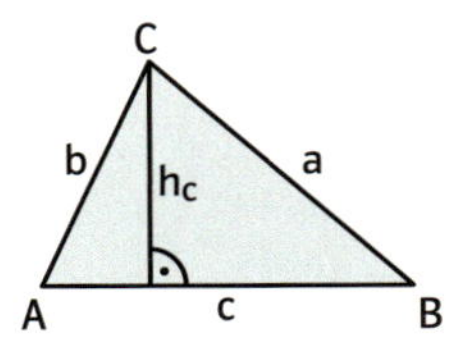

Bemerkungen

a) Im rechtwinkligen Dreieck gehört zur Seite a die Höhe $b = h_a$ und zur Seite b die Höhe $a = h_b$.

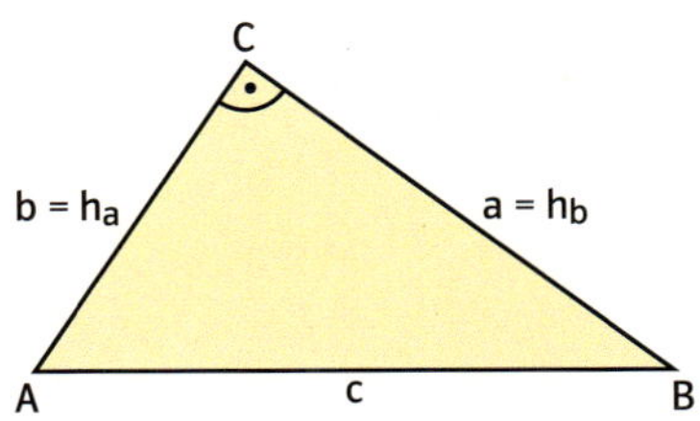

b) Bei stumpfwinkligen Dreiecken liegen zwei Höhen außerhalb des Dreiecks.
Der Flächeninhalt ergibt sich aus der Differenz der Flächeninhalte zweier rechtwinkliger Dreiecke.

$$A = \frac{1}{2} \cdot (c + x) \cdot h_c - \frac{1}{2} \cdot x \cdot h_c$$
$$A = \frac{1}{2} \cdot c \cdot h_c + \frac{1}{2} \cdot x \cdot h_c - \frac{1}{2} \cdot x \cdot h_c$$
$$A = \frac{1}{2} \cdot c \cdot h_c$$

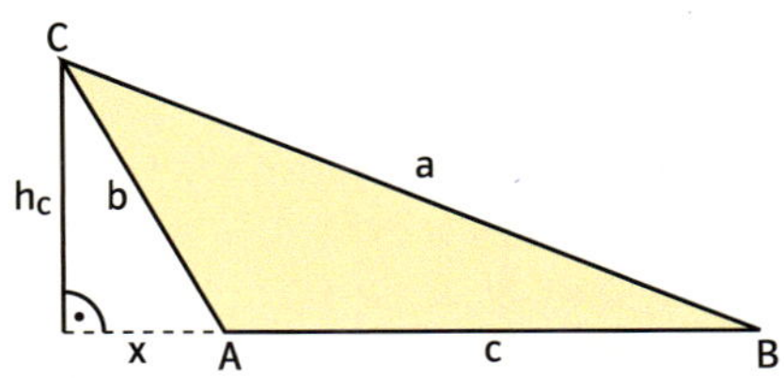

Beispiele

a) Aus der Seitenlänge c und der zugehörigen Höhe h_c wird der Flächeninhalt berechnet.

$c = 4{,}8\,cm;\ h_c = 2{,}8\,cm$

$A = \frac{1}{2} c \cdot h_c$

$A = \frac{1}{2} \cdot 4{,}8 \cdot 2{,}8\,cm^2$

$A = 6{,}72\,cm^2$

b) Aus dem Flächeninhalt A und der Höhe h_a wird die Länge der zugehörigen Seite berechnet.

$A = 19{,}25\,cm^2;\ h_a = 7{,}0\,cm$

$A = \frac{1}{2} a \cdot h_a \quad | \cdot 2$

$2 \cdot A = a \cdot h_a \quad | : h_a$

$\frac{2 \cdot A}{h_a} = a$

$a = \frac{2 \cdot A}{h_a}$

$a = \frac{2 \cdot 19{,}25}{7{,}0}\,cm = 5{,}5\,cm$

? Einer spannt ein Dreieck, die Partnerin oder der Partner bestimmt den Flächeninhalt (in Nagelquadraten).

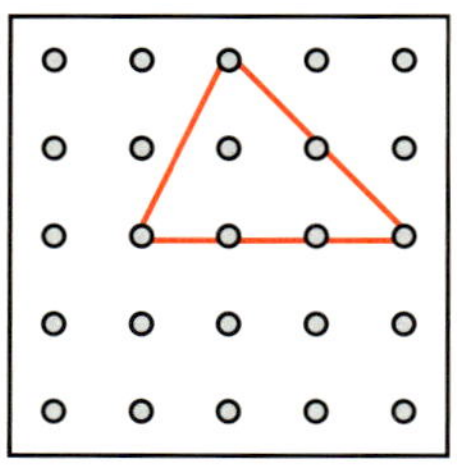

Aufgaben

1 Zeichne ein beliebiges Dreieck. Bestimme alle Seitenlängen und Höhen durch Messung.
Berechne den Flächeninhalt mit den drei Formeln und vergleiche die Ergebnisse.

2 Berechne den Flächeninhalt des Dreiecks.

a) $c = 7\,cm$, $h_c = 5\,cm$
b) $a = 5{,}5\,cm$, $h_a = 6{,}0\,cm$
c) $b = 12{,}2\,cm$, $h_b = 8{,}5\,cm$
d) $a = 4\,dm$, $h_a = 58\,cm$
e) $b = 7{,}6\,cm$, $h_b = 53\,mm$
f) $c = 2{,}5\,m$, $h_c = 136\,cm$

3 Berechne den Flächeninhalt.

a)

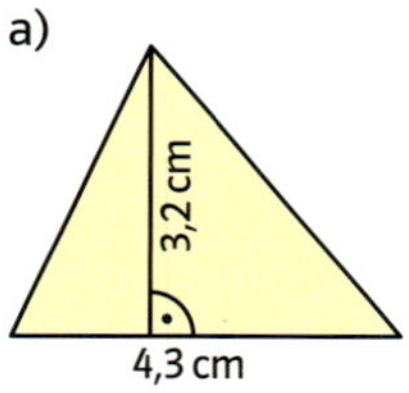

b)

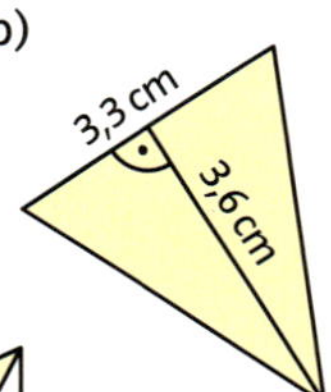

c)

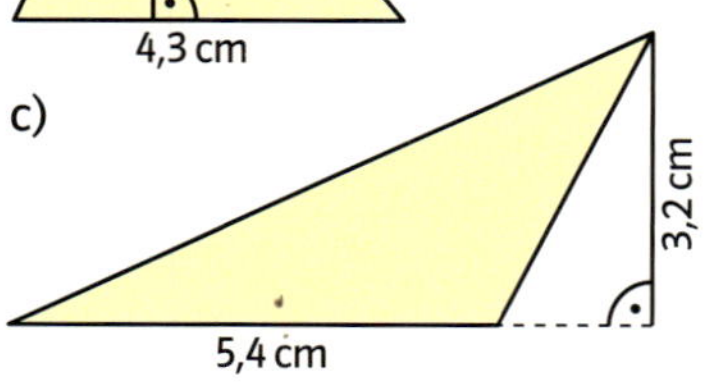

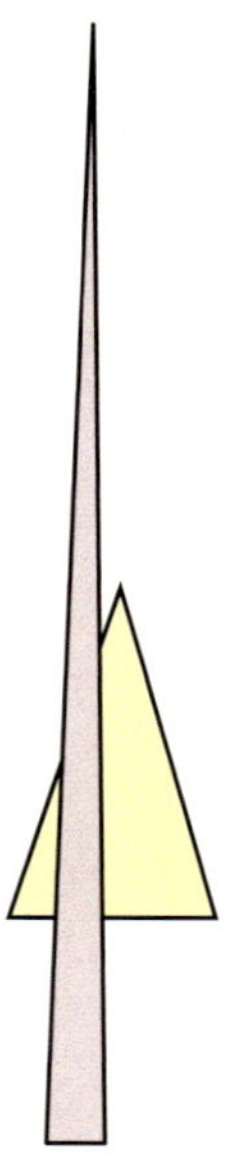

? Welches der Dreiecke hat den größeren Flächeninhalt? Schätze zuerst und überprüfe dann durch Messen und Rechnen.

4 Bestimme den Flächeninhalt und den Umfang des Dreiecks. Zeichne dazu die Punkte in ein Koordinatensystem (Längeneinheit 1 cm) ein und entnimm der Zeichnung die notwendigen Maße.

a) A(1|1); B(8|1); C(5|7)
b) A(2|1); B(10|2); C(4|9)
c) A(1|0); B(6|3); C(6|8)
d) A(0|0); B(8|5); C(5|8)
e) A(2|0); B(8|2); C(6|8)

5 Berechne den Flächeninhalt auf zwei Arten. Übertrage ins Heft und entnimm der Zeichnung die notwendigen Maße.

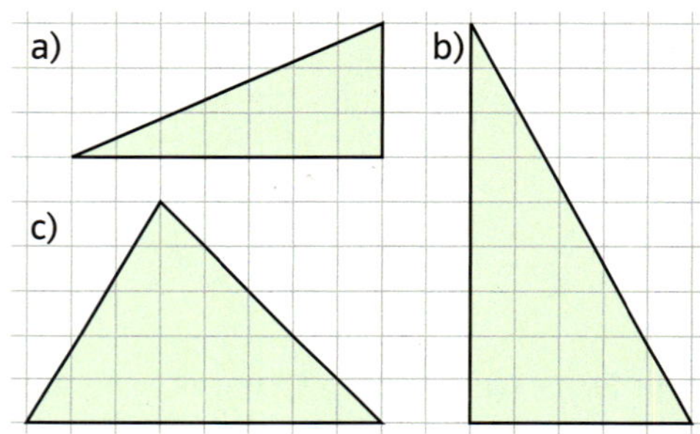

6 Konstruiere das Dreieck mit den angegebenen Maßen. Bestimme mit den Angaben aus der Zeichnung den Umfang und den Flächeninhalt.

a) $a = 5\,cm;\ b = 6\,cm;\ c = 7\,cm$
b) $c = 8\,cm;\ \alpha = 72°;\ \beta = 62°$
c) $a = 7{,}5\,cm;\ b = 6{,}5\,cm;\ \gamma = 50°$
d) $c = 5{,}5\,cm;\ h_c = 4{,}5\,cm;\ \alpha = 50°$

7 Berechne die fehlenden Größen des Dreiecks.

a	6 cm	7,5 m		70 dm
b	8 cm		0,4 m	
h_a		80 dm	0,9 m	
h_b		50 dm	13,5 dm	35 dm
A	$42\,cm^2$			$6{,}3\,m^2$

8 Zeichne vier verschiedene Dreiecke mit dem Flächeninhalt $8\,cm^2$.
Bestimme jeweils den Umfang.

9 Von einem rechtwinkligen Dreieck mit $\gamma = 90°$ sind $c = 10\,cm$; $b = 6\,cm$ und der Flächeninhalt $A = 24\,cm^2$ bekannt. Berechne a, h_c und den Umfang u.

10 Wie groß ist der Flächeninhalt des Parallelogramms?

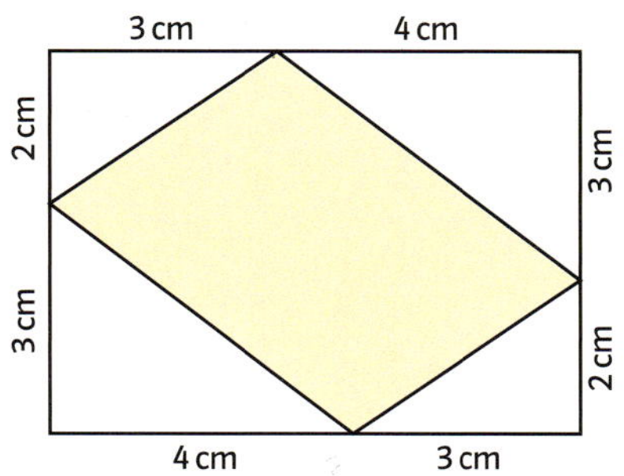

11 Stelle für den Flächeninhalt des Dreiecks eine Formel mit der Variablen e auf.

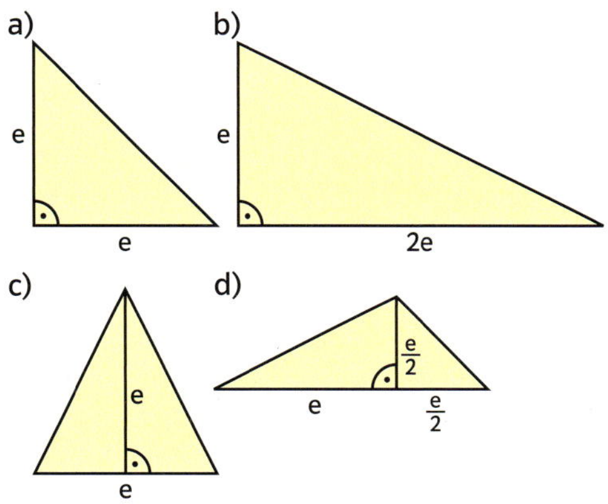

12 Die Giebelwand des Nur-Dach-Hauses wird teilweise mit Holz verkleidet bzw. verglast (alle Maße in m).
$1\,m^2$ Holzverkleidung kostet 22,50 €
und $1\,m^2$ Fensterglas 65,00 €.
Berechne die Kosten.

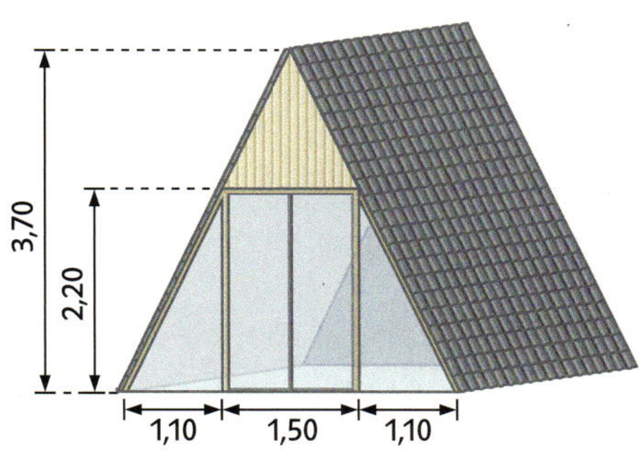

13 Ein Kirchturmdach wird neu gedeckt. Für Material und Arbeitsleistung werden 29,50 € pro m^2 kalkuliert.

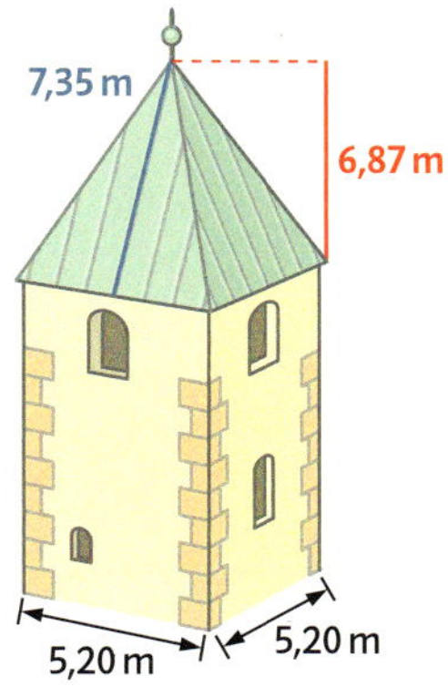

14 Wie groß ist der Schulhof? Rechne und überprüfe dann durch eine Überschlagsrechnung.

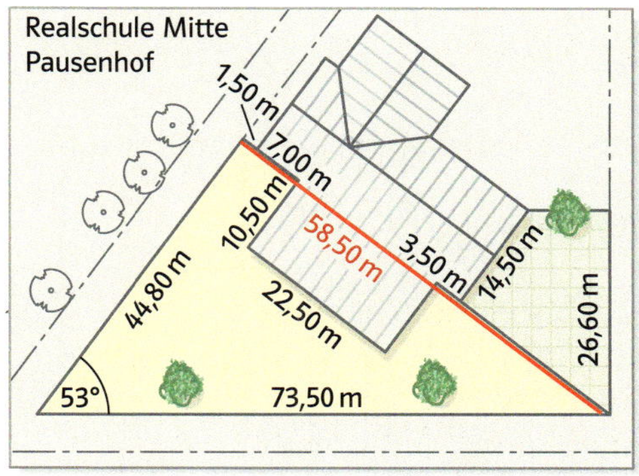

15 Schätze den Flächeninhalt des Verkehrszeichens „Vorfahrt gewähren".
Ist die rote oder die weiße Teilfläche größer? Zeichne maßstabsgerecht und rechne.

Immer höher, immer breiter? ?!

Um die Beziehungen zwischen den drei Größen g, h und A eines Dreiecks zu untersuchen, haben Tim und Lea eine Skizze angefertigt, die als Grundlage für ihre Berechnungen dienen soll.

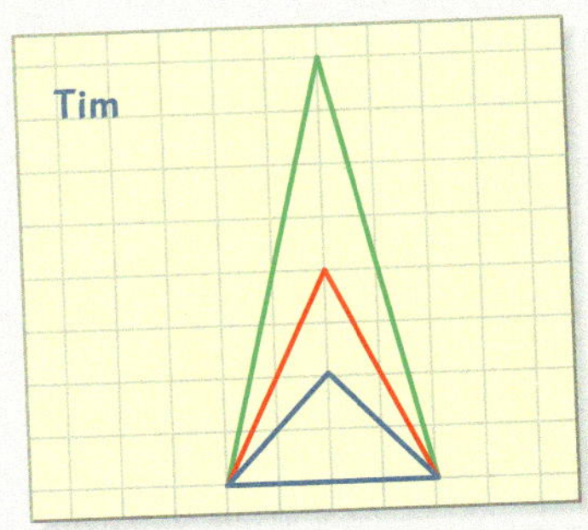

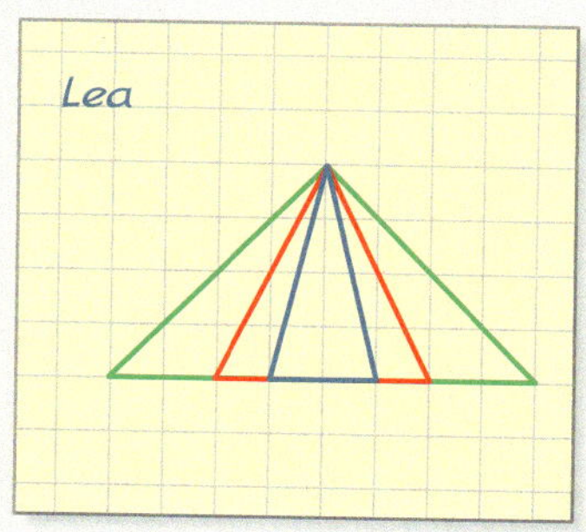

- Was wollen Tim und Lea jeweils untersuchen?
- Welches Ergebnis erwartest du?
- Untersuche, wie sich die Fläche eines Dreiecks ändert, wenn du die Werte für Grundseite und Höhe gleichzeitig änderst. Beschreibe dein Vorgehen.
- Zeige an einem Zahlenbeispiel, wie du Grundseite und Höhe eines Dreiecks verändern kannst, ohne dass sich der Flächeninhalt des Dreiecks ändert.

4 Trapez

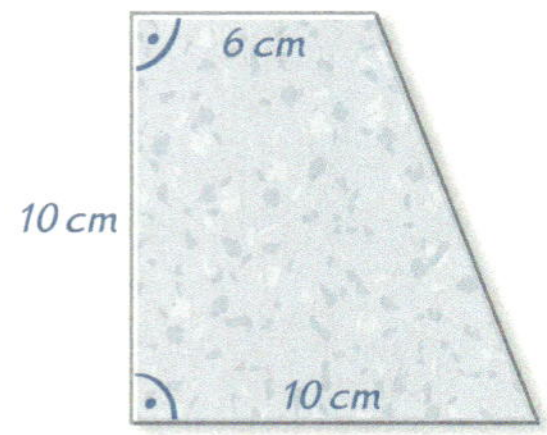

Welchen Flächeninhalt muss ein rechteckiges Blatt Papier mindestens haben, um zwei Exemplare des abgebildeten Trapezes ausschneiden zu können?
→ Versuche es auch mit anderen Trapezen.

Zwei kongruente Trapeze kann man zu einem Parallelogramm zusammenlegen.

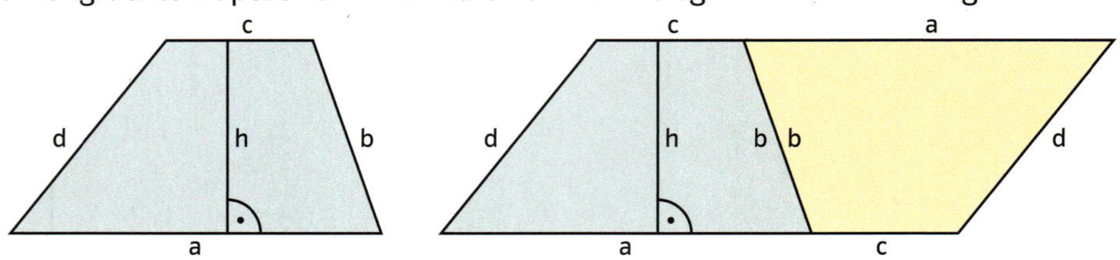

Die Grundseite des Parallelogramms hat dann die Länge $a + c$. Seine Höhe bleibt h.
Damit erhält man für den Flächeninhalt des Parallelogramms: $A = (a + c) \cdot h$.
Der Flächeninhalt des Parallelogramms ist doppelt so groß wie der des Trapezes.
Für den Flächeninhalt des Trapezes ergibt sich somit: $A = \frac{1}{2} \cdot (a + c) \cdot h$.

Der **Flächeninhalt des Trapezes** kann aus den Längen der parallelen Seiten und der Höhe berechnet werden.
$\mathbf{A = \frac{1}{2} \cdot (a + c) \cdot h}$
Für den **Umfang** gilt: $\mathbf{u = a + b + c + d}$

Beispiele

a) Aus den Seitenlängen a und c und der Höhe h wird der Flächeninhalt berechnet.
$a = 8\,cm$
$c = 6\,cm$
$h = 5\,cm$
$A = \frac{1}{2} \cdot (a + c) \cdot h$
$A = \frac{1}{2} \cdot (8 + 6) \cdot 5\,cm^2$
$A = 35\,cm^2$

b) Aus dem Flächeninhalt A, der Höhe h und der Länge der Seite c wird die Länge der zweiten parallelen Seite berechnet.
$A = 20\,cm^2$; $h = 4\,cm$; $c = 7\,cm$
$A = \frac{1}{2} \cdot (a + c) \cdot h \quad | \cdot 2 | : h$
$\frac{2 \cdot A}{h} = a + c \quad | - c$
$\frac{2 \cdot A}{h} - c = a$
$a = \frac{2 \cdot A}{h} - c$
$a = \frac{2 \cdot 20}{4}\,cm - 7\,cm = 3\,cm$

Bemerkung

Man kann den Flächeninhalt eines Trapezes auch anders berechnen.
m ist die **Mittelparallele** des Trapezes. Sie geht durch die Mittelpunkte von b und d.
Die Länge von m ist der Mittelwert der Streckenlängen der parallelen Seiten a und c.

$2 \cdot m = a + c \qquad m = \frac{1}{2} \cdot (a + c)$

Aus $A = \frac{1}{2} \cdot (a + c) \cdot h$ wird $\mathbf{A = m \cdot h}$.

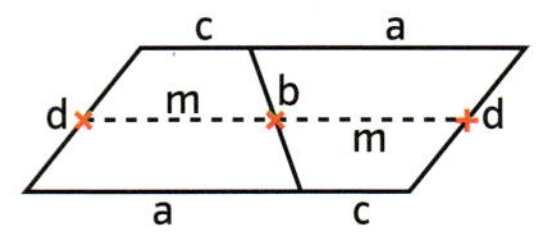

Aufgaben

1 Wie groß ist der Flächeninhalt des Trapezes?
a) a = 14 cm; c = 5 cm; h = 9 cm
b) m = 9 cm; h = 7 cm
c) a = 42,6 cm; c = 19,2 cm; h = 26,3 cm
d) m = 6 dm; h = 34 cm

2 Berechne den Flächeninhalt des Trapezes.

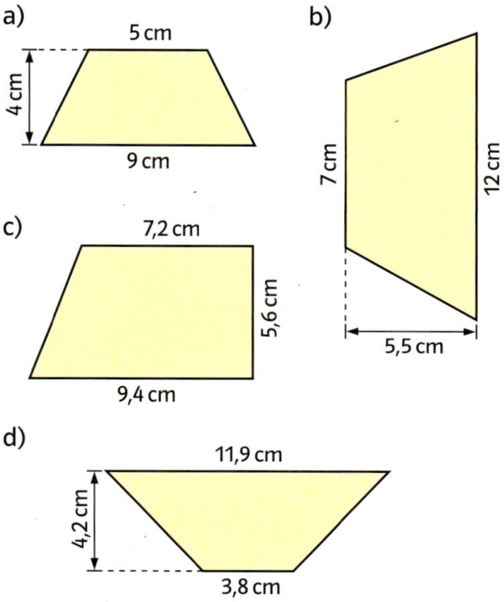

3 Einer spannt ein Trapez, der Partner oder die Partnerin bestimmt den Flächeninhalt (in Nagelquadraten).

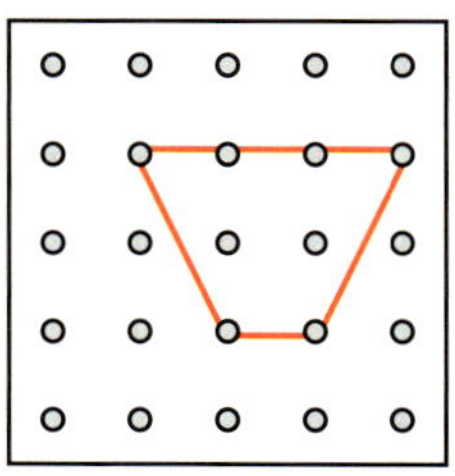

4 Berechne die fehlenden Größen des Trapezes ABCD ($a \parallel c$).

a	11,8 cm	6 cm	12 cm	
c	6,2 cm	4 cm		4,5 m
h	8,4 cm		8 cm	3,2 m
A		70 cm²	84 cm²	11,2 m²

5 Übertrage das Trapez in doppelter Größe ins Heft. Entnimm die notwendigen Maße der Zeichnung und bestimme Umfang und Flächeninhalt.

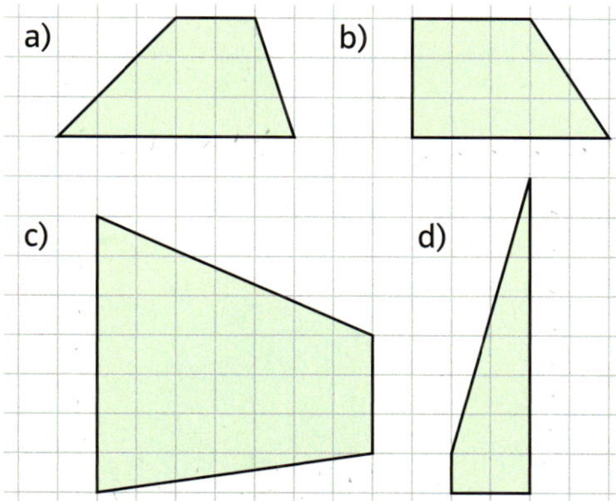

6 Konstruiere das Trapez und bestimme Umfang und Flächeninhalt.
a) a = 8 cm; b = 5 cm; $\alpha = 65°$; $\beta = 50°$
b) a = 9 cm; b = 6 cm; c = 5 cm; $\beta = 68°$
c) a = 8,5 cm; $\alpha = \beta = 70°$; c = 4,5 cm
d) a = 3,5 cm; b = d = 4,5 cm; c = 8,0 cm

7 An einem Giebelfenster musste die Scheibe aus Isolierglas ersetzt werden. 1 m² kostete 75 €.

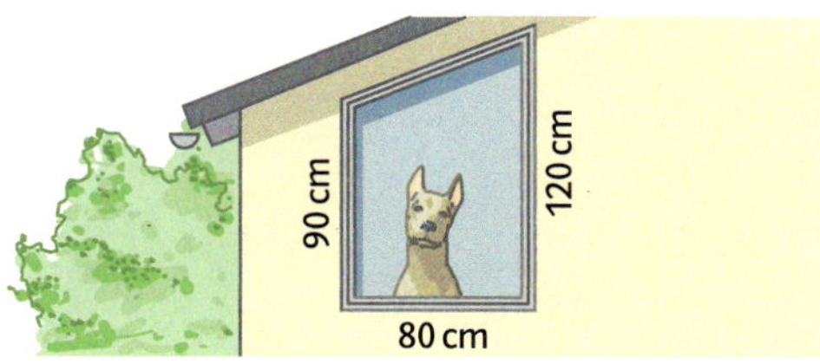

8 Berechne die Grundfläche. Entnimm die notwendigen Maße der Zeichnung.

Maßstab 1:250

9 Ein Damm ist 5,2 m hoch, hat eine 18,5 m breite Sohle und eine 9,3 m breite Krone. Wie groß ist die Querschnittsfläche?

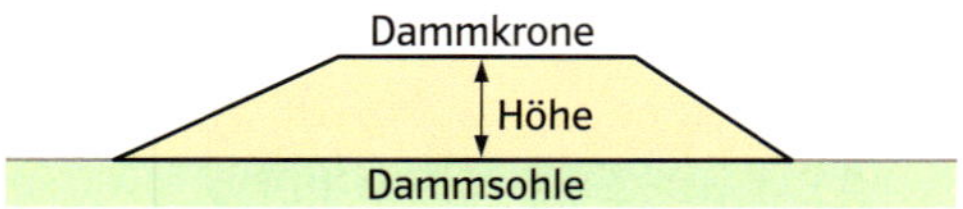

10 Der Nord-Ostsee-Kanal ist im Wasserspiegel 162 m und an der Sohle 90 m breit. Die Wassertiefe beträgt 11 m.

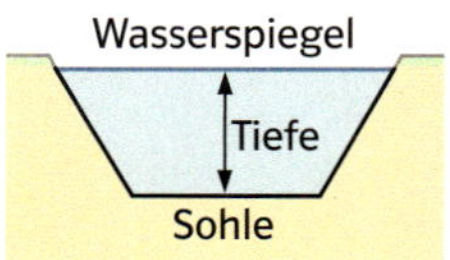

11 Zur Befestigung von Parkplätzen oder Einfahrten werden häufig Verbundpflastersteine verwendet. Die Abbildung zeigt den Grundriss eines solchen 8 cm hohen symmetrischen Pflastersteins.
Wie viele dieser Steine werden pro Quadratmeter Verbundpflaster benötigt?

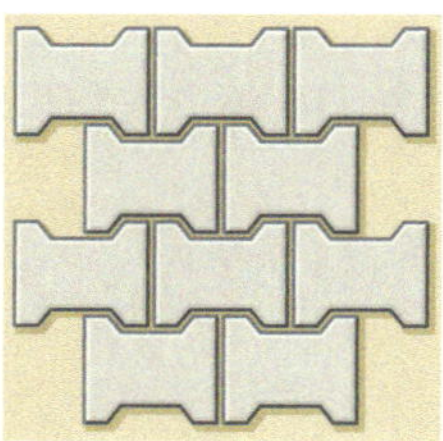

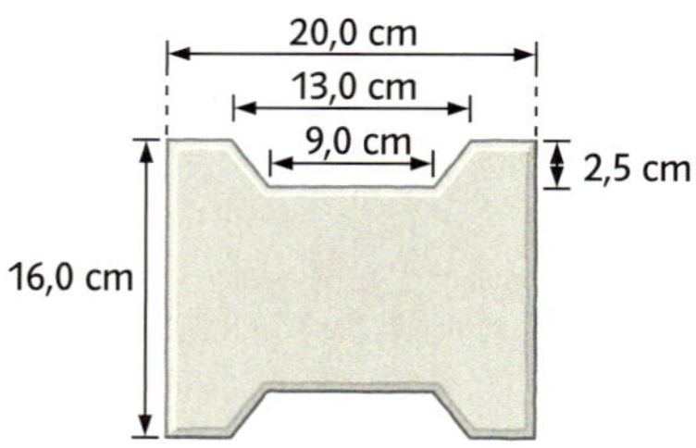

12 Auf einer Obstwiese wollen Schülerinnen und Schüler selbst hergestellte Nistkästen anbringen.
Zeichne die einzelnen Flächen in einem geeigneten Maßstab und berechne den Materialbedarf.

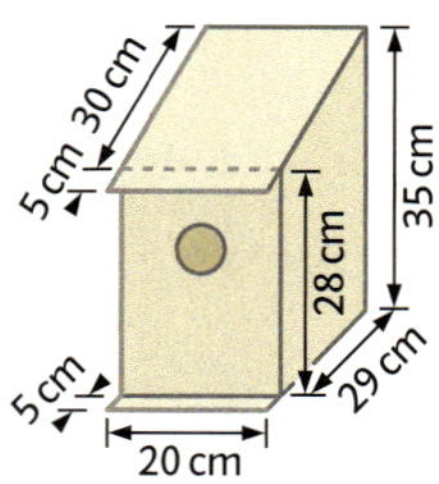

13 An der sechseckigen Sitzgruppe um den Baum müssen die Holzflächen erneuert werden. Firma Otten berechnet für die Montage 250 € und zusätzlich für Material 32,50 € pro Quadratmeter. Firma Doege kalkuliert pro Quadratmeter 73,50 € für Material und Arbeitsleistung.

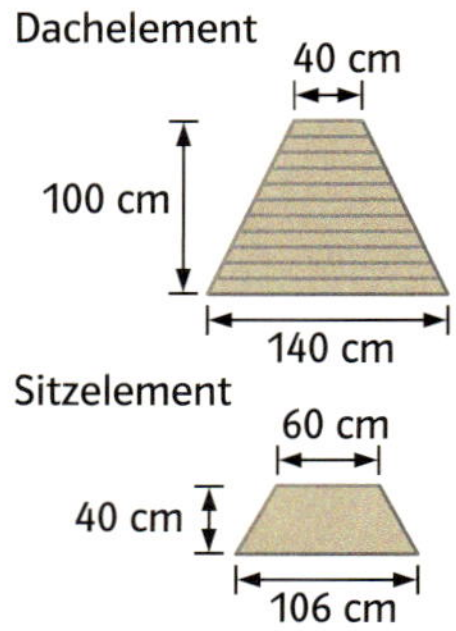

Trapeze falten

Durch Falten kannst du ein Trapez in ein Rechteck verwandeln und damit die Formel für den Flächeninhalt herleiten.

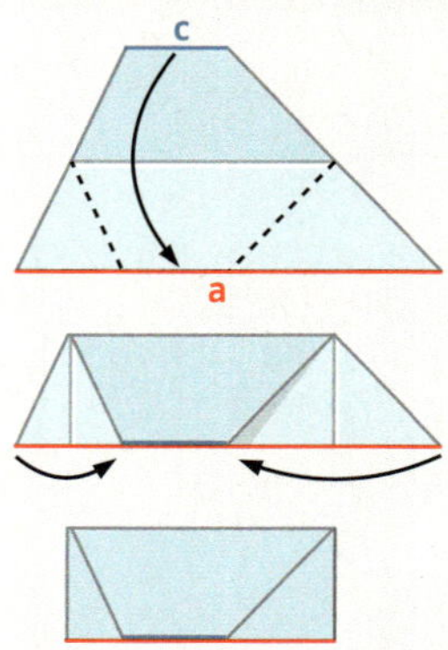

- Schneide verschiedene Trapeze aus und falte sie so wie abgebildet.
- Miss jeweils bei Trapez und Rechteck die notwendigen Größen und berechne die Flächeninhalte. Vergleiche.
- Begründe, warum du für die Länge des Rechtecks den Term $\frac{1}{2}$ (a + c) und für die Breite den Term $\frac{1}{2}$h einsetzen kannst.
- Zeige, dass sich die Flächenformel für das Trapez aus der Flächenformel für das Rechteck herleiten lässt.

5 Vielecke

Das abgebildete Wohngebäude besitzt ein regelmäßiges Sechseck als Grundfläche. Die Etagen können ganz verschiedene Zimmereinteilungen besitzen.

→ Welche Wohnfläche steht einer Familie im „Sechseckhaus" insgesamt zur Verfügung?

→ Rechts auf dem Rand sind einige Möglichkeiten gezeigt. Wie würdest du vorgehen, um die Fläche zu berechnen?

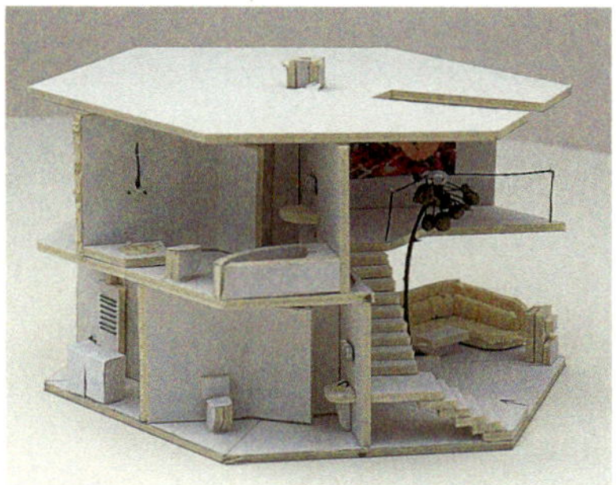

Obergeschoss

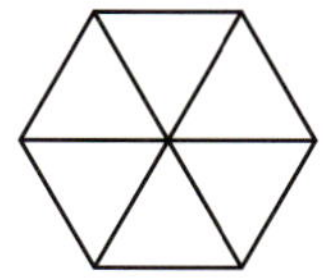

Erdgeschoss

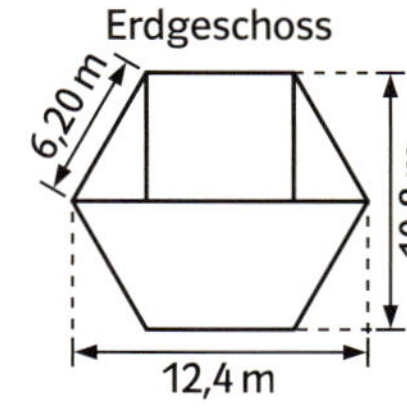

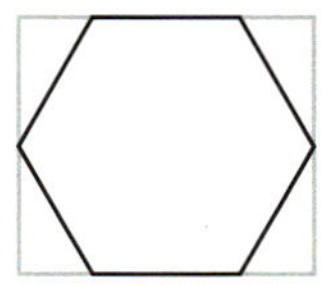

Zur Berechnung des Flächeninhaltes kann man Vielecke in Teilfiguren zerlegen.

Bei diesem allgemeinen Vieleck wurden senkrechte Strecken von den Eckpunkten auf die Standlinie $\overline{AD}$ (längste Diagonale) gefällt. Es entstehen rechtwinklige Dreiecke und Trapeze.

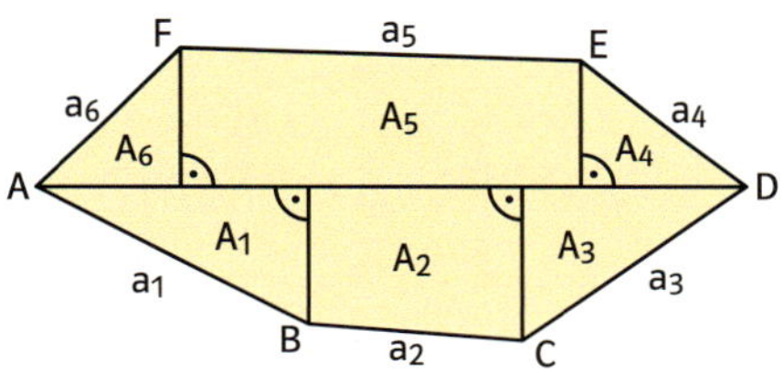

Bei regelmäßigen Vielecken ist die Aufteilung in kongruente, gleichschenklige Dreiecke günstig.
Die Anzahl der Dreiecke entspricht dabei der Anzahl der Seiten des Vielecks.

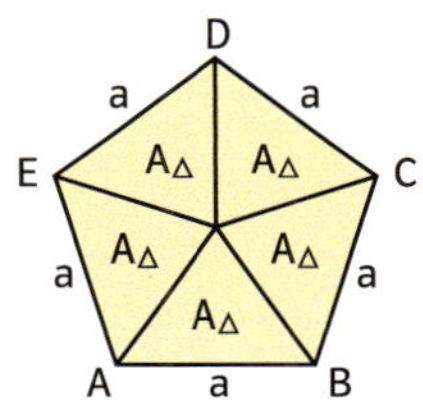

Der **Flächeninhalt eines allgemeinen Vielecks** kann aus der Summe der Flächeninhalte seiner verschiedenen Teilflächen berechnet werden.
$\mathbf{A = A_1 + A_2 + A_3 + A_4 + ... + A_n}$
Für den **Umfang** gilt:
$\mathbf{u = a_1 + a_2 + a_3 + a_4 + ... + a_n}$

Der **Flächeninhalt eines regelmäßigen Vielecks** mit n Ecken, also auch mit n Seiten, kann aus dem Vielfachen des Flächeninhaltes seiner gleichschenkligen Teildreiecke berechnet werden.
$\mathbf{A = n \cdot A_\Delta}$
Für den **Umfang** gilt: $\mathbf{u = n \cdot a}$

Beispiel

Der Flächeninhalt des fünfeckigen Grundstückes ABCDE wird berechnet.

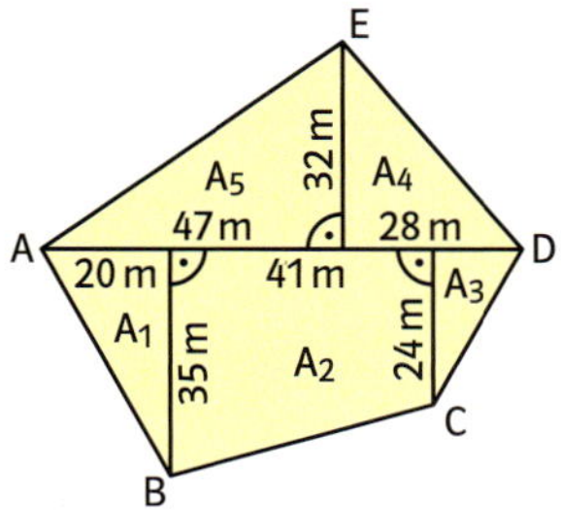

Die Fläche besteht aus fünf Teilflächen.

$A_1 = \frac{1}{2} \cdot 20 \cdot 35\,m^2 = 350\,m^2$

$A_2 = \frac{1}{2} \cdot (35 + 24) \cdot 41\,m^2 = 1209{,}5\,m^2$

$A_3 = \frac{1}{2} \cdot 24 \cdot 14\,m^2 = 168\,m^2$

$A_4 = \frac{1}{2} \cdot 28 \cdot 32\,m^2 = 448\,m^2$

$A_5 = \frac{1}{2} \cdot 47 \cdot 32\,m^2 = 752\,m^2$

$A = 350\,m^2 + 1209{,}5\,m^2 + 168\,m^2$
$\quad + 448\,m^2 + 752\,m^2$

$A = 2927{,}5\,m^2$

Aufgaben

1 Berechne den Flächeninhalt der Figuren. Alle Maße sind in cm angegeben.

a)

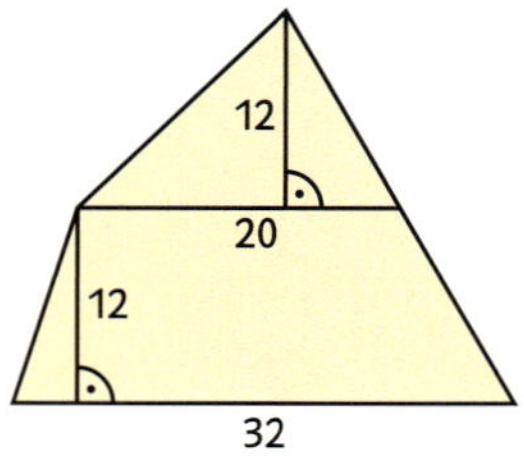

b)

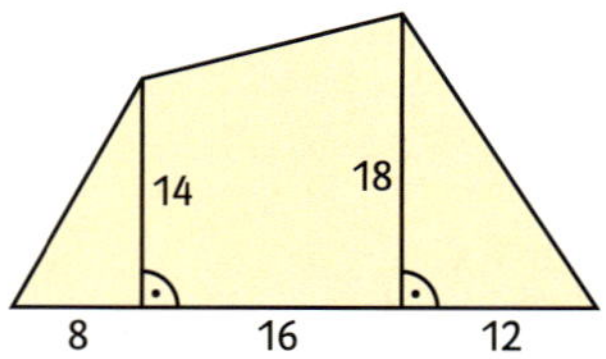

c)

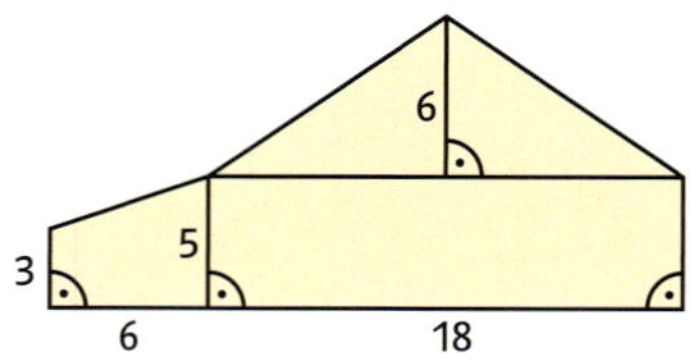

2 Übertrage das Siebeneck ins Heft. Zerlege in Teilfiguren. Entnimm die notwendigen Maße der Zeichnung und berechne Flächeninhalt und Umfang.

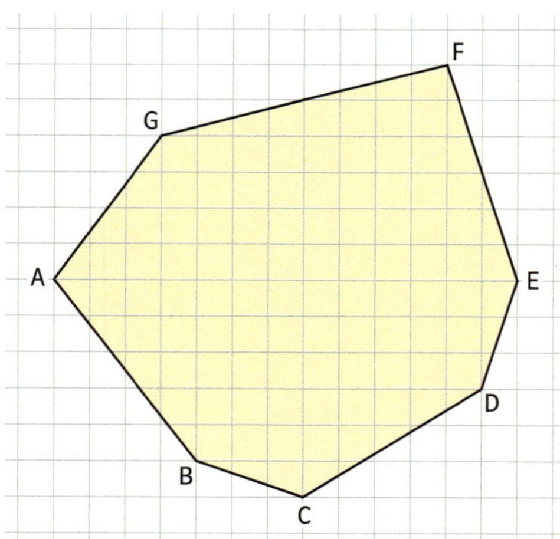

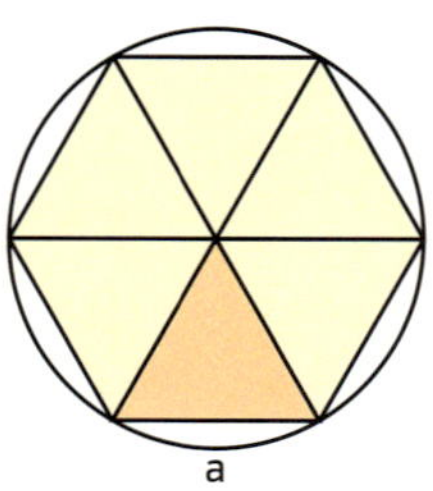

3 Konstruiere ein regelmäßiges Sechseck mit einer Seitenlänge von 4 cm. Berechne Umfang und Flächeninhalt. Entnimm die notwendigen Maße deiner Zeichnung.

4 Ein Geländestück (in der Fachsprache Flurstück genannt) wurde vermessen. Berechne den Flächeninhalt des sechseckigen Flurstücks ABCDEF. Vergleiche die Ergebnisse mit denen deines Partners oder deiner Partnerin.

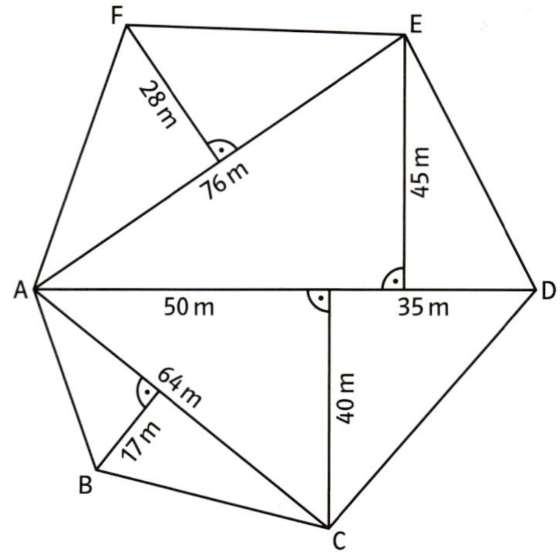

5 In manchen Fällen ist es einfacher, eine Figur zur Berechnung ihres Flächeninhaltes zu einer größeren, regelmäßigen Figur zu ergänzen und vom Flächeninhalt der größeren Figur auf den Flächeninhalt der kleineren zu schließen. (Maße in cm)

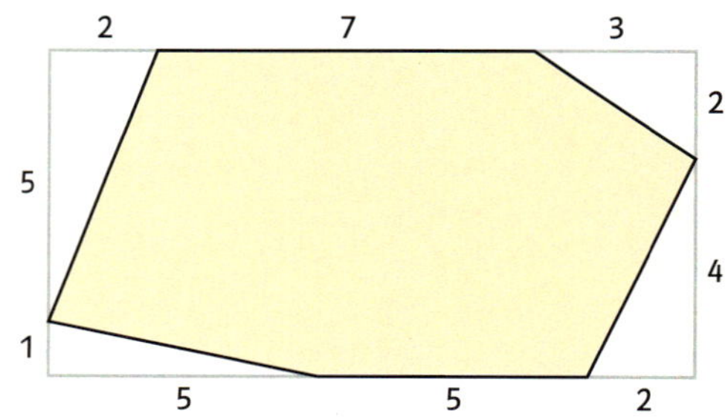

6 Zeichne das Vieleck in ein Koordinatensystem mit der Längeneinheit 1 cm. Zerlege es und berechne Umfang und Flächeninhalt. Entnimm die notwendigen Maße deiner Zeichnung.

a) A(1 | 5); B(2 | 1);
C(6 | 1); D(10 | 5);
E(8 | 8); F(4 | 9)

b) A(1,5 | 2,5); B(4 | 0,5);
C(9 | 2); D(10 | 4);
E(9 | 7); F(7 | 9);
G(3,5 | 8,5); H(2 | 6,5)

Zusammenfassung

Rechteck und Quadrat

Der **Flächeninhalt eines Rechtecks** kann aus dem Produkt seiner Seitenlängen berechnet werden.
$A = a \cdot b$
Für den **Umfang** gilt: **$u = 2 \cdot (a + b)$**
Beim **Quadrat** sind Länge und Breite gleich groß.

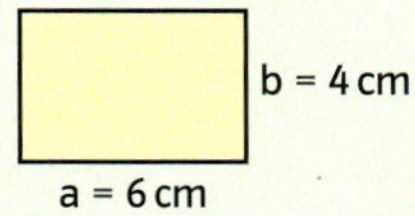

$A = a \cdot b$ $\quad$ $u = 2 \cdot (a + b)$
$A = 6 \cdot 4\,cm^2$ $\quad$ $u = 2 \cdot (6 + 4)\,cm$
$A = 24\,cm^2$ $\quad$ $u = 20\,cm$

Parallelogramm und Raute

Der **Flächeninhalt eines Parallelogramms** kann aus dem Produkt einer Seitenlänge und der zugehörigen Höhe berechnet werden.
$A = a \cdot h_a$ $\quad$ **$A = b \cdot h_b$**
Für den **Umfang** gilt: **$u = 2 \cdot (a + b)$**
Bei der **Raute** sind alle Seiten gleich lang.

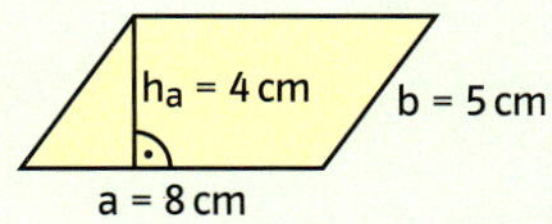

$A = a \cdot h_a$ $\quad$ $u = 2 \cdot (a + b)$
$A = 8 \cdot 4\,cm^2$ $\quad$ $u = 2 \cdot (8 + 5)\,cm$
$A = 32\,cm^2$ $\quad$ $u = 26\,cm$

Dreieck

Der **Flächeninhalt eines Dreiecks** kann aus dem halben Produkt einer Seitenlänge und der zugehörigen Höhe berechnet werden.
$A = \frac{1}{2} a \cdot h_a$ $\quad$ **$A = \frac{1}{2} b \cdot h_b$** $\quad$ **$A = \frac{1}{2} c \cdot h_c$**
Für das **rechtwinklige Dreieck** ergibt sich:
$A = \frac{1}{2} a \cdot b$ $\quad (\gamma = 90°)$
Für den **Umfang** von Dreiecken gilt:
$u = a + b + c$

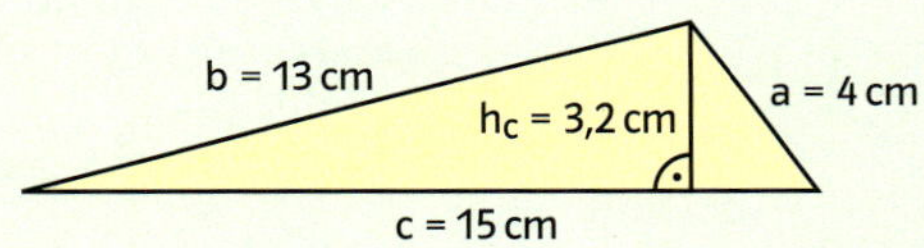

$A = \frac{1}{2} c \cdot h_c$ $\quad$ $u = a + b + c$
$A = \frac{1}{2} \cdot 15 \cdot 3{,}2\,cm^2$ $\quad$ $u = (4 + 13 + 15)\,cm$
$A = 24\,cm^2$ $\quad$ $u = 32\,cm$

Trapez

Der **Flächeninhalt des Trapezes** kann aus den Längen seiner beiden parallelen Seiten und der Höhe berechnet werden.
$A = \frac{1}{2} \cdot (a + c) \cdot h$ oder **$A = m \cdot h$**
Für den **Umfang** gilt: **$u = a + b + c + d$**

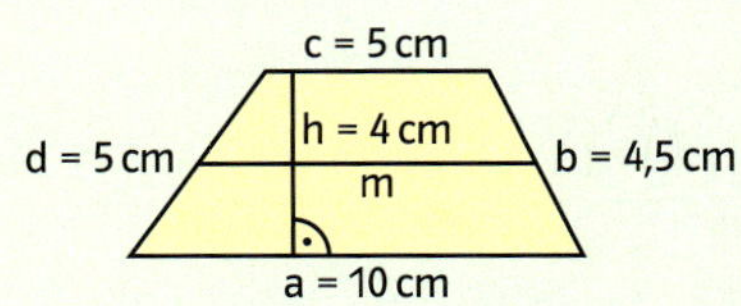

$A = \frac{1}{2} \cdot (a + c) \cdot h$ $\quad$ $u = a + b + c + d$
$A = \frac{1}{2} \cdot (10 + 5) \cdot 4\,cm^2$ $\quad$ $u = (10 + 4{,}5 + 5 + 5)\,cm$
$A = 30\,cm^2$ $\quad$ $u = 24{,}5\,cm$

Vieleck

Der **Flächeninhalt eines Vielecks** kann aus der Summe der Flächeninhalte seiner Teilflächen berechnet werden.
$A = A_1 + A_2 + A_3 + A_4 + \ldots + A_n$
Ist das Vieleck **regelmäßig**, ergeben sich so viele deckungsgleiche, gleichschenklige Teildreiecke, wie das Vieleck Seiten hat.
$A = n \cdot A_\Delta$
Für den **Umfang** gilt:
$u = a_1 + a_2 + a_3 + \ldots + a_n$ oder **$u = n \cdot a$**

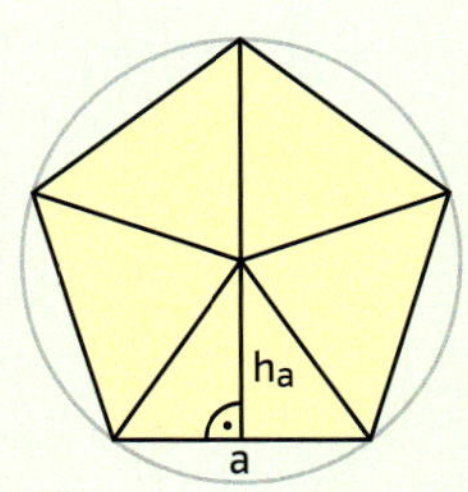

$A_\Delta = \frac{1}{2} \cdot a \cdot h_a$
$A = 5 \cdot A_\Delta$ $\quad$ $u = 5 \cdot a$

Üben • Anwenden • Nachdenken

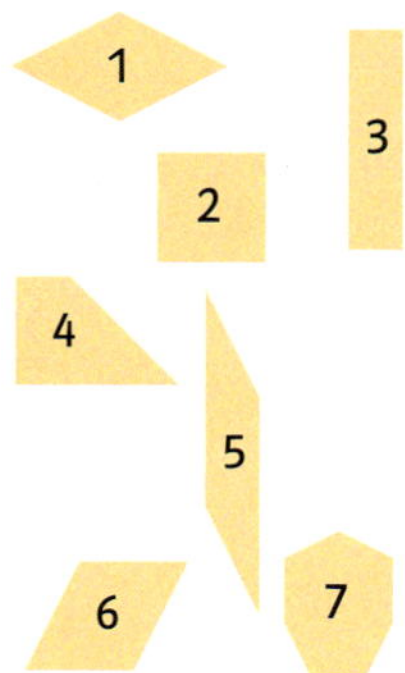

1 Das Stomachion von Archimedes ist ein Legespiel, ähnlich dem chinesischen Tangram.

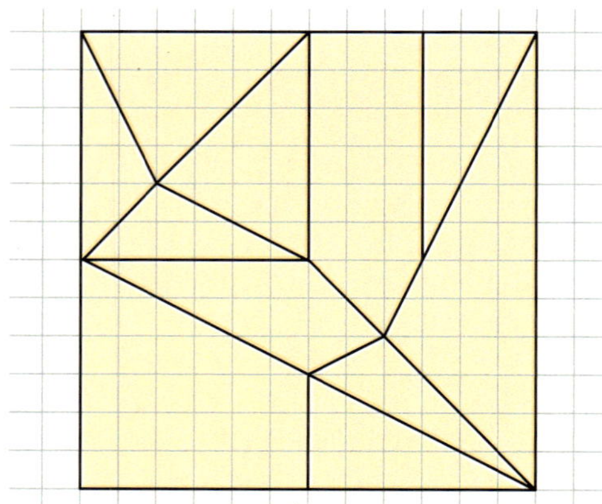

Aus den Teilen des Stomachion lassen sich vielfältige Figuren legen. Ganz einfach ist es aber nicht.

2 Berechne die fehlenden Größen.

a) Rechteck

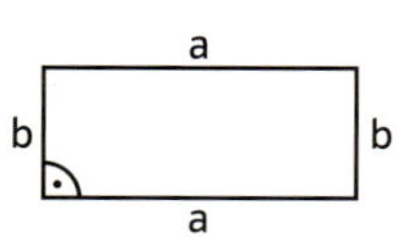

a	12 cm		4,8 cm	
b		3,5 m		25,2 m
u	38 cm	19,4 m		
A			16,8 cm^2	340,2 m^2

b) Parallelogramm

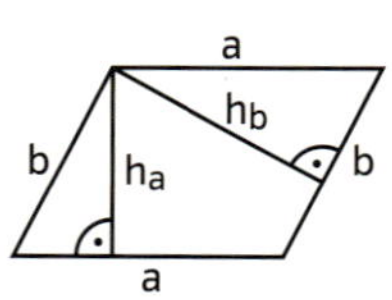

a	8 cm	18 cm	3,2 m	
b		15 cm		25,2 cm
h_a			5,2 m	27,9 cm
h_b	7 cm	12 cm		7,2 cm
u	28 cm		19,2 m	
A				181,44 cm^2

c) Dreieck

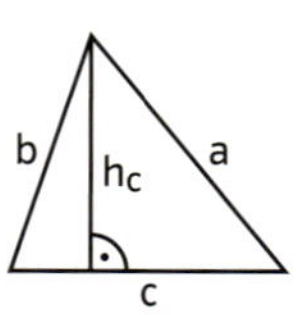

c	32 cm		47 m	
h_c		6,8 cm		156 cm
A	720 cm^2	18,7 cm^2	13,63 a	5,46 m^2

d) Trapez

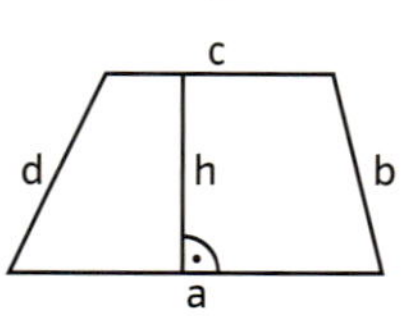

a	38 cm	2,5 m		1,8 m
c	14 cm		5,4 cm	140 cm
h		2,8 m	3,5 cm	
A	650 cm^2	4,76 m^2	22,05 cm^2	496 dm^2

Drachen und Raute ?!

Bei Drachen und Raute stehen die Diagonalen e und f aufeinander senkrecht. Zerlegt man die Figuren in rechtwinklige Teildreiecke, lassen sich diese zu einem Rechteck zusammensetzen.

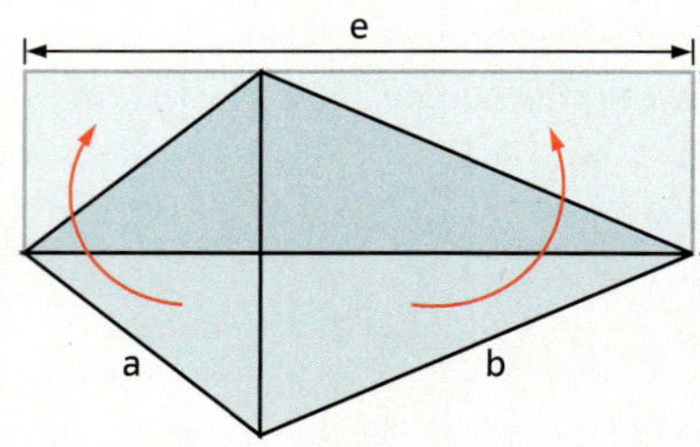

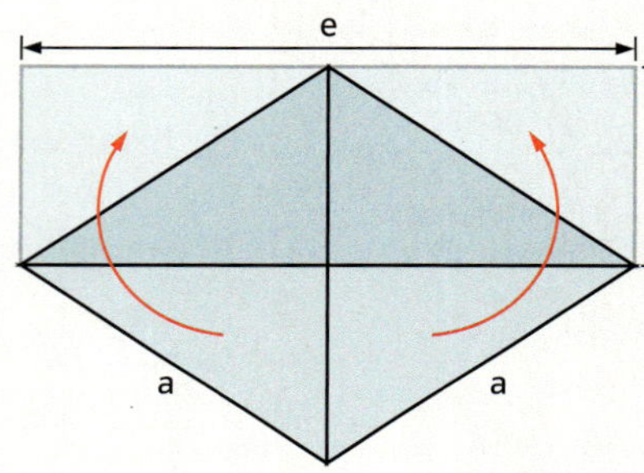

- Erkläre mithilfe der beiden Abbildungen, warum für den Flächeninhalt eines Drachens und einer Raute gilt:

$\mathbf{A = e \cdot \frac{f}{2}}$ oder $\mathbf{A = \frac{1}{2} \cdot e \cdot f}$

- Berechne die fehlende Größe des Drachens. Vervollständige im Heft.

e	11 cm		380 cm	
f		9,5 cm		14,5 dm
A	88 cm^2	76 cm^2	20,9 m^2	0,9425 m^2

Die Raute ist ein besonderes Parallelogramm.

- Zeichne eine Raute mit a = 5 cm und α = 110°.

Entnimm die notwendigen Maße der Zeichnung und berechne den Flächeninhalt mit den obigen Formeln und der Formel für das Parallelogramm. Vergleiche die Ergebnisse und begründe.

3 a) Im Quadratgitter (Längeneinheit 1 cm) sind die Koordinaten der Eckpunkte eines Drachens gegeben.
A(−1|1); B(1|−2); C(5|1); D(1|4)
Berechne Umfang und Flächeninhalt. Entnimm die notwendigen Maße deiner Zeichnung.
b) Die Koordinaten von zwei Eckpunkten eines Drachens sind gegeben.
A(−3|−4); C(1|−4)
Der Flächeninhalt ist 15 cm².
Wo können B und D liegen? Es gibt viele Möglichkeiten.

4 Ein Schüler oder eine Schülerin verlegt ein oder mehrere Eckpunkte so, dass ein anderes Viereck entsteht. Der Partner oder die Partnerin nennt seine Eigenschaften und bestimmt den Flächeninhalt. Wechselt euch ab.

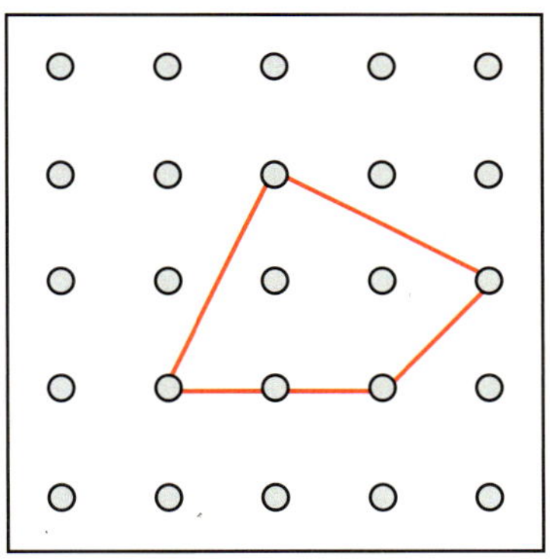

5 a) Wie hoch ist das Trapez?

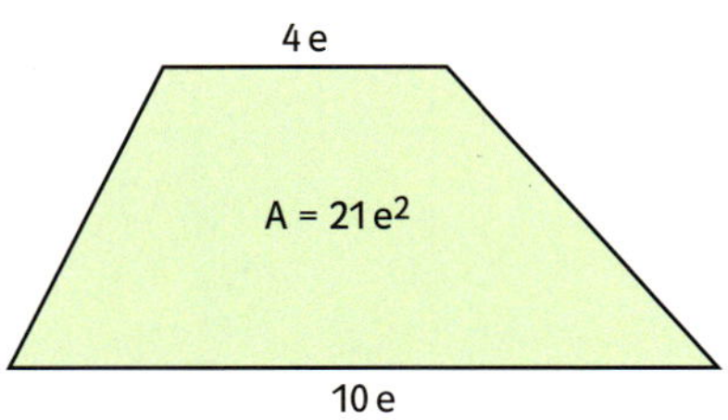

b) Wie lang ist die obere Seite des Trapezes?

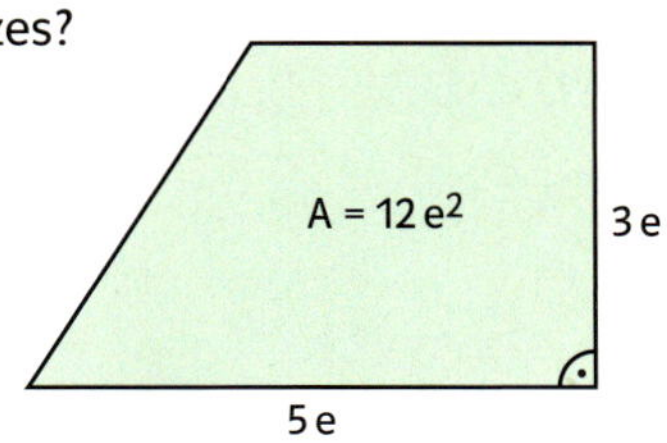

6 Haben die beiden Figuren auf der Randspalte gleiche Flächeninhalte? Begründe.

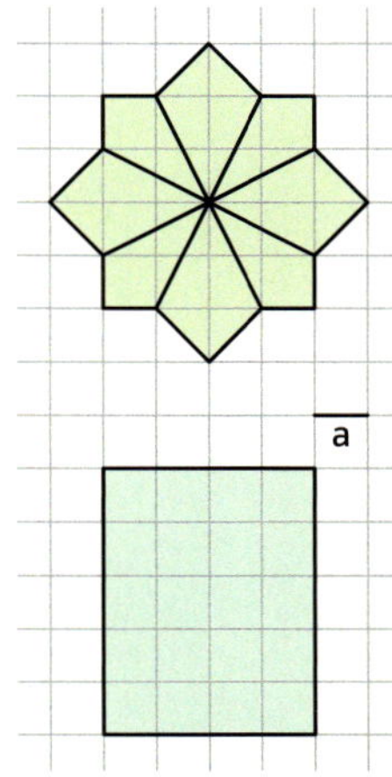

7 Berechne die Flächeninhalte.

a)

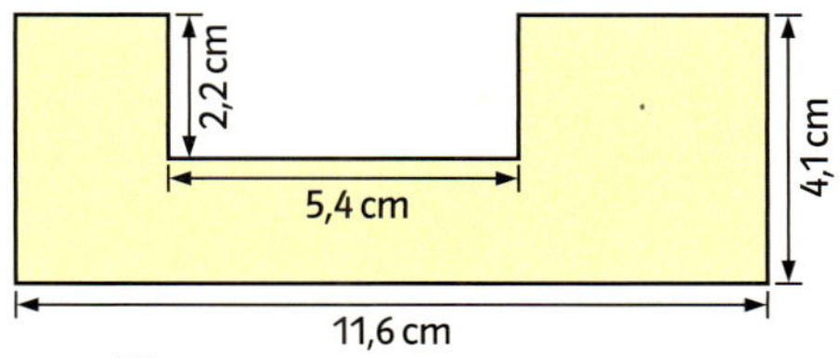

b)

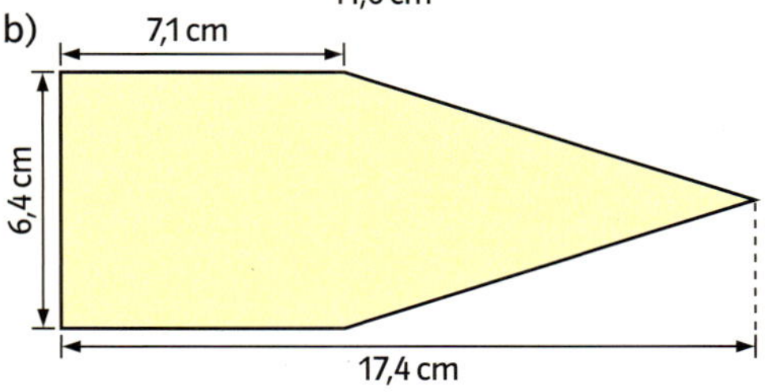

c)

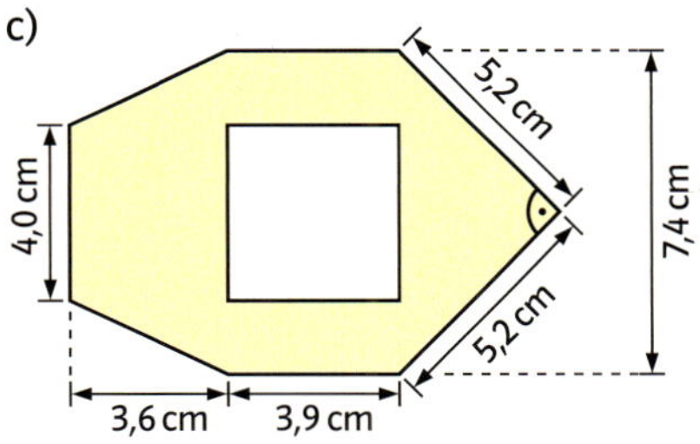

8 Ein Unternehmen plant den Erwerb der dargestellten Baugrundstücke.

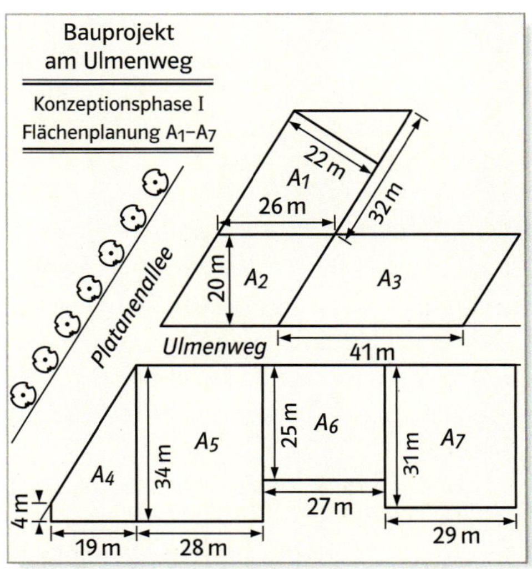

Welches Kapital muss dafür bei einem Quadratmeterpreis von 262,50 € aufgebracht werden?

9 Wie viel Prozent der gesamten Grundstücksfläche sind nicht bebaut?

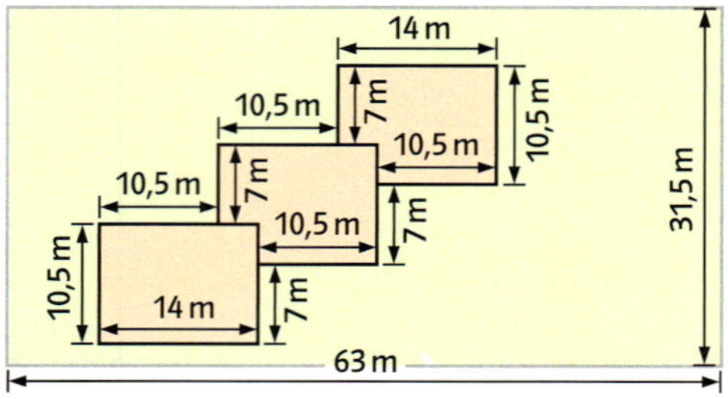

10 Ein Dach, dessen Seitenflächen aus Trapezen und Dreiecken bestehen, nennt man Walmdach.
Die beiden Dächer müssen neu eingedeckt werden. Der Quadratmeter Dachdeckung kostet 32,50 € (Maße in m).

a)

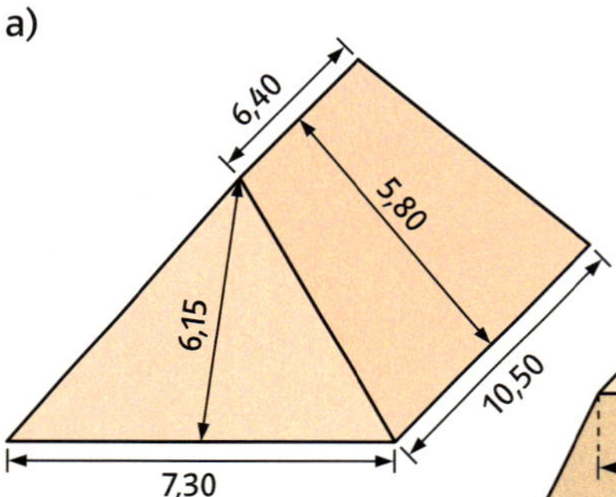

b)

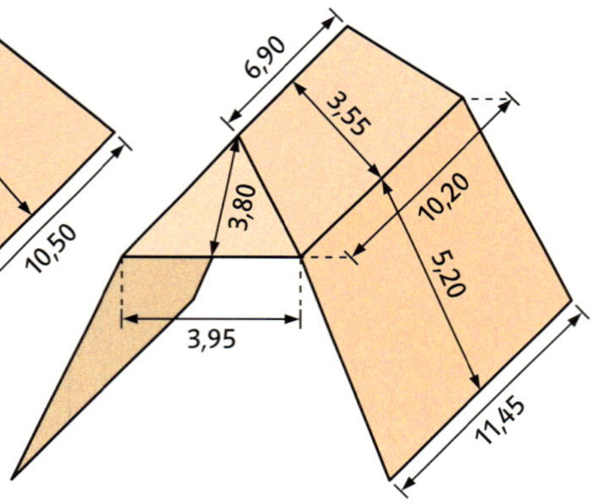

11 a) Berechne die Dachfläche der Kirchturmspitze.
b) Kannst du eine Formel für die gesamte Dachfläche angeben?
Rechne dazu mit Variablen.

Maße:
a = 14,20 m
b = 3,80 m
h_1 = 7,95 m
h_2 = 15,90 m
h_3 = 9,30 m

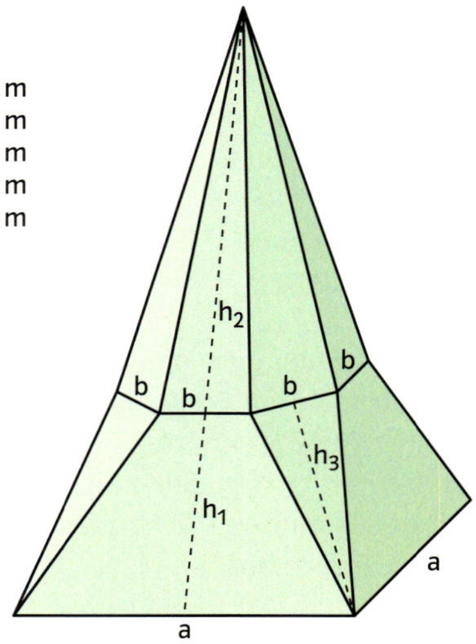

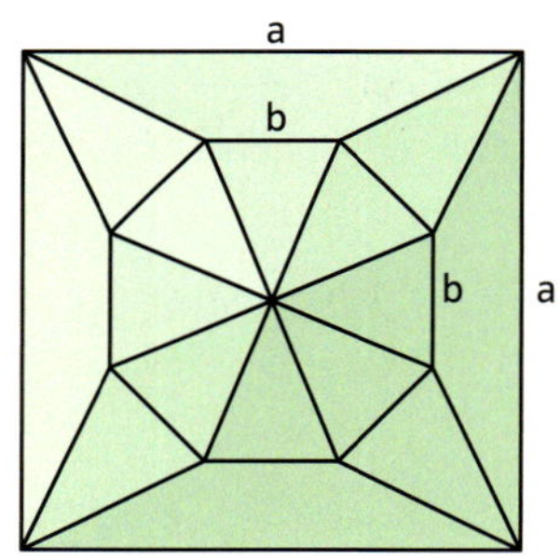

Büromöbel ?!

Manche Büro- oder Schulmöbel gibt es in Trapezform. Schnell lassen sich Gruppenarbeitsplätze für unterschiedliche Personenzahlen zusammenstellen.
Zusammen mit quadratischen oder rechteckigen Tischen ergeben sich viele Möglichkeiten.

- Überlege dir weitere Anordnungen und zeichne sie auf.
- Welche Bedingungen müssen die Seitenlängen der Tische erfüllen?
- Wie viele Stühle passen an einen solchen Tisch?

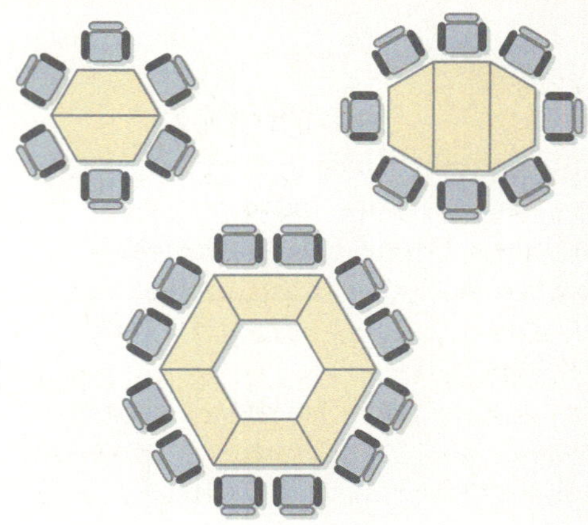

Flächen schätzen

Um die Größe von nicht geradlinig begrenzten Flächen abzuschätzen, kann man die Fläche mit regelmäßigen Figuren möglichst vollständig abdecken. Die Teilflächen werden mit den bekannten Formeln berechnet. Die Größe der Gesamtfläche ergibt sich aus der Summe der Teilflächen.

Maßstab 1 : 2000000

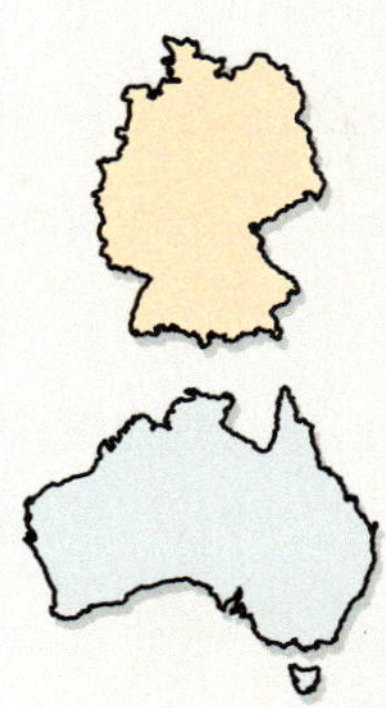

- Die Größe Nordrhein-Westfalens soll abgeschätzt werden. Übertragt dazu die Umrisszeichnung auf Folie. Überlegt in Gruppen, wie ihr vorgehen wollt. Notiert den Lösungsweg und stellt ihn der Klasse vor.
- Vergleicht eure Gruppenergebnisse mit der tatsächlichen Größe Nordrhein-Westfalens. Erklärt auftretende Abweichungen.
- Zeichnet die Umrisse der Bundesrepublik von einer Atlaskarte auf Folie und schätzt die Fläche, indem ihr den Maßstab der Karte benutzt.
- Wievielmal größer als die Bundesrepublik ist der Kontinent Australien? Vergleicht eure Schätzungen mit Größenangaben im Lexikon oder im Internet.

Umfang und Flächeninhalt am PC

Mit einer Dynamischen Geometriesoftware (DGS) lassen sich Umfang und Flächeninhalt von Figuren berechnen. Dazu werden die Formeln eingegeben. Verändert man die Figur, berechnet das System die Werte automatisch neu.

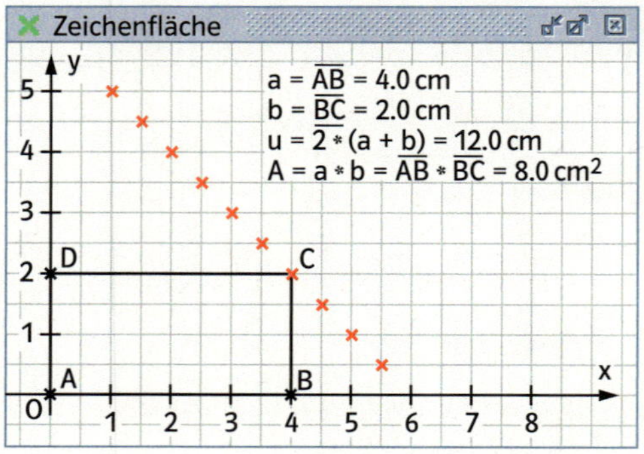

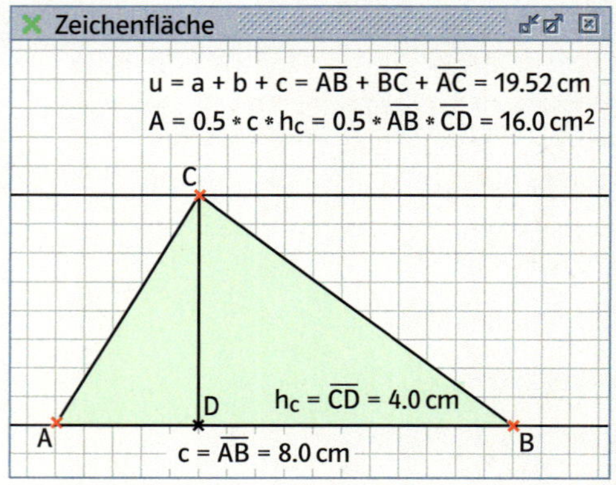

- Ermittle das Rechteck, das bei einem Umfang von 12 cm den größten Flächeninhalt hat.
- Welches Rechteck mit $8\,cm^2$ Flächeninhalt hat den kleinsten Umfang?
- Gesucht ist ein Rechteck, das bei vorgegebenem Flächeninhalt einen möglichst großen Umfang besitzt.

Der Eckpunkt C des Dreiecks soll auf einer Parallelen zur Grundseite $\overline{AB}$ verschoben werden.

- Wie ändert sich der Flächeninhalt des Dreiecks?
- Was geschieht mit dem Umfang?
- Fasse deine Beobachtungen in einem Merksatz zusammen.

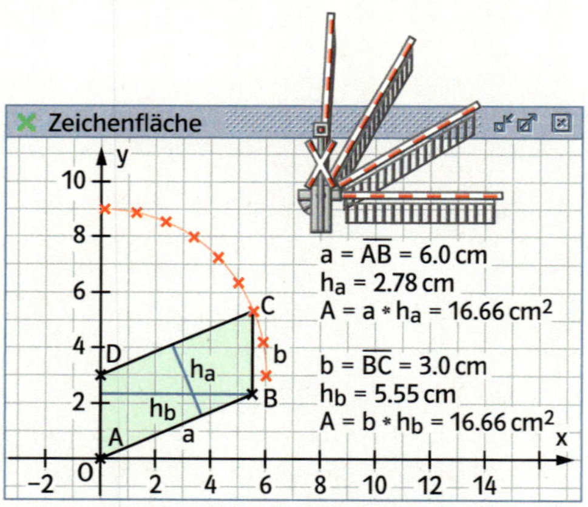

- Wie verändert sich der Flächeninhalt der Bahnschranke mit ihrem Schutzgitter beim Heben und Senken?

Tipp:
Experimentiere mit einem Parallelogramm und deiner Geometriesoftware.

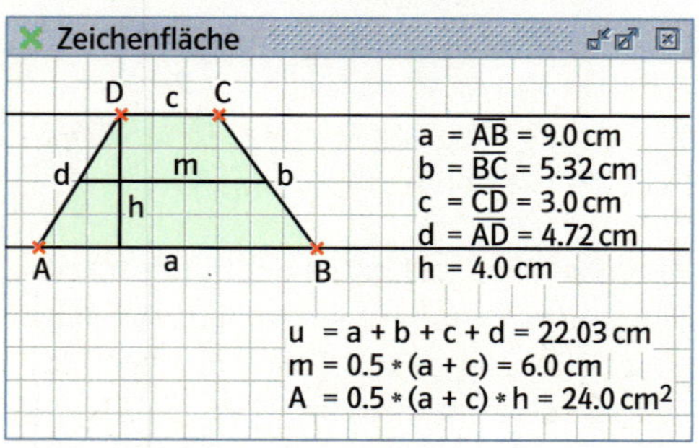

- Finde mögliche Längen für die parallelen Seiten a und c des Trapezes, wenn die Höhe 4 cm und der Flächeninhalt $24\,cm^2$ beträgt.
- Welches Trapez hat bei gegebenem Flächeninhalt den kleinsten Umfang?

Rückspiegel

Rückspiegel

1 Ein Rechteck ist 16,0 cm lang und 9,0 cm breit. Welche Seitenlänge besitzt ein Quadrat mit gleichem Flächeninhalt? Welche Figur hat den größeren Umfang?

2 Zeichne die Figur. Entnimm die notwendigen Maße der Zeichnung und berechne Flächeninhalt und Umfang.
a) allgemeines Dreieck aus
 a = 5,8 cm; b = 6,4 cm; c = 7,5 cm
b) Raute aus
 a = 5,5 cm und α = 70°

3 Die Giebelwand des Hauses soll gestrichen werden. Wie groß ist der Flächeninhalt?

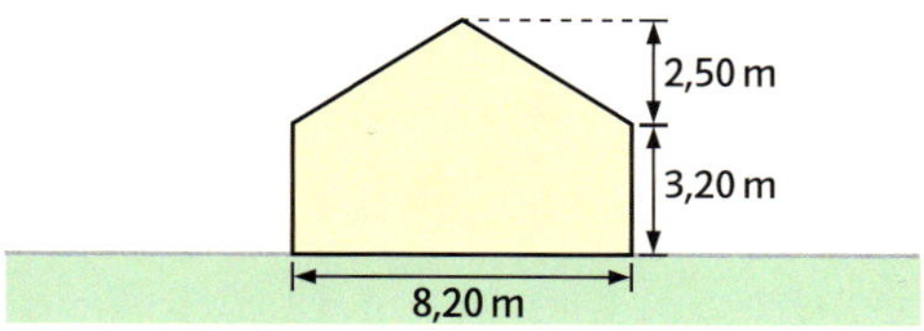

4 Berechne den Flächeninhalt der Grundstücke 1 und 2.

1 Ein Rechteck ist 12,5 cm lang und 8,0 cm breit. Eine Seitenlänge eines dazu flächengleichen Dreiecks beträgt 10,0 cm. Wie lang ist die zugehörige Dreieckshöhe?

2 Zeichne die Figur. Entnimm die notwendigen Maße der Zeichnung und berechne Flächeninhalt und Umfang.
a) Parallelogramm aus
 a = 6,5 cm; b = 3,5 cm; α = 60°
b) gleichschenkliges Trapez aus
 a = 9,2 cm; b = d = 5,2 cm; α = β = 50°

3 Die Giebelwand des Hauses soll gestrichen werden. Wie groß ist der Flächeninhalt?

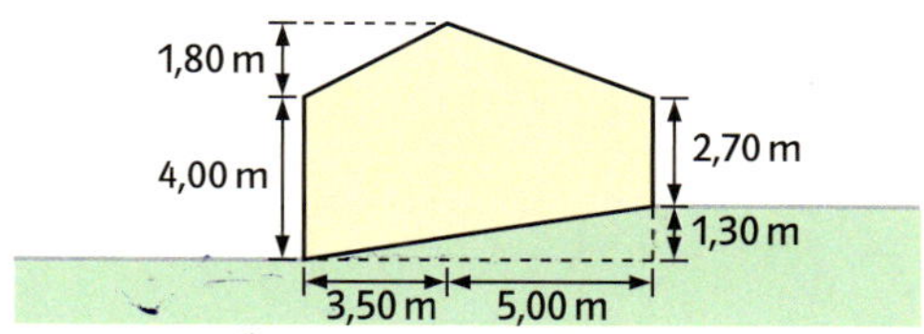

4 Berechne den Flächeninhalt der Grundstücke 1, 2 und 3.

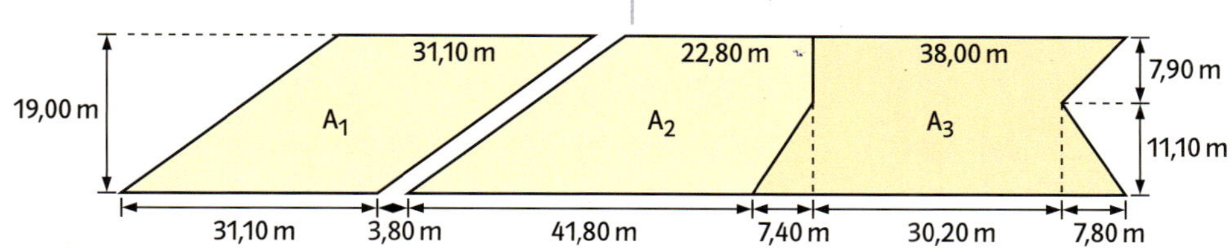

5 a) Berechne den Umfang eines Rechtecks mit der Länge a = 12,5 cm und dem Flächeninhalt A = 50 cm².
b) Wie hoch ist ein Trapez, dessen parallele Seiten a = 9,0 cm und c = 6,0 cm lang sind und das den Flächeninhalt A = 31,5 cm² hat?

6 Berechne die gesamte Sitzfläche der Bank an der Haltestelle (Maße in cm).

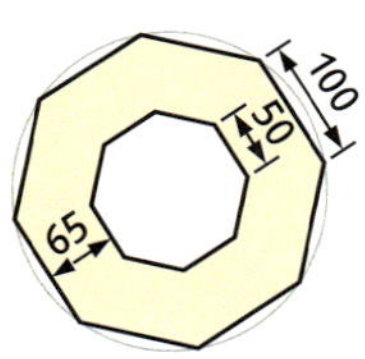

5 a) Berechne den Flächeninhalt eines Rechtecks mit der Breite b = 5,5 cm und dem Umfang u = 27 cm.
b) Wie lang ist die zu a = 3,5 cm parallele Trapezseite c, wenn die Höhe h = 8,0 cm und der Flächeninhalt A = 36,0 cm² betragen?

6 Stelle für den Flächeninhalt des Trapezes eine Formel mit der Variablen e auf.

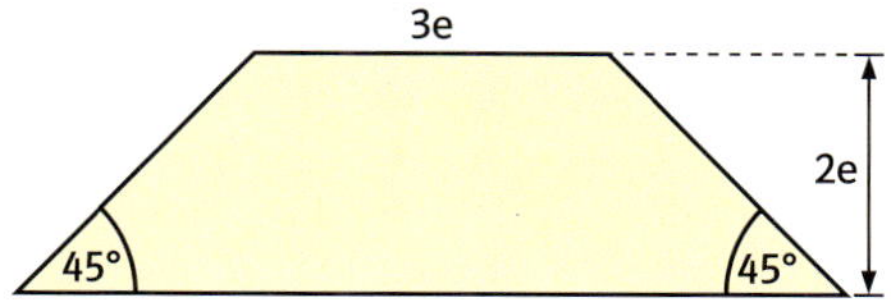

Prozente, Prozente …

Alles Sonderangebote

Vergleicht die Angebote der beiden Sportgeschäfte. Wo kauft ihr ein?

Interessantes aus der Zeitung

Was meint ihr zu diesen Zeitungsmeldungen? Findet ihr in eurer Tageszeitung noch weitere Artikel mit Prozenten?

ZÜRICHER ZEITUNG

Schnellfahrer
Fuhr vor einigen Jahren noch jeder zehnte Autofahrer zu schnell, so ist es heute nur noch jeder fünfte. Doch auch 5% sind zu viele, und so wird weiter kontrolliert und die Schnellfahrer müssen zahlen.

Sport
Der Mittelstürmer von 07 Flottbeck sollte in der neuen Saison 12% der Zuschauereinnahmen bekommen. Er wollte den neuen Vertrag nur unterschreiben, wenn er das Eintrittsgeld von jedem 15. Zuschauer bekommt.

ExtraBlatt

Moskau. Zur Weltmeisterschaft wurden die Zimmerpreise um mehr als 200% erhöht. Ein halbes Jahr später sanken die Preise aufgrund der geringen Nachfrage um bis zu 100%.

Um die hohen Betriebskosten auffangen zu können, haben die städtischen Verkehrsbetriebe den Preis der Monatskarten für den inneren Ring von 28,– auf 56,– Euro erhöht.

Der Morgen

Allensbach. Eine Umfrage unter den 18- bis 30-Jährigen ergab folgendes Ergebnis: Jeder 9. (90,2%) war mit dem erreichten Lebensstandard zufrieden. Dies war das beste Ergebnis in den vergangenen 10 Jahren.

In diesem Kapitel lernst du,

- wie man prozentuale Veränderungen berechnet,
- was man unter Kapital und Zinsen versteht,
- wie man Zinsen für Tage und Monate berechnet.

1 Grundwert. Prozentwert. Prozentsatz

Frau und Herr Heidenreich möchten mit ihren beiden Kindern einen Flug nach Mallorca buchen.

→ Welches Angebot würdest du der Familie empfehlen?

→ „Air-Contact" bietet der Familie zusätzlich den Flug für das zweite Kind umsonst an.

Beim Prozentrechnen werden Größen oder Zahlen miteinander verglichen. Wenn man sagt: „24 € sind 12 % **von** 200 €", ist 200 € der **Grundwert G**, er entspricht 100 %.
Die 24 € bezeichnet man als **Prozentwert**, abgekürzt **W**.
Der Quotient aus Prozentwert und Grundwert ist ein **Anteil**, der **Prozentsatz p %**.

Grundformel der Prozentrechnung:

Prozentwert gleich Grundwert mal Prozentsatz

kurz: $\mathbf{W = G \cdot p\,\%}$ oder $\mathbf{W = G \cdot \frac{p}{100}}$

Bemerkung

Die Formel kann nach der jeweils gesuchten Größe umgestellt werden.

Beispiele

a) Berechnung des Prozentwerts W

Während einer Grippewelle fehlten an der Gottlieb-Daimler-Realschule 20 % der 640 Schülerinnen und Schüler.

Grundwert:	$G = 640$	$W = G \cdot \frac{p}{100}$
Prozentsatz:	$p\,\% = 20\,\% = 0{,}20$	$W = 640 \cdot \frac{20}{100} = 640 \cdot 0{,}20$
		$W = 128$

Es fehlten an der Gottlieb-Daimler-Realschule 128 Schülerinnen und Schüler.

b) Berechnung des Prozentsatzes p %

Von 168 Schülerinnen und Schülern der 9. und 10. Klassen der Jahn-Realschule nahmen 142 an der Fahrt zum Musical teil.

Grundwert:	$G = 168$	$p\,\% = \frac{W}{G}$
Prozentwert:	$W = 142$	$p\,\% = \frac{142}{168}$
		$p\,\% = 0{,}845 = 84{,}5\,\%$

Es waren 84,5 % der Schülerinnen und Schüler aus den Klassen 9 und 10.

c) Berechnung des Grundwerts G

Für den Stadtlauf soll jede Schule 12 % ihrer Schülerinnen und Schüler melden. Die Theodor-Heuss-Realschule meldet 78 Kinder.

Prozentwert:	$W = 78$	$G = W : \frac{p}{100}$
Prozentsatz:	$p\,\% = 12\,\% = 0{,}12$	$G = 78 : \frac{12}{100} = 78 : 0{,}12$
		$G = 650$

Die Schule hat insgesamt 650 Schülerinnen und Schüler.

Aufgaben

1 Ergänze die fehlenden Größen.

Grundwert	Prozentsatz	Prozentwert
785 kg	36 %	
120 km		42 km
	24 %	1680 g
400 €		126 €
5,2 m	7,5 %	
	3,5 %	42 €

2 Von 30 Schülerinnen und Schülern der Klasse 8a benutzen 70 % Recyclingpapierhefte. In der 8b sind es 18 von 24 Schülern. Welche Klasse hat den Umweltengel verdient? Begründe.

3 Der Prozentstreifen zeigt die prozentuale Verteilung der Verkehrsmittel, mit welchen Deutsche in den Urlaub fahren.

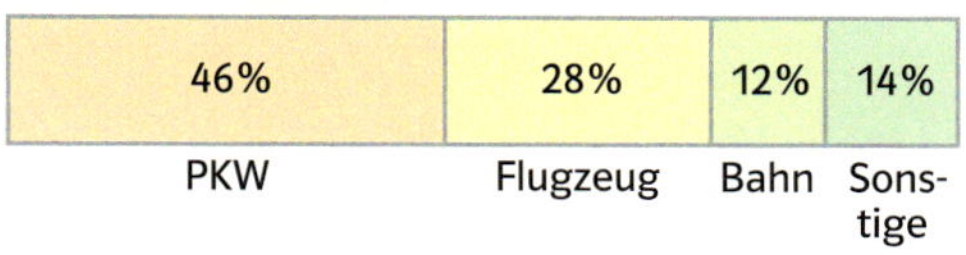

a) Stelle die Verteilung auch in einem Prozentkreis dar und vergleiche.
b) Es waren insgesamt 14 Millionen Reisende.
c) Vergleiche die Zahlen mit einer Umfrage in deiner Klasse.

4 Das Balkendiagramm zeigt die prozentuale Verteilung der Umsätze eines Supermarkts auf die einzelnen Wochentage.

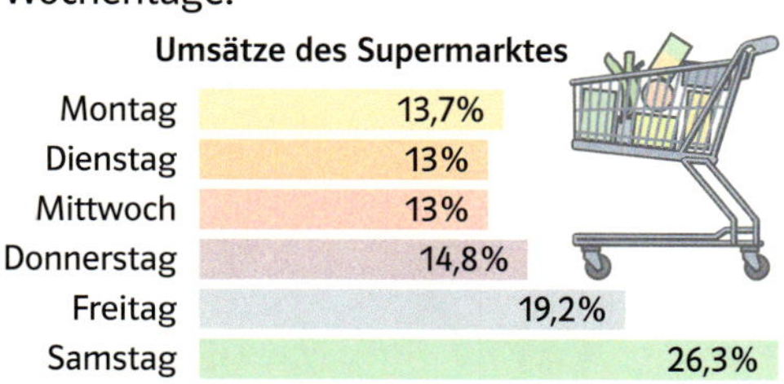

a) Erkläre die Unterschiede für die einzelnen Wochentage.
b) Der Gesamtumsatz des Supermarktes beträgt 92,5 Mio. Euro.
c) Stelle die Anteile in einem Prozentkreis dar.

5 Untersucht verschiedene Verteilungen in eurer Klasse wie z. B. Jungen und Mädchen, Körpergrößen, Konfessionen oder Schuhgrößen. Ihr findet bestimmt selbst noch mehr Merkmale.
a) Überlegt, wie ihr bei der Datenerhebung am besten vorgeht.
b) Zeichnet unterschiedliche Diagramme zu den verschiedenen Merkmalen. Diskutiert die Vor- und Nachteile.

! Ein Tabellenkalkulationsprogramm kann dir bei der Auswertung helfen.

6 Das Berufsberatungszentrum hat eine Hitliste der Berufswünsche der männlichen Bewerber ermittelt und in einem Diagramm dargestellt.

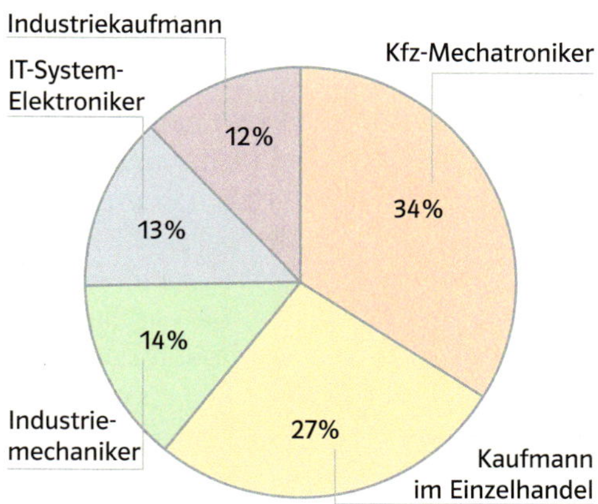

Der abgebildete Prozentkreis zeigt die Verteilung der fünf beliebtesten Berufe.
a) Übertrage den Prozentkreis mit einem Radius von 5 cm in dein Heft.
b) In einem Jahr wurden insgesamt 320 000 Ausbildungsverträge in diesen Berufen abgeschlossen.
c) Dies ist die Aufstellung eines Berufsberaters für die ersten fünf Berufswünsche der weiblichen Bewerber in absoluten Zahlen:

Berufswunsch	Nennungen
Arzthelferin	208
Kauffrau im Einzelhandel	202
Bürokauffrau	189
Friseurin	148
Mediengestalterin	104

Stelle diese Angaben in einem Prozentkreis dar.

Promille – Gefahr in kleinen Mengen

Prozent:
ital.: „per cento" heißt „von Hundert"

Promille:
ital.: „per mille" heißt „von Tausend"

Sehr kleine Mengen kann man statt in Prozent auch in **Promille** messen. Hierbei steht im Nenner nicht 100, sondern 1000.

1 Prozent = 1 Hundertstel

$$1\,\% = \frac{1}{100}$$

1 Promille = 1 Tausendstel

$$1\,‰ = \frac{1}{1000}$$

■ Worin unterscheiden sich die Angaben 5 %; 5 ‰; 0,5 % und 0,5 ‰ voneinander?

■ Wie viel Wasser wären 0,25 % und 0,25 ‰ bei einem 8-l-Eimer?

Übrigens:
Nach dem Jugendschutzgesetz dürfen in Deutschland alkoholische Getränke nicht an Personen unter 16 Jahren ausgegeben werden.

Alkoholkonsum ist häufige Ursache von Verkehrsunfällen. Bereits sehr kleine Alkoholmengen im Blut beeinflussen das Denk-, Reaktions- und Sehvermögen des Verkehrsteilnehmers. Mit einer Blutprobe kann der Blutalkoholgehalt in Promille bestimmt werden. In Deutschland liegt die erlaubte Promillegrenze (auch für Fahrradfahrer!) bei 0,5 ‰. Bei auffälliger Fahrweise oder Unfallverwicklung sind sogar Werte ab 0,3 ‰ strafbar (relative Fahruntüchtigkeit).

1 ‰ Blutalkohol = 1 Tausendstel l Alkohol im Blut = 1 ml Alkohol im Blut (1 l = 1000 ml)

■ Ein erwachsener Mensch besitzt je nach Körpergewicht eine Blutmenge von etwa vier bis sechs Liter. Wie viel Alkohol wäre darin bei Trunkenheit am Steuer etwa enthalten?

■ Recherchiere: Warum gibt es in anderen Ländern wohl höhere bzw. niedrigere Grenzwerte?

Alkoholgehalt
Biere: meist 4,8 %
Weine: 7–14 %
Spirituosen: ca. 30–96 %, meist ca. 40 %
Alk.fr. Bier: bis 0,5 %
Apfelsaft: bis 0,4 %
Traubensaft: bis 0,6 %
reifer Kefir: bis ca. 1 %
(reife Banane: bis 1 %)
(Brot: bis 0,3 %)

Zur Berechnung der Alkoholmenge A in einem Getränk, gemessen in Gramm, gilt die Formel:

$$A = \frac{V \cdot A_P \cdot 0{,}8}{100}$$

(V = Volumen in cm^3 oder ml; A_P = Alkoholgehalt in %; der Fakor 0,8 berücksichtigt das spezifische Gewicht von Alkohol.)

■ Berechne die Alkoholmenge einer 0,5-l- bzw. 0,7-l-Flasche der nebenstehenden Getränke.

■ Welche Schwierigkeit der Berechnung ergibt sich bei Brot und Bananen?

Für die Berechnung der Blutalkoholkonzentration C, gemessen in Promille, gilt:

$$C = \frac{A}{P \cdot R}$$

(P = Körpergewicht in kg; R = Verteilungsfaktor (Wassergehalt im Körper); Männer R = 0,7; Frauen R = 0,6)

■ Überprüfe die Mengen- und die Blutalkoholangaben der Tabelle für einen 75 kg schweren Mann und eine 60 kg schwere Frau. Was fällt dir auf?

Menge alkoholhaltiger Getränke	Blutalkohol (C)	Wirkung auf den Organismus
1 Glas Bier (0,33 l) oder 0,2 l Wein	< 0,2 ‰	enthemmende Wirkung mit Steigerung der Redseligkeit
2 bis 3 Gläser Bier oder 0,5 l Wein	0,5 ‰	deutliches Nachlassen der Reaktionsfähigkeit, insbesondere auf rote Signale, deutliche Erhöhung der Risikobereitschaft
5 bis 6 Gläser Bier oder 1 l Wein	1,0 ‰	beginnender Verlust der Bewegungskoordination, des Gleichgewichts und der Reflexe, deutliche Angetrunkenheit
	über 4 ‰	meist tödlich

■ Wie viel Bier muss jemand getrunken haben, um mehr als 4 ‰ zu haben?

Der Abbauwert von Alkohol liegt durchschnittlich bei 0,15 ‰ pro Stunde.

■ Wann ist eine Person, die um Mitternacht 1,2 ‰ Blutalkohol hat, wieder fahrtüchtig? Bis zu welchem Zeitpunkt macht sie sich bei einem Unfall noch strafbar? Wann ist die Person wieder „nüchtern"?

■ Der Abbauwert kann zwischen 0,1 ‰ und 0,3 ‰ pro Stunde variieren.

2 Vermehrter und verminderter Grundwert

Bei einer Werbeaktion senkt ein Sportgeschäft alle Preise um 20 %.

→ Ein Mountainbike mit einem alten Preis von 459 € wird mit dem Aktionspreis ausgezeichnet.

→ Lisa behauptet: Wenn man auf den Aktionspreis wieder 20 % aufschlägt, dann erhält man den alten Preis. Überprüfe.

→ Nach der Aktion gelten wieder die alten Preise. Um wie viel Prozent liegt der Preis des Mountainbikes über dem Preis, der zur Zeit der Werbeaktion galt?

Im Alltag kommt es oft vor, dass der Grundwert um einen Anteil vermehrt oder vermindert wird. Man nennt diesen dann den vermehrten oder verminderten Grundwert G^+ oder G^-. Diesen kann man auf unterschiedliche Arten berechnen.
Wird der Preis einer Ware beispielsweise um die Mehrwertsteuer von 19 % erhöht, kann man einerseits den Prozentwert für 19 % zum Grundwert addieren. Man kann aber auch mit einem vermehrten Prozentsatz $p^+\%$ von 100 % + 19 % = 119 % rechnen und kommt so mit einem einzigen Schritt zum Ergebnis.
Entsprechendes gilt auch für eine Verminderung des Grundwertes.

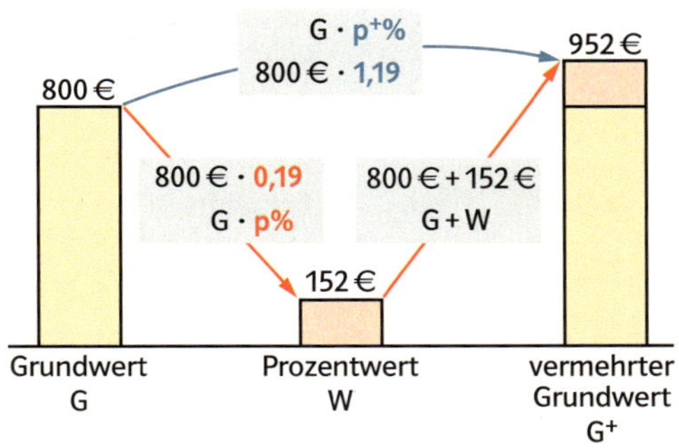

Bei den Berechnungen des **vermehrten** bzw. **verminderten Grundwerts** $G^+ = G + W$ bzw. $G^- = G - W$ werden die bekannten Formeln der Prozentrechnung angewendet. Man kann auch mit veränderten Prozentsätzen $p^+\%$ bzw. $p^-\%$ rechnen.

Bemerkung

Beim Kauf großer Mengen oder bei Sonderaktionen wird häufig ein Nachlass auf den regulären Preis gewährt. Diesen Nachlass nennt man **Rabatt**, den Nachlass bei Barzahlung bezeichnet man als **Skonto**.

Beispiele

a) Ein Snowboard für 480 € wird in einer Sonderaktion um 35 % ermäßigt.
Grundwert: G = 480 €; Prozentsatz: p % = 35 %

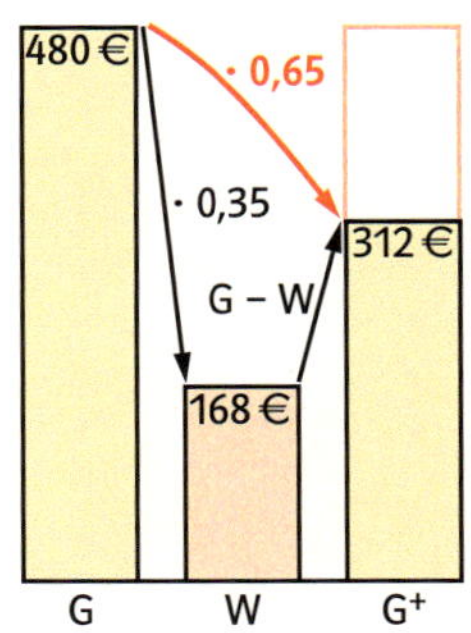

Den neuen Preis kann man auf zwei Arten berechnen:

1. Lösung:
Der Rabatt wird als Prozentwert betrachtet.

$W = G \cdot p\,\% = G \cdot \frac{p}{100}$

$W = 480\,€ \cdot \frac{35}{100} = 480\,€ \cdot 0{,}35 = 168\,€$

$G^- = G - W;\quad G^- = 480\,€ - 168\,€ = 312\,€$

Das Snowboard kostet nur noch 312 €.

2. Lösung:
Der verminderte Prozentsatz ist
$p^-\% = 100\,\% - 35\,\% = 65\,\%$

Der ermäßigte Preis ist dann
$G^- = G \cdot p^-\%$
$G^- = 480\,€ \cdot 0{,}65 = 312\,€.$

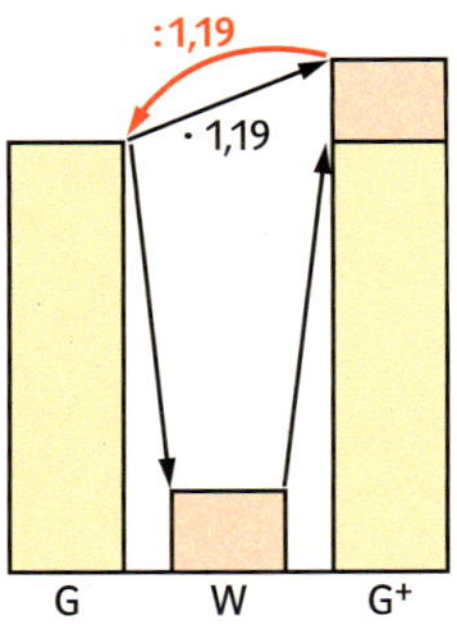

b) Ein Citybike kostet einschließlich 19 % Mehrwertsteuer 598 €.
Wie hoch ist der Nettopreis?

Vermehrter Grundwert $G^+ = 598\,€$
Prozentsatz $p\,\% = 19\,\%$

Der veränderte Prozentsatz $p^+\%$ ist dann:
$100\,\% + 19\,\% = 119\,\% = \frac{119}{100} = 1{,}19$

Der Grundwert wird berechnet durch Umformung der Grundformel:

$$G^+ = G \cdot p^+\% \qquad |:p^+\%$$
$$G^+ : p^+\% = G$$
$$G = 598\,€ : 1{,}19 = 502{,}52\,€$$

Das Citybike kostet ohne Mehrwertsteuer 502,52 €.

c) Eine Snowboardjacke kostet 450 €. Nach Weihnachten wird sie auf 360 € heruntergesetzt. Wie viel Prozent beträgt der Rabatt?

Grundwert $G = 450\,€$
verminderter Grundwert $G^- = 360\,€$

Der veränderte Prozentsatz wird berechnet durch Umformung der Grundformel:

$$G^- = G \cdot p^-\% \qquad |:G$$
$$\frac{G^-}{G} = p^-\%$$
$$p^-\% = \frac{360\,€}{450\,€} = 0{,}8 = 80\,\%$$

Der Nachlass beträgt 100 % − 80 % = 20 %.

Aufgaben

1 Wie groß ist der veränderte Prozentsatz $p^+\%$ bzw. $p^-\%$?
Gib ihn in der Prozent- und in der Dezimalbruchschreibweise an.
a) Vermehrung um 30 %
b) 2 % Skonto
c) mit Mehrwertsteuer 19 %
d) Preisnachlass um 35 %
e) Preiserhöhung um 22 %
f) Preisreduzierung um 5 %
g) Wertsteigerung um 4,5 %
h) 8 % Rabatt
i) Nachlass um ein Viertel des ursprünglichen Preises.
j) Erhöhung um ein Drittel des Preises.

2 Zeichne die Produkte mit neuen Preisen aus.

3 Berechne den vermehrten bzw. den verminderten Grundwert.
a) 380 € vermehrt um 5 %
b) 256 hl vermindert um 25 %
c) 70 kg vermehrt um 21 %
d) 125,80 € vermindert um 12,5 %
e) 42 800 km vermehrt um 31,7 %
f) 134 kg vermindert um 4,8 %
g) 2357 € vermindert um 15 %

4 Schätze zuerst, an welchem Produkt du prozentual am meisten sparst. Überprüfe rechnerisch.

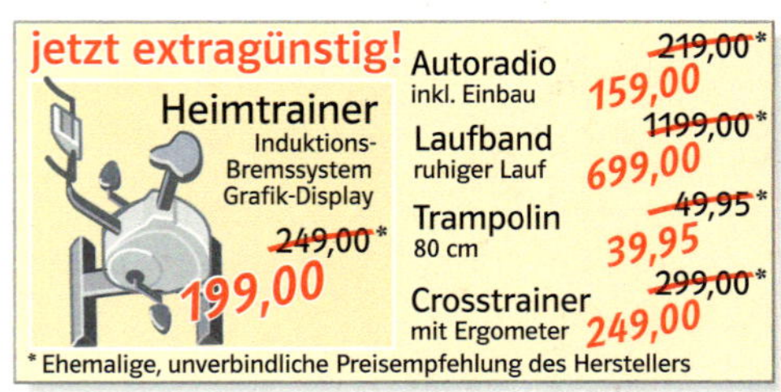

5 Ein Großmarkt für Elektrogeräte wirbt mit dem Werbespruch:

Sie sparen 19 %
Keiner bezahlt Mehrwertsteuer!

Was sagt ihr zu diesem Angebot? Prüft es an einem Beispiel.

Ein Ziel – verschiedene Wege

Lana, Jacqueline und Lutz vergleichen die Preise verschiedener Anbieter für einen MP3-Player.
Die drei gehen bei der Berechnung des Preises unterschiedlich vor.

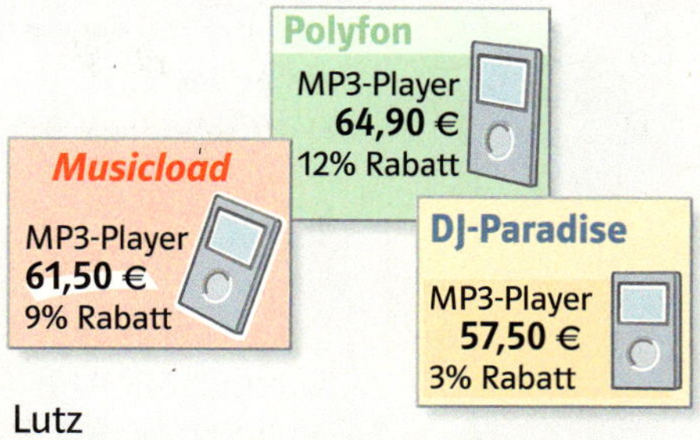

Lana

Polyfon
verminderter Preis in %:
$p^-\% = 100\% - 12\% = 88\%$
Rechnung: $G^- = G \cdot p^-\%$
$G^- = 64{,}90 \cdot 0{,}88$
$G^- = 57{,}11$
Der MP3-Player kostet nur noch 57,11 €.

Jacqueline

Polyfon

100% sind 64,90 €
1% sind 0,649 €
88% sind 57,11 €

Der MP3-Player kostet nur noch 57,11 €

Lutz

Polyfon
$W = G \cdot p\%$
$W = 64{,}90\,€ \cdot \frac{12}{100} = 7{,}79\,€$
$G^- = G - W$
$G^- = 64{,}90\,€ - 7{,}79\,€ = 57{,}11\,€$

Der MP3-Player kostet nur noch 57,11 €.

- Bildet Dreiergruppen. Jeder von euch versetzt sich in die Lage eines der Jugendlichen. Erklärt euch jeweils deren Vorgehen. Welche Lösungsstrategien wurden benutzt?
- Sucht nach dem besten Angebot. Trainiert dabei die verschiedenen Lösungswege. Vergleicht eure Lösungen.
- Entwerft für eure Klasse weitere Aufgaben, beispielsweise Aufgaben mit einer Preissteigerung oder zur Bestimmung des alten Preises.

Übrigens: Um die Ergebnisse kontrollieren zu können, muss man selbst die Lösung kennen!

6 Norman und Sascha suchen nach dem alten Preis und kommen zu unterschiedlichen Ergebnissen. Was meinst du?

Norman rechnet:

neuer Preis:
$p^-\% = 100\% - 24\% = 76\%$
Rechnung:
$G^- = G \cdot p^-\%$
$189\,€ = G \cdot 0{,}76 \quad |:0{,}76$
$248{,}68\,€ \approx G$
Die Rollerblades haben vorher 248,68 € gekostet.

Sascha rechnet:

100% sind 189 €
1% sind 1,89 €
124% sind 234,36 €
Die Rollerblades haben vorher 234,36 € gekostet.

7 Bei Werbeaktionen wird häufig der Inhalt einer Produktverpackung erhöht, ohne den alten Preis zu erhöhen.
Dan behauptet, dass die Sonderedition 95 Gramm mehr enthält. Simone stellt fest, dass sie bei der Sonderedition 78 ct spart.
Überprüfe beide Aussagen.

8 Robin kauft in einer Aktionswoche ein Sweatshirt und eine Hose.

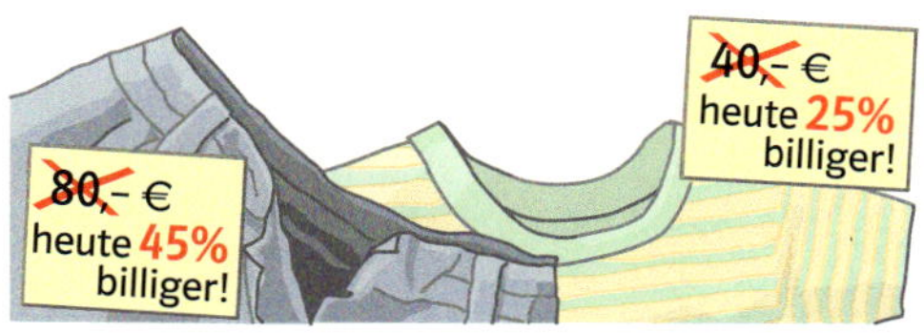

Nadine sagt: „Dann hast du insgesamt 35% gespart." Robin wundert sich.
a) Hat Nadine Recht? Oder ist Robins Verwunderung begründet? Erläutere ausführlich.
b) Was wäre, wenn das Sweatshirt und die Hose vorher gleich viel gekostet hätten?
c) Formuliert gemeinsam eine Regel.

Alles immer billiger! Fast geschenkt!

Wenn mehrmals hintereinander Prozentwerte berechnet werden, muss man sich vor zu schnellen Schlüssen hüten.

Überprüft die Aussagen auf ihre Richtigkeit. Erklärt an Beispielen.

- Ein Snowboard wird am Ende des Winters zweimal hintereinander um 50 % reduziert.
  Florian sagt: „Dann bekommt man das Snowboard ja jetzt geschenkt!"

- Nach einer Preiserhöhung um 10 % hat ein Computerladen in einer Sonderaktion auf alle Waren 10 % Preisnachlass gewährt. Sabine sagt. „Da hätten sie die alten Preise auch gleich lassen können."

- Wie ändert sich der Preis, wenn er zuerst um x % teurer und dann um denselben Prozentsatz billiger wird? Versuche es mit 10 %, 20 %, 30 %, …

- Das Sportgeschäft verspricht eine sensationelle Ersparnis.
  Prüfe durch Rechnung und erkläre, was mit den 100 % gemeint ist.

- Meine Großmutter sagt: „Heute kostet alles 5-mal so viel wie in meiner Jugendzeit!" Darauf sagt der Großvater: „Das ist ja eine Preissteigerung um 500 %!" Stimmt das?

9 Zwei Einkaufshäuser bieten die gleichen Produkte an. Entscheide dich.

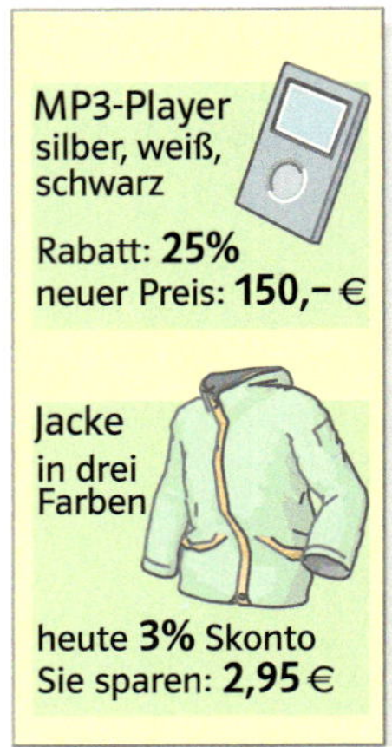

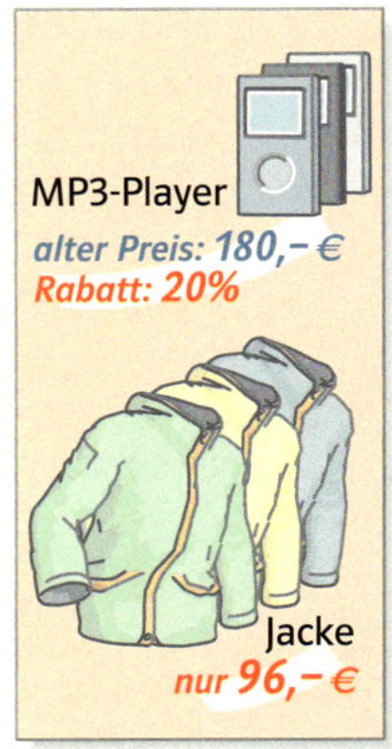

10 Frau Engel kauft sich einen Motorroller für 1499 €. Bei Barzahlung erhält sie 3 % Skonto, bei Bezahlung innerhalb 14 Tagen 2 % Rabatt. Sie hat 1455 € zur Verfügung.

11 Mit 19 % Mehrwertsteuer und 10 % Rabatt kostet ein Flachbildschirm 899,10 €.
a) Bestimme den Nettopreis.
b) Wie ändert sich der Preis, wenn nur 3 % Skonto und kein Rabatt abgezogen werden?

12 Sinja will sich eine Musikanlage kaufen. Sie vergleicht zwei Angebote: In der Musikhalle muss sie 749 € einschließlich 19 % Mehrwertsteuer bezahlen. Sie kann 3 % Skonto abziehen. Bei Happy music spart sie durch 3 % Skonto 23,49 € auf den Preis mit Mehrwertsteuer.
a) Schätze, welches Angebot für Sinja günstiger ist. Rechne nach.
b) Um wie viel Prozent unterscheiden sich die beiden Angebote?
c) Wie hoch ist die Mehrwertsteuer in Euro bei beiden Angeboten?

13 Untersuche die beiden Angebote.

3 Zinsrechnung

Zur Konfirmation hat Bianca insgesamt 950 € geschenkt bekommen. Sie will das Geld noch ein Jahr lang sparen, weil sie sich dann einen Motorroller kaufen möchte.

→ Hast du eine Idee, was sie mit ihrem Geld machen könnte?

→ Erkundige dich nach der besten Möglichkeit, das Geld anzulegen.

Bei Banken und Sparkassen kann man Geld sparen und leihen.
Geld sparen bei der Bank heißt, dass man für einen bestimmten Zeitraum der Bank Geld zur Verfügung stellt. Dafür zahlt die Bank **Zinsen**.
Den Geldbetrag, den man der Bank überlässt, nennt man **Kapital**.
Wenn man sich Geld von der Bank leiht, muss man für dieses Kapital Zinsen bezahlen.
Die Bank legt fest, wie viel Prozent des Kapitals als Zinsen bezahlt werden müssen.
Diese Prozentangabe nennt man **Zinssatz**.
Der Zinssatz bezieht sich auf einen Zeitraum von einem Jahr.
Man nennt diese Zinsen deshalb auch Jahreszinsen.
Die Zinsrechnung ist eine Anwendung der Prozentrechnung.

Prozentrechnung			**Zinsrechnung**		
Grundwert	G		Kapital	K	
Prozentwert	W	$W = G \cdot p\,\%$	Zinsen	Z	$Z = K \cdot p\,\%$
Prozentsatz	p %		Zinssatz	p %	

Beispiele

a) Berechnung der Zinsen

Sarina hat bei der Bank ein Sparbuch. Zu Beginn des Jahres hat sie ein Guthaben von 800 €. Der Zinssatz für das Sparkonto beträgt 1,5 %. Am Ende des Jahres werden die Zinsen berechnet:

Kapital $K = 800\,€$

Zinssatz $p\,\% = 1{,}5\,\%$

1. Lösung:

Die Prozentwertformel kann für die Berechnung der Zinsen verwendet werden.

$Z = K \cdot \frac{p}{100}$

$Z = 800\,€ \cdot \frac{1{,}5}{100}$

$Z = 800\,€ \cdot 0{,}015$

$Z = 12\,€$

2. Lösung:

Anwendung des Dreisatzverfahrens

	100 %	sind	800 €	
:100 ↓				↓ :100
	1 %	sind	8 €	
· 1,5 ↓				↓ · 1,5
	1,5 %	sind	12 €	

Sarina erhält für ein Kapital von 800 € nach einem Jahr 12 € Zinsen.

b) Berechnung des Kapitals

Herr Maurer hat sich von der Bank Geld geliehen. Für ein Jahr muss er 170 € Zinsen bezahlen. Der Zinssatz beträgt 8,5 %. Das Geld, das er sich geliehen hat, ist das Kapital. Die Berechnung entspricht der Berechnung des Grundwerts.

Zinsen $Z = 170\,€$ Zinssatz $p\,\% = 8{,}5\,\% = 0{,}085$

1. Lösung:

$K \cdot p\,\% = Z \quad |:p\,\%$

$K = Z : p\,\%$

$K = 170\,€ : 0{,}085$

$K = 2000\,€$

2. Lösung:

	8,5 %	sind	170 €	
:8,5				:8,5
	1 %	sind	20 €	
· 100				· 100
	100 %	sind	200 €	

Herr Maurer hat sich für ein Jahr 2000 € geliehen.

c) Berechnung des Zinssatzes

Eleni hat nach einem Jahr für 600 € Guthaben Zinsen in Höhe von 12 € bekommen. Aus diesen beiden Angaben kann man den Zinssatz berechnen.

Kapital $K = 600\,€$ Zinsen $Z = 12\,€$

1. Lösung:

$K \cdot p\,\% = Z \quad |:K$

$p\,\% = \frac{Z}{K}$

$p\,\% = \frac{12\,€}{600\,€}$

$p\,\% = 0{,}02 = 2{,}0\,\%$

Der Zinssatz auf diesem Konto beträgt 2,0 %.

2. Lösung:

	600 €	sind	100 %	
:100				:100
	6 €	sind	1 %	
· 2				· 2
	12 €	sind	2 %	

Aufgaben

1 a) Bestimme die Zinsen nach einem Jahr bei einem Zinssatz von 2,5 % für 400 €; 650 €; 275 €.
Berechne auch den neuen Kontostand mit den gutgeschriebenen Zinsen.
b) Wie viel Zinsen muss man in einem Jahr bei einem Zinssatz von 10,5 % für 756 €; 1345 €; 992,40 € bezahlen? Welcher Betrag ist insgesamt zurückzuzahlen?

2 a) Vergleiche die Zinsen, die man nach einem Jahr für 500 € erhält bei 1,5 %; 1,75 %; 2 %; $2\frac{1}{4}$ %; 2,5 %?
b) Berechne die Differenz der Zinsen, die man für 5000 € in einem Jahr zahlen muss, für die Zinssätze 8,5 % und $10\frac{3}{4}$ %.

3 Pascal, Annika, Saskia und Till vergleichen am Ende des Jahres ihre Zinseinnahmen. Alle hatten denselben Zinssatz von 2,5 %. Dennoch hat Pascal 5 €, Annika 4,50 €, Saskia 7,50 € und Till 11,38 € Zinsen bekommen.

4 Herr Pauli hat bei drei verschiedenen Banken jeweils 5000 € angelegt.
Am Ende des Jahres erhält er 212,50 €; 235 € bzw. 250 € Zinsen.

5 Frau Becker muss sich Geld leihen. Sie möchte aber nicht mehr als 100 € Zinsen im Jahr bezahlen. Die eine Bank hat einen Zinssatz von 8 %, die andere sogar 8,75 %.

6 Herr Höne bekommt in einem Jahr für 2500 € bei seiner Bank 50 € Zinsen.
Seine Frau hat auf ihrer Bank doppelt so viel Geld angelegt, bekommt aber dreimal so viel Zinsen wie ihr Mann. Kannst du das erklären? Wie viel Zinsen würde Herr Höne bei der Bank seiner Frau bekommen?

7 Am Ende des Jahres möchte Frau Nagel 2000 € zur Verfügung haben.
Die Bank bietet einen Zinssatz von 2,75 % an. Welchen Betrag muss sie am Anfang des Jahres anlegen?

Sparen und Leihen

Es gibt bei der Bank verschiedene Arten von Konten. Jugendliche unter 18 Jahren können ein eigenes Jugendgirokonto einrichten, wenn die Eltern zugestimmt haben. Bei einem Girokonto wird häufig Geld eingezahlt bzw. abgehoben.

- Erkundigt euch bei den Banken über die aktuellen Bedingungen für ein Jugendgirokonto.
- Welche Zinssätze gelten zurzeit für Sparbücher?

SuperGiro Jugendkonto

Das Konto für Schüler, Studenten, Auszubildende, Wehr- und Zivildienstleistende
- kostenlos leistungsstark
- 2% Guthabenverzinsung

Grundpreis	kostenlos
Buchungen	kostenlos
Chipkarte mit Geldkartenfunktion und Geheimzahl	kostenlos
ec-Karte (ab 18 Jahren) mit Geldkartenfunktion und Geheimzahl	kostenlos
Daueraufträge einrichten, ändern, löschen	kostenlos
Kontoauszug per Drucker	kostenlos
per Post	Porto
EUROCARD	Preis auf Anfrage

Unser Team ist von Montag bis Freitag zwischen 8 und 22 Uhr am Telefon für Sie da.

SuperGiro für Erwachsene

Grundpreis monatlich	1,60 €
Bis zu 5 Buchungen monatlich an unseren Geldautomaten und Kassen	kostenlos
jede weitere Verfügung	0,30 €
Buchungen	
per Telefon und PC	0,03 €
per Diskette	0,05 €
per Beleg	0,60 €
sonstige Buchungen	0,30 €
Daueraufträge einrichten, ändern, löschen	kostenlos
ec-Karte und Chipkarte jeweils mit Geldkartenfunktion und Geheimzahl	kostenlos
Vordrucke	
ec-Schecks	kostenlos
Bar-Schecks	kostenlos
Überweisungen	kostenlos
Kontoauszug	
per Drucker	kostenlos
per Post	Porto
EUROCARD jährlich	20,00 €
Zusatzkarte jährlich	15,00 €
Telefonchip jährlich	10,00 €

Unser Team ist von Montag bis Freitag zwischen 8 und 22 Uhr am Telefon für Sie da.

Ramona, 17 Jahre, eröffnet ein Jugendgirokonto und notiert:

- *Chipkarte*
- *jeden Monat 400 € Eingang*
- *monatlich 10 Buchungen per Beleg und 12 per PC*

Mit 19 beendet sie ihre Ausbildung und muss zum Erwachsenenkonto wechseln:

- *Eurocard mit Telefonchip*
- *2-mal im Monat Kontoauszüge nach Hause*
- *Buchungen bleiben gleich*

- Vergleicht die jährlichen Kontoführungskosten, die Ramona vor und nach Beendigung ihrer Ausbildung entstehen.

Erwachsene können sich bei der Bank für einen bestimmten Zeitraum Geld leihen. Man spricht dabei von einem Kredit. Die Bank leiht also das Geld im Vertrauen darauf, dass sie es mit Zinsen zurückerhält.

- Erkundigt euch nach den Bedingungen und den Zinssätzen für einen Kredit. Vergleicht mit den Zinssätzen für ein Sparbuch. Erklärt die Unterschiede.
- Was ist ein Überziehungskredit? Gibt es ihn auch für ein Jugendkonto?
- Von einem Kreditinstitut sollen 2400 € geliehen werden. Erkundigt euch und rechnet nach, welche Kreditart die geringste Belastung darstellt.

! *Das Wort „Credo" ist lateinisch und heißt „ich vertraue".*

8 Zwei Banken werben in einer Tageszeitung mit verschiedenen Anzeigen für einen Kleinkredit.

10 000 Euro
zu einem Zinssatz von
nur 8,5%
Rückzahlung nach 1 Jahr
(einmalige Bearbeitungsgebühr 400 €)

Sie bekommen 10 000 Euro
Zinssatz 9%
Bearbeitungsgebühr 2% bezogen auf den Kreditbetrag

a) Vergleiche die beiden Angebote und erkläre den Unterschied.
b) Berechne den Betrag, den du bei beiden Banken nach einem Jahr zurückzahlen müsstest.

9 Frau Mahle möchte Geld leihen, um sich ein neues Auto zu kaufen.
Ihre Nachbarin hat bei der Eurobank für 15 000 € bei einer Dauer von 1 Jahr 1275 € Zinsen bezahlt.
Ihr Geschäftskollege hat sich ebenfalls für ein Jahr bei der Stadtbank 20 000 € geliehen und musste dafür 1800 € Zinsen bezahlen.
Bei ihrer Firma könnte sie 10 000 € ein Jahr lang für 875 € Zinsen leihen.
a) Vergleiche die drei Angebote.
b) Für welches Angebot sollte sie sich entscheiden? Begründe deine Antwort.
c) Berechne beim günstigsten Angebot die Zinsen für 10 000 € in einem Jahr.

4 Monatszinsen. Tageszinsen

Nr. 01.123.3 … Natalie … ptstraße 10, Dingsdorf

Datum, Unterschrift	Erläuterungen	Auszahlung S = Soll	Einzahlung H = Haben	Guthaben Euro
25.05.05	Einlage		***800,00H	***800,00
25.11.05	Zinsen		*****8,00H	***808,00

Natalie hat 800 € auf ihrem Sparbuch. Die Sparkasse verzinst das Geld mit 2%. Nach einem halben Jahr möchte sie wissen, wie hoch ihr Kontostand ist.
Weil sie nur 8 € Zinsen bekommt, glaubt sie, dass der Zinssatz auf 1% geändert wurde.
→ Kannst du Natalie erklären, wie die Bank ihre Zinsen berechnet hat?

Die Höhe der Zinsen, die man erhält oder an die Bank zahlen muss, richtet sich nicht nur nach dem Zinssatz und dem Kapital, sondern auch nach der Zeitdauer. Im Allgemeinen wird der Zinssatz für die Zeitdauer von einem Jahr angegeben. Ist der zu verzinsende Zeitraum nur ein Teil des Jahres, so werden die Zinsen auch nur für diesen Bruchteil berechnet.
So werden z. B. für die Hälfte eines Jahres auch nur die Hälfte, für einen Monat nur ein Zwölftel der Jahreszinsen gezahlt.
Deshalb müssen die Jahreszinsen mit einem **Zeitfaktor i** multipliziert werden.

Im Bankwesen wird üblicherweise mit folgenden Werten gerechnet:
1 Jahr = 12 Monate = 360 Tage 1 Monat = 30 Tage
Der Zeitfaktor i ist ein Vielfaches von $\frac{1}{12}$ bei Berechnung von Monatszinsen bzw. $\frac{1}{360}$ bei Berechnung der Tageszinsen.

! *Die Formeln gelten nicht für einen Zeitraum, der länger als ein Jahr dauert.*

Beim Zinsrechnen muss man auch die Zeit berücksichtigen. Die Jahreszinsen werden mit dem Zeitfaktor i multipliziert.

Zinsen = Jahreszinsen · Zeitfaktor

$Z = K \cdot \frac{p}{100} \cdot i$ $Z = K \cdot \frac{p}{100} \cdot \frac{m}{12}$ $Z = K \cdot \frac{p}{100} \cdot \frac{t}{360}$

i Bruchteil eines Jahres m Anzahl der Monate t Anzahl der Tage

? *Warum spricht man von der „Kip-Regel"?*

Bemerkung
Bei Rechnungen mit Geldbeträgen wird in der Regel auf zwei Dezimalen gerundet.

Beispiele
a) Berechnung der Zinsen
Dora hat 135 Tage lang 1300 € auf ihrem Sparbuch. Der Zinssatz beträgt 1,5%.

Kapital:	K = 1300 €	$Z = K \cdot \frac{p}{100} \cdot \frac{t}{360}$
Zinssatz: 1,5%	p = 1,5	$Z = 1300\,€ \cdot \frac{1{,}5}{100} \cdot \frac{135}{360}$
Zeit: 135 Tage	t = 135	Z = 7,31 €

In 135 Tagen ergibt ein Kapital von 1300 € bei einem Zinssatz von 1,5% einen Zinsbetrag von 7,31 €.

b) Berechnung des Kapitals
Für das Überziehen eines Kontos werden bei einem Zinssatz von 10,5% nach fünf Monaten 66,50 € berechnet.

Zinssatz: 10,5% $\quad p = 10{,}5 \quad K \cdot \frac{p}{100} \cdot \frac{m}{12} = Z \quad | \cdot 1200 \quad |:p \quad |:m$

Zinsen: 66,50 € $\quad Z = 66{,}50\,€ \quad K = \frac{Z \cdot 1200}{p \cdot m}$

Zeit: 5 Monate $\quad m = 5 \quad K = \frac{66{,}50\,€ \cdot 1200}{10{,}5 \cdot 5}$

$K = 1520\,€$

Bei einem Zinssatz von 10,5% müssen für 1520 € in fünf Monaten 66,50 € Zinsen bezahlt werden.

c) Berechnung des Zinssatzes
Mit einem Kapital von 8200 € wurde in einem Dreivierteljahr ein Zinsertrag von 276,75 € erzielt.

Kapital: 8200 € $\quad K = 8200\,€ \quad K \cdot \frac{p}{100} \cdot i = Z \quad |:(K \cdot i)$

Zinsen: 276,75 € $\quad Z = 276{,}75\,€ \quad \frac{p}{100} = \frac{Z}{K \cdot i}$

Zeit: $\frac{3}{4}$ Jahr $\quad i = \frac{3}{4} \quad \frac{p}{100} = \frac{276{,}75\,€ \cdot 4}{8200\,€ \cdot 3} = 0{,}045 = 4{,}5\,\%$

Bei einem Zinssatz von 4,5% ergeben 8200 € in einem Dreivierteljahr 276,75 € Zinsen.

d) Berechnung der Zeit
Bei einem Zinssatz von 3,5% gibt ein Kapital von 4000 € nach einer bestimmten Zeit 98 € Zinsen.

! Die Bank berechnet 9 Monate mit 270 Tagen.

Kapital: 4000 € $\quad K = 4000\,€ \quad K \cdot \frac{p}{100} \cdot \frac{t}{360} = Z \quad | \cdot 36\,000 \quad |:K|:p$

Zinsen: 98 € $\quad Z = 98\,€ \quad t = \frac{Z \cdot 36\,000}{K \cdot p}$

Zinssatz: 3,5% $\quad p = 3{,}5 \quad t = \frac{98\,€ \cdot 36\,000}{4000\,€ \cdot 3{,}5} = 252$

Bei einem Zinssatz von 3,5% bringen 4000 € in 252 Tagen 98 € Zinsen.

Aufgaben

1 Berechne die Zinsen von
a) 820 € zu 5% für 7 Monate.
b) 1325 € zu 3,5% für 295 Tage.
c) 2400 € zu 6,25% für ein halbes Jahr.

2 Welches Kapital bringt in
a) 8 Monaten 24 € Zinsen bei 6%?
b) 220 Tagen 15 € Zinsen bei 8%?

3 Bei welchem Zinssatz ergeben
a) 4300 € in 7 Monaten 150,50 € Zinsen?
b) 18 660 € in $\frac{1}{2}$ Jahr 1010,75 € Zinsen?
c) 1975 € in 80 Tagen 19,75 € Zinsen?

4 In welchem Zeitraum ergibt das Kapital
a) 6000 € Zinsen von 112,50 € bei 2,5%?
b) 589,90 € Zinsen von 32,69 € bei 9,5%?
c) 1565 € Zinsen von 67 € bei 11,25%?

5 Berechne die fehlenden Größen.

Kapital	1500 €	750 €		3780 €
Zinssatz	$2\frac{3}{4}$%		10,5%	18%
Zinsen		10 €	9,33 €	43,47 €
Zeit	112 Tage	5 Monate	$\frac{1}{4}$ Jahr	

6 Die Eltern von Sven und Mara haben bei der Bank für jeden 1500 € zu gleichen Bedingungen angelegt. Sven bekommt für 7 Monate 24,06 € Zinsen. Wie viel Zinsen bekommt Mara nach 310 Tagen?

7 Am 1. April nimmt Herr Thelen einen Kredit über 14 300 € zu 9,5% auf. Er kann ihn zum 1. November zurückzahlen. Wie viel Geld hätte Herr Thelen gespart, wenn er den Kredit schon am 1. Oktober zurückgezahlt hätte?

Zinstage

Im Bankgeschäft werden Gelder im Laufe eines Jahres ein- und ausgezahlt. Die zu verzinsenden Tage lassen sich auf unterschiedliche Art berechnen. Die Banken setzen jeden Monat mit 30 Tagen an und der Einzahlungstag wird nicht verzinst.

Sofie und Jannik zahlen am 17. Mai auf ihr gemeinsames Sparkonto 750 € ein. Sie erhalten 3,5 % Zinsen. Am 8. Oktober wollen sie ihr gesamtes Guthaben abheben.
Um die Zinsen zu berechnen, müssen die beiden zuerst die Anzahl der Zinstage bestimmen.

Sofie
vom 17.05. bis 8.10
8. Tag – 17. Tag = −9 Tage
10. Monat – 5. Monat = 5 Monate
5 Monate = 150 Tage
zu verzinsen: 141 Tage

Jannik
vom 17.05. bis 8.10
Mai : 13 Tage
Juni bis September : 4 Monate = 120 Tage
Oktober : 8 Tage
zu verzinsen: 141 Tage

- Versetze dich mit deiner Partnerin oder deinem Partner in die Lage von Sofie bzw. Jannik. Erklärt euch gegenseitig die beiden Rechenwege. Findet ihr einen weiteren Lösungsweg für die Bestimmung der Zinstage?
- Gibt es einen Rechenweg, den ihr bevorzugt? Begründet.
- Von dem Geld möchten die beiden ein Wochenendtrip für 789 € nach London buchen.

8 Bestimme die Zahl der Zinstage innerhalb eines Jahres.
a) vom 4. März bis zum 27. Juni.
b) vom 17. Mai bis zum 8. Oktober.
c) vom 3. Januar bis zum 1. Dezember.

9 Anne hat ein Sparbuch mit 650 € Guthaben, das mit 2,5 % verzinst wird. Sie zahlt am 18. Februar 250 € ein und hebt am 4. September 600 € ab.

Tag	Text	Umsatz in €	Guthaben in €
01.01.07	Einzahlung		650,00
18.02.07	Einzahlung	250,00 +	
04.09.07	Auszahlung	600,00 −	
01.01.08	Zinsen 2007		

a) Berechne die Zinsen für alle Zeiträume. Ergänze die fehlenden Angaben im Sparbuch.
b) Anne behauptet, dass sie sich am 1. Januar 2008 von ihrem Guthaben noch einen Flug nach Oslo für 315 € leisten kann.

10 Eine Rechnung beläuft sich auf 12 850 €.
Wenn sie innerhalb von 10 Tagen bezahlt wird, können 2 % Skonto abgezogen werden. Nach Ablauf von zwei Monaten muss sie ohne Abzug bezahlt werden.
a) Was ist günstiger?
Nach 10 Tagen abzüglich 2 % Skonto zu zahlen
oder das Geld für weitere 50 Tage zu einem Zinssatz von 6 % auf der Bank zu belassen und dann ohne Abzug zu bezahlen?
b) Bei welchem Zinssatz wäre es günstiger, auf den Rabatt von 2 % zu verzichten?

11 Am 11. Juni muss Herr Lux eine Rechnung über 2743 € bezahlen. Bei Barzahlung können 3 % Skonto abgezogen werden. Der Zinssatz für das Überziehen des Girokontos liegt bei 11 %.
Lohnt es sich, das Konto bis zum 1. Juli um 1245 € zu überziehen?

Zusammenfassung

Prozentformel	**Grundwert, Prozentwert, Prozentsatz** Bei jeweils zwei gegebenen Größen lässt sich die dritte Größe mit der Formel berechnen.	Prozentwert = Grundwert · Prozentsatz $W = G \cdot p\% = G \cdot \frac{p}{100}$
Promille	Sehr kleine Anteile können in **Promille** angegeben werden. Promille sind Tausendstel.	$\frac{1}{1000} = 1$ Promille $= 1‰$
vermehrter und verminderter Grundwert	Wenn der Grundwert um einen prozentualen Anteil vermehrt oder vermindert wird, kann man mit verändertem Prozentsatz $p^+\%$ oder $p^-\%$ den vermehrten oder verminderten Grundwert berechnen.	$G^+ = G \cdot p^+\%$ $p^+\% = 100\% + p\%$ $G^- = G \cdot p^-\%$ $p^-\% = 100\% - p\%$
Zinsrechnung	Die **Zinsrechnung** ist eine Anwendung der Prozentrechnung.	
• Zinsen	Für Geldbeträge, die man einer Bank für eine bestimmte Zeit überlässt oder die man sich leiht, bekommt man **Zinsen** oder muss welche bezahlen.	Jahreszinsen = Kapital · Zinssatz $Z = K \cdot p\% = K \cdot \frac{p}{100}$
• Zinssatz	Der **Zinssatz** gibt in Prozenten an, wie viel Zinsen die Bank für ein bestimmtes Kapital gibt oder verlangt. Der **Zeitraum** bezieht sich in der Regel auf **ein Jahr**.	$p\% = \frac{Z}{K}$
• Kapital	Der Geldbetrag, den man einer Bank überlässt oder den man sich leiht, nennt man **Kapital**.	$K = \frac{Z}{p} \cdot 100 = \frac{Z}{p\%}$
• Zinsformel für Jahresabschnitte	Für Teile des Jahres müssen die Jahreszinsen mit einem **Zeitfaktor** multipliziert werden. Die Bank rechnet das Jahr mit 360 Tagen und den Monat mit 30 Tagen. Zur Berechnung der anderen Größen kann man die Formeln umstellen.	Zinsen = Jahreszinsen · Zeitfaktor $Z = K \cdot \frac{p}{100} \cdot i$ **i** Bruchteil eines Jahres $Z = K \cdot \frac{p}{100} \cdot \frac{m}{12}$ **m** Anzahl der Monate $Z = K \cdot \frac{p}{100} \cdot \frac{t}{360}$ **t** Anzahl der Tage

Üben • Anwenden • Nachdenken

1 Nach einem Heimspiel des FC Schalke 04 werden 200 Zuschauer befragt, wie sie mit dem Spiel der Schalker zufrieden waren. 82 antworteten mit sehr zufrieden, 64 mit zufrieden, 45 mit nicht zufrieden und der Rest hatte keine Meinung. Es wurden 39 678 Zuschauer gezählt. Übertrage die Umfrageergebnisse auf die gesamten Zuschauer.
Wie viele werden vermutlich wieder kommen?

Prozentsatz und Prozentpunkte

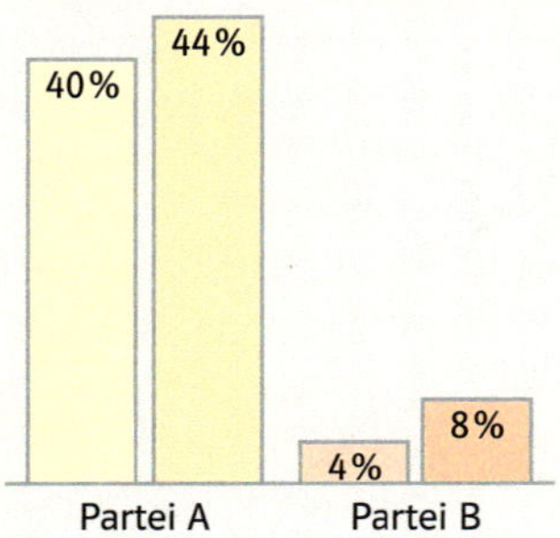

Bei der Wahl hatte Partei A ihren Stimmenanteil im Vergleich zur letzten Wahl von 40 % auf 44 %, Partei B von 4 % auf 8 % gesteigert.

Beide Parteien stellen sich nach der Wahl als Wahlsieger dar und kommentieren den Wahlausgang mit dem Satz: „Wir haben uns um 4 % gesteigert!"

Man muss aber zwischen Prozentsätzen und **Prozentpunkten** unterscheiden.
Beide Parteien haben 4 Prozentpunkte mehr. Partei A hat einen Zuwachs von 10 % der Stimmen, Partei B dagegen hat ihren Stimmenanteil verdoppelt, also 100 % mehr.

Eine Partei hatte bei der letzten Wahl 12 %, jetzt nur noch 9 % der Stimmen erhalten.

- Beurteilt folgende Aussagen: Die Partei
  ... hat einen Verlust von 3 % zu verkraften.
  ... hat ein Viertel ihrer Wähler verloren.
  ... hat deutliche Verluste hinnehmen müssen.
  ... hat drei Prozentpunkte verloren.
  ... hat 25 % Stimmen weniger erhalten.
  ... hatte bei der letzten Wahl 25 % Stimmen mehr.
- Erkundigt euch nach Daten der letzten Bundestagswahl und stellt eurer Klasse ähnliche Fragen.

2

Sport

Fußball immer attraktiver
Die Fußball-Bundesliga steuert auf einen Zuschauerrekord zu. In der Hinrunde dieser Saison kamen im Schnitt 34720 Fans zu den Spielen – zwei Prozent mehr als im vergangenen Rekordjahr.

a) Wie viele Zuschauer kamen im Schnitt im vergangenen Rekordjahr?
b) In der Rückrunde soll der Schnitt auf 36 000 Zuschauer gesteigert werden. Um wie viel Prozent muss die Zuschauerzahl steigen?
c) Einer der Aufsteiger hatte einen Zuwachs von durchschnittlich 14 % gegenüber der vorigen Saison. Das waren 3460 Zuschauer. Wie viele Zuschauer pro Spiel hatten sie im vergangenen Jahr in der 2. Liga?

3 In einer Sonderaktion verkauft Foto-Plus eine Digitalkamera zu 298,50 € mit 25 % Rabatt. Am Vormittag gibt es nochmals 10 % Sonderrabatt auf den ermäßigten Preis.
a) Herr Bauer zieht einfach 35 % ab.
b) Wie viel müsste Herr Kuhnle bezahlen, wenn er zuerst den Sonderrabatt und dann den Aktionsrabatt abziehen würde?

4 Im Werbeprospekt wird der Listenpreis eines Autos angegeben. Für den Endpreis müssen Mehrwertsteuer und Rabatt berücksichtigt werden. Entscheide dich für das beste Angebot und begründe.

A: Listenpreis + 19 % Mehrwertsteuer – 20 % Rabatt
B: Listenpreis – 4 % Rabatt
C: Listenpreis – 20 % Rabatt + 19 % Mehrwertsteuer.

5 Max und Moritz sind sich uneins: Ist es günstiger, zuerst 10 % Rabatt und dann 2 % Skonto oder zuerst 2 % Skonto und anschließend 10 % Rabatt zu erhalten? Kannst du den beiden helfen?

6 a) Wenn X 50 % von Y ist, wie viel Prozent sind dann Y von X? Drücke den Sachverhalt auch mit Bruchteilen aus.
b) Wenn X 10 % von Y ist, ist dann Y 90 % von X? Kannst du den Zusammenhang erklären?

7 a) Wo wurde mehr gespart? Begründe deine Antwort.

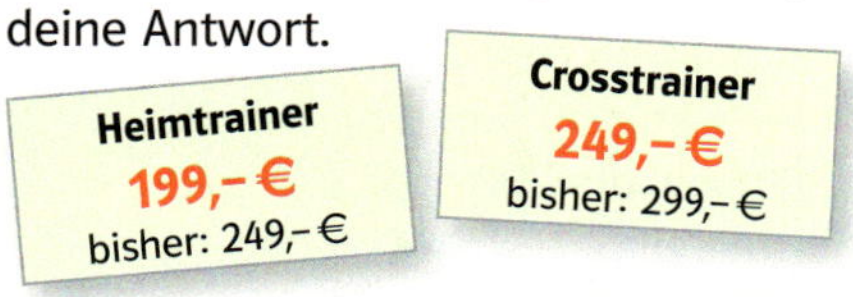

b) „Sie sparen 30 %!“
Was meinst du dazu?

8 Ein Autohändler hat zwei Autos zum selben Preis von 15 000 € verkauft.
Das eine mit 10 % Gewinn, das andere allerdings mit 10 % Verlust.
Er denkt, dass damit alles wieder ausgeglichen ist.
Rechne nach.

9 a) Was ist besser – hintereinander Steigerungen um 10 %, 20 % und 30 % oder eine einmalige Steigerung um 70 %?
b) Was ist mehr – 5-mal nacheinander eine Erhöhung um 10 % oder einmal um 60 %?

10 Für den Schulausflug wird ein Bus benötigt. Sandra und Dominik holen zwei Angebote ein:
Firma Wandervogel bietet ab 20 Teilnehmern 5 % Rabatt, ab 30 dann 10 %.
Firma Travel gibt ab 20 Teilnehmern einen Freiplatz, ab 30 dann zwei Freiplätze.
Für welches Angebot würdest du dich entscheiden? Begründe.

11 a) Was sagst du zu diesem Angebot? Wie ist die prozentuale Ersparnis?
b) Wie ändert sich der Prozentsatz bei „Nimm 5, zahl 4“ oder bei „Nimm 6, zahl 5“?

12 a) Wie ändert sich der Umfang bzw. der Flächeninhalt, wenn die Seiten eines Quadrats jeweils 10 % länger werden?
Wie ist es bei 100 %?
b) Wie ändert sich die Oberfläche bzw. das Volumen, wenn die Kanten eines Würfels jeweils um 50 % verlängert werden?
Wie ist es bei einer Verkürzung um 50 %?

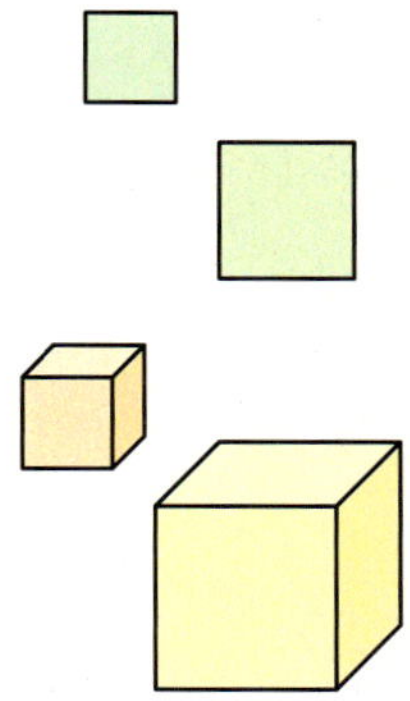

13 Katja bekommt für ihr Guthaben auf der Bank 2,5 % Zinsen. Würde der Zinssatz nur 1,5 % betragen, bekäme sie 30 € weniger Zinsen im Jahr.
Kannst du angeben, wie hoch ihr Guthaben ist?

14 Eine Privatbank wirbt mit dieser Anzeige:

Billiges Geld für 1 Monat!
Leihen Sie sich 5000 €
und zahlen Sie nach
1 Monat 5100 € zurück.

a) Wie viel Prozent Zinsen sind für einen Monat zu zahlen?
b) Berechne die Jahreszinsen und bestimme den dazugehörigen Zinssatz.
c) Banken müssen bei Krediten immer den Jahreszinssatz angeben.
Kannst du erklären, warum?

15 Alfred Nobel (1833–1896), der Erfinder des Dynamits, stellte sein gesamtes Vermögen für eine Stiftung zur Verfügung.
Aus den Zinsen werden jährlich fünf Nobelpreise finanziert.
Das Preisgeld betrug im Jahr 2005 insgesamt 4 Mio. Euro.
a) Wie hoch müsste das Vermögen sein, wenn man von einem Zinssatz von 6,5 % ausgeht?
b) Im Jahr 1999 betrug das Vermögen 463 Millionen US-$. Die Bank zahlte 39 Millionen US-$ Zinsen.
Wie hoch war der Zinssatz?
c) Informiere dich über Alfred Nobel, über die unterschiedlichen Nobelpreise und wer sie zuletzt bekommen hat. Wo werden sie verliehen? Wer wählt die Preisträger aus?
Präsentiere die Ergebnisse deiner Klasse.

Zinsen – Tag für Tag und Jahr für Jahr

F9 | fx =C9*D9*E9/360

	A	B	C	D	E	F	G	H
1	Berechnung von Tageszinsen							
2				Tag	Monat		Tag	Monat
3	für die Zeit vom			19	4	bis	5	7
4		Kapital	1.500 €					
5		Zinssatz	11,5 %					
6				Kapital	Zinssatz	Zinsen		
7	1. Monat	von Tag	19	1.500 €	11,5 %	5,27 €		
8	volle Monate	(Anzahl)	2	1.500 €	11,5 %	28,75 €		
9	letzter Monat	bis Tag	5	1.500 €	11,5 %	2,40 €		
10				Gesamtzinsen		36,42 €		
11								
12								

Mit einem Tabellenkalkulationsprogramm könnt ihr ein Rechenblatt für die Berechnung der Tageszinsen für einen vorgegebenen Zeitraum erstellen oder auch die Entwicklung eines Kontostandes darstellen.
Dabei müsst ihr beachten, dass die Bank alle Monate mit 30 Tagen berechnet.
Es ist sinnvoll, die Zinsen in drei Zeitabschnitten zu berechnen.

1.7.	*1356,00*	*Haben*
20.7.	*256,50*	*Soll*
3.8.	*1100,25*	*Haben*
26.8.	*1367,20*	*Soll*
5.9.	*146,90*	*Soll*
15.9.	*678,45*	*Haben*
30.9.	*112,70*	*Haben*

Im Beispiel müsst ihr für den April die Anzahl der Tage als Differenz zu 30 rechnen.

- Erstellt selbst dieses Rechenblatt und berechnet für unterschiedliche Zeiträume, Zinssätze und Geldbeträge die Zinsen. Vergleicht, indem ihr jeweils nur eine Eingabegröße verändert.
- Erwachsene können von ihrem Girokonto mehr Geld abheben, als Guthaben vorhanden ist. Für dieses Überziehen des Kontos müssen sie aber hohe Zinsen bezahlen. In der Regel wird vierteljährlich abgerechnet. Berechnet die Überziehungszinsen für das Konto mit den angegebenen Kontoständen und einem Zinssatz von 11,5 %. Ermittelt auch die jeweiligen Kontobewegungen.

Patrick bringt zu Beginn eines jeden Jahres 300 € zur Bank und erhält jährlich 2,5 % Zinsen. Am Ende des Jahres lässt er die Zinsen gutschreiben und zahlt wieder 300 € ein. So wächst nicht nur sein gespartes Kapital, sondern es wachsen auch seine Zinsen.

D9 | fx =C9*C$3

	A	B	C	D	E
1	Patricks Sparplan				
2					
3		Zinssatz	2,5 %		
4		Jährliche Rate	300,00 €		
5					
6	Datum	Einzahlung	Kontostand am 1.1.	Zinsen	Kontostand am 31.12.
7	01.01.2007	300,00 €	300,00 €	7,50 €	307,50 €
8	01.01.2008	300,00 €	607,50 €	15,19 €	622,69 €
9	01.01.2009	300,00 €	922,69 €	23,07 €	945,75 €
10	01.01.2010	300,00 €	1.245,75 €	31,14 €	1.276,90 €

- Erstellt selbst ein Tabellenblatt zur Berechnung eines Sparplans.
- Wie viel Geld kann Patrick im angegebenen Beispiel nach sechs Jahren abheben?
- Wann hat Patrick erstmals mehr als 2500 € auf seinem Konto?
- Wie viel Zinsen hat er nach zehn Jahren insgesamt bekommen?
Gebt eine Formel zur Berechnung der Zinsen an.

- Stellt die Entwicklung des Kapitals in einem geeigneten Diagramm dar.
- Erstellt so ein Diagramm auch für die Entwicklung der Zinsen. Was fällt euch auf?

- Verändert in dem Programm den Zinssatz und beobachtet die Veränderungen des Kontostandes.
- Was beobachtet ihr, wenn ihr die Höhe der Einzahlungen verdoppelt? Wie wirkt sich eine Verdopplung des Zinssatzes aus? Erklärt den Unterschied.

Rückspiegel

Rückspiegel

1 Berechne die fehlenden Werte.

	Grundwert	Veränderung in Prozent	Veränderter Grundwert
a)	315 €	+19 %	
b)		−5 %	779 km
c)	20 km		26 km

2 Herr Ehren kauft einen Fernsehapparat. Auf den Preis von 998 € kommen noch 19 % Mehrwertsteuer, es dürfen dann noch 2 % Skonto abgezogen werden.

3 Nach einem Preisaufschlag von 10 % kostete das Mountainbike 746,90 Euro.
a) Wie viel kostete das Mountainbike vor der Erhöhung?
b) Was muss bezahlt werden, wenn jetzt 10 % Rabatt gegeben werden?

4 a) Dustin hat auf seinem Sparbuch 680 €. Der Zinssatz beträgt 1,5 %.
Wie viel Zinsen erhält er nach 1 Jahr und wie hoch ist dann sein Kontostand?
b) Laura wurden nach 1 Jahr auf ihrem Sparbuch 9,18 € Zinsen gutgeschrieben.
Wie groß war ihr Guthaben bei einem Zinssatz von 2 %?

5 Berechne die fehlenden Werte.

	Kapital	Zinssatz	Zinsen	Zeit
a)	600 €	5 %		4 Mon.
b)	1200 €		18 €	$\frac{1}{4}$ Jahr
c)		6 %	4,20 €	14 Tage
d)	2400 €	11 %	198 €	

6 Frau Kircher hat eine Rechnung von 1256,50 € zu bezahlen.
Bei sofortiger Bezahlung kann sie 2 % Skonto vom Rechnungsbetrag abziehen.
Sonst muss sie innerhalb von 4 Wochen bezahlen.
Sie müsste ihr Girokonto 21 Tage lang überziehen, um gleich bezahlen zu können.
Der Zinssatz beträgt 11 %.
Wie viel Euro kann Frau Kircher sparen?

1 Berechne die fehlenden Werte.

	Grundwert	Veränderung in Prozent	Veränderter Grundwert
a)	23,56 €	+10,5 %	
b)		$-3\frac{1}{4}$ %	119,97 m
c)	125,50 €		122,99 €

2 Frau Stank hat beim Kauf eines Heimtrainers durch einen Nachlass von 15 % einen Betrag von 134,85 € gespart.
Was kostete der Heimtrainer ohne die 19 % Mehrwertsteuer?

3 Zweimal wurde der Preis eines Bildschirms um jeweils 10 % ermäßigt.
Der aktuelle Preis beträgt 243 Euro.
a) Wie hoch war der ursprüngliche Preis?
b) Um wie viel Prozent muss der Preis wieder erhöht werden, um auf den alten Preis zu kommen?

4 a) Carolin wurden am Ende des Jahres 33,25 € Zinsen gutgeschrieben.
Wie groß war das Guthaben am Jahresanfang bei einem Zinssatz von 2,5 %?
b) Für 897 € bekam Chantal 15,70 €, für 1245 € erhielt Jan 18,68 € Zinsen.
Wer hatte den höheren Zinssatz?

5 Berechne die fehlenden Werte.

	Kapital	Zinssatz	Zinsen	Zeit
a)	564 €	4,5 %		7 Mon.
b)	678,50 €		53,39 €	$\frac{3}{4}$ Jahr
c)		$3\frac{1}{4}$ %	8,85 €	80 Tage
d)	826,75 €	10,5 %	32,07 €	

6 Frau Koch kauft ein Auto für 22 000 €.
Sie zahlt 13 000 € bar.
Den Restbetrag möchte sie 8 Monate später bezahlen.
Der Händler schlägt vor, in 8 Monaten noch 9630 € zu zahlen.
Bei der Bank bekommt Frau Koch das Geld zu einem Zinssatz von 9,5 % geliehen.
Wie soll sie sich entscheiden?

Handytarife

Das Handy gehört zu unserem Alltag und ist mittlerweile nicht mehr wegzudenken. Oftmals geben Jugendliche dafür sehr viel Geld aus.
Deshalb ist es wichtig, die Abrechnungssysteme der Mobilfunkgesellschaften kritisch zu prüfen.

Kinder und Jugendliche verwenden das Handy überwiegend, um eine SMS (**s**hort **m**essage **s**ervice), also eine Kurzmitteilung zu versenden.

Die Tabelle zeigt ein besonderes Angebot:

Tarif	Einsteiger	Normal	Profi
SMS-Paket	40 SMS	150 SMS	300 SMS
Kosten	5 €	15 €	25 €

Tarifunabhängig kostet jede weitere SMS 19 Cent.

- Welches Tarifmodell ist für durchschnittlich 70 SMS, 100 SMS oder 220 SMS pro Monat das günstigste?
- Nora hat die Anzahl der in den letzten vier Monaten versandten SMS-Nachrichten notiert: 113 SMS, 145 SMS, 169 SMS und 136 SMS. Könnt ihr Nora bei der Tarifwahl behilflich sein?

Im Tarifdschungel der vielen Anbieter behält man nur schwer den Überblick. Mobilfunkanbieter Maxicom wirbt mit den rechts abgebildeten Angeboten.

- Max versendet pro Monat ungefähr 150 SMS-Nachrichten.
- Ab welcher monatlichen SMS-Zahl wird der Tarif „Normal" günstiger?
- Besorgt euch Daten von aktuellen Tarifen und vergleicht.

Maxicom-Aktuell

Tarif	Einsteiger	Normal
Grundgebühr pro Monat	4,95 €	9,95 €
Einmalige Anschlussgebühr	24,95 €	24,95 €
Freie SMS pro Monat	100	200
Empfang einer SMS	frei	frei
Versand einer SMS	0,19 €	0,19 €

Lara und Vanessa unterhalten sich über das abgebildete Tarifangebot (ohne SMS-Tarife und ohne internen Mobilfunk).

Lara: „Ich bin mir nicht schlüssig, welchen Tarif ich für mich wählen soll."
Vanessa: „Wie lange telefonierst du denn pro Monat?"
Lara: „Ich schätze mal so ungefähr eine Stunde am Wochenende, eine halbe Stunde zur Hauptzeit und eine halbe Stunde in der Nebenzeit."

- Könnt ihr den beiden einen Rat geben?

Neben den Tarifen „Basic" und „Quality" wird noch der Tarif „Premium" angeboten. Er beinhaltet 60 Freiminuten pro Monat (Gesprächsgebühren wie Tarif „Basic"). Allerdings beträgt die Grundgebühr 24,95 €.

- Ist dieser Tarif für Lara attraktiv? Was meint ihr?

Gesprächsgebühren Festnetz in €:

Tarif	Grundgebühr	Hauptzeit	Nebenzeit	Wochenende
Basic	9,95	0,49	0,19	0,09
Quality	19,95	0,15	0,15	0,09

Dem Schaubild könnt ihr die Entwicklung des SMS-Versands pro Jahr in Deutschland entnehmen (Angaben in Milliarden).

SMS Entwicklung Deutschland (nur gesendete)

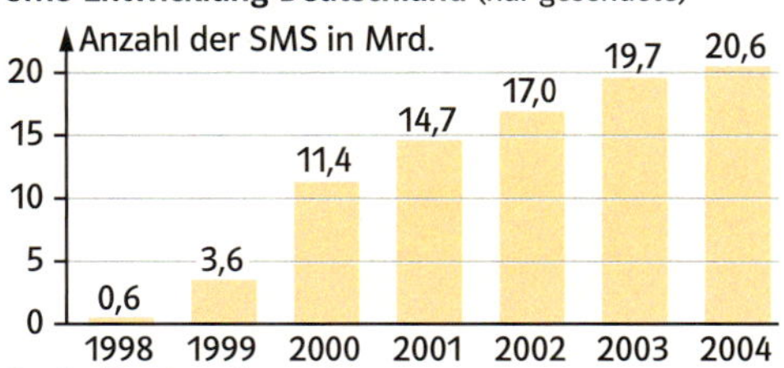

Quelle: Bundesnetzagentur

- Eine Tageszeitung meldet: „Im Jahr 2004 hat jeder Bundesbürger durchschnittlich 260 SMS versandt." Teilt ihr diese Meinung? Begründet.
- Erstellt eine Prognose, wie viel SMS in den nächsten fünf Jahren versendet werden. Diskutiert in der Klasse darüber, wovon die Anzahl abhängig ist.

In diesem Kapitel lernst du,

- was man unter Funktionen versteht und wie man sie beschreibt,
- was proportionale und lineare Funktionen sind,
- wie die Schaubilder von proportionalen und linearen Funktionen gezeichnet werden,
- wie man mathematische Modelle zur Lösung von Alltagsproblemen verwenden kann.

1 Funktionen

Die Werbetafel zeigt die Tarife des Parkhauses „Obere City".
→ Berechne die Parkgebühren für die angegebenen Parkzeiten.

Zeit in h	0,5	1	2	3	12	20	36
Gebühr in €							

→ Frau Weber bezahlt beim Verlassen des Parkhauses 9,50 €. Wie lange hat sie geparkt?

Oft gibt es Situationen, in denen eine erste Größe eine zweite bestimmt. Beispielsweise werden bei Temperaturmessungen Zuordnungen zwischen Uhrzeit und Temperatur verwendet. Dadurch entstehen **Wertepaare,** die in einer **Wertetabelle** dargestellt werden. Trägt man die Wertepaare der Zuordnung in ein Schaubild ein, erhält man den Graphen.

Uhrzeit	6:00	9:00	12:00	15:00	18:00	21:00	24:00
Temp.	7,4	12,1	17,3	21,5	17,3	10,0	8,6

Jeder Uhrzeit wird genau ein Temperaturwert zugeordnet. Dies bezeichnet man als **eindeutige Zuordnung** oder **Funktion.** Umgekehrt kann man aber nicht von der Temperatur auf die Uhrzeit schließen. In diesem Fall liegt keine Funktion vor.

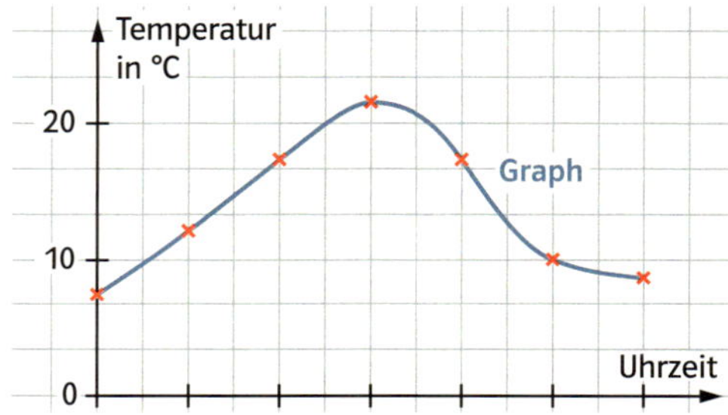

Unter einer **Funktion** versteht man eine **eindeutige Zuordnung,** bei der zu jeder Größe aus einem ersten Bereich (Eingabegröße) **genau eine** Größe aus einem zweiten Bereich (Ausgabegröße) gehört.

Bemerkung

Eine Funktion lässt sich in einer **Tabelle**, einem **Schaubild** oder mit einer **Rechenvorschrift** beschreiben.

Beispiele

a) Ein Wanderer notiert jede Stunde seine zurückgelegte Wegstrecke. Diese Zuordnung ist eine Funktion und wird in einer **Tabelle** dargestellt.

Zeit in h	1	2	3	4	5
Weg in km	4	8	11,5	15	18,5

b) Jeder gekauften Obstmenge wird ein bestimmter Preis zugeordnet. Kostet 1 kg Obst 1,25 €, lautet die **Rechenvorschrift** dafür:
Preis in € = Menge in kg · 1,25 €.

c) Das **Schaubild** zeigt die Pulsfrequenz von Svenja beim Geländelauf. Diese Zuordnung ist eine Funktion.

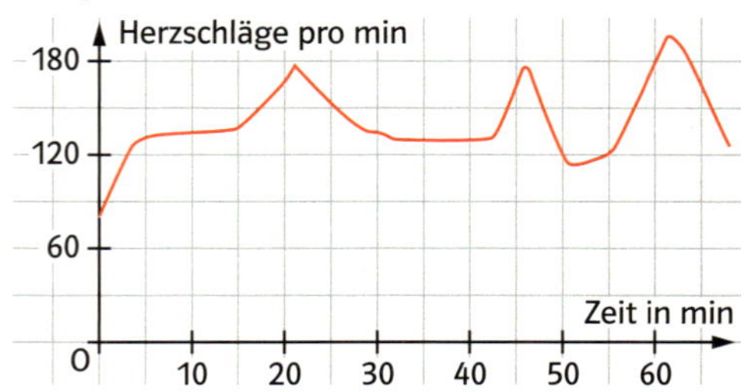

Aufgaben

1 a) Welche Zuordnungen sind Funktionen? Begründe deine Antwort.

Eingabegröße x	Ausgabegröße y
gefahrene Kilometer	Benzinverbrauch
Arbeitszeit	Lohn
Größe	Alter
verkaufte Eintrittskarten	erzielte Einnahmen
Heizölmenge	Rechnungsbetrag
Bahnkilometer	Fahrpreis
Fahrpreis	Bahnkilometer
Briefgewicht	Porto
Porto	Briefgewicht

2 Welches Schaubild gehört zu einer Funktion, welches nicht? Begründe.

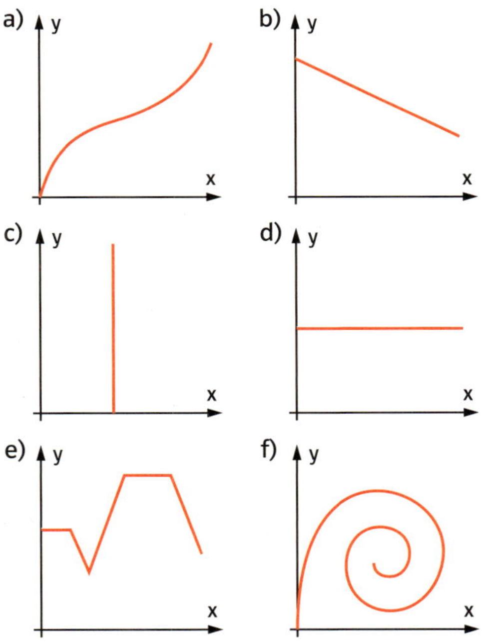

3 Kannst du zusammen mit deiner Partnerin oder deinem Partner Situationen im Alltag finden, die eine Funktion darstellen? Überlegt, ob ihre Umkehrungen auch Funktionen sind.
Stellt sie skizzenhaft in einem Koordinatensystem dar und präsentiert sie eurer Klasse.

4 Trage die zugeordneten Werte in eine Tabelle ein. Wähle für die Eingabegröße x ganze Zahlen von −3 bis 3.
Liegt eine Funktion vor? Begründe.
a) Der Zahl wird ihr Doppeltes zugeordnet.
b) Es wird der Zahl ihr Dreifaches zugeordnet.
c) Die Ausgabegröße ist um 5 größer als die Eingabegröße.
d) Der Eingabegröße wird ihre Quadratzahl zugeordnet.

5 Welche Tabelle stellt keine Funktion dar? Begründe.

(1)

Eingabegröße x	2	3	4	5	10
Ausgabegröße y	10	9	6	5	2

(2)

Eingabegröße x	1,8	2,4	2,8	2,6	2,4
Ausgabegröße y	0,3	0,9	1,5	2,1	2,0

(3)

Eingabegröße x	1	2	3	4	5
Ausgabegröße y	−3	−2	−1	−2	−3

6 Der Schaltplan zeigt einen Stromkreis mit einem Widerstand, zu dem folgendes Messprotokoll aufgenommen wurde.

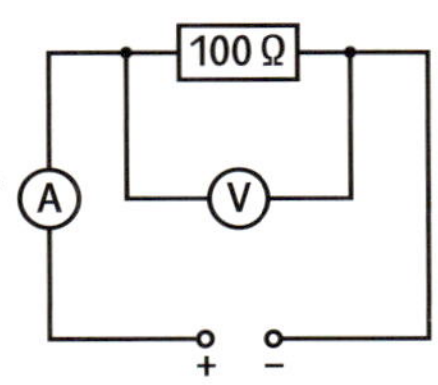

U in V	2	4	6	8	10
I in A	0,02	0,04	0,06	0,08	0,1

a) Übertrage die Messwerte in ein Koordinatensystem.
b) Überprüfe, ob eine Funktion vorliegt.

7 Anja möchte in ihrem Zimmer eine 4,80 m lange Wand vertäfelt haben. Sie fährt mit ihrem Vater in einen Baumarkt, der Bretter in verschiedenen Breiten anbietet.
Vervollständige die Wertetabelle in deinem Heft und zeichne den Graphen der Funktion.

Breite in cm	10	12	15	18	20	24
Anzahl der Bretter						

Schaubilder erzählen Geschichten

Mit Graphen können auch Bewegungsvorgänge veranschaulicht und dargestellt werden.
Das abgebildete Schaubild zeigt Forstmeister Fichte, der vom Waldrand zur Jagdhütte geht, sein Hund Bello rennt dabei deutlich schneller.

- Erkläre das Weg-Zeit-Diagramm.

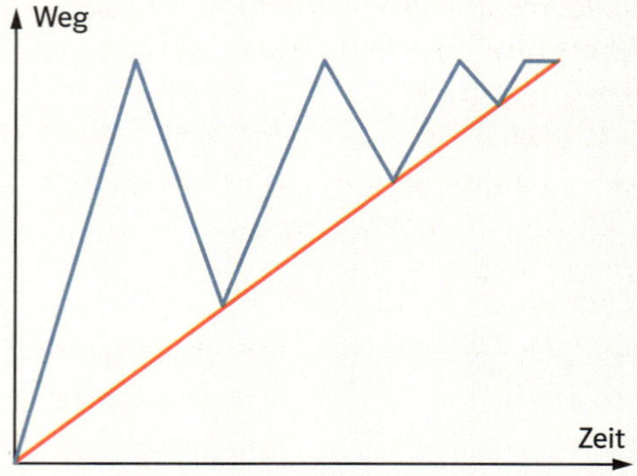

Sarah und Kim trainieren ihre Ausdauer.

- Ordne die Texte den drei Schaubildern zu und ergänze jeweils den Text für Kim.

Sarah beginnt mit langsamem Tempo, sprintet dann, bleibt kurz stehen und läuft anschließend gleichmäßig bis zum gemeinsamen Treffpunkt.

Sarah beginnt sehr langsam, sprintet dann, läuft danach etwas langsamer, steigert das Tempo, wird dann wieder langsamer und lässt es am Ende ganz langsam auslaufen.

Sara beginnt mit langsamem Tempo, bleibt kurze Zeit stehen, legt einen Sprint ein und lässt es dann langsam auslaufen.

- Was kannst du aus den Graphen noch ablesen?

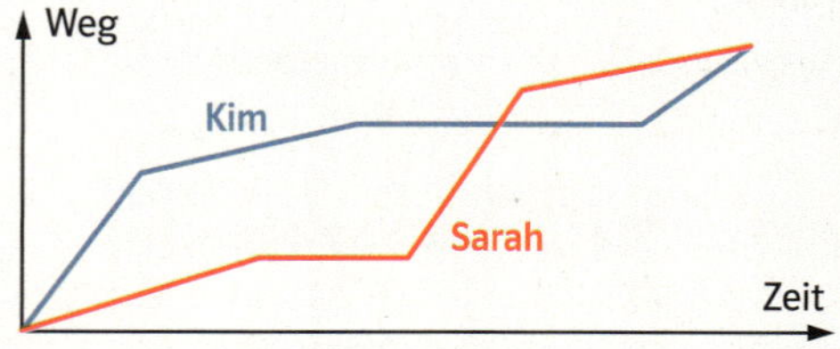

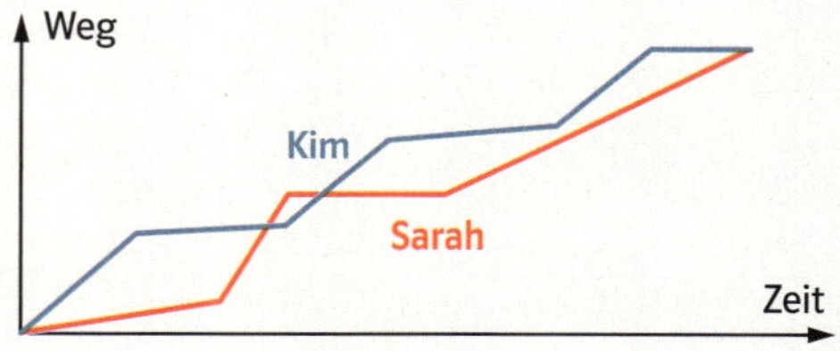

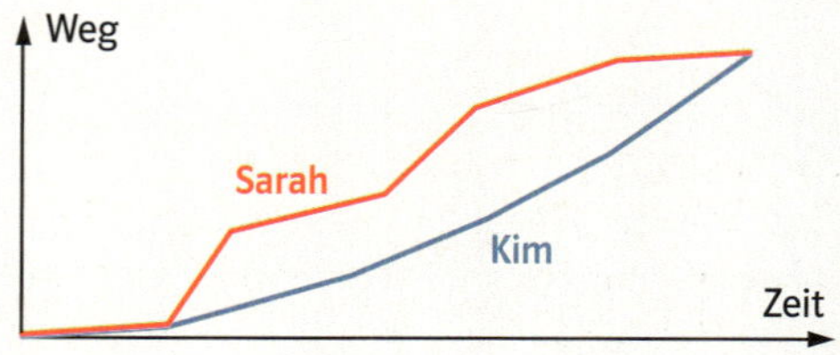

Lars und Mara fahren mit dem Fahrrad zur Schule. Lars muss zuerst ein kurzes Stück bergauf fahren, kann dann aber ein längeres Stück bergab fahren. Danach verläuft die Straße ganz eben bis zur Ampel, wo Lars ein wenig warten muss. Nach der Ampel folgt das letzte Stück bis zur Schule. Es geht leicht bergauf. Mara fährt etwas später los. Sie kann aber auch gleich eine größere Strecke bergab fahren. Bis zur Ampel, wo sie Lars trifft, verläuft die Straße dann eben. Den Rest der Strecke fahren sie zusammen.

- Stelle die Fahrt der beiden in einem Weg-Zeit-Diagramm dar. Vergleicht eure Ergebnisse. Was könnt ihr aus den Graphen alles ablesen?

- Zeichne ein Weg-Zeit-Diagramm deines eigenen Schulwegs.

2 Proportionale Funktionen

Die jährlichen Kosten für das Abwasser richten sich nach der verbrauchten Wassermenge in einem Jahr.
→ Am Verlauf der Geraden kannst du sehen, welche Art von Zuordnung vorliegt.
→ Die Geraden sind unterschiedlich steil. Woran liegt das?
→ Bestimme den Abwassertarif der einzelnen Gemeinden. Beschreibe dein Vorgehen.

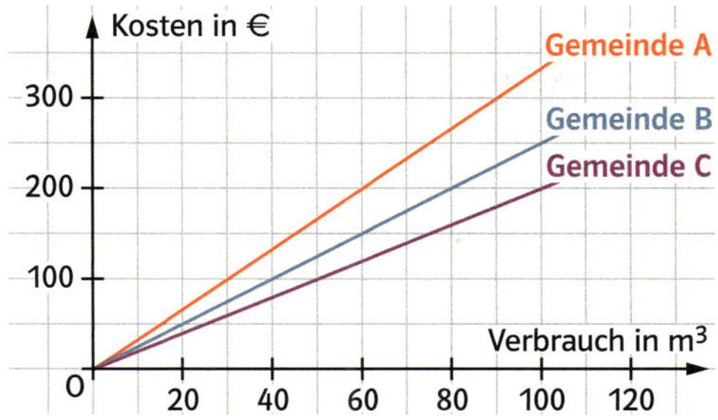

Ist ein Wertepaar einer proportionalen Zuordnung bekannt, lassen sich weitere bestimmen. Da der Quotient aus y-Wert und x-Wert eines jeden Punkts gleich ist, nennt man eine solche Funktion eine **proportionale Funktion**. Den Quotienten bezeichnet man als **Steigungsfaktor m.** Man verwendet die **Funktionsgleichung** $\mathbf{y = m \cdot x}$. Da y von x abhängig ist, schreibt man auch $f(x) = m \cdot x$.

Das Schaubild der Funktion $f(x) = 2x$ zeigt: Erhöht sich der x-Wert um 1, so vergrößert sich der f(x)-Wert um 2.

Das Schaubild der Funktion $f(x) = \frac{3}{4}x$ zeigt: Erhöht sich der x-Wert um 1, so vergrößert sich der f(x)-Wert um $\frac{3}{4}$. Ebenso kann man auch 4 Einheiten nach rechts und drei Einheiten nach oben gehen.

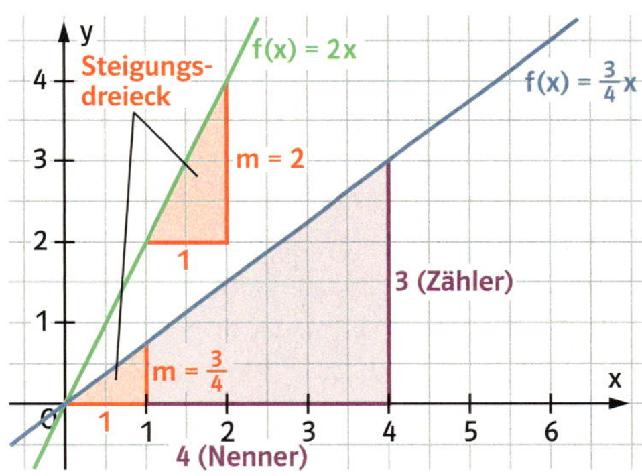

Eine Funktion mit der Gleichung $\mathbf{f(x) = m \cdot x}$ heißt **proportionale Funktion.**
Das Schaubild zeigt eine **Gerade,** die durch den **Ursprung** des Koordinatensystems geht. Der Steigungsfaktor **m** bestimmt die **Steigung** der Geraden.

Bemerkung

Der **x-Wert** ist frei wählbar und heißt deshalb **unabhängige Variable.** Der **y-Wert** hängt von der gewählten Variablen x ab und heißt deshalb **abhängige Variable.**

Beispiele

a) Zeichnen der Geraden

Der Graph der Funktion $f(x) = \frac{3}{2}x$ lässt sich mithilfe eines Steigungsdreiecks zeichnen. Dazu geht man vom Ursprung 1 Einheit nach rechts und $\frac{3}{2}$ Einheiten nach oben. Um Brüche zu vermeiden, kann man auch 2 Einheiten nach rechts und 3 Einheiten nach oben gehen. Die Ursprungsgerade geht durch den Punkt P(2 | 3).

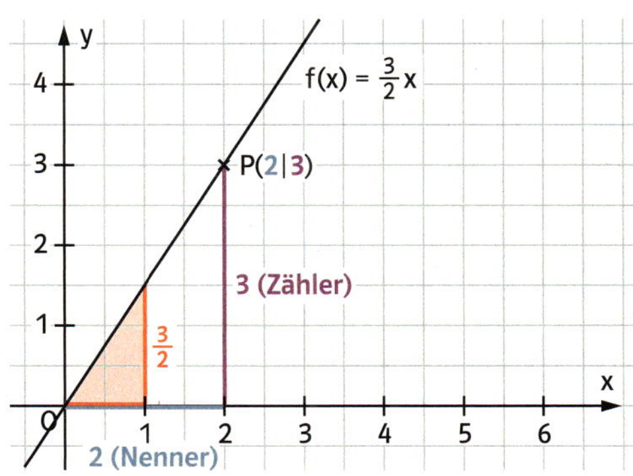

b) Bestimmen der Funktionsgleichung
Geht man vom Ursprung um zwei Einheiten nach rechts, muss man eine Einheit nach unten gehen. Daraus ergibt sich die Steigung $m = -\frac{1}{2}$.
Die Gerade hat die Gleichung $f(x) = -\frac{1}{2}x$.

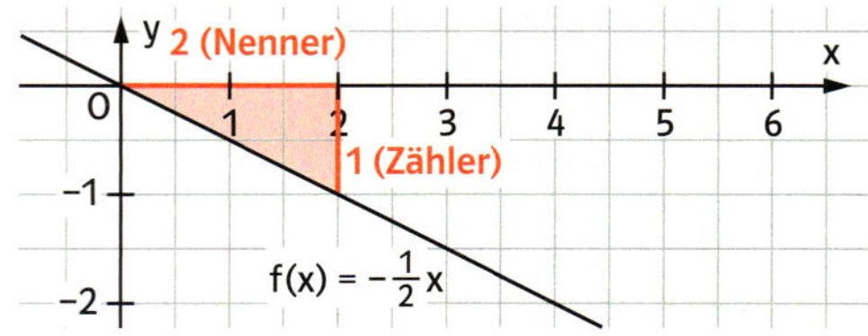

Aufgaben

1 Zeichne die Gerade einer proportionalen Funktion durch den angegebenen Punkt. Beschreibe den Verlauf der Geraden.
a) P(2 | 4) b) P(6 | 1) c) P(4,5 | 4,5)
d) Q(−3 | 2) e) Q(−1 | 5) f) Q(−8 | 2)

2 Zeichne das Steigungsdreieck samt Gerade. Gehe dazu vom Ursprung
a) um 1 nach rechts und 3 nach oben.
b) um 1 nach rechts und 2 nach unten.
c) um 3 nach rechts und 6 nach unten.
d) um 1 nach links und 4 nach unten.

? *Zeichne die Gerade der proportionalen Funktion.*

Was fällt dir auf?
m = −3
m = −2
m = −1
m = 0
m = 1
m = 2
m = 3

3 Die Steigung m einer proportionalen Funktion legt den Verlauf der Geraden fest. Beschreibe die Lage der Geraden mit Worten. Verwende zur Eingrenzung die beiden Geraden $f(x) = x$ bzw. $f(x) = -x$.

Beispiel: $f(x) = 2x$
Die Gerade verläuft durch den 1. und 3. Quadranten. Sie ist steiler als die Gerade $f(x) = x$.

a) $f(x) = \frac{1}{2}x$ b) $f(x) = -\frac{1}{10}x$
c) $f(x) = -1{,}5x$ d) $f(x) = 3x$

4 Welche Gleichung gehört zu welcher Geraden?

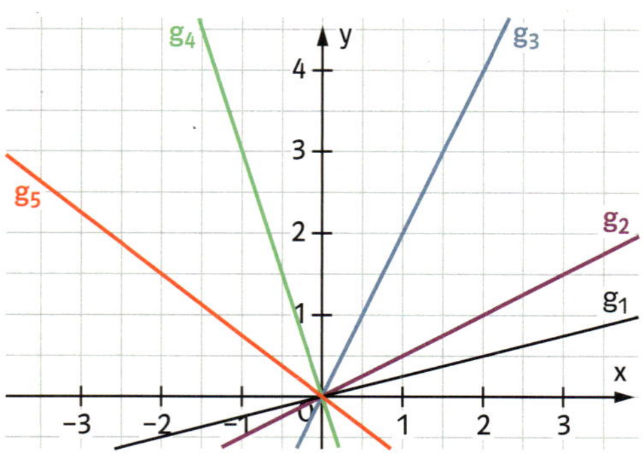

G1: $f(x) = 2x$
G2: $f(x) = -0{,}5x$
G3: $f(x) = -\frac{2}{3}x$
G4: $f(x) = \frac{1}{2}x$
G5: $f(x) = -\frac{3}{2}x$
G6: $f(x) = \frac{1}{4}x$
G7: $f(x) = -3x$
G8: $f(x) = -\frac{3}{4}x$

5 Zeichne die Gerade mithilfe des Steigungsdreiecks.

Beispiel: $f(x) = -\frac{2}{5}x$

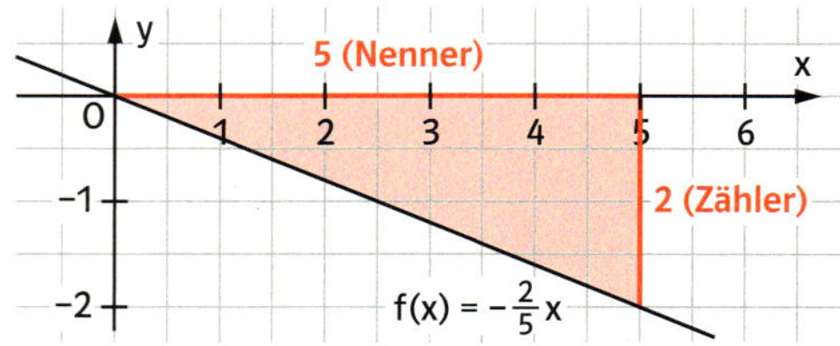

a) $f(x) = \frac{1}{3}x$ b) $f(x) = \frac{3}{7}x$ c) $f(x) = \frac{4}{3}x$
d) $f(x) = -\frac{4}{5}x$ e) $f(x) = -\frac{1}{5}x$ f) $f(x) = -\frac{7}{2}x$

6 Gib zu jeder Geraden die Funktionsgleichung an.

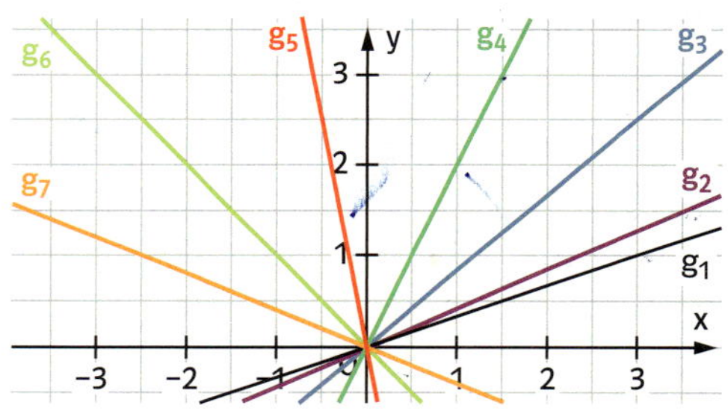

7 Eine Ursprungsgerade geht durch den Punkt P. Gib die Funktionsgleichung an.
a) P(6 | 3) b) P(2 | 1) c) P(−2 | 4)
P(3 | 6) P(2 | −1) P(4 | −2)
P(6 | −3) P(−2 | −1) P(−2 | −4)

8 Liegt eine proportionale Funktion vor? Du brauchst nicht zu zeichnen.

a)

x	3	5	7	10	15
f(x)	9	15	21	30	45

b)

x	−5	−2	0	3	7
f(x)	−2,5	−1	0	1,5	3,5

9 Das Wertepaar gehört zu einer proportionalen Funktion.
Bestimme die Funktionsgleichung.
a) (2 | 7) b) (−5 | −7,5) c) (8,4 | 2,8)

10 a) Die Ursprungsgerade g_1 geht durch drei der 24 markierten Punkte.
Wie heißt die Funktionsgleichung von g_1?
Nenne weitere Gitterpunkte von g_1.
b) Finde weitere Ursprungsgeraden, die durch mindestens drei Punkte verlaufen.
c) Welche Ursprungsgerade geht durch vier Punkte?

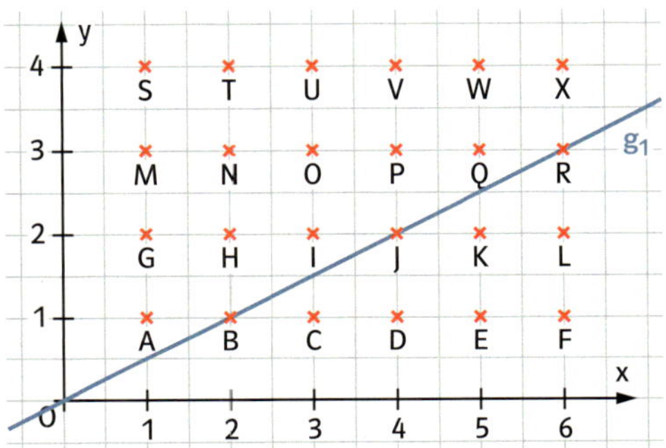

11 a) Ordne die Gleichungen nach der Eigenschaft:
„Die zugehörige Gerade ist steiler als".
$f(x) = 0{,}2x$ $f(x) = 1{,}2x$ $f(x) = x$
$f(x) = 5x$ $f(x) = \frac{1}{3}x$ $f(x) = \frac{4}{3}x$
b) Ordne die Gleichungen nach der Eigenschaft:
„Die zugehörige Gerade hat eine geringere Steigung als".
$f(x) = -\frac{2}{3}x$ $f(x) = -2{,}5x$ $f(x) = -0{,}5x$
$f(x) = -\frac{5}{4}x$ $f(x) = -x$ $f(x) = -3x$
c) Vergleiche den Verlauf der beiden Geraden, ohne zu zeichnen.
$f_1(x) = \frac{1}{3}x$ $f_2(x) = \frac{1}{4}x$
$f_1(x) = -4x$ $f_2(x) = -6x$

12 Beide Punkte liegen auf einer Ursprungsgeraden.
a) S(2 | −3)   T(−4 | □)
b) S(−2 | −4)   T(1 | □)
c) S(−3 | 1)   T(1,5 | □)
d) S(4 | −1)   T(6 | □)
e) S(1 | 3)   T(□ | 4,5)
f) A(4 | 6)   B(□ | 9)

13 Welche Punkte liegen auf welcher Geraden?
A (2 | 3) $f(x) = \frac{1}{2}x$
B (−2 | −1) $f(x) = -x$
C (5 | 0,5) $f(x) = 1{,}5x$
D (−2 | 4) $f(x) = 0{,}1x$
E (−4,5 | 4,5) $f(x) = \frac{2}{3}x$
F (−3 | −2) $f(x) = -2x$

14 In die beiden quaderförmigen Behälter fließt in gleicher Zeit gleich viel Wasser.
Die Höhe beider Behälter ist gleich.
Welcher Graph gehört zu welchem Gefäß?
Bestimme die jeweilige Funktionsgleichung. Mache eine Aussage über die Grundflächen der beiden Quader.

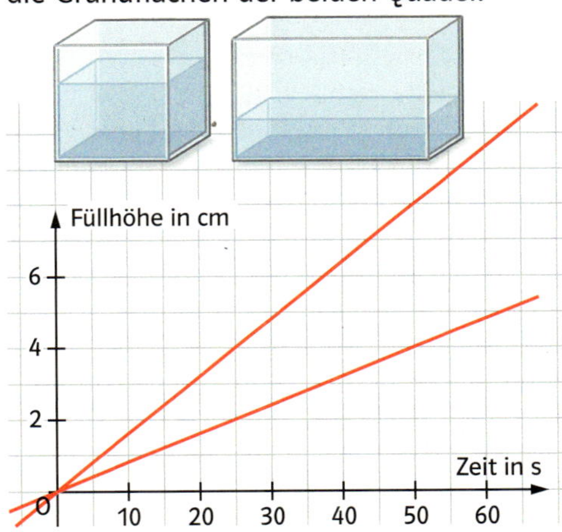

15 Der Schall breitet sich in verschiedenen Stoffen unterschiedlich schnell aus.
Beschreibe die Abhängigkeit von Zeit und Weg jeweils in einer Funktionsgleichung.
in Luft: 340 m pro Sekunde
in Wasser: 1450 m pro Sekunde
in Stahl: 5050 m pro Sekunde

16 Bestimme die Funktionsgleichung der proportionalen Zuordnung. Zeichne den Graphen.
a) Für das Austragen von 100 Zeitungen bekommt Jens 5 €.
b) Ines verlangt für drei Stunden Babysitten 7,50 €.
c) Frau Meyer verdient bei einer wöchentlichen Arbeitszeit von 25 Stunden 275 €.
d) Acht Brötchen kosten 3,20 €.
e) Für zwölf Eier muss man 3 € bezahlen.

Mehr oder weniger als 100 % Gefälle?

17 a) Erzeugt in Partnerarbeit mithilfe des Buchdeckels eures Mathematikbuchs verschiedene Steigungen. Vor dem Messen soll die Steigung geschätzt werden.
b) Erstellt eine 100%ige und eine 200%ige Steigung.
c) Könnt ihr auch eine negative Steigung mit dem Buchdeckel erzeugen?

18 Bestimme zuerst die Funktionsgleichung und berechne dann die Lösung.

Beispiel: Frau Noll leiht sich 3000 € zu einem Zinssatz von 4,5 %.
Funktionsgleichung: $f(x) = 4{,}5\,\% \cdot x$
Zins: $f(x) = 4{,}5\,\% \cdot 3000\,€ = 135\,€$

a) Ein Kapital wird mit 2,75 % verzinst. Herr Ahlers hat ein Sparguthaben von 3750,50 €.
b) Der Handwerker gibt auf seine Rechnungen 2 % Skonto. Die Rechnung von Frau Schmitt beträgt 756,40 €.
c) Ein Supermarkt erteilt in der Sparwoche auf alle Waren 5 % Rabatt. Familie Groß kauft Waren im Wert von 256,80 €.
d) Der Staat verlangt 19 % Mehrwertsteuer. Der Rechnungsbetrag ohne Mehrwertsteuer beträgt 867,20 €.

19 Bestimme die Steigungen der Bahnen. Gib die Steigungen auch in Prozent an und drücke dann den Verlauf der Bahnstrecken in einer Funktionsgleichung aus.

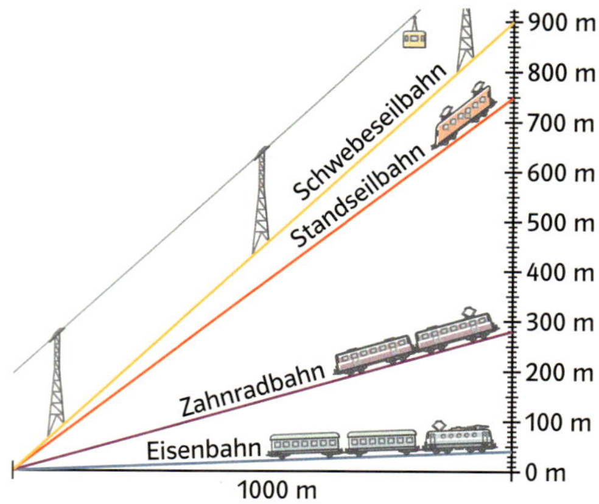

20 Ein leeres Becken ist 5 m breit, 8 m lang und 1,5 m hoch. Es wird mit Wasser gefüllt. In jeder Minute fließen 120 Liter in das Becken.
a) Zeichne den Graphen und gib die Funktionsgleichung an.
b) Wie hoch steht das Wasser nach einer Stunde?
c) Wann ist das Becken bis 10 cm unter dem Rand gefüllt?

Treppen steigen

Pyramide in Tikal (Guatemala)

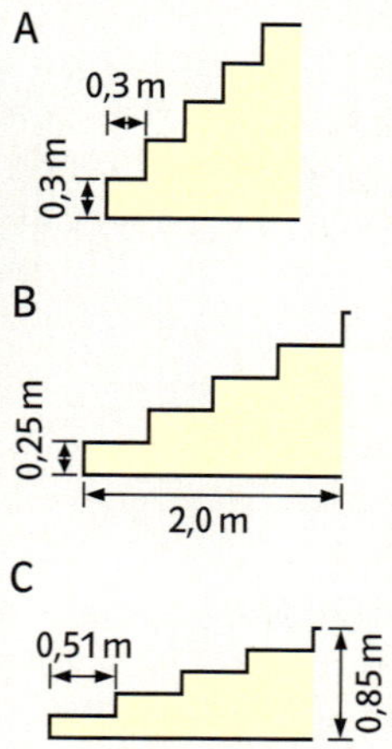

Treppen können sehr gefährlich sein, wenn die Tritthöhe der einzelnen Stufen unterschiedlich groß ist. Bei richtig gebauten Treppen kann man deshalb alle Eckpunkte der Treppenstufen mit einer geraden Linie verbinden.

- Bestimme die Steigung der Treppen A, B und C und drücke die gedachte Verbindungslinie als Funktionsgleichung aus.
- Vergleiche die Treppen eures Schulgebäudes. Arbeite mit einer Partnerin oder einem Partner zusammen.
  Welche Treppe ist die steilste?
  Erklärt der Klasse, wie ihr zu dieser Entscheidung gekommen seid.
- Zeichnet die Treppen maßstabsgetreu auf ein Plakat mit Angabe der Steigung und der Funktionsgleichung.

3 Lineare Funktionen

Dem Schaubild kann man den Fahrpreis einer Taxifahrt im Nahverkehr entnehmen.
→ Gib für jede Entfernung an, wie viel bezahlt werden muss.
→ Weshalb verläuft die Gerade durch die Punkte nicht auch durch den Ursprung?

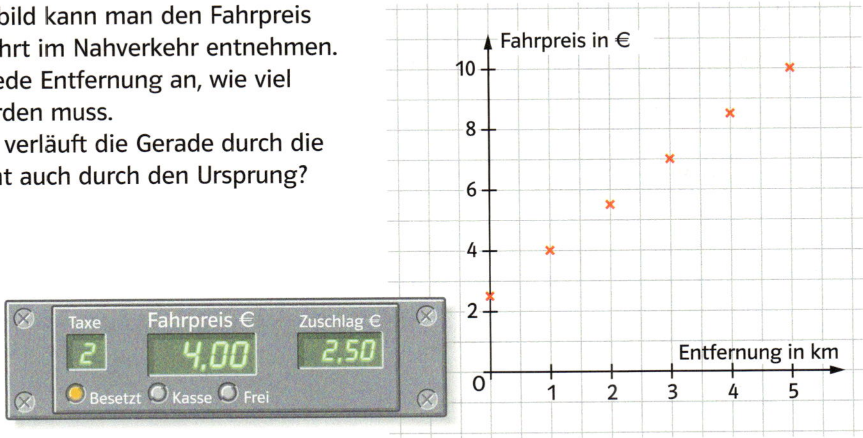

Der Graph der Funktion mit der Gleichung $f(x) = \frac{1}{2}x + 2$ entsteht durch Verschieben der Geraden $f(x) = \frac{1}{2}x$ in y-Richtung. Das zeigen die Wertetabellen der beiden Funktionen.

Für $f(x) = \frac{1}{2}x$ erhält man:

x	−2	−1	0	1	2	3	4
f(x)	−1	−0,5	0	0,5	1	1,5	2

Für $f(x) = \frac{1}{2}x + 2$ erhält man:

x	−2	−1	0	1	2	3	4
f(x)	1	1,5	2	2,5	3	3,5	4

Hier erkennt man, dass jeder Punkt der Geraden $f(x) = \frac{1}{2}x$ um 2 Einheiten in y-Richtung verschoben wurde.
Beide Geraden haben dieselbe Steigung $m = \frac{1}{2}$, sie verlaufen parallel.
Der Graph von $f(x) = \frac{1}{2}x + 2$ geht nicht durch den Ursprung.
Die Funktion ist nicht proportional.

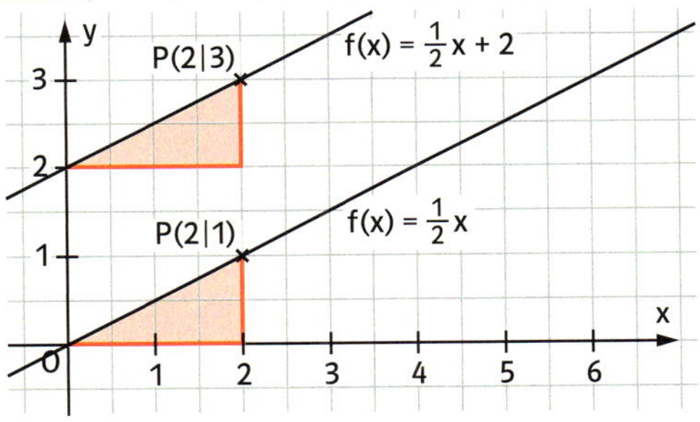

Eine Funktion mit der Gleichung $f(x) = m \cdot x + b$ heißt **lineare Funktion**.
Ihr Graph ist eine Gerade mit der **Steigung m**. Die Gerade schneidet die y-Achse im Punkt P(0 | b). Man bezeichnet b als **y-Achsenabschnitt** der Geraden.

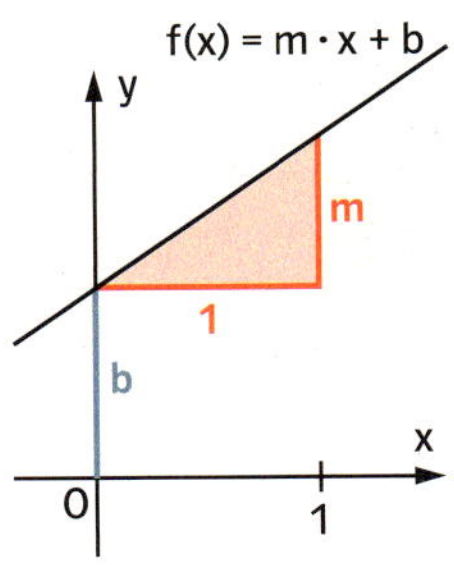

Bemerkung
Mit dem y-Achsenabschnitt b = 0 ergeben sich proportionale Funktionen.

Beispiele
a) Der Graph der Funktion $f(x) = 3x - 2$ kann mithilfe des y-Achsenabschnitts $b = -2$ und der Steigung $m = 3$ gezeichnet werden.

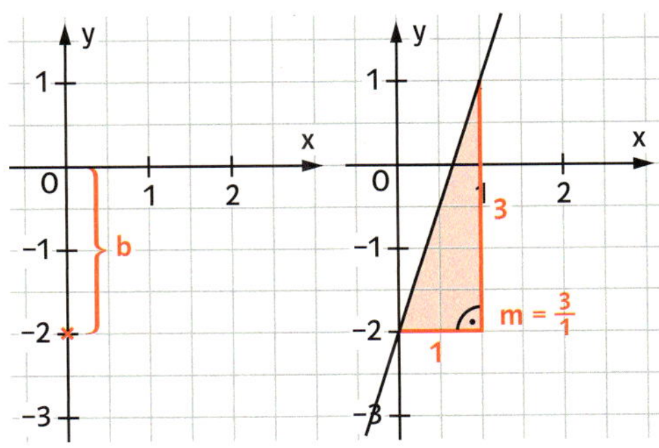

b) Aus dem Schaubild lassen sich die Werte für die Steigung m und den y-Achsenabschnitt b ablesen.
$b = 1$ $\qquad m = \frac{3}{4}$
Zur Gerade gehört damit die Funktionsgleichung $f(x) = \frac{3}{4}x + 1$.

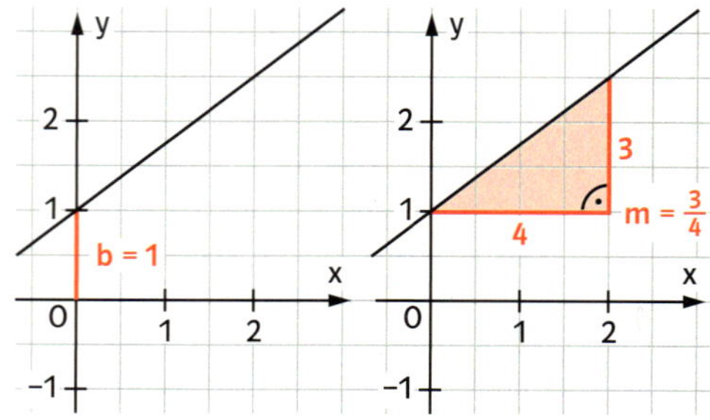

Aufgaben

1 Entscheide, ob eine lineare oder sogar eine proportionale Funktion vorliegt. Begründe deine Antwort.

Eingabegröße	Ausgabegröße
Kraftstoffmenge	Kraftstoffpreis
Wärmezufuhr	Wassertemperatur
Bahnkilometer	Fahrpreis
Länge einer Kerze	Brenndauer
Arbeitsstunden	Handwerkerrechnung

2 Welche Gerade gehört zu welcher Gleichung?

G1: $f(x) = \frac{1}{2}x - 1$
G2: $f(x) = 2x + 1$
G3: $f(x) = x + 1$
G4: $f(x) = -\frac{1}{2}x + 1$
G5: $f(x) = -2x + 2$
G6: $f(x) = -x - 1$

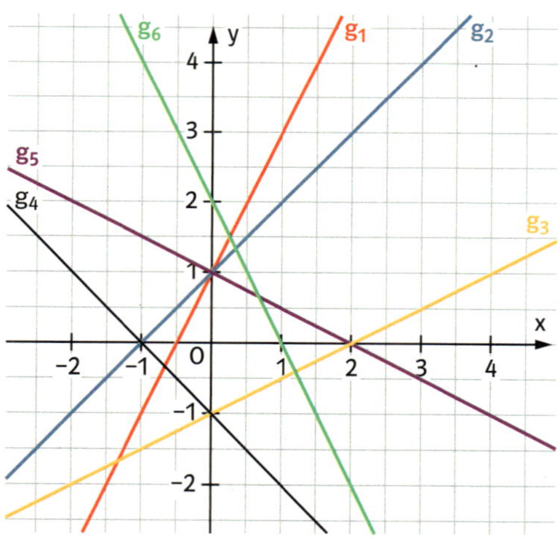

3 Zeichne die Gerade.
Verwende den y-Achsenabschnitt und ein Steigungsdreieck.

a) $f(x) = 2x + 1$ $\qquad$ b) $f(x) = 2x - 1$
c) $f(x) = -2x + 1$ $\qquad$ d) $f(x) = -2x - 1$
e) $f(x) = \frac{1}{4}x - 1$ $\qquad$ f) $f(x) = \frac{2}{3}x + 2$
g) $f(x) = \frac{3}{4}x + 2{,}5$ $\qquad$ h) $f(x) = \frac{4}{5}x - 3{,}5$

4 Bestimme die Funktionsgleichungen. Was fällt dir an den Geradengleichungen auf?
Vergleiche sämtliche f(x)-Werte für $x = 1{,}5$ und für $x = 3$.

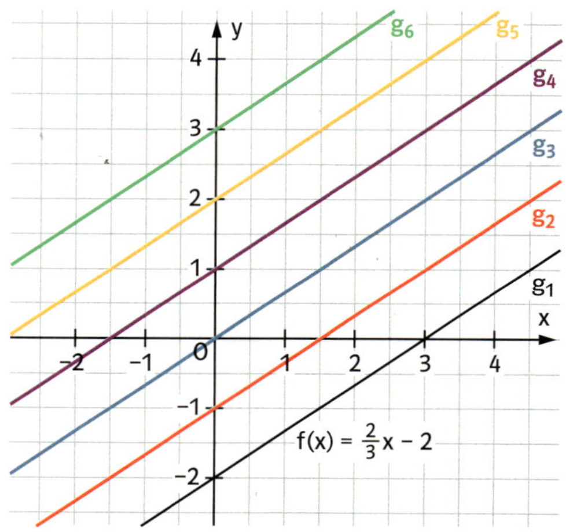

5 Alle Geraden gehen durch den Punkt P(0 | 1). Wie heißen die Gleichungen? Was fällt dir an den Geradengleichungen auf?

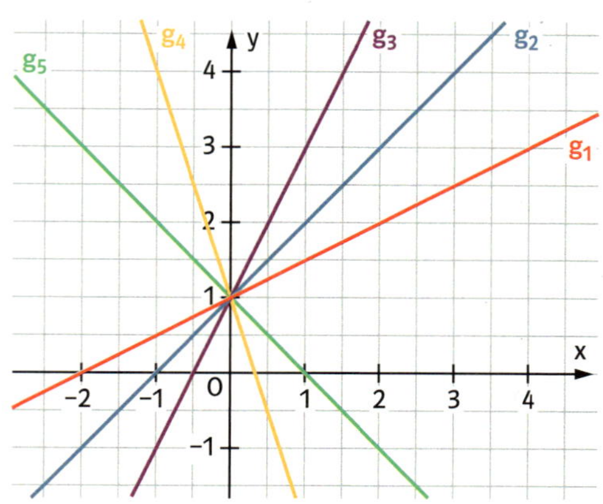

6 a) Bestimme die Gleichung der Geraden g.

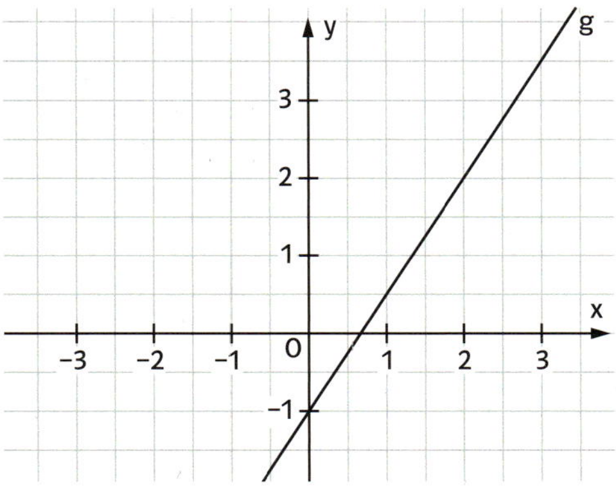

b) Zeichne zwei weitere, zu g parallele Geraden ins Schaubild und gib deren Gleichungen an.
c) Zeichne zwei weitere Geraden ein, die die y-Achse im selben Punkt schneiden wie die Gerade g. Bestimme deren Funktionsgeraden-Gleichung.

7 Die Gerade geht durch den Punkt T und hat den y-Achsenabschnitt b.
Bestimme die Funktionsgleichung.

a) $T(3|2)$; $b = 1$
b) $T(-3|-1)$; $b = 2$
c) $T(4|-7)$; $b = 1$
d) $T(-2|0)$; $b = -3$

8 a) Die Gerade g geht durch zwei der 25 markierten Punkte. Wie heißt die zugehörige Funktionsgleichung?
b) Nenne Gleichungen von Geraden, die durch drei markierte bzw. vier markierte Punkte gehen.

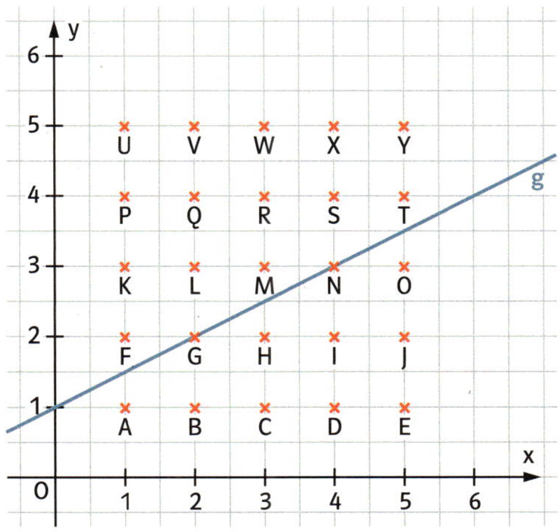

9 Bestimme die Funktionsgleichung mithilfe einer Zeichnung.
Die Gerade verläuft parallel zu
a) $f(x) = 1{,}5x + 1$ und geht durch $P(2|6)$.
b) $f(x) = -0{,}5x - 1$ und geht durch $P(4|-6)$.
c) $f(x) = \frac{3}{4}x - 2$ und geht durch $P(-4|0)$.

Lebende Geraden

Im Schulhof könnt ihr „lebende Geraden" bilden. Auf dem Foto seht ihr die Gerade $f(x) = x - 1$.

- Wie müssen sich alle Schülerinnen und Schüler bewegen, dass die Gerade $f(x) = x + 3$ entsteht? Wie entsteht die Gerade $f(x) = x - 4$?

- Wie müssen sich die Schülerinnen und Schüler bewegen, damit die Gerade $f(x) = 2x - 1$ entsteht? Wie erhält man die Gerade $f(x) = -0{,}5x - 1$?

- Wie müssen sich die Schülerinnen und Schüler aufstellen, sodass eine Gerade mit der Steigung $m = 0$ dargestellt wird?

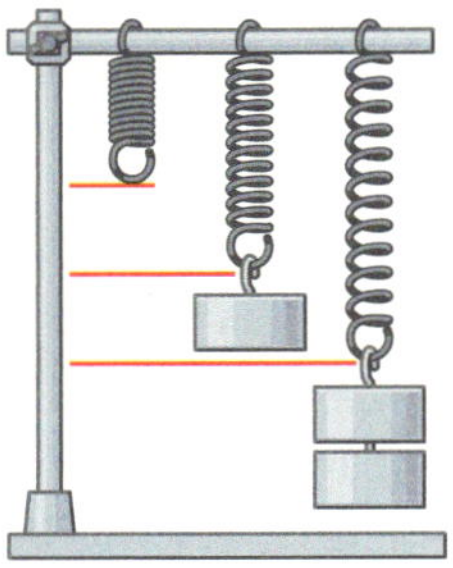

Gewichtskraft in g	Länge der Feder in cm
0	10
0,5	12
1	14
1,5	16
2	18
3	?

10 Im Physikunterricht haben Mara und Pia einen Versuch mit einer Schraubenfeder durchgeführt. In der Tabelle sind ihre Messergebnisse dargestellt.
a) Übertrage die Wertepaare in ein Koordinatensystem.
b) Was werden die beiden ihrer Klasse berichten?

11 In Billerbeck findet eine Kirmes statt. Dafür kommen Fahrgeschäfte mit ihren Vergnügungsangeboten in die Stadt. Für den benötigten Platz müssen sie Standgebühr bezahlen. Sie besteht aus einer Grundgebühr von 6 € und für jeden m^2 müssen 50 ct bezahlt werden.
a) Bestimme die zugehörige Funktionsgleichung und zeichne den Graphen.
b) Bestimme mithilfe des Schaubilds die Standmieten für die Autoscooter mit 300 m^2 und das Riesenrad mit 180 m^2 Standfläche.
c) Die Losbude muss mit 24 m^2 Standfläche 60 € bezahlen. Überprüfe diesen Preis.

12 Im Schaubild sind die Wasserkosten der Stadt Asbeck dargestellt.

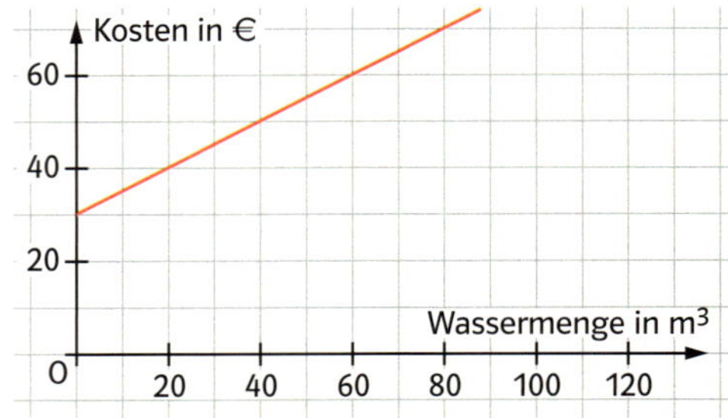

a) Was bedeutet der Achsenabschnitt auf der y-Achse?
b) Was kostet 1 m^3 Wasser?
c) Erstelle die Funktionsgleichung für die Gerade.

13 Ein Fallschirm öffnet sich in einer Höhe von 450 m. Danach sinkt er 8 m in jeder Sekunde. Die Zuordnung der Fallhöhe zur Fallzeit ist eine Funktion. Erstelle dazu die Funktionsgleichung und zeichne den Graphen der Funktion. Was kannst du aus dem Schaubild alles ablesen?

Zwei Punkte sind genug

?!

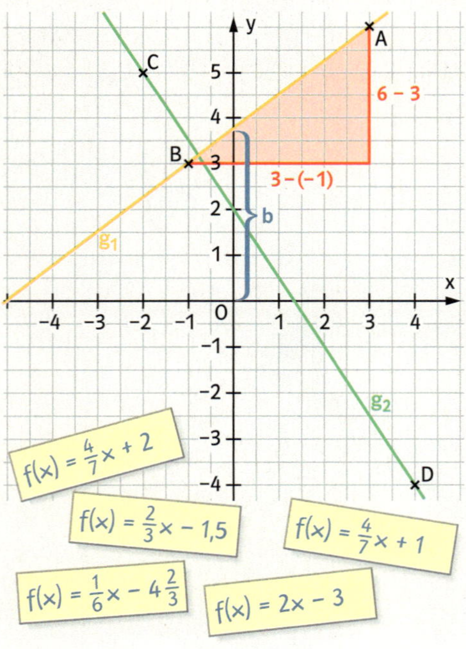

Zwei vorgegebene Punkte einer Geraden genügen, um die Steigung und damit auch die zugehörige Funktionsgleichung einer linearen Funktion zu bestimmen.
Arbeite mit einer Partnerin oder einem Partner zusammen.

- Die Gerade g_1 verläuft durch die Punkte A(3 | 6) und B (−1 | 3). Ihre Steigung ist $\frac{3}{4}$. Erklärt anhand des Schaubilds, wie man mithilfe der beiden gegebenen Punkte die Steigung ermitteln kann.
- Ermittelt ebenso die Steigung der Geraden g_2.
- Formuliert eine Regel, wie man mithilfe der Koordinaten zweier Punkte die Steigung immer berechnen kann.

- Wenn man m kennt, kann man den y-Achsensabschnitt berechnen.
Tipp: Verwende dazu die Koordinaten eines gegebenen Punktes.

- Versucht es jetzt ohne Zeichnung. Die Lösungen findest du auf den Kärtchen.
g_3: M(6 | 2,5); N(−3 | −3,5) g_4: S(7 | −3); T(0 | 1)
g_5: A(3 | 3); B(−1 | −5) g_6: C(−2 | −5); D(4 | −4)

Versorgungstarife

Strom, Gas und Wasser werden von Energieversorgungsunternehmen zu unterschiedlichsten Tarifen angeboten.

Anbieter	Grundgebühr	Kosten pro kWh
EWR	38,28 €	15,44 ct
GreenStrom	79,20 €	14,80 ct
Happy-Energy	64,08 €	15,25 ct
BergspitzStrom	100,80 €	14,35 ct

- Familie Sommer hat einen Stromverbrauch von ca. 6000 kWh pro Jahr. Frau Bonnetti lebt alleine und verbraucht ca. 1500 kWh.
Welchen Rat würdest du geben?

- Mit einem Tabellenkalkulationsprogramm kannst du dir einen Tarifrechner erstellen und durch gezieltes Probieren rasch den günstigsten Tarif ermitteln.
- Erstelle ein geeignetes Schaubild.
Welche Schwierigkeiten treten auf?

F3 ▼ f_x =B3+B6*B4

	A	B	C	D	E	F	G
1	Strom-Tarifrechner						
2							
3	Grundgebühr	65,00 €		Rechnungsbetrag:		830,00 €	
4	Preis pro kWh	0,17 €					
5							
6	Verbrauch in kWh	4500					
7							

Die Anschaffungskosten einer Solarstromanlage belaufen sich auf 12 500 €.
Pro Monat werden ungefähr 150 kWh ins öffentliche Stromnetz eingespeist und mit 57,4 ct pro kWh vergütet.

- Nach welcher Zeit hat sich die Anschaffung der Solarstromanlage bezahlt gemacht?

Das Schaubild zeigt den Wasserverbrauch und die zugehörigen Kosten von Familie Schneider innerhalb eines Jahres.

- Was beschreiben die Punkte P und Q? Wovon hängt der y-Achsenabschnitt, wovon die Steigung der Gerade ab?
- Was kostet 1 m^3 Wasser?

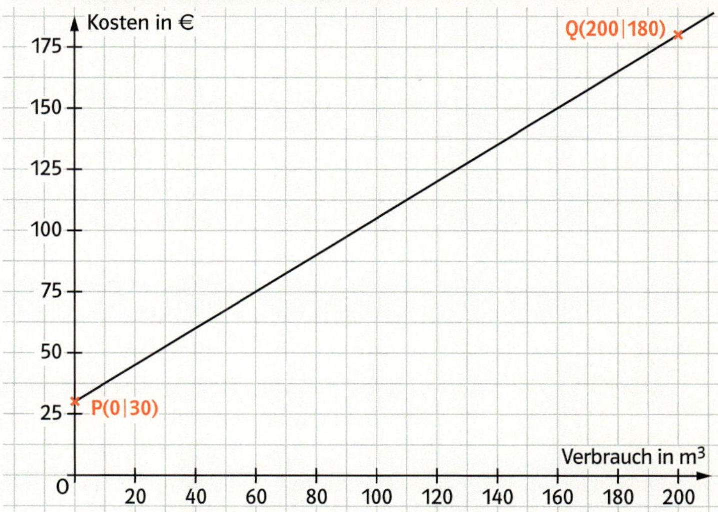

Abwasser wird gesondert berechnet.
Pro Kubikmeter Wasser fallen 1,60 € an.

- Berechne die Gesamtkosten von Familie Schneider.
- Rechne auch mit den Gebührensätzen bei euch vor Ort.

4 Modellieren mit Funktionen

Lara möchte sich einen gebrauchten Roller im Wert von etwa 1500 € anschaffen.
Dazu hat sie bereits 500 € gespart.
In den Sommerferien kann sie einen Ferienjob annehmen. Für jede Arbeitsstunde bekommt Lara 9 € ausbezahlt. Die tägliche Arbeitszeit beträgt acht Stunden.

→ Reichen drei Arbeitswochen aus?
→ Lara überlegt, ob sie am Tag sieben Stunden arbeiten soll.

Mithilfe der linearen Funktionen lassen sich bestimmte Fragestellungen und Probleme des Alltags bearbeiten und lösen. Eine exakte Beantwortung der Fragen ist jedoch oftmals schwierig und auch nicht nötig. Vereinfachungen helfen, die reale Situation in einen mathematischen Zusammenhang zu übersetzen. Die gefundene mathematische Lösung muss dann jedoch in der Alltagssituation auf ein sinnvolles Ergebnis überprüft werden. Diesen Kreislauf nennt man **mathematisches Modellieren.**

Reale Welt — **Übersetzen** — **Mathematik**

Realsituation

Familie Müller interessiert sich für ein Ferienhaus. Es liegen zwei Angebote vor. Die Realsituation zeigt zwei Inserate.
Es stellt sich die Frage:
„Welches Angebot ist das günstigere?"

Mathematisches Modell

Die Kosten für die Hausmiete lassen sich mit einer linearen Funktion darstellen.
Die Variable x wird für die Anzahl der Miettage verwendet.
Sonne & Haus
$f(x) = (85 + 10) \cdot x + 120 = 95 \cdot x + 120$

Lösen

Mathematische Ergebnisse

Im Schaubild kann man erkennen, dass die Kosten für das Angebot „Sonne & Haus" höher als das Pauschalangebot „Traumhaus" sind.

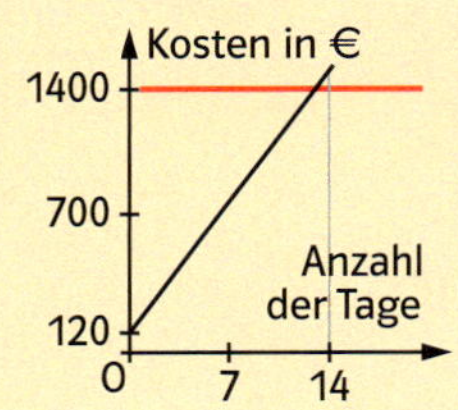

Interpretieren

Reale Ergebnisse

Bei einer Mietdauer von 2 Wochen übersteigen die Kosten für das Angebot „Sonne & Haus" das Pauschalangebot „Traumhaus" um 50 €.
„Sonne & Haus": $95\,€ \cdot 14 + 120\,€ = 1450\,€$
Traumhaus: Pauschalangebot 1400 €

Bewerten

Eine **Bewertung** kann etwa so aussehen: Sollte Familie Müller das Angebot „Sonne & Haus" mehr zusagen, ist sie vielleicht bereit, die Mehrkosten von 50 € zu tragen.

Das **mathematische Modellieren** läuft in Stufen ab.
1. **Übersetzen** der Realsituation in ein mathematisches Modell
2. **Lösen:** Ermitteln der mathematischen Ergebnisse
3. **Interpretieren** der Lösung in der Realsituation
4. **Bewerten** des realen Ergebnisses

Beispiel

Eine Computerfirma, erstellt ein Angebot für einen Wartungsvertrag. Der Firmeninhaber hofft, für 3000 € den Zuschlag zu bekommen. Die Stundensätze betragen 70 € für einen Techniker und 40 € für eine Hilfskraft. Sie arbeiten immer zusammen. Für Materialkosten werden 500 € kalkuliert. Die Fahrtkostenpauschale beträgt 250 €.

Fragestellung

Wie viele Stunden dürfen Techniker und Hilfskraft längstens arbeiten?

1. Übersetzen

Fahrtkosten + Material:
250 € + 500 € = 750 €
Techniker: 70 € pro Stunde
Helfer: 40 € pro Stunde
Stundenlohn insgesamt:
70 € + 40 € = 110 €
Lösungsansatz über eine Gleichung. Die Variable x bezeichnet die Arbeitsstunden.

2. Lösen

$3000 = 750 + x \cdot 110$
$x = 20{,}5$ (gerundet)

3. Interpretieren

Techniker und Hilfskraft dürfen zusammen längstens 20 Stunden arbeiten.

4. Bewerten

Für die Firma lohnt sich der Vertrag nur, wenn die Arbeitszeit unter 21 Stunden liegt.

Aufgaben

1 Tobias misst die Länge einer brennenden zylindrischen Kerze.
Um 9:00 Uhr misst sie 14 cm, um 12:00 Uhr hat sie noch eine Länge von 9,5 cm.
a) Wie lang war die Kerze um 8:00 Uhr, wie lang wird sie vermutlich gegen 17:00 Uhr sein?
Übersetze die Realsituation in ein mathematisches Modell, indem du die Zahlenpaare in ein Koordinatensystem einträgst und eine Gerade durch die dadurch erhaltenen Punkte zeichnest. Die Lösungen können im Schaubild leicht abgelesen werden. Mithilfe der Funktionsgleichung lassen sich die Ergebnisse auch berechnen. Wegen des Brennverhaltens am Ende weichen die realen Ergebnisse etwas von den mathematischen Ergebnissen ab. Bewerte die mathematischen Ergebnisse.
b) Du kannst mithilfe des Modells noch weitere Fragen beantworten.
Die Kerze wurde um 7:00 Uhr angezündet. Welche Länge hatte sie ursprünglich? Wann ist die Kerze abgebrannt?
c) Die Realsituation ändert sich, wenn die Kerze doppelt so schnell abbrennt. Passe das mathematische Modell der geänderten Situation an.

2 Familie Schwan hat im Urlaub digitale Fotos geschossen und möchte diese nun auf Papier ausdrucken lassen.

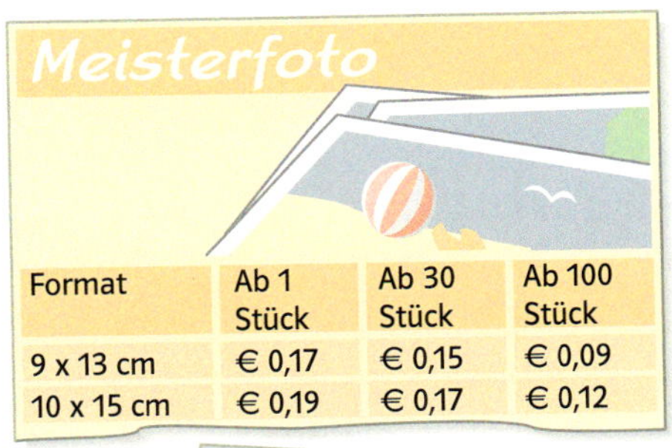

Format	Ab 1 Stück	Ab 30 Stück	Ab 100 Stück
9 x 13 cm	€ 0,17	€ 0,15	€ 0,09
10 x 15 cm	€ 0,19	€ 0,17	€ 0,12

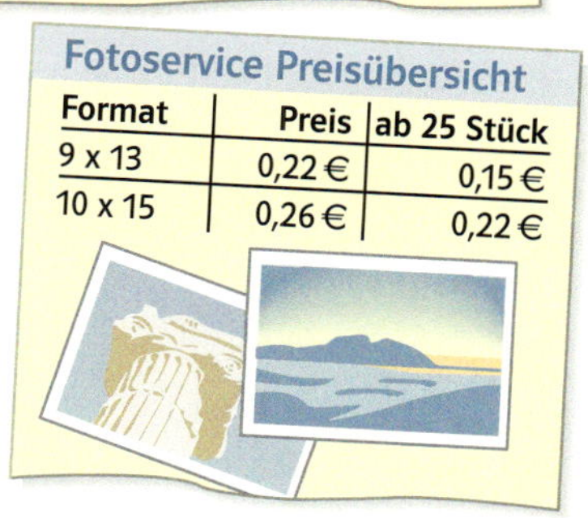

Format	Preis	ab 25 Stück
9 x 13	0,22 €	0,15 €
10 x 15	0,26 €	0,22 €

Bestimme zu jedem Bildformat und für jede Firma die Funktionsgleichung und stelle sie in einem Schaubild dar.
Welchen Rat würdest du Familie Schwan geben?

Taxitarife

Taxifahren ist nicht billig. Die Tabelle ermöglicht eine Übersicht über die Tarife der Stadt Münster.

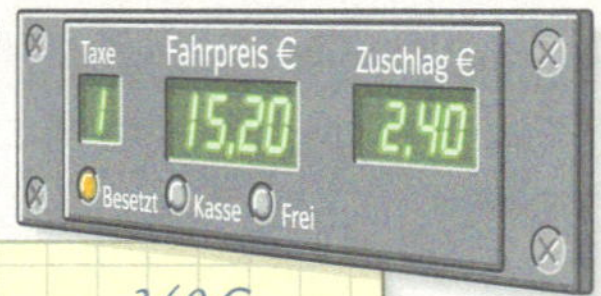

Grundtarif		2,30 €	2,40 €
Arbeitstarif		4 Uhr – 22 Uhr	22 Uhr – 4 Uhr
bis 4 km	je km	1,40 €	1,50 €
ab 4 km	je km	1,00 €	1,10 €
Zeittarif	je Stunde	19,00 €	19,00 €

Beispiel:
Für eine 15-km-Fahrt nach 22 Uhr ergibt sich folgende Berechnung:

Grundtarif		2,30 €
Arbeitstarif	$15 \cdot 1{,}50$ €	25,50 €
Zeittarif (12 Minuten Wartezeit)	$19\,€ \cdot \frac{12}{60}$	3,80 €
Summe		28,60 €

■ Frau Berg fährt am Nachmittag zu ihrer Freundin, die 12 km entfernt wohnt. Gegen Mitternacht fährt sie wieder zurück. Auf der Hinfahrt entstehen zehn Minuten Wartezeit, auf der Rückfahrt nur zwei Minuten. Frau Berg bezahlt mit einem 50-€-Schein.
Um wie viel Prozent unterscheidet sich der Preis der Nachtfahrt von der Fahrt am Tage?

■ Für die Fahrt tagsüber vom Flughafen zur Münsterlandhalle bezahlt Betty 41,35 €. Für Wartezeiten waren 4,75 € zu entrichten.
Was kostet die Fahrt nach 22 Uhr, wenn nur die Hälfte der Wartezeit anfällt?

■ Erstelle eine Funktionsgleichung für eine Fahrt zwischen 22 Uhr und 4 Uhr, die kürzer als 4 km ist.
Vergiss die Wartezeit nicht. Welches Problem entsteht?

3 Das Fahren mit der BahnCard ist in vielen Fällen preislich interessant. Die BahnCard 25 kostet einmal jährlich 51,50 € und ermäßigt jeden Fahrpreis im Fernverkehr um 25 %. Die BahnCard 50 kostet einmalig 206 € und halbiert jeden Preis. Die BahnCard 100 kostet pro Jahr 3300 €.

Strecke	Normalpreis
Aachen–Paderborn	44 €
Köln–Hamburg	66 €
Frankfurt a. M.–Berlin	95 €

a) Tina fährt alle zwei Monate die Strecke Aachen–Paderborn und zurück. Was kannst du empfehlen?
b) Noah fährt ebenso oft die Strecke Köln–Hamburg. Was schlägst du vor?
c) Herr Schmid fährt dreimal im Monat die Strecke Frankfurt a. M.–Berlin.

4 Eine Autovermietung wirbt mit diesem Angebot.

PKW Mittelklasse

Miete für einen Tag (ohne Kilometerbegrenzung)	69,– €
Miete für einen Monat (pro gefahrenem km 0,03 €)	399,– €

a) Frau Specht hatte einen Unfall und kann für ungefähr eine Woche ihr eigenes Auto nicht benutzen.
b) Herr Seidel ist als Vertreter in ganz Süddeutschland tätig. Er braucht den Mietwagen für die Dauer von 3 Wochen.

5 Die Besucherzahlen des Freizeitparks „Dreamworld" haben in den letzten Jahren pro Jahr um etwa die gleiche Zahl zugenommen.

Jahr 2000	840 000 Besucher
Jahr 2005	1 070 000 Besucher

a) Wie sehen demnach die Besucherzahlen für die Jahre 2006–2008 aus?
b) Für das Jahr 2008 ist eine Erweiterung des Freizeitparks geplant. Der jährliche Zuwachs soll sich dadurch verdoppeln.

Ausgleichsgeraden

Die Klasse 8a der Jahn-Realschule untersucht die Ausbreitung des Schalls.
Dazu wurde eine Messreihe erfasst und ein Schaubild gezeichnet.

Weg in m	100	200	300	400	500	600	700	800
Zeit in s	0,4	0,5	1,0	1,1	2,0	1,9	2,1	2,3

Die im Koordinatensystem eingetragenen Wertepaare lassen sich durch eine so genannte **Ausgleichsgerade** annähern. Diese setzt man sinnvollerweise per Augenmaß.
Folgende Orientierungshilfen werden normalerweise beim Zeichnen von Ausgleichsgeraden verwendet:

- Es liegen etwa gleich viele Punkte über wie unter der Geraden.
- Ausreißer werden nicht berücksichtigt.

Da die einzelnen Punkte im Koordinatensystem verstreut liegen, nennt man das Diagramm auch **Streudiagramm**.

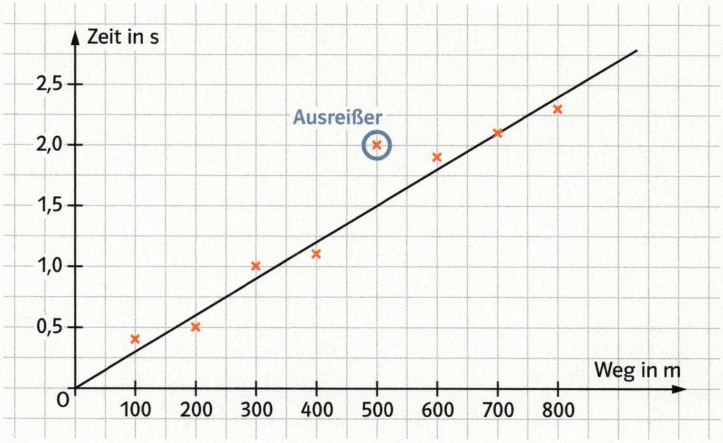

Für das Schallexperiment lässt sich die Gleichung einer Ausgleichsgeraden ablesen: $f(x) = 330 \cdot x$.
Der Schall legt also in einer Sekunde ungefähr 330 m zurück.
Es liegen vier Messwerte unter der Gerade, drei Messwerte oberhalb. Ein Messwert liegt auf der Gerade.
Der Messwert (500 | 2,0) ist ein Ausreißer und wird nicht berücksichtigt.

■ Probiert die Versuchsreihe aus und vergleicht die Werte mit den hier abgedruckten.

Frau Sommer möchte den Durchschnittsverbrauch ihres neuen Wagens bestimmen.
Dazu hat sie folgende Werte festgehalten.

gefahrene km	380	425	295	350	410	365
Liter	27,0	31,5	21,0	24,5	29,5	26,0

■ Erstelle ein Schaubild und trage eine Ausgleichsgerade ein. Gib ihre Funktionsgleichung an.

■ Berechne mit dieser Funktionsgleichung den Durchschnittsverbrauch für 100 km.

■ Wie weit kann Frau Sommer mit einer Tankfüllung (36 l) voraussichtlich fahren?

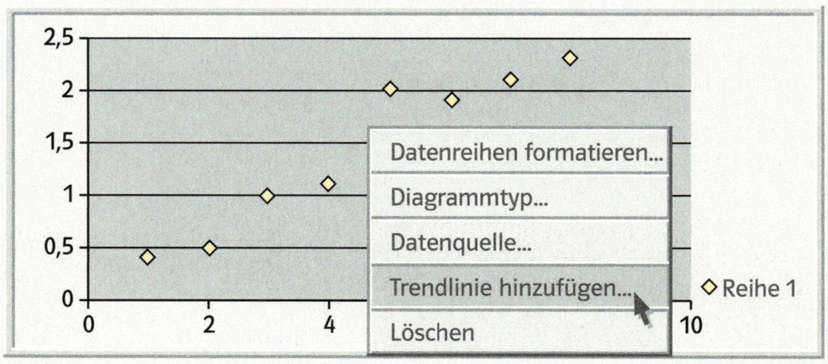

Mit einem Tabellenkalkulationsprogramm lässt sich die Gleichung der Ausgleichsgeraden bestimmen.
1. aus Datenreihen Punktdiagramm erstellen
2. Punkte im Diagramm mit rechter Maustaste anklicken
3. Trendlinie hinzufügen (linear)
4. Trendlinie mit rechter Maustaste anklicken, formatieren
5. Optionen, Gleichung im Diagramm darstellen

Zusammenfassung

Funktion

Eine **Funktion** ist eine Zuordnung, bei der zu jeder Größe eines ersten Bereichs (Eingabegröße) **genau eine** Größe eines zweiten Bereichs (Ausgabegröße) gehört.

Eine Funktion lässt sich über eine **Wertetabelle**, die aus Wertepaaren besteht, ein **Schaubild** oder eine **Funktionsgleichung** darstellen.

Funktionsgleichung $f(x) = -0{,}5x + 1{,}5$

Wertetabelle

x	−3	−2	−1	0	1	2	3
f(x)	3	2,5	2	1,5	1	0,5	0

Schaubild

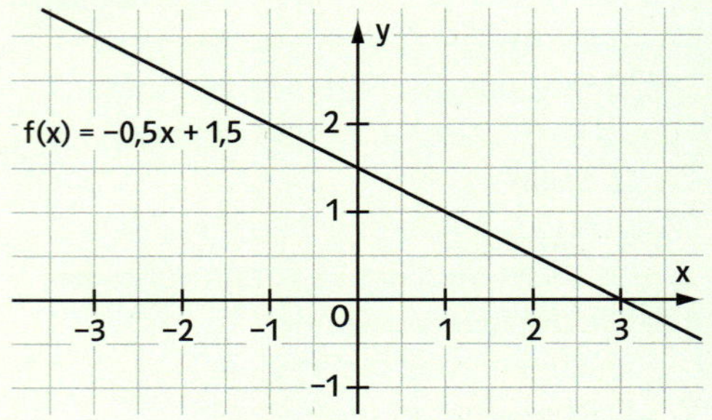

proportionale Funktion

Eine Funktion mit der Gleichung **$f(x) = m \cdot x$** heißt **proportionale Funktion**. Das Schaubild ist eine Gerade, die durch den **Ursprung** des Koordinatensystems verläuft. Die **Steigung m** bestimmt den Verlauf der Geraden.

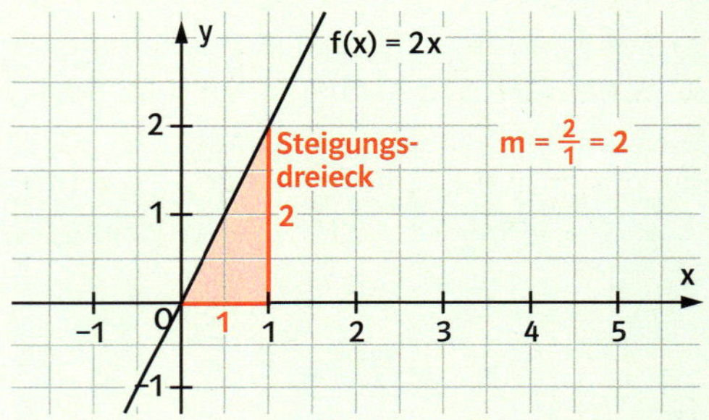

lineare Funktion

Eine Funktion mit der Gleichung $f(x) = m \cdot x + b$ heißt **lineare Funktion**. Das Schaubild ist eine Gerade mit der **Steigung m**. Die Gerade schneidet die y-Achse im Punkt $P(0\,|\,b)$.
Der **Wert b** bezeichnet den **y-Achsenabschnitt** der Geraden.

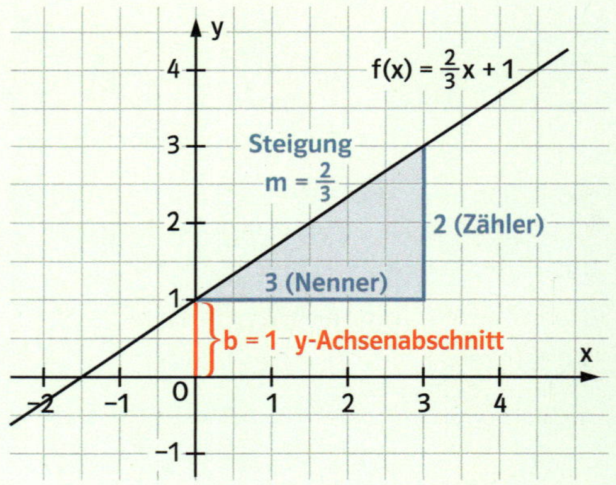

Modellieren

Beim Modellieren wird eine Problemsituation aus der realen Welt in ein mathematisches Modell übersetzt. Mithilfe der Lösung werden mathematische Ergebnisse formuliert, die wiederum interpretiert werden können und zu realen Ergebnissen führen.
Abschließend erfolgt eine Bewertung des Ergebnisses in der realen Situation.

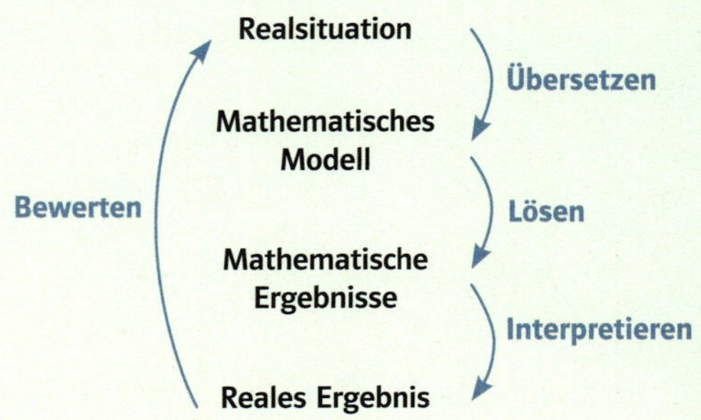

Üben • Anwenden • Nachdenken

1 Welche Zuordnungen sind Funktionen? Welche sind linear? Welche sogar proportional? Begründe.

Eingabegröße	Ausgabegröße
Benzinmenge	Benzinpreis
Zeit	zurückgelegte Strecke
Luftdruck	Uhrzeit
Uhrzeit	Luftdruck
Strommenge	Strompreis
gefahrene km	Taxigebühr
Zeit	Höhe der Gondel

2 Zeichne das Schaubild.

a) $f(x) = 2x + 1{,}5$
b) $f(x) = 1{,}5x$
c) $f(x) = -1{,}5x - 2$
d) $f(x) = -2x$
e) $f(x) = -2x - 1{,}5$
f) $f(x) = -1{,}5x + 2$

3 Ergänze die fehlenden Werte der Funktion. Wie heißt die zugehörige Gleichung?

a)

x	−2	−1	0	1	2	□	□
f(x)	0	1	2	3	□	□	□

b)

x	1	2	3	4	0	−□	−□
f(x)	3	5	7	□	□	□	□

c)

x	3	2	1	0	−1	−2	□
f(x)	7	2	−1	−2	□	□	□

4 Prüfe durch Einsetzen, ob die Punkte zum Graphen der Funktion gehören.

	A(6 | 1)	B(0 | 2,5)	C(1 | 4)	D(10 | 3)
$f(x) = \frac{1}{2}x - 2$	□	□	□	□
$f(x) = 3 + x^2$	□	□	□	□
$f(x) = \frac{4}{10 - x}$	□	□	□	□
$f(x) = \frac{x - 5}{x - 2}$	□	□	□	□

5 Gib an, in welchem Quadranten sich die Geraden schneiden. Wenn du überlegst, kannst du auf eine Zeichnung verzichten.

a) g: $f(x) = 2x + 1$ h: $f(x) = 0{,}5x + 5$
b) g: $f(x) = 0{,}4x + 3$ h: $f(x) = -3x - 2$
c) g: $f(x) = -\frac{1}{2}x - 8$ h: $f(x) = \frac{3}{2}x - 4$

6 Bestimme die Funktionsgleichungen.

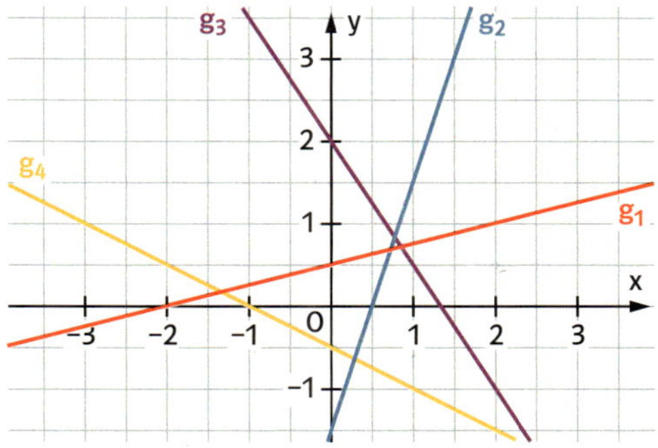

7 Bestimme die Schnittpunkte mit der x-Achse und mit der y-Achse.

a) $f(x) = -x + 4$
b) $f(x) = -\frac{1}{2}x + 5$
c) $f(x) = 1{,}5x + 3$
d) $f(x) = \frac{1}{4}x - 2$

8 Welcher der Punkte liegt auf welcher Geraden?

P(−1 | −9)
Q(6,5 | 1,5)
R(−10 | 0)
S(2,5 | −4)

(1) $f(x) = x - 5$
(2) $f(x) = -2x + 1$
(3) $f(x) = 3x - 6$
(4) $f(x) = -\frac{2}{5}x - 4$

9 Die unvollständigen Wertepaare gehören zur Funktionsgleichung $f(x) = -x + 5$.

a) (3; □)
b) (7; □)
c) (−2; □)
d) (□; 4)
e) (□; −3)
f) (□; −0,5)

10 Welches Schaubild gehört zu welcher Funktionsgleichung? Wähle zur Überprüfung geeignete Punkte aus.

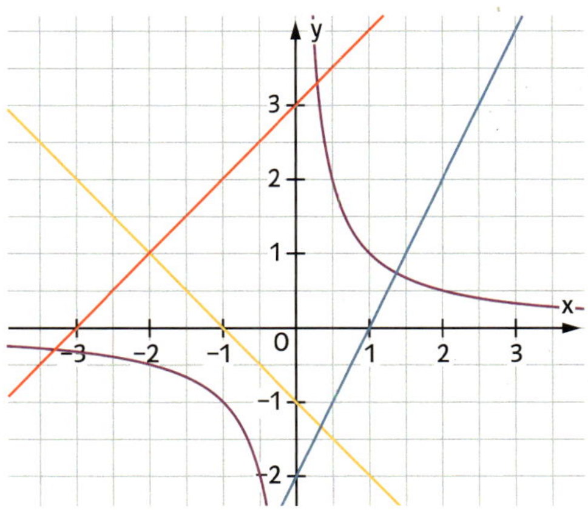

$f(x) = \frac{1}{x}$

$f(x) = 2 \cdot x - 2$

$f(x) = x + 3$

$f(x) = -x - 1$

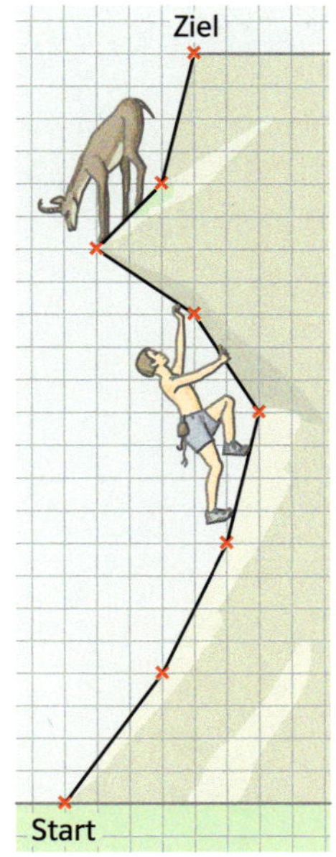

? *Klettermax geht die Wand hoch. Bestimme die Steigungen der Kletterabschnitte.*

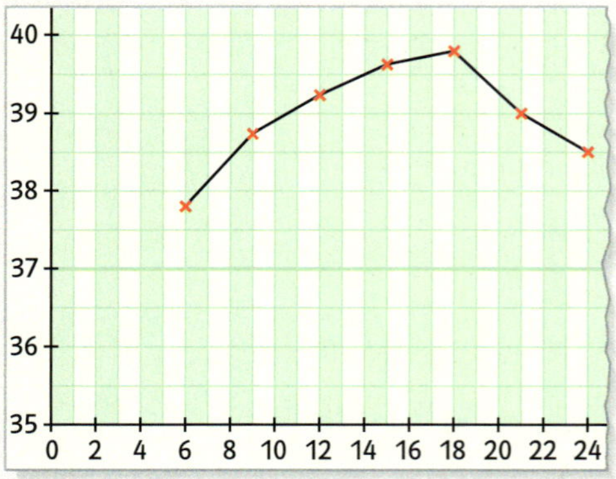

Mithilfe eines Tabellenkalkulationsprogramms lassen sich einerseits Schaubilder von Funktionen zeichnen, andererseits können, sofern eine Funktionsgleichung bekannt ist, auch Werte einer Wertetabelle sehr leicht bestimmt werden.

Schaubilder erstellen

Schaubilder zu vorgegebenen Wertetabellen lassen sich mithilfe des Diagrammassistenten abbilden. Das **Punktdiagramm** eignet sich zur Darstellung von Graphen.

Medizinische Geräte geben die gemessenen Temperaturwerte in Form einer Fieberkurve wieder.

- Erstelle die zur Wertetabelle gehörige Fieberkurve.

Uhrzeit	6:00	9:00	12:00	15:00	18:00	21:00	24:00
Temperatur in °C	37,8	38,2	38,6	39,2	39,6	39,0	38,5

Die Tabelle zeigt die durchschnittlichen Stundenlöhne des Elektrohandwerks.

- Erstelle ein Schaubild.

Welchen ungefähren Stundenlohn erwartest du für das Jahr 2010?

Jahr	1998	1999	2000	2001	2002	2003	2004
Stundenlohn in €	13,24	13,60	13,98	14,23	14,56	14,93	15,24

Wertetabellen berechnen und Schaubilder erstellen

Wenn eine Funktionsgleichung bekannt ist, können die Werte der Wertetabelle berechnet und das zugehörige Schaubild gezeichnet werden.

Das Abbrennen einer Kerze kann mit der Gleichung $f(t) = 20 - 0{,}8 \cdot t$ beschrieben werden.

- Erkläre die Funktionsgleichung.
- Lies aus der Wertetabelle ab, wann die Kerze voraussichtlich abgebrannt sein wird.

C5 ▼ fx =20-0,8*C4

	A	B	C	D	E	F	G	H	I	J
1										
2	Abbrennen einer Kerze									
3										
4	Zeit in Std.	0	1	2	3	4	5	6	7	8
5	Länge in cm	20	19,2	18,4	17,6	16,8	16	15,2	14,4	13,6
6										
7										
8										
9										
10										

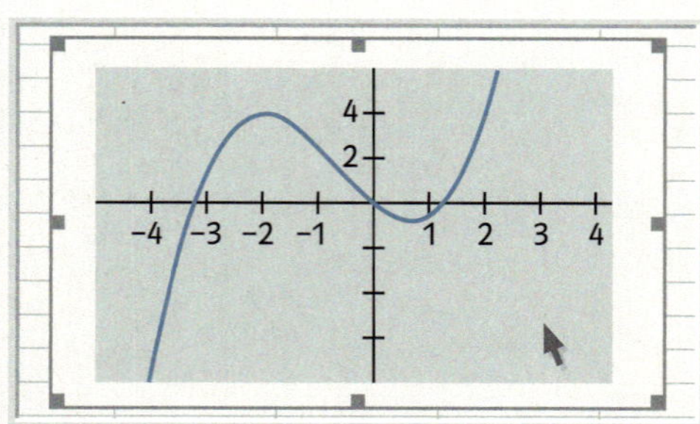

Bei der Eingabe musst du für die Potenzen eine besondere Schreibweise verwenden: f_x=B2^3/2+B2^2*B2

Auch schwierige Funktionen können auf diese Weise abgebildet werden. Das Schaubild gehört zur Funktion $f(x) = \frac{x^3}{2} + x^2 - 2x$.

- Erstelle die Schaubilder der Funktionen. Wähle dazu x-Werte von −5 bis +5.

$f(x) = -\frac{1}{4}x^2 + \frac{1}{2}x + 2$

$f(x) = \frac{3}{8}x^3 - \frac{9}{4}x^2 + 2x + 5$

11 Zeichne eine Gerade auf ein weißes Blatt Papier. Lege anschließend ein Koordinatensystem an, sodass die Gerade folgende Funktionsgleichung hat.

a) $f(x) = x$ b) $f(x) = 2x$
c) $f(x) = x + 1$ d) $f(x) = -0{,}5x - 2$

12 Die rote Linie in dem Schaubild ist das (vereinfachte) Bild, das ein Flugschreiber bei einem Flug von Köln nach München aufgezeichnet hat.

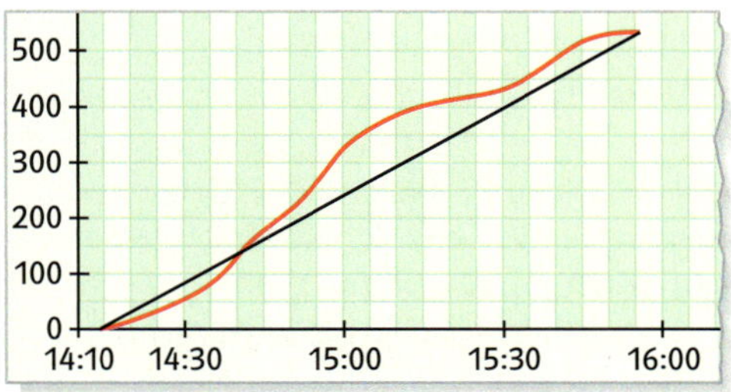

a) Warum ist die Linie nicht gerade?
b) Die gerade Linie wurde nachträglich eingezeichnet. Welche Auskunft gibt sie?
c) Stelle die Funktionsgleichung auf.

13 Eine Telefongesellschaft bietet folgenden Tarif:

monatliche Grundgebühr:	19,95 €
Kosten für 1 Minute:	9 ct

Eine Tarifänderung schlägt vor, die Grundgebühr entfallen zu lassen.
a) Mache einen Vorschlag, der für das Unternehmen keine finanziellen Nachteile bringt. Gehe von einer durchschnittlichen täglichen Gesprächsdauer von 30 Minuten aus.
b) Wie muss sich der Tarif pro Minute ändern, wenn die tägliche Telefonnutzung um 50 % höher liegt?

14 Herr Diemel hat sich als Handelsvertreter bei einer Firma beworben. Die Firma stellt ihm zwei verschiedene Gehaltszahlungen in Auswahl. Er bekommt ein Grundgehalt von 1000 € und 5 % auf alle von ihm verkauften Waren oder sein Gehalt beträgt immer 2200 €.
a) Stelle die beiden Gehaltsmöglichkeiten in einem Koordinationssystem dar.
b) Für welche Gehaltszahlung soll sich Herr Diemel entscheiden?

15 Im Schaubild sind die Graphen von drei gleichmäßig erwärmten Wassermengen zu sehen.
a) Stelle die Funktionsgleichungen für die Erwärmung bis zum Siedepunkt auf.
b) Was kannst du alles ablesen? Präsentiere und begründe deine Vermutungen.

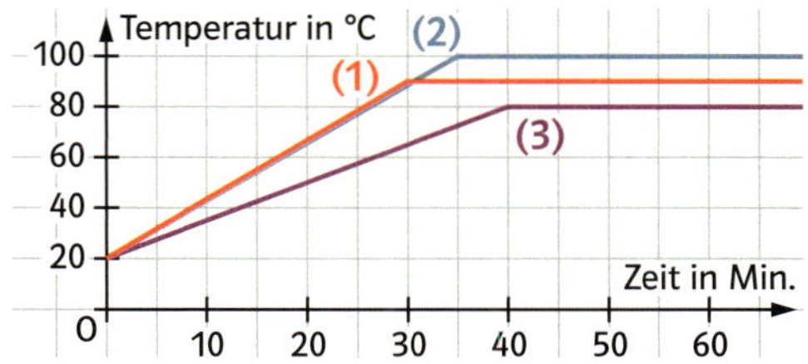

16 Die Tabelle zeigt die Preise eines Telefonanbieters. (Abrechnung monatlich; Minutentakt; Preis pro Stunde)

bis 5 Stunden	4,50 €
ab 5 Stunden	3,60 €
ab 10 Stunden	3,00 €
ab 50 Stunden	2,40 €

Anna sagt zu Julia: „Das ist aber ein komischer Tarif. Da telefoniere ich lieber zehn Stunden lang als neun Stunden."
Was meinst du? Was ist billiger – ein Telefonat über 50 oder über 45 Stunden?

17 Das Schaubild zeigt das Streckenprofil einer „Tour de France"-Etappe.
a) Bestimme die Steigungen der einzelnen Streckenabschnitte in Prozent.
b) Vergleiche mit der Gesamtsteigung.

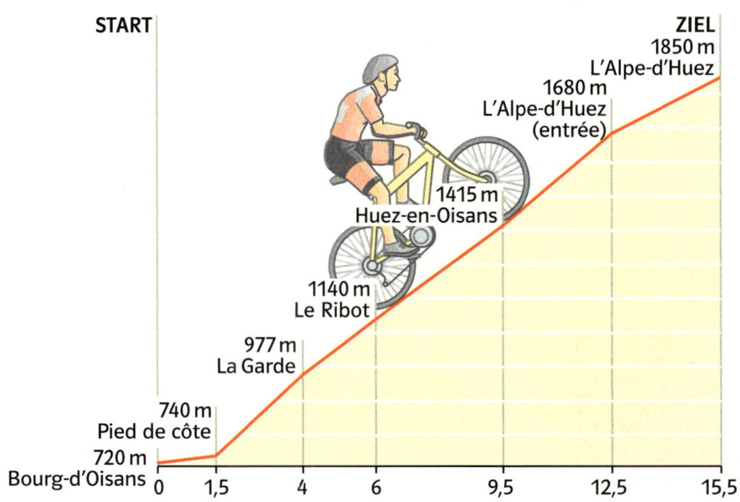

Zu schwer oder zu klein?

Ein großer Teil der Bevölkerung leidet an Übergewicht. Nicht zuletzt deshalb wurden eine Reihe von Berechnungsmodellen entwickelt, mithilfe derer eine Aussage über das Körpergewicht im Zusammenhang mit der Körpergröße gemacht werden kann.

Der **Broca-Index** gibt an, wie das **Normalgewicht** berechnet wird. Man benutzt die „Faustformel":
Normalgewicht in kg = Körpergröße in cm − 100

- Erstelle für die zugehörige Funktionsgleichung $f(x) = x - 100$ ein geeignetes Schaubild.

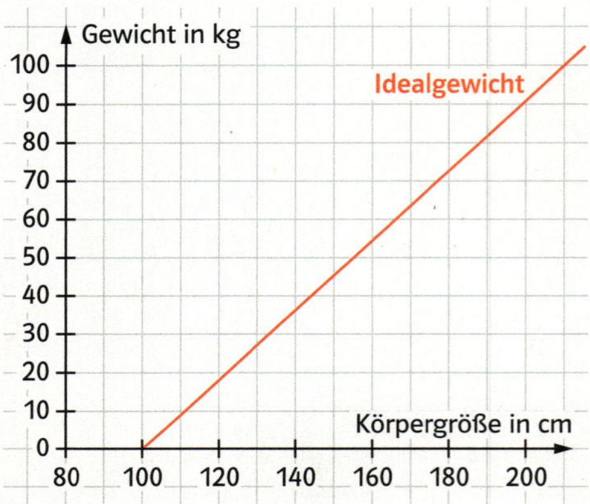

Das **Idealgewicht** errechnet sich so: „Normalgewicht minus 10 Prozent". Die lineare Funktion mit $f(x) = (x - 100) \cdot 0{,}9$, also $f(x) = 0{,}9x - 90$ ermöglicht genauere Bestimmungen.

- Wie schwer sollte ein 1,90 m großer Mann mit Idealgewicht sein? Wie groß sollte ein 85 kg schwerer Mann mit Idealgewicht sein? Wie groß müsste ein 150 kg schwerer Mensch sein?
Hier lässt dich das Schaubild im Stich.
- Bewerte die realen Ergebnisse, die du für Kinder erhältst. Macht die Berechnungsmethode hier noch Sinn?

Der **Body-Mass-Index** (BMI) ist ein Maß für die Körperform. Man bestimmt dazu das Verhältnis von Körpergewicht (in kg) zum Quadrat der Körpergröße (in m²).

Beispiel: Der BMI bei einem Körpergewicht von 65 kg und einer Körpergröße von 1,70 m berechnet sich so:

$$\text{BMI} = \frac{65\,\text{kg}}{1{,}70\,\text{m} \cdot 1{,}70\,\text{m}} = 22{,}49\,\frac{\text{kg}}{\text{m}^2}$$

- Wie groß ist eine 70 kg schwere Frau mit Untergewicht?
Ein Mann ist 1,80 m groß und hat Übergewicht.

Einteilung von Über-, Unter- und Normalgewicht bei Erwachsenen

Gewicht	BMI in $\frac{\text{kg}}{\text{m}^2}$
Untergewicht	< 18,5
Normalgewicht	18,5 – 24,9
Übergewicht	> 25

Insbesondere für Sportler ist der Body-Mass-Index von Bedeutung.
Eine zu starke Reduzierung des eigenen Körpergewichts ist nicht ungefährlich. Deshalb wurde für die Skispringer ein BMI von mindestens 20 eingeführt. (Die Springer werden dabei mit Schuhen und Ski gewogen.)

- Berechne den BMI folgender Skispringer:

Jörg Ritzerfeld:	1,72 m/56 kg
Georg Späth:	1,89 m/70 kg
Janne Ahonen:	1,83 m/66 kg
Sigurd Pettersen:	1,80 m/60 kg

- Berechne zum Vergleich den BMI anderer Sportler:

Yokozuna Akebono (Sumo-Ringer):	2,03 m/236 kg
Shaquille O'Neal (Basketballer):	2,16 m/143 kg

Rückspiegel

1 Erstelle eine Wertetabelle und zeichne das Schaubild der Funktion.

a) $f(x) = 2{,}5x$ b) $f(x) = -2x - 1$
c) $f(x) = 0{,}4x + 1{,}5$ d) $f(x) = -\frac{3}{5}x + 0{,}8$

2 Ist die Funktion proportional, linear oder keines von beiden? Begründe.

a) $f(x) = -\frac{2}{3}x - 4$ b) $f(x) = 3x$
c) $f(x) = 2$ d) $f(x) = x^2 - 5x$

3 Bestimme die Funktionsgleichung.

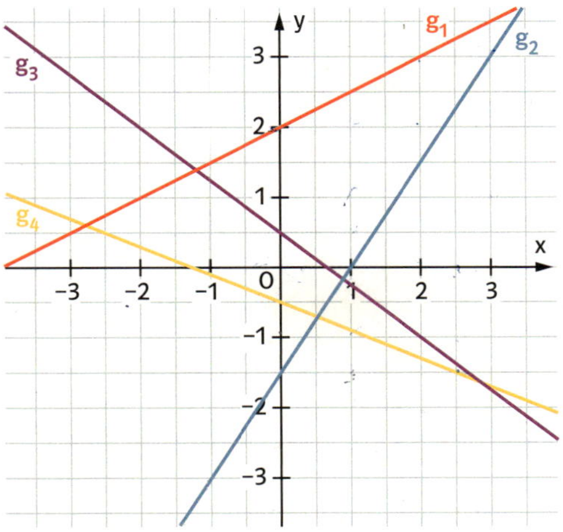

4 Zeichne das Schaubild.

a) $f(x) = \frac{4}{5}x + 2$
b) $f(x) = -\frac{7}{4}x - 0{,}5$

5 Beide Punkte gehören zum Schaubild einer proportionalen Funktion.
Bestimme die fehlende Koordinate.

a) P(2 | 1,5) b) V(−2 | 4) c) S(2 | 0,5)
Q(4 | ▢) W(−1,5 | ▢) T(5 | ▢)

6 Gib die Gleichung einer linearen Funktion an, die den 3. Quadranten nicht trifft.

7 Bambusarten wachsen sehr schnell, nämlich bis zu 40 cm täglich.

a) Welche Höhe hat eine ursprünglich 2 m hohe Pflanze nach 5 Tagen erreicht?
b) Stelle eine Funktionsgleichung auf.
c) Zeichne ein geeignetes Schaubild und lies ab, nach welcher Zeit die Pflanze die Höhe von 10 m überschreitet.

Rückspiegel

1 Erstelle eine Wertetabelle und zeichne das Schaubild der Funktion.

a) $f(x) = -\frac{3}{2}x$ b) $f(x) = -\frac{2}{3}x - 1{,}5$
c) $f(x) = x + 2{,}5$ d) $f(x) = 4 - \frac{x}{2}$

2 Wie heißt die zugehörige Funktionsgleichung?

x	−3	−2	−1	0	1	2	3
f(x)	−6,5	−4	−1,5	1	3,5	6	8,5

3 Bestimme die Funktionsgleichung.

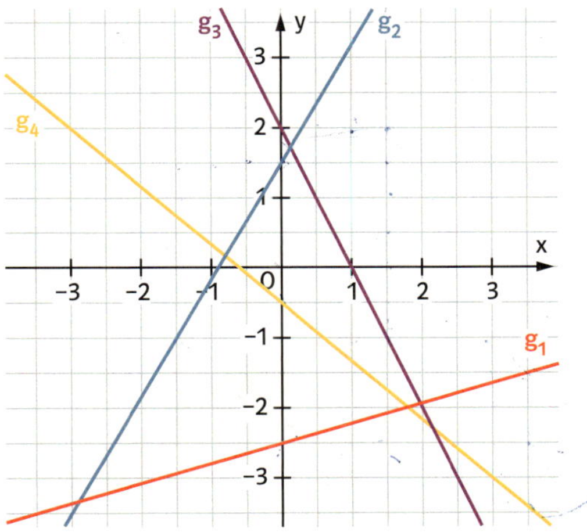

4 Die Gerade geht durch den Punkt P(2 | −1) und hat die Steigung $m = -1{,}5$. Zeichne die Gerade ins Koordinatensystem. Wie heißt die Funktionsgleichung?

5 Beide Punkte gehören zum Schaubild einer linearen Funktion.
Bestimme die Gleichung der Geraden.

a) P(0 | 1) b) V(3 | 0) c) S(6 | 1)
Q(3 | 4) W(−3 | 6) T(−4 | −4)

6 Ein zylinderförmiges Wasserfass ist bis zur Höhe von 15 cm gefüllt.

a) Durch einen gleichmäßigen Wasserzufluss steigt das Wasser in 3 Stunden um 75 cm. Erstelle eine Funktionsgleichung.
b) Das Fass war anfangs zu 12,5 % gefüllt. Nach welcher Zeit läuft das Fass bei konstantem Wasserzufluss über?

Ein Schnitt – zwei Körper

Wir bauen einen Quader um

Zwei, drei oder alle vier Quaderteile könnt ihr zu neuen Körpern zusammensetzen. Beachtet dabei als einzige Regel:
Nur gleiche Flächen dürfen aneinandergelegt werden.
Ihr werdet ziemlich viele Körper finden. Sucht nach gemeinsamen Eigenschaften.
Ihr könnt die Teilkörper aus Netzen selbst herstellen.

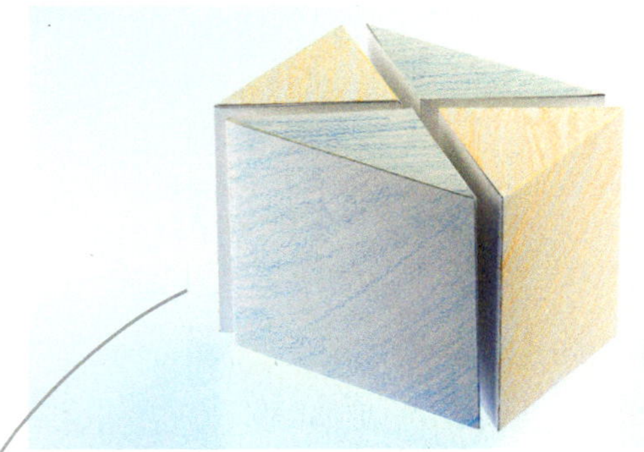

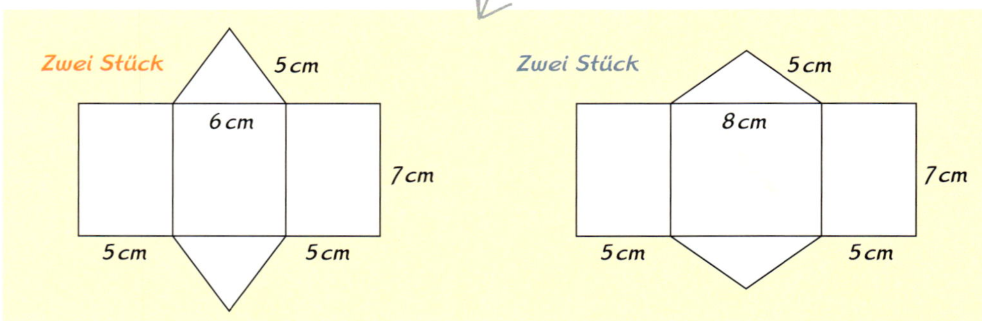

Körper-Puzzle

Die drei abgebildeten Körper lassen sich zu einem einzigen zusammenlegen. Beschreibt ihn.

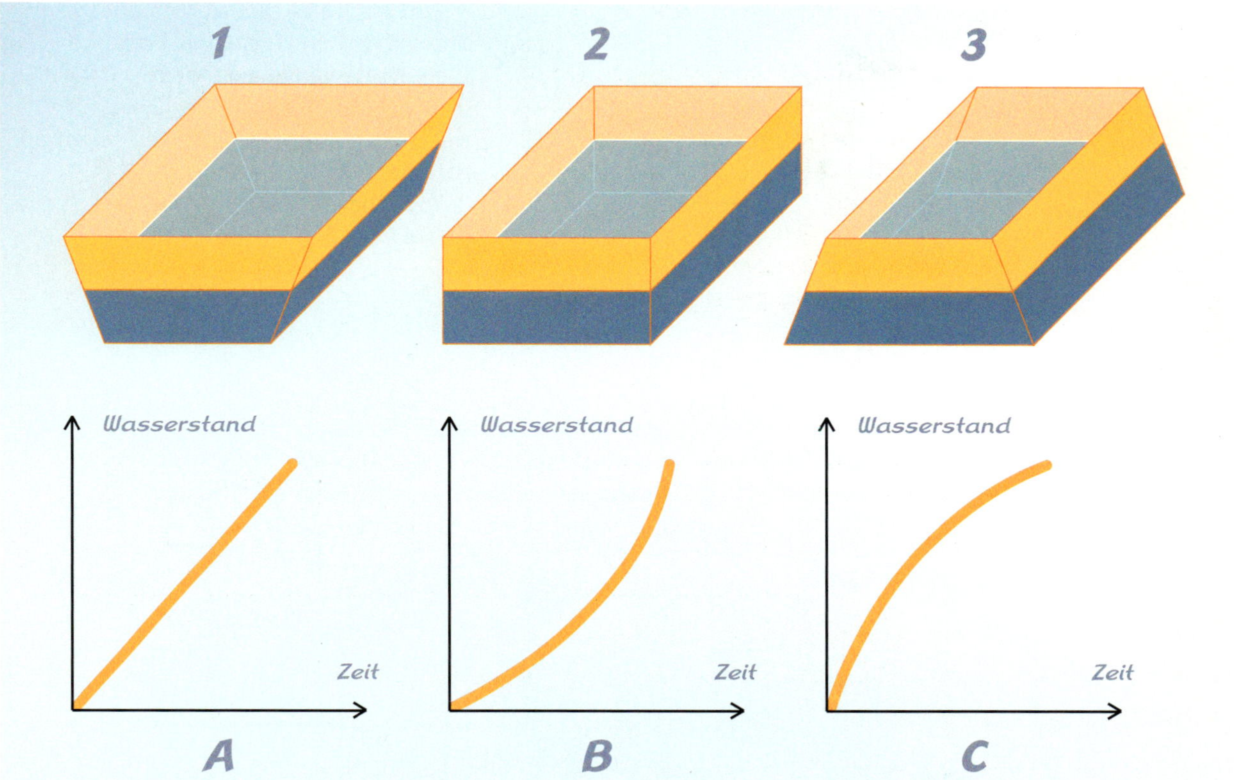

Mehr Wasser!

In allen drei Wannen steht das Wasser halb hoch und die Wasseroberfläche bildet dreimal dasselbe Rechteck. Wanne 1 und Wanne 3 haben dieselben Maße, nur sind Oben und Unten vertauscht.

- In welcher Wanne ist am meisten Wasser? Was passiert, wenn man das Wasser aus der Wanne 2 in die Wanne 3 gießt?
- Passt das Wasser aus Wanne 3 in die Wanne 1?
- Denkt euch selbst einige solcher Fragen aus. Beachtet: Es gibt auch noch andere Wasserstände!
- Die drei Wannen werden gefüllt. In jeder Sekunde läuft die gleiche Wassermenge hinein. Welcher Graph gehört zu welcher Wanne?

In diesem Kapitel lernst du,

- wie man Volumen und Oberfläche von Quader und Würfel berechnet,
- was ein Prisma ist,
- wie man Netze und Schrägbilder von Prismen zeichnet,
- wie man Volumen und Oberfläche von Prismen berechnet.

1 Quader und Würfel

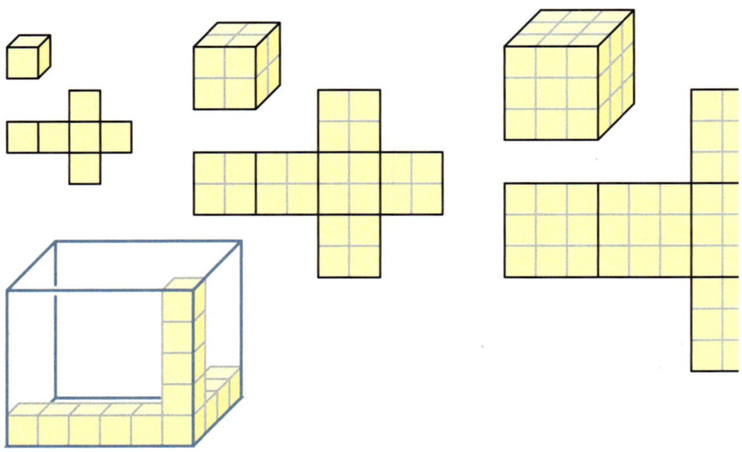

Die Kanten der kleinen Würfel sind 1 cm lang.

→ Aus wie vielen solcher kleinen Würfel sind die großen Würfel mit 2 cm; 3 cm; … 10 cm Kantenlänge aufgebaut?

→ Wie viele 1-cm-Quadrate passen in die Netze der größeren Würfel? Musst du abzählen?

→ Was findest du über den blauen Quader heraus?

Das Volumen des Quaders ist das Produkt aus Länge, Breite und Höhe. Quadernetze bestehen aus sechs Rechtecken. Je zwei davon sind kongruent. Daher ist die Oberfläche die verdoppelte Summe von drei Rechtecksflächen. Für den Würfel ist die Rechnung einfacher, weil alle Kanten gleich lang sind.

Schrägbild

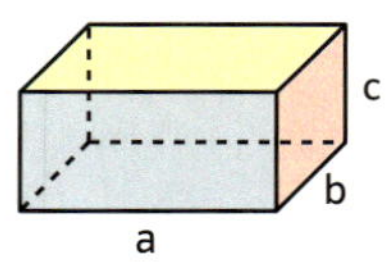

Netz

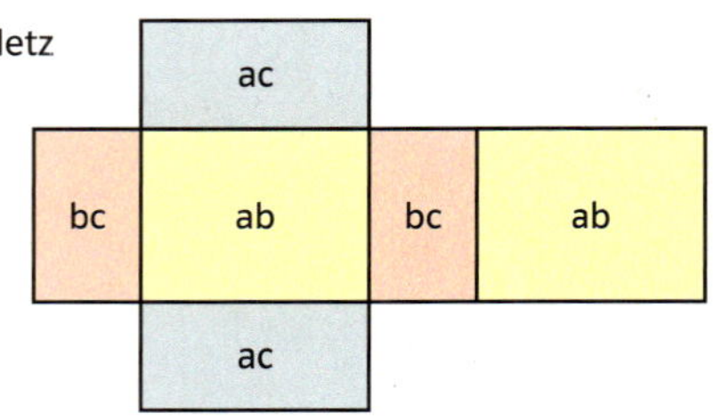

Ein **Quader** mit den Kantenlängen a, b und c hat das **Volumen** $V = a \cdot b \cdot c$ und die **Oberfläche** $O = 2ab + 2ac + 2bc = 2(ab + ac + bc)$.
Ein **Würfel** mit der Kantenlänge a hat das **Volumen** $V = a^3$ und die **Oberfläche** $O = 6a^2$.

Beispiele

a) Ein Quader mit $a = 8\,dm$, $b = 12\,dm$ und $c = 7\,dm$ hat das Volumen
$V = 8 \cdot 12 \cdot 7\,dm^3 = 672\,dm^3$.
Seine Oberfläche beträgt
$O = 2 \cdot (8 \cdot 12 + 8 \cdot 7 + 12 \cdot 7)\,dm^2$
$O = 472\,dm^2 = 4{,}72\,m^2$.

b) Ein Würfel mit der Kantenlänge $a = 10\,cm$ hat das Volumen
$V = 10^3\,cm^3 = 1000\,cm^3$.
Seine Oberfläche beträgt
$O = 6 \cdot 10^2\,cm^2$
$O = 600\,cm^2$.

c) Jede der sechs Flächen eines Würfels mit der Oberfläche $O = 150\,cm^2$ hat den Flächeninhalt $A = 150 : 6\,cm^2 = 25\,cm^2$. Die Kantenlänge des Würfels beträgt also 5 cm.

d) Ein Quader mit $V = 600\,cm^3$, $a = 20\,cm$ und $b = 5\,cm$ hat als dritte Kantenlänge
$c = 600 : (20 \cdot 5)\,cm = 6\,cm$.

Aufgaben

1 Zeichne ein Schrägbild und ein Netz des Quaders mit den angegebenen Kantenlängen.
a) 8 cm; 4 cm; 2 cm b) 4 cm; 4 cm; 4 cm
c) 2,5 cm; 6 cm; 3 cm d) 7 cm; 6 cm; 3 cm

2 Berechne das Volumen und die Oberfläche des Würfels mit der Kantenlänge a.
a) a = 4 cm b) a = 12 cm
c) a = 4,5 cm d) a = 0,5 m

3 Ein Quader hat die Kanten a, b und c. Berechne Volumen und Oberfläche.

	a	b	c
a)	5 cm	7 cm	9 cm
b)	12 cm	3 cm	4,5 cm
c)	0,5 dm	1,4 dm	6 dm
d)	2,5 m	5 dm	8 dm
e)	1,6 dm	1,5 cm	1,4 cm
f)	22 cm	0,22 m	2,2 dm

4 Bestimme die Kantenlänge des Würfels.
a) $O = 600\,cm^2$ b) $O = 54\,cm^2$
c) $V = 125\,cm^3$ d) $V = 216\,cm^3$

5 Wie lang ist die dritte Quaderkante?
a) $V = 672\,cm^3$; a = 7 cm; b = 8 cm
b) $V = 243\,dm^3$; a = 6 dm; c = 4,5 dm

6 Ein Quader hat die Kanten a = 10 cm; b = 5 cm und die Oberfläche $O = 220\,cm^2$. Für die dritte Kante c gilt dann
$2 \cdot (50 + 5 \cdot c + 10 \cdot c)\,cm^2 = 220\,cm^2$
a) Berechne c aus dieser Gleichung.
b) Berechne c für
a = 12 cm; b = 11 cm; $O = 540\,cm^2$.
c) Jetzt ist b gesucht:
a = 11,5 cm; c = 9,0 cm; $O = 350{,}5\,cm^2$

7 Auf einem Fußballfeld mit 100 m Länge und 50 m Breite wird eine 1 mm dicke Werbefolie ausgerollt.
Ein 1-cm-Würfel aus demselben Kunststoff wiegt etwa 0,5 g. Überlegt: Könntet ihr die Folie tragen? Gebt vor dem Rechnen einen Tipp ab.

Künstlertreff ?!

Würfelschnitte
Ein Objektkünstler stellt aus Holzwürfeln mit 10 cm Kantenlänge verschiedene Skulpturen her. Anschließend beschichtet er alle entstandenen Teilkörper mit Blattgold.

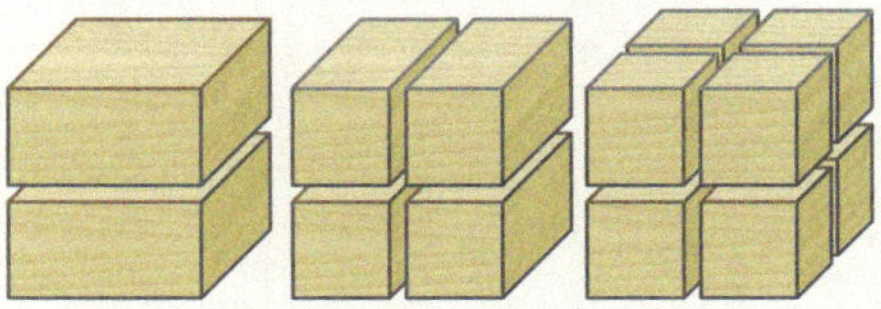

■ Berechne die Gesamtoberfläche der Skulpturen.
Objekt 1: Der Würfel wird parallel zur Grundfläche halbiert.
Objekt 2: Der Würfel wird durch zwei Schnitte geviertelt.
Objekt 3: Der Würfel wird in Achtel zelegt.
Objekt 4: Der Würfel wird nun durch zehn Schnitte parallel zur Auflagefläche geteilt.
■ Was passiert bei 50 zur Auflagefläche parallelen Schnitten? Finde eine Regelmäßigkeit. Eine Tabelle hilft.

Würfeltürme
■ Welche Oberfläche besitzen die zusammengesetzten Skulpturen?
Objekt 5: Zwei Würfel werden aufeinandergestapelt und vegoldet.
Objekt 6: Der Künstler möchte drei und mehr Würfel übereinandersetzen.

Eine neue Skulptur: Die Kanten des roten Würfels sind 5-mal so lang wie die des blauen Würfels.
■ Wievielmal größer ist seine Oberfläche?
■ Wievielmal größer ist das Volumen?
■ Was ist, wenn der Künstler einen 6-mal, 7-mal, 8-mal so großen Würfel nimmt? Eine Tabelle verschafft dir dabei einen guten Überblick.

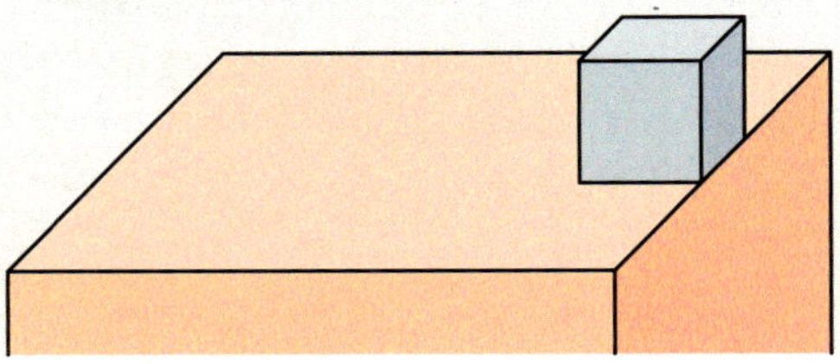

2 Prisma

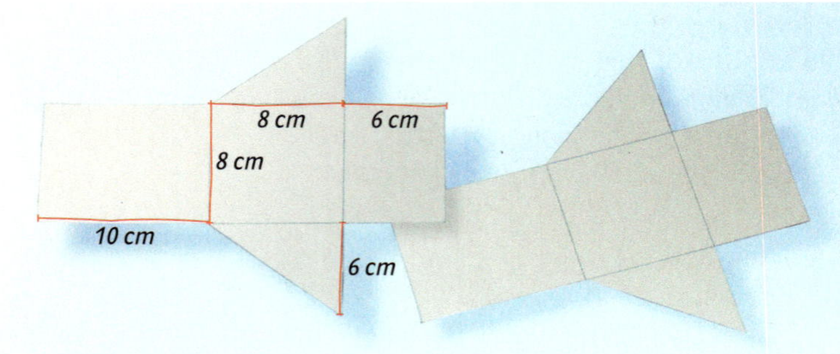

→ Stelle mit den gezeichneten Netzen zwei Körper her.
→ Sie lassen sich auf verschiedene Arten zusammenfügen, nicht nur zu einem Quader.
→ Mit vier solchen Körpern gibt es noch viel mehr Möglichkeiten. Arbeitet gemeinsam.

Zerlegt man einen Quader senkrecht zu seiner Grundfläche durch einen oder mehrere Schnitte, so entstehen Prismen. Die Einzahl heißt **Prisma**.

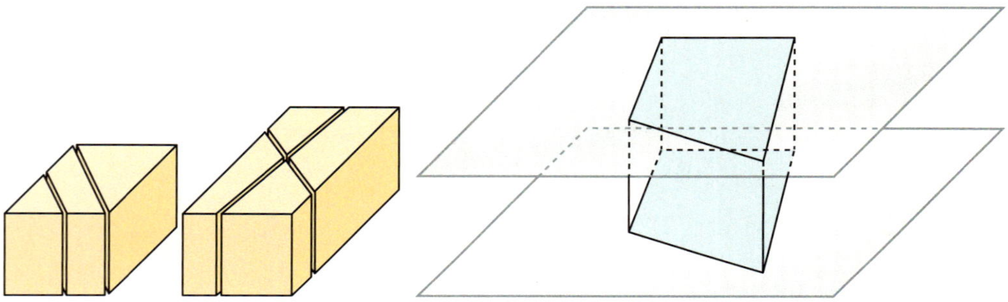

Ein **Prisma** ist begrenzt durch die Grundfläche, die Deckfläche und den Mantel. Der Mantel besteht aus Rechtecken. Die Grundfläche und die Deckfläche sind kongruent. Sie bestimmen den Namen des Prismas:
Dreiecksprisma, Trapezprisma, Sechsecksprima usw.

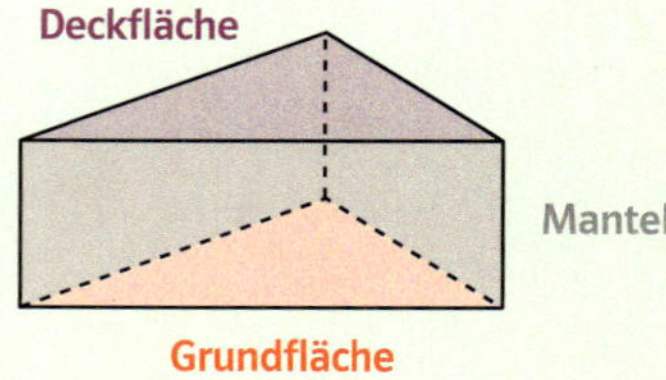

Beispiel
Dreiecksprisma, Trapezprisma und Sechsecksprisma.

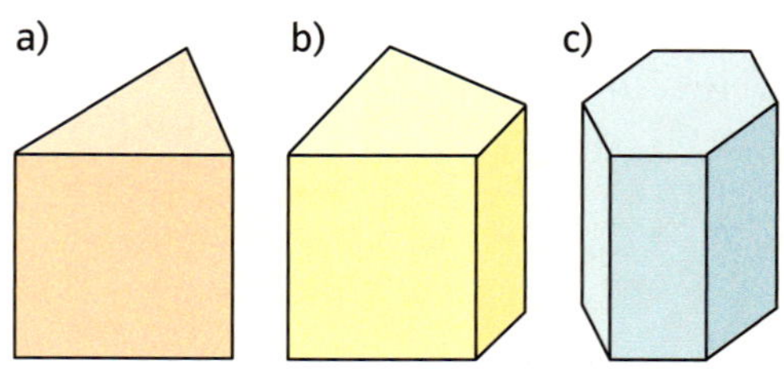

Bemerkungen
a) Wenn wir von einem Prisma sprechen, meinen wir **gerade Prismen**, bei denen die Mantelfläche senkrecht auf der Grundfläche steht. Steht der Mantel nicht senkrecht, sprechen wir von einem **schiefen Prisma**.
b) Ein Prisma darf auch auf der Mantelfläche liegen.

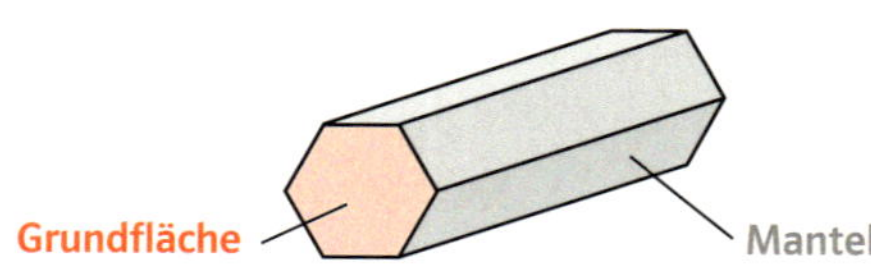

Aufgaben

1 Beschreibe die Prismen, die auf dem Rand abgebildet sind. Suche auch andere Prismen in deiner Umgebung und präsentiere sie deiner Klasse.

2 Welcher Würfel wird in Prismen zerschnitten?

a)
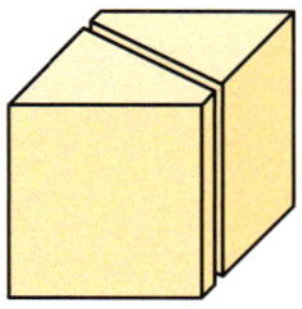
b)
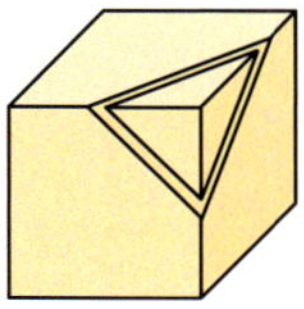
c)
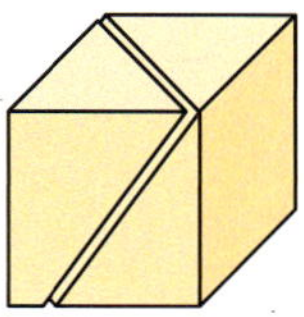
d)
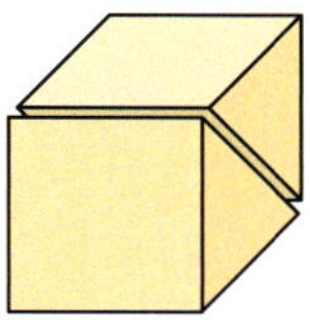
e)
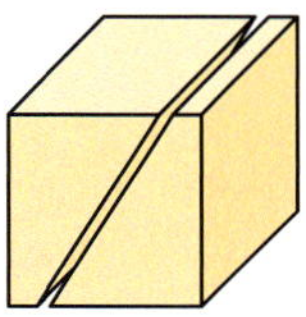
f)
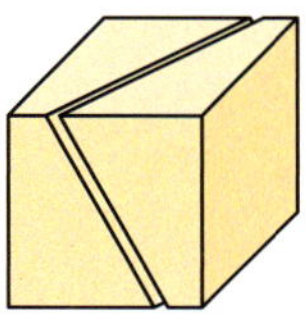

3 Welche Bauteile gehören zusammen?

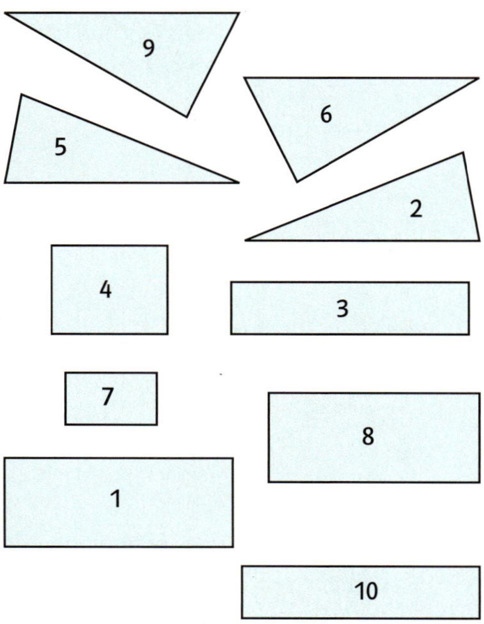

4 Wie viele Ecken, Kanten und Flächen hat ein Prisma mit folgender Grundfläche? Eine Tabelle ist hilfreich.

a) Dreieck
b) Viereck
c) Sechseck
d) Zwanzigeck
e) 100-Eck
f) 1000-Eck

5 Prisma oder kein Prisma? Begründe.

a)
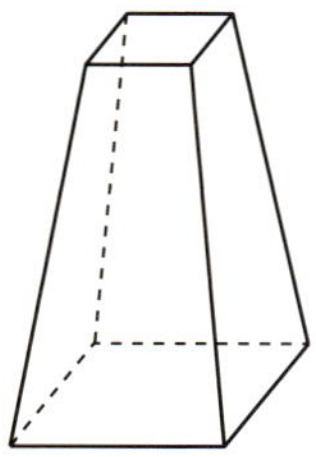
b)
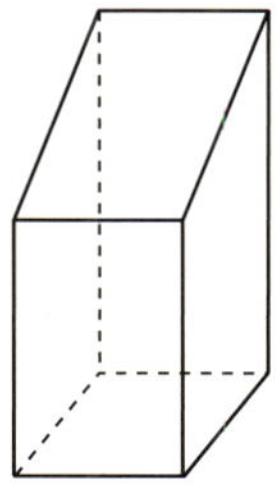
c)
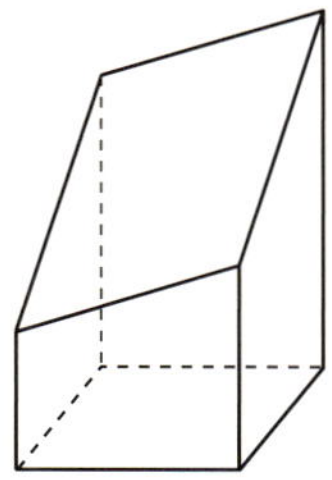

6 Prisma oder kein Prisma? Begründe.

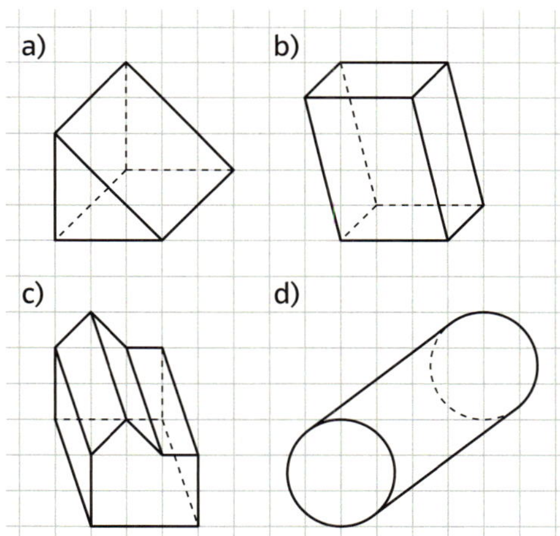

7 Wo findest du diesen Körper im Alltag? Handelt es sich auch um ein Prisma?

a)
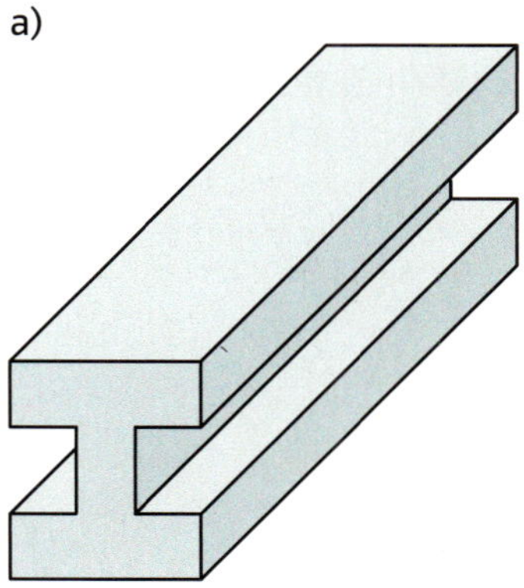
b)
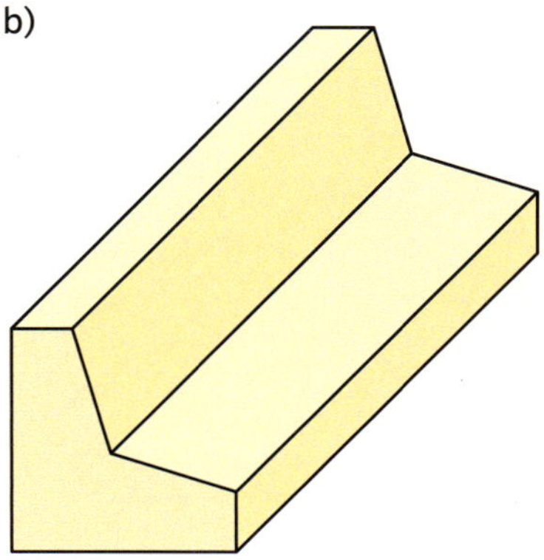

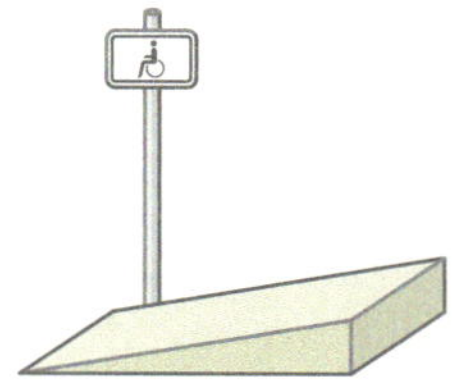

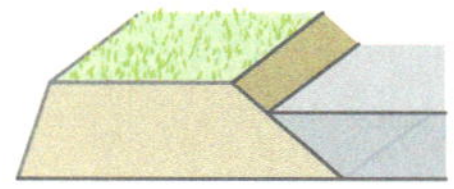

3 Prisma. Netz und Oberfläche

→ Welche Möglichkeiten siehst du, aus den Flächen ein vollständiges Prismennetz herzustellen? Gleich lange Seiten sind gleich gefärbt.

→ Gibt es ein Prismennetz, das die Vierecke 1 und 15 enthält?

→ Warum gibt es kein Prisma mit den Vierecken 9 und 16?

→ Gibt es noch andere Flächen, die als Grundfläche und Deckfläche geeignet wären?

Die **Oberfläche eines Prismas** setzt sich aus der **Grundfläche**, der **Deckfläche** und der **Mantelfläche** zusammen.
Grundfläche und Deckfläche sind kongruente Vielecke.
Die Mantelfläche M besteht aus Mantelrechtecken, die in der Länge einer Seite übereinstimmen. Diese ist die Höhe h des Prismas.

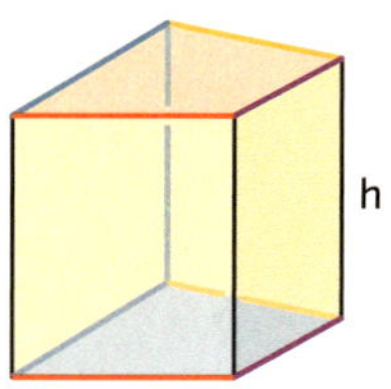

$D = G$

$M = M_1 + M_2 + M_3 + M_4$

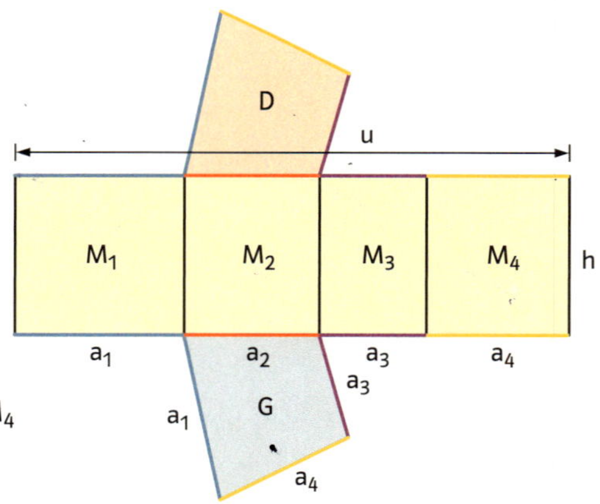

Die Grundfläche G und die Deckfläche D haben den gleichen Flächeninhalt.
Für die Oberfläche O gilt $O = 2 \cdot G + M$.

Für das abgebildete Vierecksprisma wird die Mantelfläche M aus den Flächeninhalten der vier Mantelrechtecke berechnet:

$M = M_1 + M_2 + M_3 + M_4$

$M = a_1 \cdot h + a_2 \cdot h + a_3 \cdot h + a_4 \cdot h$

$M = (a_1 + a_2 + a_3 + a_4) \cdot h$

$M = u \cdot h$

Hierbei ist u der Umfang der Grundfläche.

$u = a_1 + a_2 + a_3 + a_4$

Die **Oberfläche O** eines Prismas lässt sich berechnen als Summe aus dem Doppelten der **Grundfläche G** und der **Mantelfläche M**. $O = 2 \cdot G + M$
Die **Mantelfläche M** eines Prismas lässt sich berechnen als Produkt aus dem **Umfang u** der Grundfläche und der **Körperhöhe h**. $M = u \cdot h$

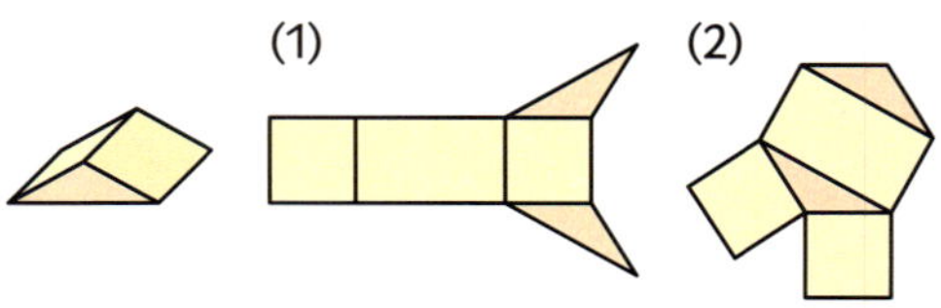

Bemerkung
Genau wie für einen Würfel oder einen Quader gibt es auch für ein Prisma verschiedene Netze.

Beispiele

a) Das nebenstehende Dreiecksprisma hat als Grundfläche ein rechtwinkliges Dreieck mit den Seitenlängen $a = 9\,cm$, $b = 12\,cm$ und $c = 15\,cm$. Seine Höhe ist 7 cm.
Die Grundfläche ist
$G = \frac{1}{2} \cdot a \cdot b = \frac{1}{2} \cdot 9 \cdot 12\,cm^2 = 54\,cm^2$

Die Mantelfläche ist
$M = u \cdot h = (a + b + c) \cdot h$
$M = (9 + 12 + 15) \cdot 7\,cm^2 = 252\,cm^2$
Die Oberfläche ist
$O = 2 \cdot G + M$
$O = 2 \cdot 54\,cm^2 + 252\,cm^2 = 360\,cm^2$.

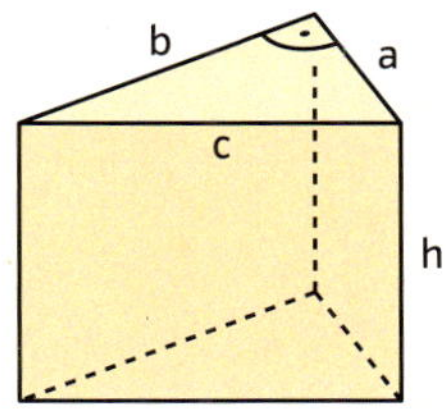

b) Ein Prisma hat die Oberfläche $250\,cm^2$ und die Mantelfläche $70\,cm^2$.
Daraus wird die Grundfläche berechnet:
$O = 2 \cdot G + M$
$2 \cdot G = O - M$
$G = (O - M) : 2$
$G = (250 - 70)\,cm^2 : 2 = 90\,cm^2$

Aufgaben

1 Zeichne für den Quader mit den Kanten a, b und c zwei unterschiedliche Netze und berechne die Oberfläche.
a) $a = 2\,cm$; $b = 5\,cm$; $c = 3\,cm$
b) $a = 5\,cm$; $b = 2{,}5\,cm$; $c = 2{,}5\,cm$
a) $a = 4\,cm$; $b = 4\,cm$; $c = 4\,cm$

2 Übertrage das Netz des Prismas in doppelter Größe ins Heft. Berechne die Oberfläche. Die dazu nötigen Maße entnimmst du deiner Zeichnung.

a)
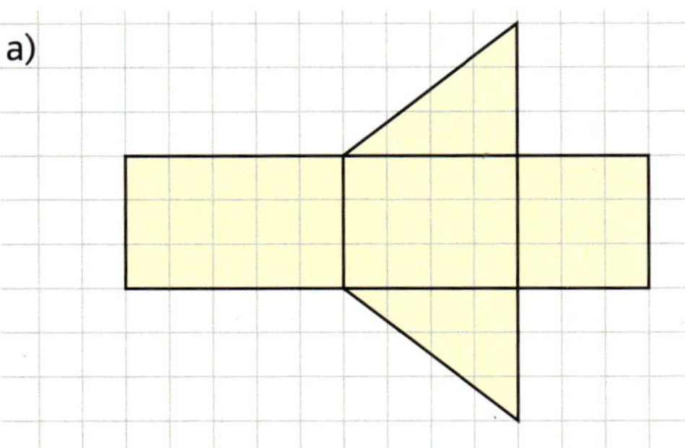

b)
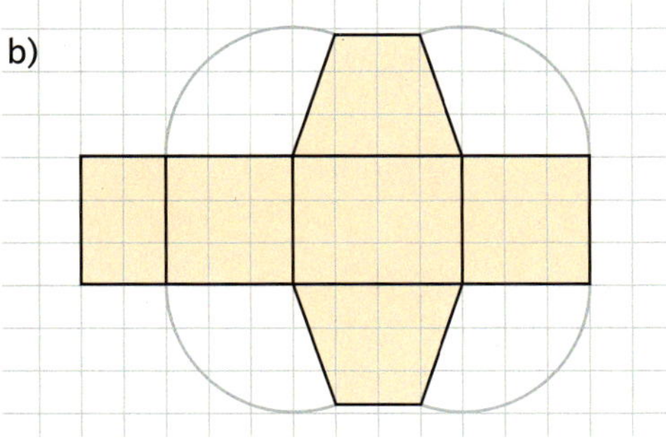

3 Zeichne das Netz des Prismas und berechne die Oberfläche. Die fehlenden Maße entnimmst du deiner Zeichnung.
Beachte: h ist die Höhe des Prismas.
a) Dreiecksprisma mit einem gleichseitigen Dreieck als Grundfläche
$a = b = c = 3\,cm$; $h = 5\,cm$
b) Dreiecksprisma mit einem gleichschenkligen Dreieck als Grundfläche
$a = b = 6\,cm$; $c = 3\,cm$; $h = 4\,cm$
c) Dreiecksprisma mit einem rechtwinkligen Dreieck als Grundfläche
$a = 3\,cm$; $b = 4\,cm$; $h = 5\,cm$; $\gamma = 90°$
d) Dreiecksprisma mit einem allgemeinen Dreieck als Grundfläche
$c = 4\,cm$; $\alpha = 70°$; $\beta = 45°$; $h = 6\,cm$

4 Bestimme die Oberfläche des Prismas mithilfe einer Zeichnung.
Die Höhe des Prismas ist h.
a) Parallelogrammprisma
$a = 6\,cm$; $b = 4\,cm$; $\alpha = 40°$; $h = 5\,cm$
b) Trapezprisma mit einem symmetrischen Trapez als Grundfläche
$a = 6\,cm$; $b = d = 3\,cm$; $c = 4\,cm$; $h = 4\,cm$
c) Rautenprisma
$a = 5\,cm$; $\alpha = 60°$; $h = 4\,cm$
d) Drachenprisma mit
$a = b = 4\,cm$; $c = d = 3\,cm$; $h = 7\,cm$
e) Sechseckprisma mit einem regelmäßigen Sechseck als Grundfläche
$a = 4\,cm$; $h = 6\,cm$

5 Von den fünf Größen u, h, G, M und O eines Prismas sind drei gegeben. Berechne die fehlenden Größen.

	a)	b)	c)	d)	e)
u	12 cm	28 cm		20 m	
h	8 cm		7 cm		1,4 m
G	30 cm²		40 cm²	50 m²	0,4 m²
M		98 cm²	105 cm²	150 m²	
O		125 cm²			6,96 m²

6 Zeichne in doppelter Größe ab und vervollständige zum Netz eines Prismas.

a)

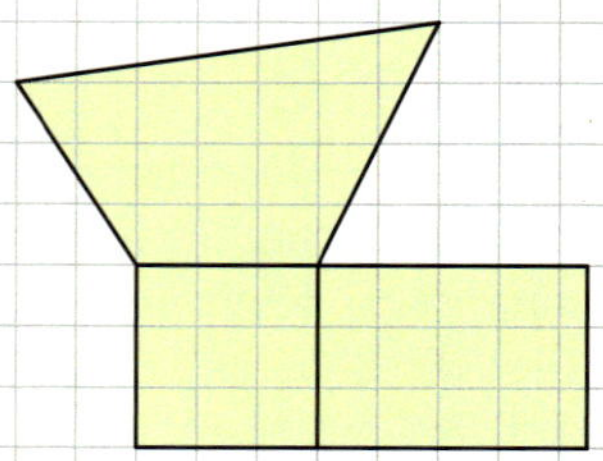

b)

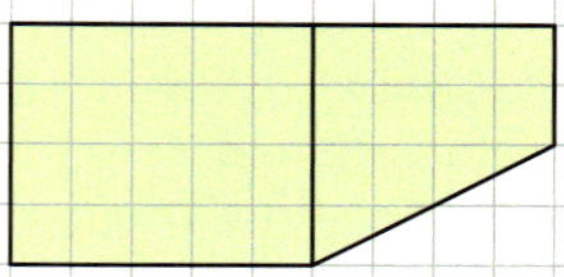

c)

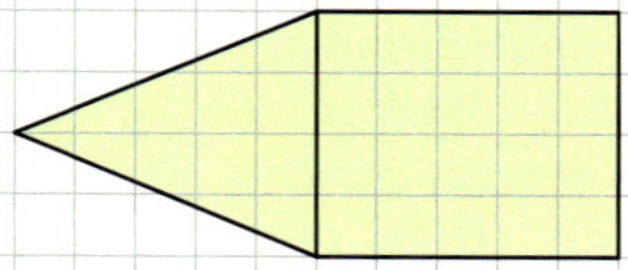

d)

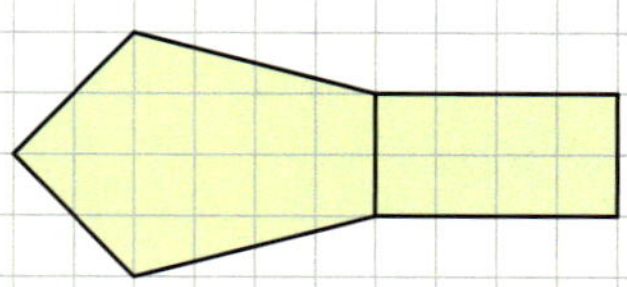

7 Die Kartons von drei Parfümflaschen sind alle 12 cm hohe Prismen. Hier sind ihre Grundflächen gezeichnet. Für welchen Karton benötigt der Hersteller am meisten Pappe? Schätze zuerst. (Maße in cm)

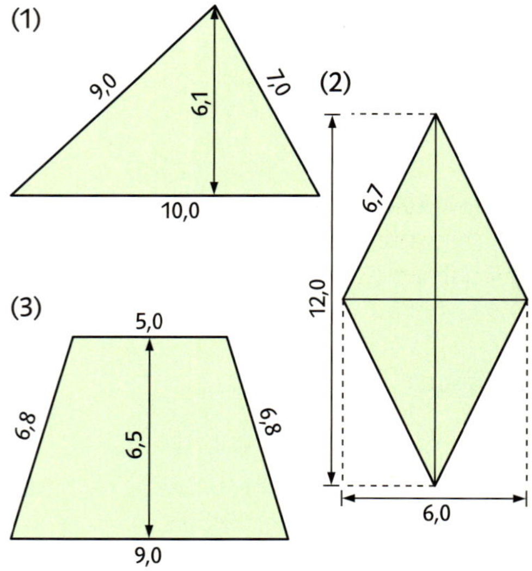

8 Eine Schreinerei produziert 2 m lange Leisten mit quadratischem Querschnitt von 5 cm Seitenlänge.

a) Wie kann der Schreiner daraus zwei Dreikantleisten herstellen? Wie groß ist deren Oberfläche für den Holzschutzanstrich?

b) Ein Kunde benötigt Leisten mit abgebildetem trapezförmigen Querschnitt. Berechne die Oberfläche für den Schutzanstrich.

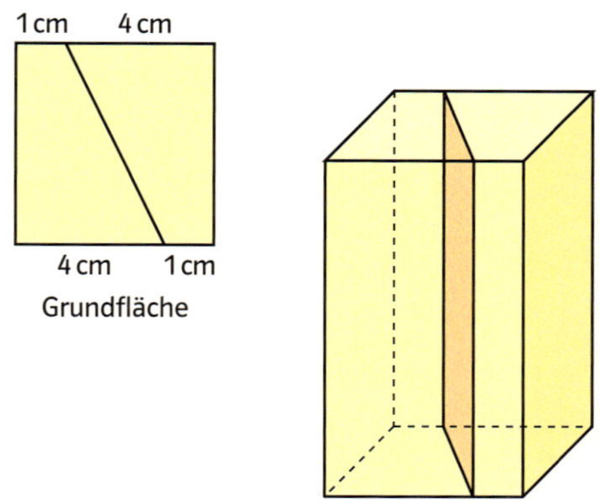

c) Wie muss der Schreiner die Leisten halbieren, damit beide Hälften eine möglichst kleine Oberfläche besitzen? Beschreibe.

4 Schrägbild

→ Zeichne solche Figuren mit einem Zeichenprogramm am Computer. Experimentiere mit unterschiedlichen Flächen. Was fällt dir auf?

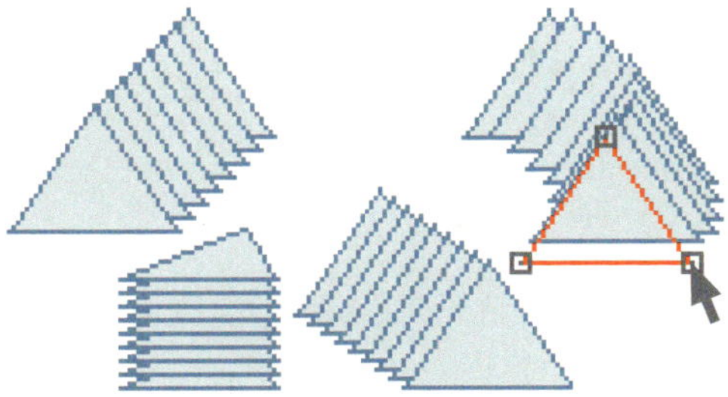

Schräglage, kein Schrägbild

→ Eleni zeichnet drei Quaderkanten in Rot. Lena ergänzt sichtbare Kanten blau und unsichtbare schwarz gestrichelt.

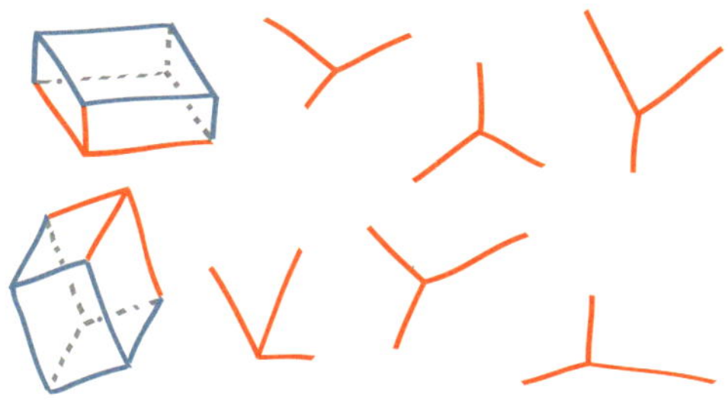

Schrägbilder vermitteln einen guten räumlichen Eindruck von Körpern. Es gibt viele Arten, Schrägbilder zu zeichnen. Wir vereinbaren folgende Regeln:

In einem **Schrägbild** werden Strecken, die
- parallel zur Zeichenebene verlaufen, in Länge und Richtung unverändert gezeichnet.
- senkrecht zur Zeichenebene verlaufen, unter einem Winkel von 45° und auf die Hälfte verkürzt gezeichnet.
- weder parallel noch senkrecht zur Zeichenebene verlaufen, anhand von Hilfslinien gezeichnet.

Beispiele

a) Ein Quader mit den Maßen 6 cm; 4 cm; 2 cm kann in unterschiedlichen Lagen gezeichnet werden.

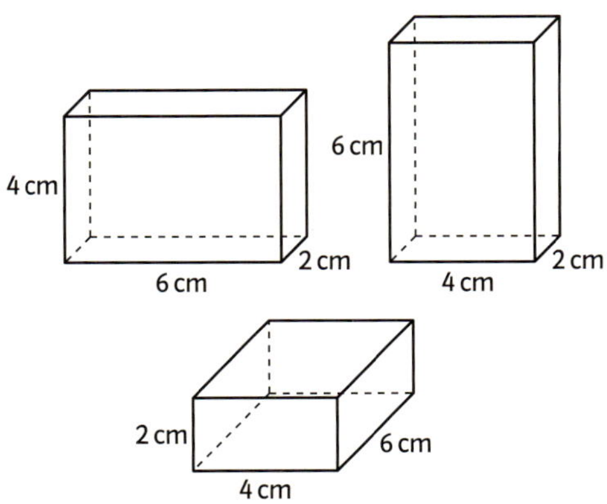

b) Das Prisma liegt auf einem der Mantelrechtecke. Im Schrägbild bleiben Grund- und Deckfläche unverändert. Die Kante BF, deren Länge die Höhe des Prismas ist, wird um 45° geneigt und auf die Hälfte verkürzt gezeichnet.

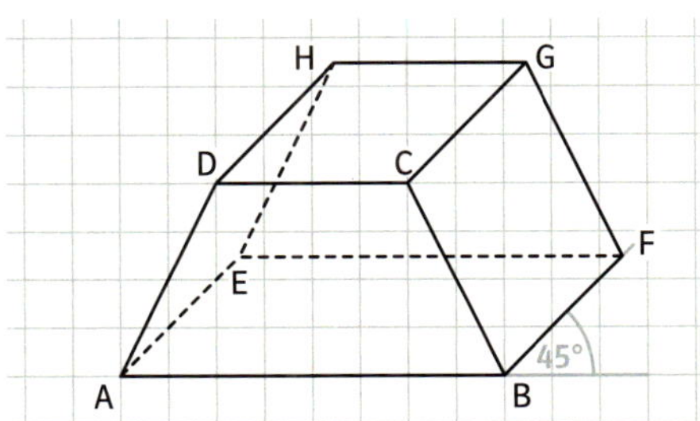

Aufgaben

1 Zeichne den Quader in drei Lagen im Schrägbild.
a) a = 6 cm; b = 5 cm; c = 4 cm
b) a = 8 cm; b = 8 cm; c = 6 cm
c) a = 8 cm; b = 2 cm; c = 2 cm

2 Übertrage die Grundfläche in doppelter Größe ins Heft.
Zeichne das Prisma auf einem Mantelrechteck liegend im Schrägbild.
Die Höhe beträgt 10 cm.

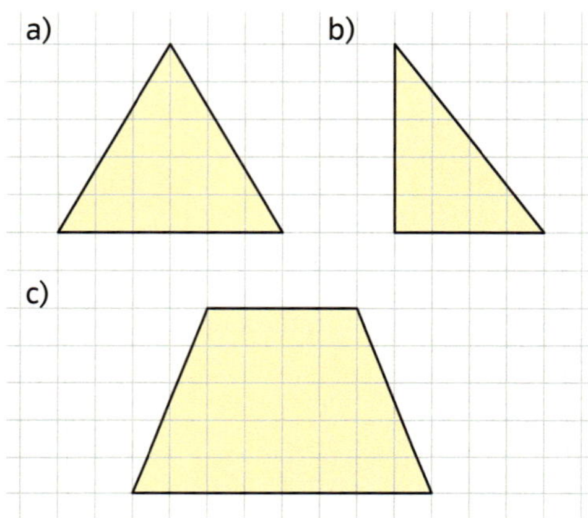

3 Zeichne das Schrägbild des Prismas.
Die Höhe des Prismas ist immer h.
a) Prisma mit einem gleichseitigen Dreieck als Grundfläche
a = b = c = 7 cm; h = 10 cm
b) Prisma mit einem rechtwinklig-gleichschenkligen Dreieck als Grundfläche
a = b = 6 cm; h = 9 cm
c) Prisma mit einem symmetrischen Trapez als Grundfläche
a = 8 cm; b = d = 5 cm; α = β = 70°; h = 10 cm
d) Rautenprisma mit
a = 6 cm; β = 60°; h = 8 cm
e) Prisma mit einem allgemeinen Dreieck als Grundfläche
c = 6 cm; α = 40°; β = 65°; h = 7 cm
f) Prisma mit einem regelmäßigen Sechseck als Grundfläche
a = 4 cm; h = 8 cm

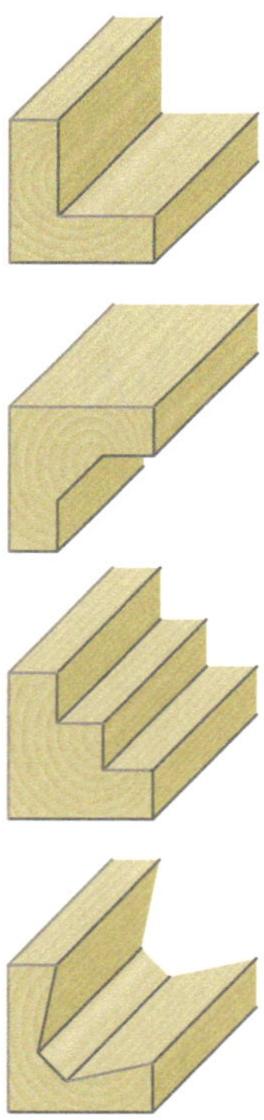

Profilleisten für Fensterfalz, Bilderrahmen usw. gibt es in vielen Formen. Zeichne 10 cm lange Stücke. Entwirf selber Formen.

4 Übertrage die Grundfläche in doppelter Größe ins Heft und zeichne das Schrägbild des Prismas. Die Körperhöhe ist 10 cm.

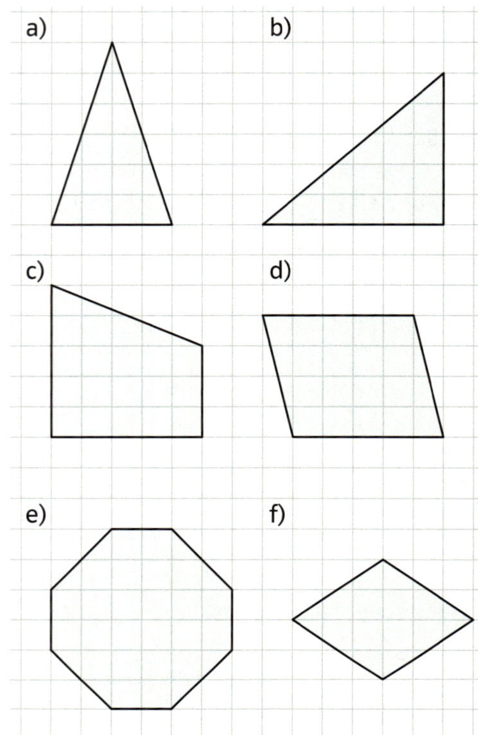

5 a) Baue aus zwei Streichholzschachteln verschiedene Prismen und zeichne ihre Schrägbilder. Die Kanten kannst du ausmessen. Du darfst aber auch für die Länge einer Schachtel 5 cm, für die Breite 3 cm und für die Höhe 1 cm ansetzen.

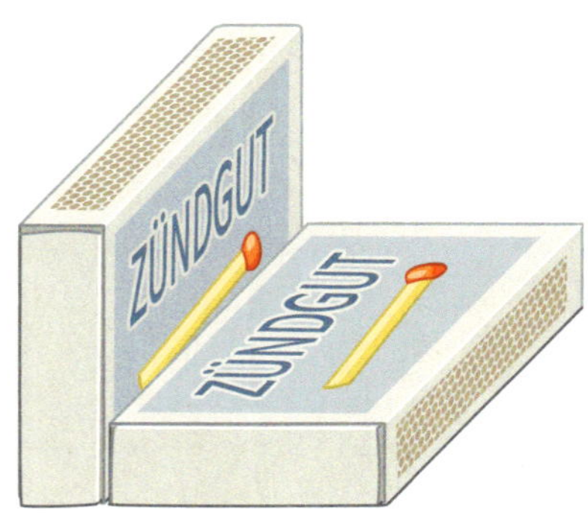

b) Manche Druckbuchstaben kannst du als Prismen aus zwei oder mehr Streichholzschachteln herstellen. Skizziere sie.

Schräge Typen ?!

Bislang hast du gelernt, wie man Schrägbilder von Prismen zeichnet, die auf der Mantelfläche liegen.
Steht ein Prisma aber auf der Grundfläche, ist es schwieriger darzustellen.
Die folgenden Zeichnungen geben dir Hinweise, wie man das Schrägbild eines solchen Prismas zeichnen kann.

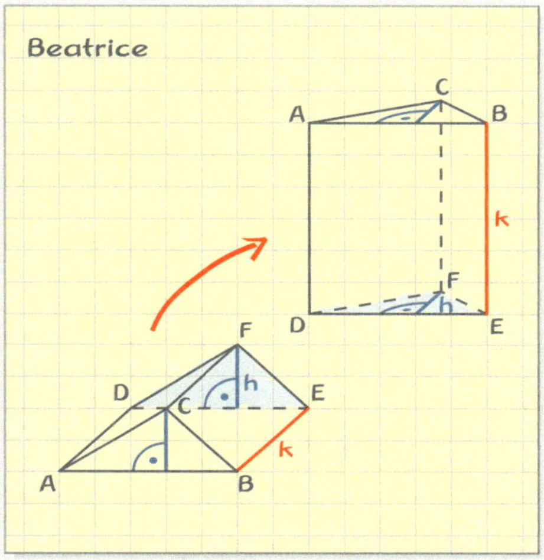

■ Wie ist Beatrice beim Zeichnen des auf der Grundfläche stehenden Dreiecksprismas vorgegangen? Beschreibe ihr Vorgehen ausführlich.

■ Und jetzt du:
Zeichne das dargestellte Prisma auf der Gundfläche stehend. Entnimm die notwendigen Längen der Zeichnung.

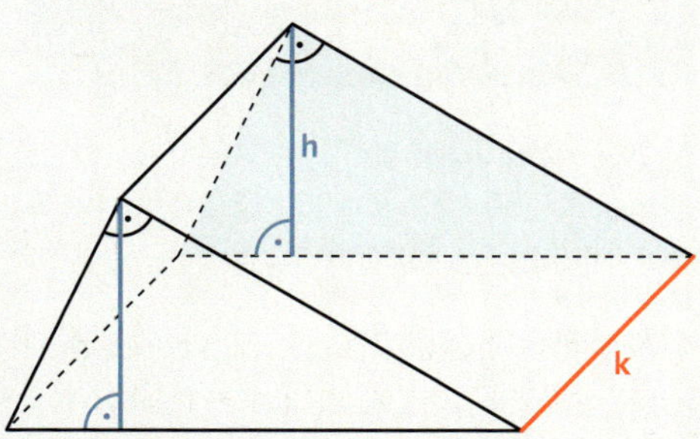

■ Was haben Klaus und Annika falsch gemacht, was richtig? Kannst du ihnen helfen?

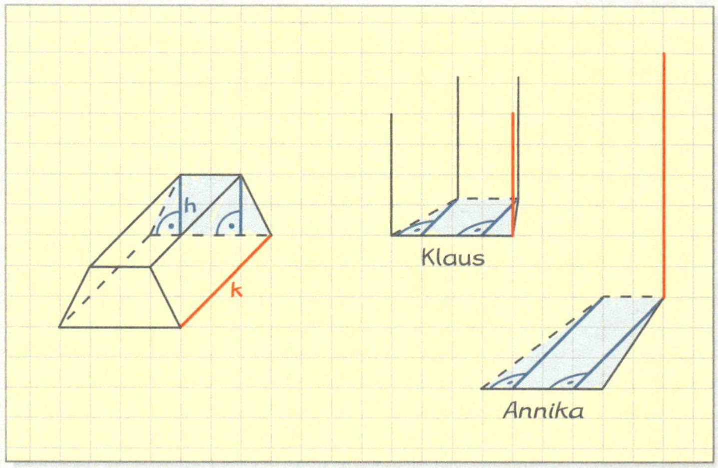

■ Wie hat sich Jörg hier geholfen?

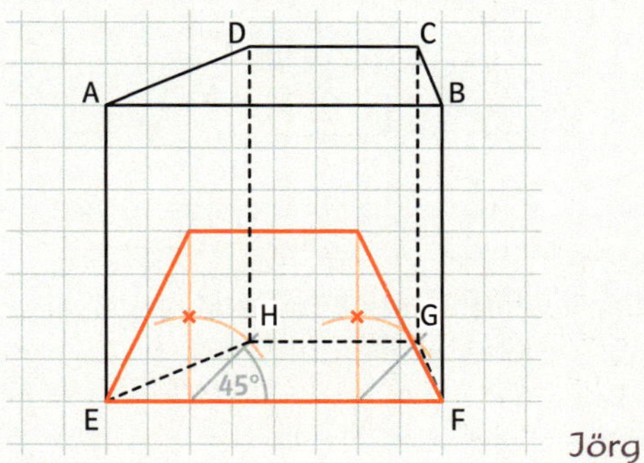

■ Zeichne folgendes Prisma im passenden Maßstab originalgetreu ab. Du kannst dafür auch eine dynamische Geometriesoftware (DGS) benutzen.

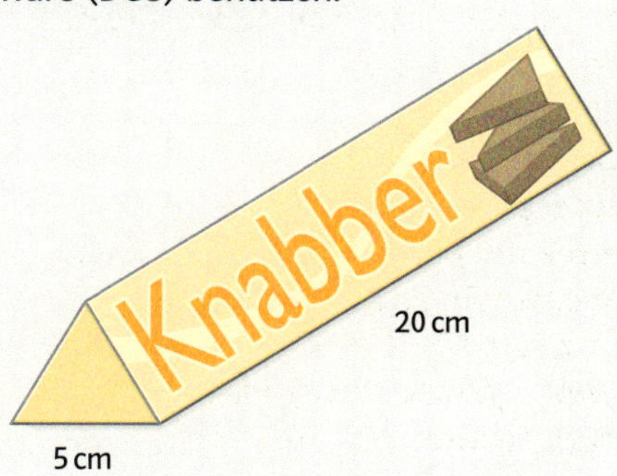

5 Prisma. Volumen

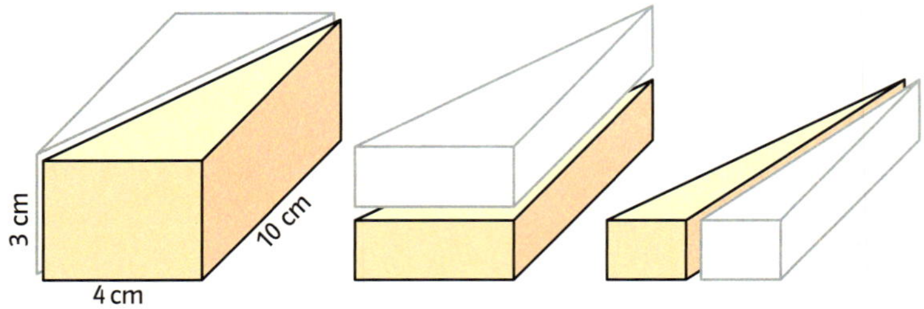

Das Volumen von Prismen ist manchmal gar nicht so einfach zu berechnen.
→ Wenn du aber die Reihe betrachtest, findest du die Volumina der gefärbten Dreiecksprismen bestimmt heraus.

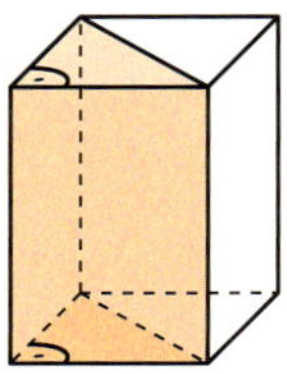

Aus der Formel $V = a \cdot b \cdot c$ für das Quadervolumen lässt sich in drei Schritten eine Formel für das Prismenvolumen entwickeln:

- Der Quader ist ein Prisma mit der Grundfläche $G = a \cdot b$ und der Körperhöhe $h = c$. Statt $V = a \cdot b \cdot c$ kann man damit auch $V = G \cdot h$ schreiben.
- Ein Prisma mit einem rechtwinkligen Dreieck als Grundfläche ist die Hälfte eines Quaders. Sein Volumen und seine Grundfläche sind halb so groß wie Volumen und Grundfläche des Quaders.
- Jedes Prisma lässt sich in Prismen über rechtwinkligen Dreiecken zerlegen.

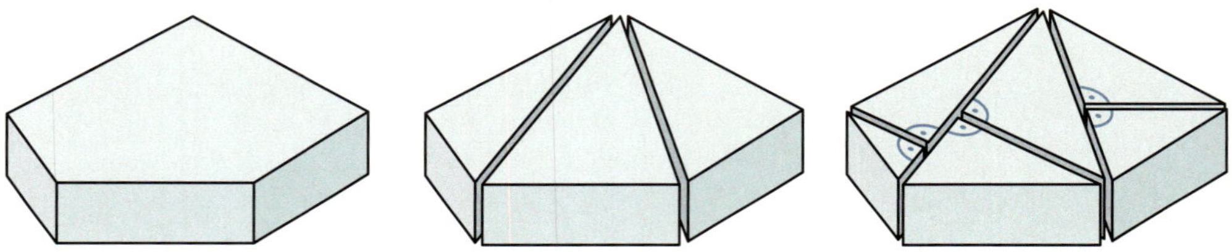

Damit kann man die Volumenformel $V = G \cdot h$ auf alle Prismen übertragen.

Das **Volumen eines Prismas** lässt sich als Produkt aus Grundfläche und Körperhöhe berechnen: $V = G \cdot h$

Beispiele

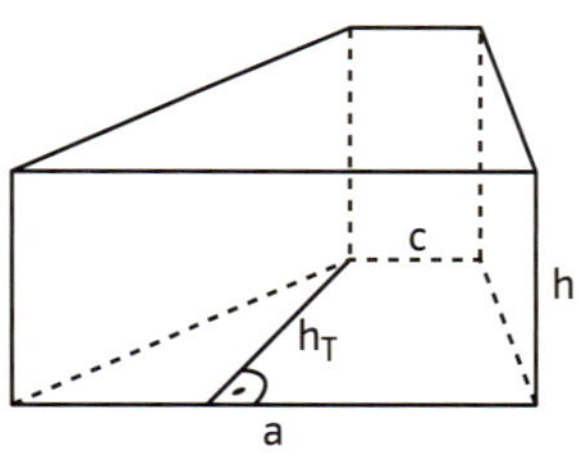

$a = 80\,cm$
$c = 20\,cm$
$h_T = 30\,cm$
$h = 35\,cm$

a) Mit der Formel $V = G \cdot h$ wird das Volumen des Trapezprismas berechnet:

$G = \frac{1}{2}(a + c) \cdot h_T$

$G = \frac{1}{2}(80 + 20) \cdot 30\,cm^2 = 1500\,cm^2$

$G = 1500\,cm^2$

$V = 1500 \cdot 35\,cm^3 = 52\,500\,cm^3$

$V = 52\,500\,cm^3 = 52{,}5\,dm^3$

b) Aus dem Volumen $V = 1600\,l$ und der Höhe $h = 80\,cm$ wird die Grundfläche G des Aquariums berechnet.

$V = G \cdot h$

$V = 1600\,l = 1600\,dm^3$; $h = 80\,cm = 8\,dm$

$G = \frac{V}{h} = \frac{1600}{8}\,dm^2 = 200\,dm^2$

$G = 200\,dm^2$

Aufgaben

1 Berechne das Volumen des Prismas.
a) $G = 25\,cm^2$; $h = 12\,cm$
b) $G = 35\,dm^2$; $h = 12\,dm$
c) $G = 4{,}2\,cm^2$; $h = 3{,}6\,cm$
d) $G = 15\,m^2$; $h = 4{,}5\,dm$

2 Berechne das Volumen des 14 cm hohen Prismas mit der abgebildeten Grundfläche (Maße in cm).

a)

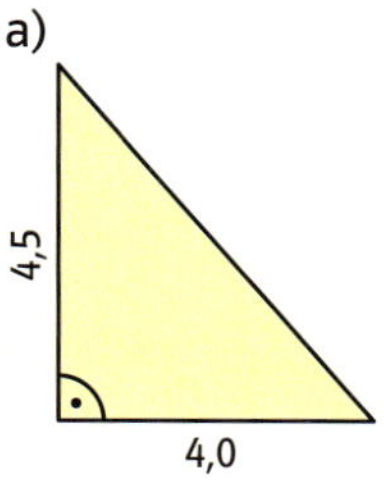

b)

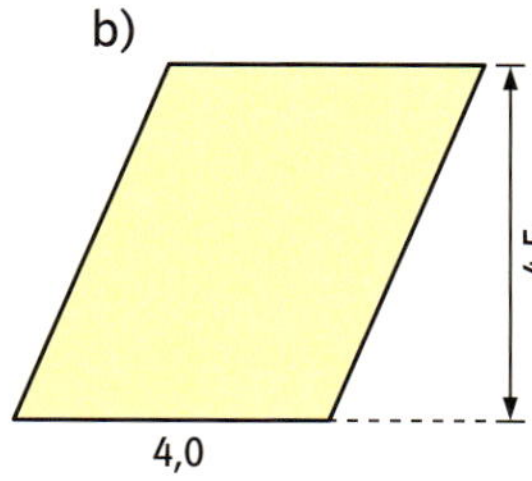

c)

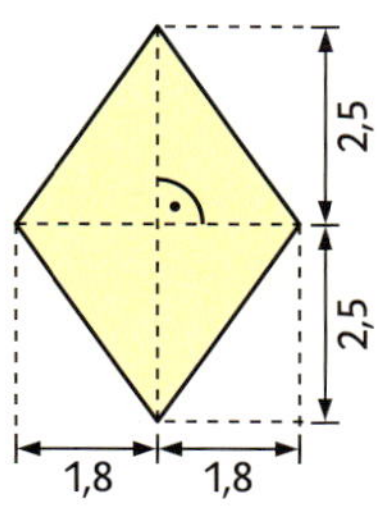

d)

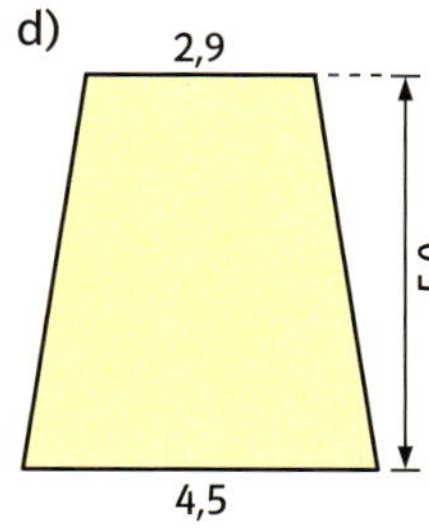

e)

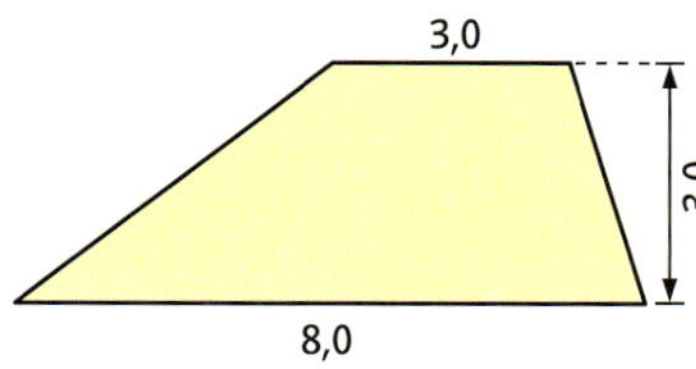

3 Berechne das Volumen des Prismas.
a) Grundfläche: Dreieck mit $c = 8\,cm$ und $h_c = 7\,cm$
Körperhöhe $h = 18\,cm$
b) Grundfläche: rechtwinkliges Dreieck mit $a = 7\,cm$, $b = 5\,cm$, $\gamma = 90°$
Körperhöhe $h = 12\,cm$
c) Grundfläche: Trapez mit $a = 12\,cm$; $c = 8\,cm$; Trapezhöhe $h_T = 6\,cm$
Körperhöhe $h = 25\,cm$
d) Grundfläche: Parallelogramm mit $a = 9\,cm$; Parallelogrammhöhe $h_a = 4{,}5\,cm$
Körperhöhe $h = 12{,}5\,cm$

4 Berechne die fehlende Größe.

	a)	b)	c)	d)
G	$40\,cm^2$	$3\,dm^2$		
h			8,5 m	16 mm
V	$360\,cm^3$	12 l	$510\,m^3$	$720\,mm^3$

5 Berechne das Volumen (Maße in cm).

a)

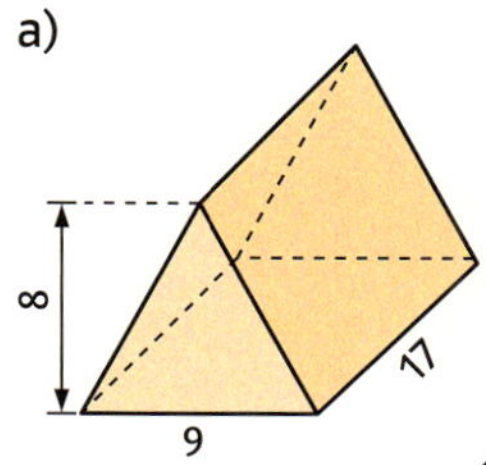

b)

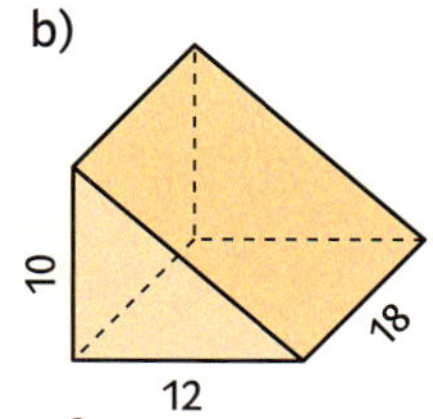

c)

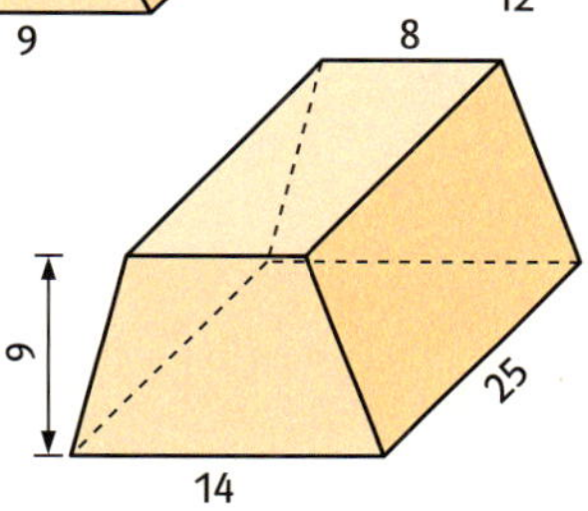

d)

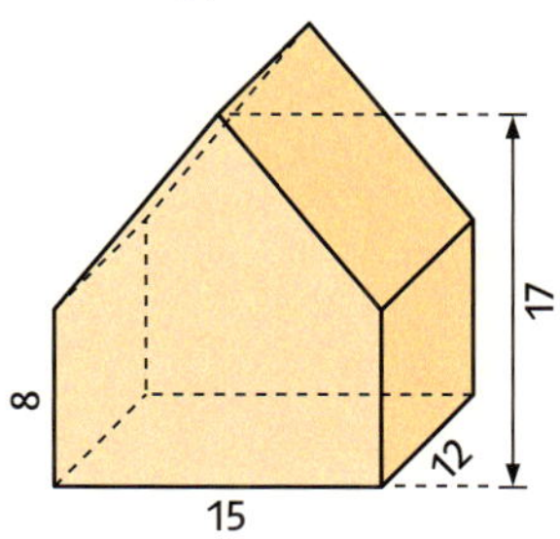

6 Drücke das Volumen V durch e aus.

a)

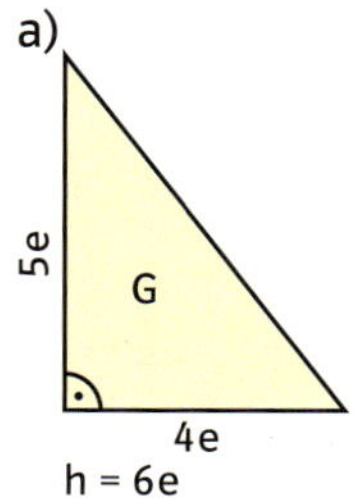

h = 6e

b)

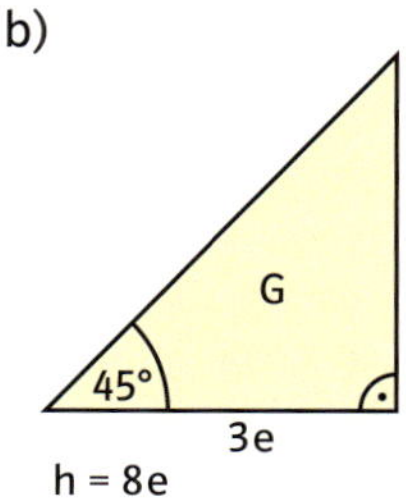

h = 8e

c)

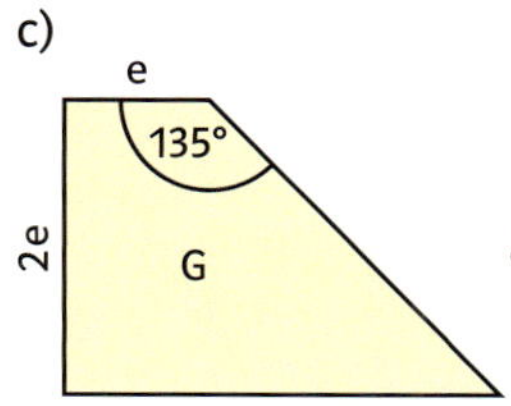

h = 10e

d)

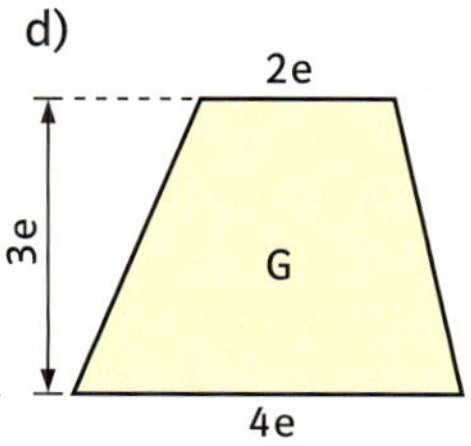

h = 12e

7 Ein Ort an der Nordsee soll durch einen Deich geschützt werden. Der Querschnitt ist abgebildet. Die Länge ist etwa 1,5 km. Welches Volumen ist aufzuschütten?

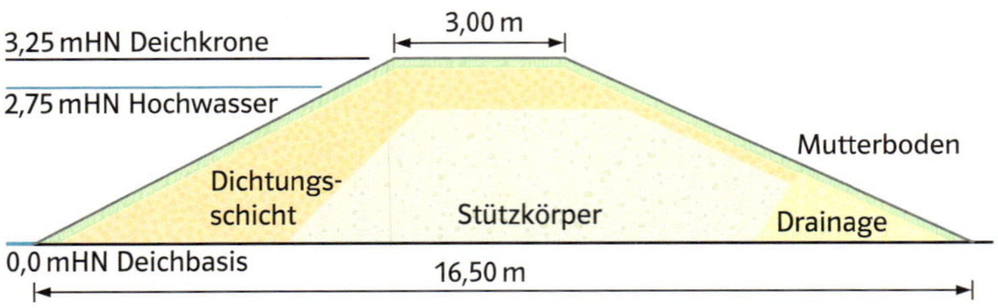

8 Die Schaufel des Frontladers auf einer Müllhalde ist 3,20 m breit und hat den abgebildeten Querschnitt.

a) Wie viel m^3 Erde passt in die Schaufel?

b) Oft ist die Erde in der Schaufel über die Oberkante weg aufgehäuft.
Schätze, wie viel m^3 das zusätzlich sind.

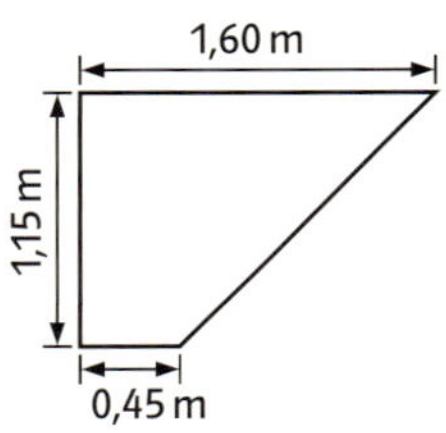

9 a) Welches Volumen hat das Gewächshaus von Kevins Eltern? (Maße in cm)

b) Wie groß ist die verglaste Fläche?

Ausschnitt:

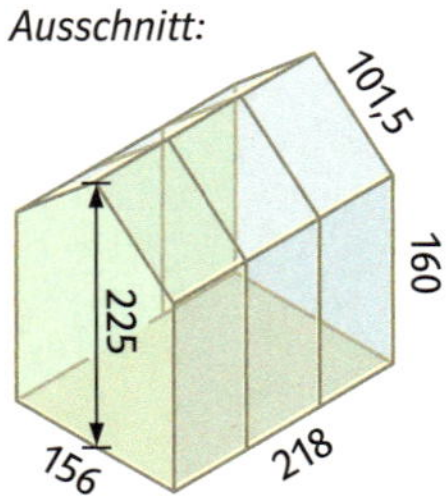

10 Ein 25 m langer Graben wird ausgehoben. Der Querschnitt ist ein Trapez.

a) Wie viel m^3 Erde enthält der Graben?

b) Durch das Auflockern erhöht sich das Volumen um 20 %.

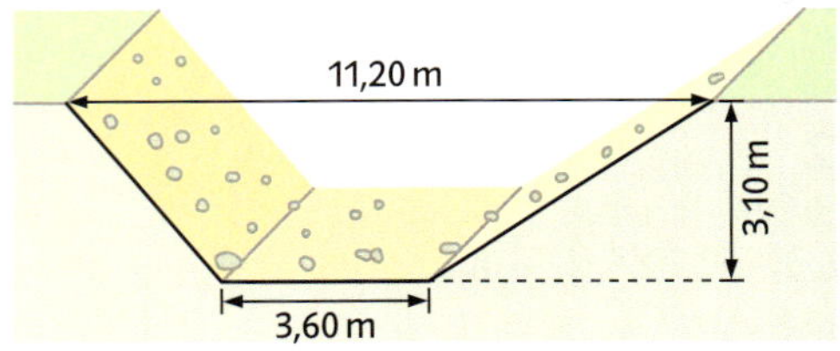

11 Bauschutt wird oft in Containern transportiert.
Das Bild zeigt eine Seitenansicht. Die Breite beträgt 1,60 m.

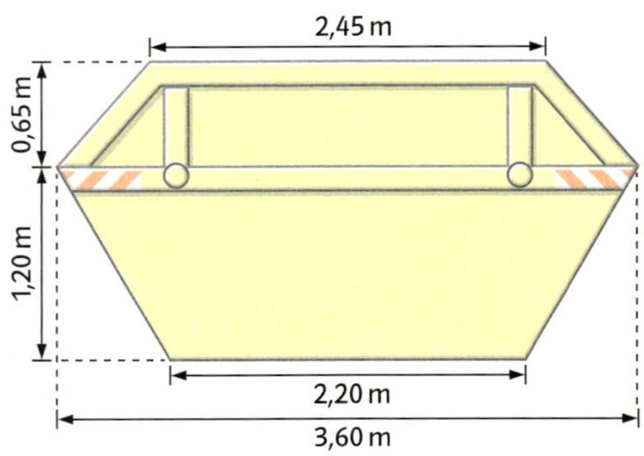

a) Wie viel m^3 fasst der Container?

b) Wie viel m^3 ist in einem nur auf 1,20 m Höhe gefüllten Container enthalten?

c) 1 m^3 Bauschutt wiegt etwa 1,5 t.

12 Eisenträger können unterschiedliche Profile haben. Zwei häufig vorkommende sind abgebildet (Maße in cm).

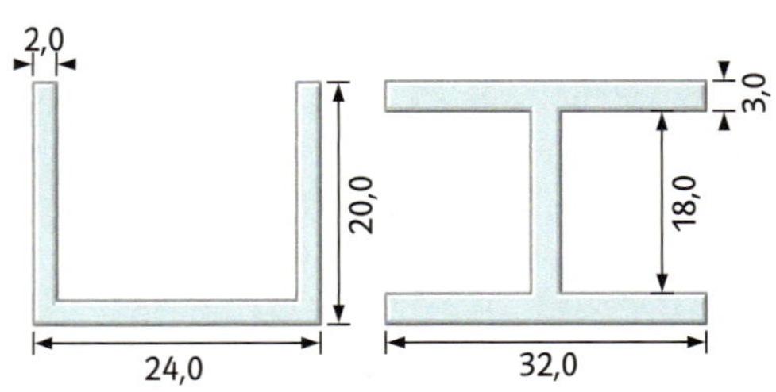

a) Berechne das Volumen von 6 m langen Eisenträgern beider Arten.

b) 1 dm^3 Eisen wiegt etwa 7,8 kg.
Wie schwer sind die Träger?

Wasserspiele

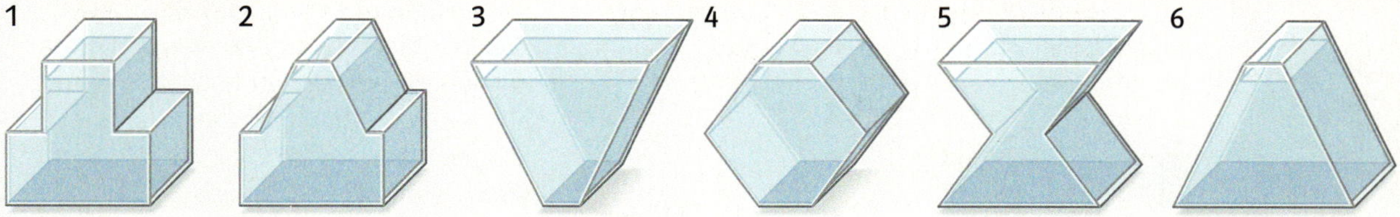

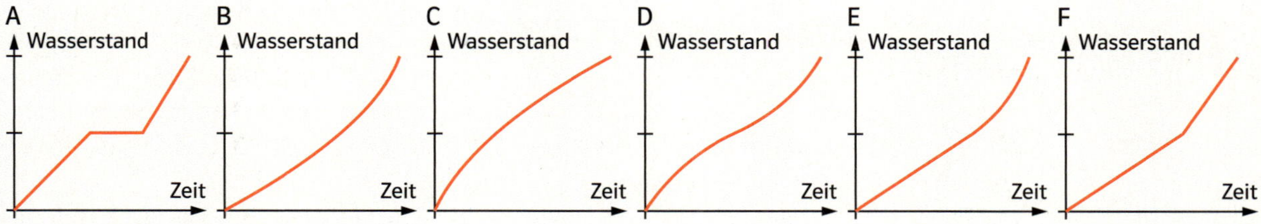

Die sechs Behälter werden mit Wasser gefüllt. Der Zufluss ist gleichmäßig, aber der Wasserstand steigt ungleichmäßig.

- Welcher der Füllgraphen gehört zu welchem Behälter?

Aber Achtung: Für einen Behälter fehlt der Füllgraph. Wie müsste er aussehen?

„Zeit-Wasserstandsgraph" ist ein zu langes Wort. „Füllgraph" ist kürzer.

Der Behälter ist schon halb voll gelaufen. Das Wasser strömt gleichmäßig weiter.

- Setze den Füllgraphen fort.

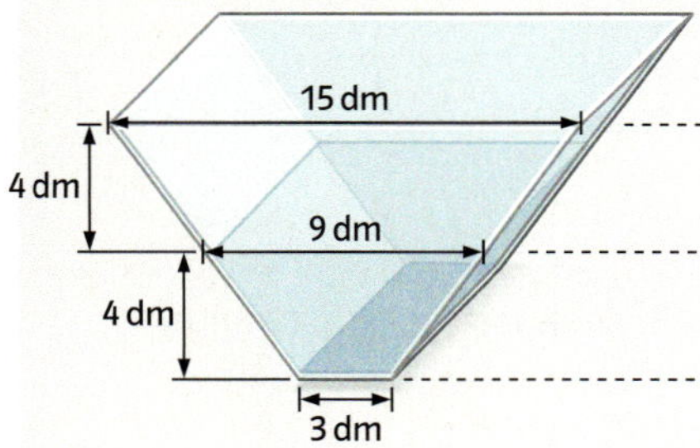

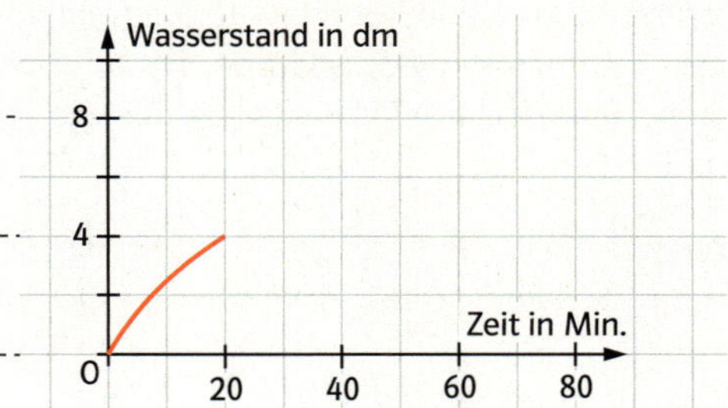

Im Behälter rechts steht eine Trennwand. Sie reicht bis in halbe Höhe. Das Wasser fließt gleichmäßig zu.

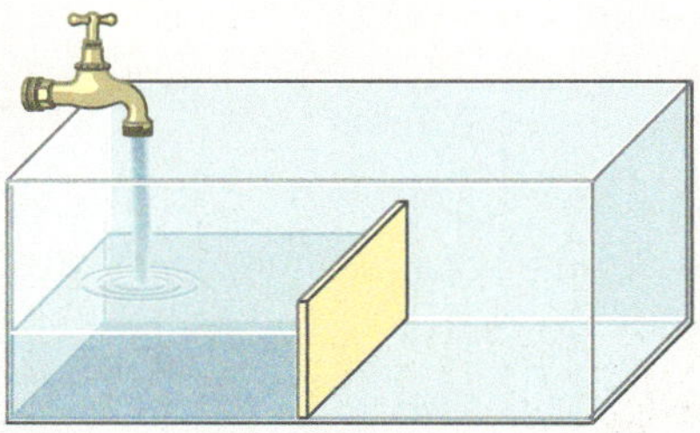

Der Anfang des Füllgraphen für die linke Hälfte des Behälters ist schon gezeichnet.

- Setze diesen Füllgraphen fort und zeichne auch den Füllgraphen für die rechte Hälfte ein.

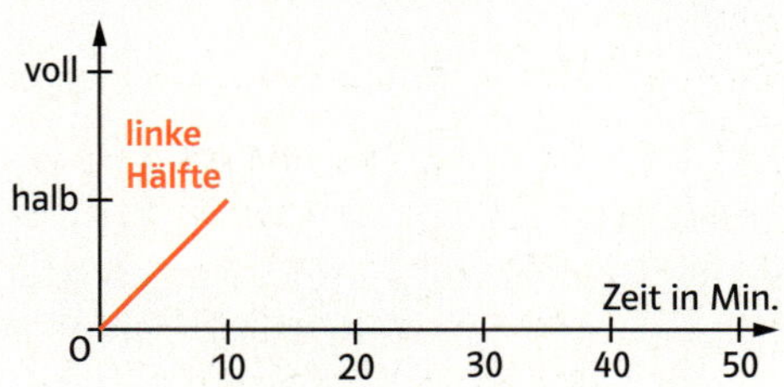

- Jetzt kannst du bestimmt selbst viele Behälter und ihre Füllgraphen zeichnen.

6 Zusammensetzen von Körpern*

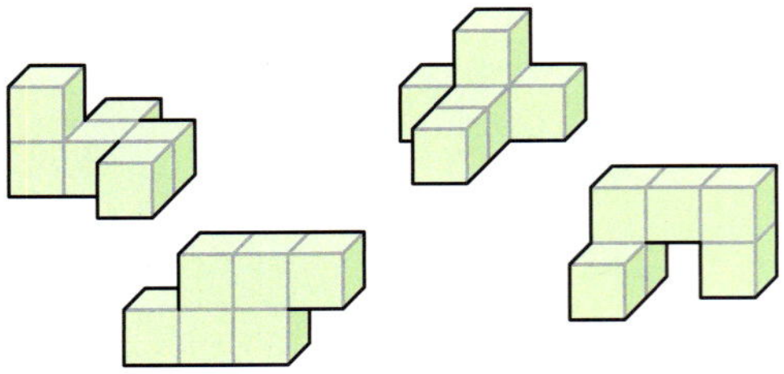

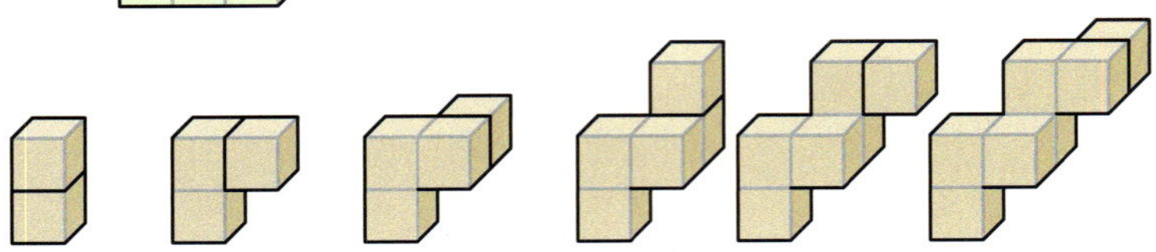

→ Welche der Körper sind Prismen? Welche lassen sich in Prismen zerlegen?
→ Alle grün gefärbten Körper bestehen aus sechs Würfeln. Skizziere weitere solche Körper. Wann haben zwei dieser Körper gleich große Oberflächen?
→ Die Reihe der braun gefärbten Körper ist nach einem bestimmten Muster aufgebaut. Erkläre.
→ Wie sieht der zehnte Körper der Reihe aus? Aus wie vielen Prismen besteht er?

! *Auch Würfel und Quader zählen zu den Prismen!*

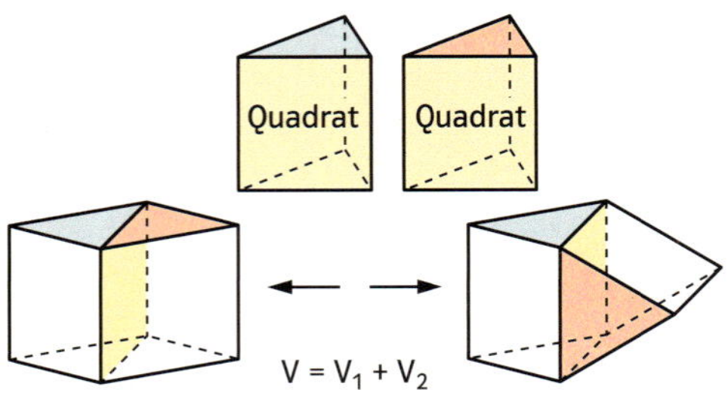

Die zwei Dreiecksprismen kann man zu einem Rautenprisma oder zu einem Körper zusammensetzen, der kein Prisma ist. Das Volumen der zwei neuen Körper ist das Doppelte des Volumens eines Dreiecksprismas. Beim Berechnen der Oberfläche muss man darauf achten, dass zwei Mantelquadrate im Innern verschwinden.

Ist ein Körper aus mehreren Teilkörpern zusammengesetzt, so berechnet sich sein **Volumen V** durch Addition der Volumina der Teilkörper.
Seine **Oberfläche O** lässt sich als Summe von Einzelflächen berechnen.

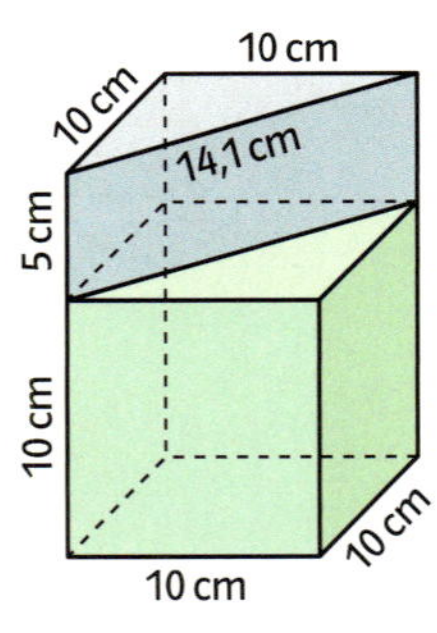

Beispiel
Der abgebildete Körper ist aus einem Würfel und einem Dreiecksprisma zusammengesetzt.

a) Berechnung des Volumens
Volumen des Würfels
$V_W = 1000\,cm^3$
Volumen des Prismas
$V_P = G \cdot h = \frac{1}{2} \cdot 100 \cdot 5\,cm^3 = 250\,cm^3$
Das Volumen des zusammengesetzten Körpers beträgt

$V = V_W + V_P = 1000\,cm^3 + 250\,cm^3$
$V = 1250\,cm^3$.

b) Berechnung der Oberfläche
fünf Flächen des Würfels: $5 \cdot A_W = 500\,cm^2$
eine halbe Würfelfläche: $\frac{1}{2} \cdot A_W = 50\,cm^2$
Mantelfläche des Prismas
$M = u \cdot h = 34{,}1 \cdot 5\,cm^2 = 170{,}5\,cm^2$
Deckfläche des Prismas:
$D = \frac{1}{2} \cdot 100\,cm^2 = 50\,cm^2$
Die Oberfläche des zusammengesetzten Körpers beträgt
$O = 500\,cm^2 + 50\,cm^2 + 170{,}5\,cm^2 + 50\,cm^2$
$O = 770{,}5\,cm^2$.

Bemerkung
Die Oberfläche O eines zusammengesetzten Körpers lässt sich oft vorteilhaft mit der Formel $\mathbf{O = O_1 + O_2 - 2 \cdot A_g}$ berechnen: Man addiert die Oberflächen O_1 und O_2 der zwei Teilkörper und subtrahiert das Doppelte der gemeinsamen Grenzfläche A_g.

Aufgaben

1 a) Skizziere einige Körper
- aus vier Würfeln
- aus sechs Würfeln.

b) Nimm als Kantenlänge 1 cm an. Wie groß sind die Oberflächen der einzelnen 4-Würfel-Körper und 6-Würfel-Körper?

2 Die beiden Dreiecksprismen werden zusammengesetzt.

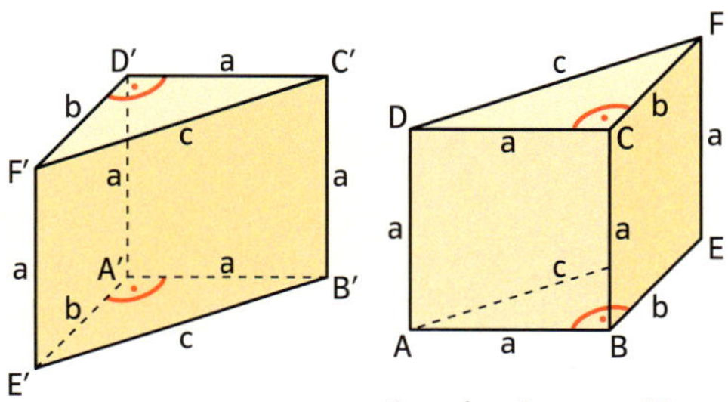

a = 6 cm; b = 8 cm; c = 10 cm

a) Welcher Körper entsteht? Es gibt mehrere Möglichkeiten. Skizziere sie.
b) Welches Volumen und welche Oberfläche haben diese neuen Körper?

3 Berechne das Volumen V und die Außenfläche A des Werksgebäudes (Maße in m).

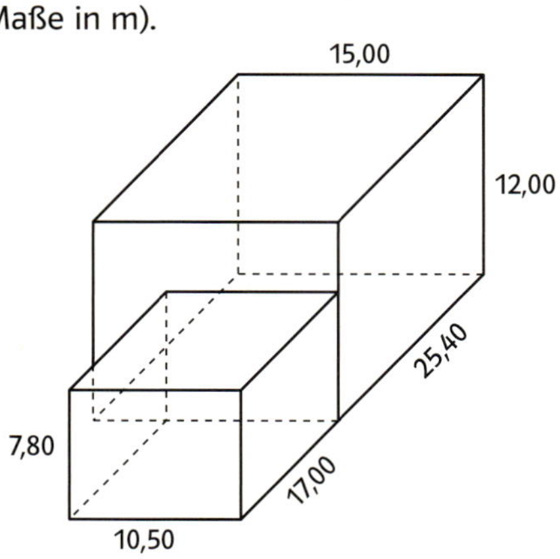

4 Wie unterscheiden sich die zwei Häuser in Volumen und Außenfläche? (Maße in m)

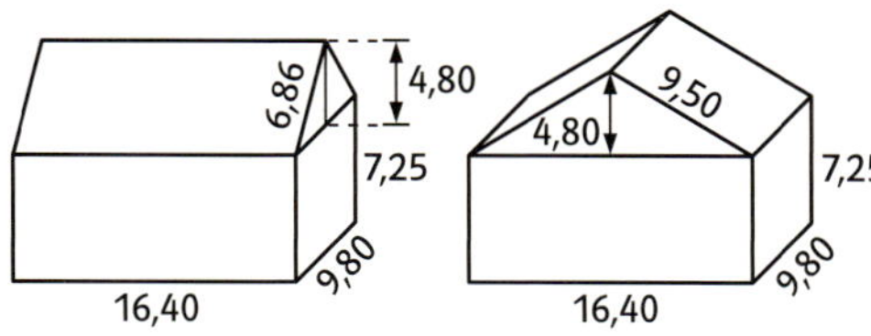

5 Wie groß sind die Oberflächen der zwei Würfeltürme?
(Die Bodenfläche des unteren Würfels gehört zur Oberfläche dazu.)

„Zum Glück ist der Würfel nicht weiter verrutscht. Da kann ich die Oberfläche noch ausrechnen."

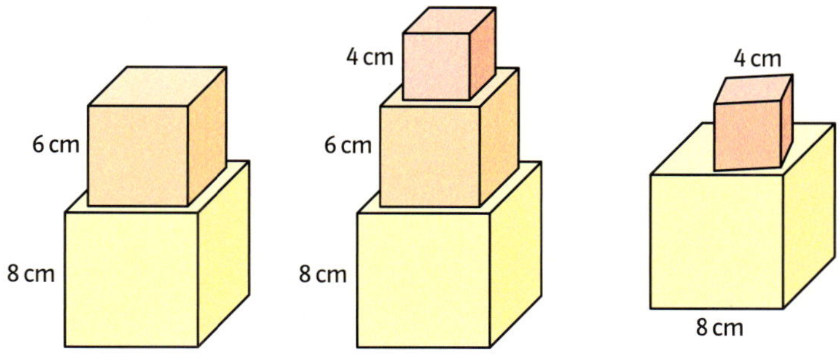

6 Firma SimpleTec baut aus gleichen Elementen verschiedene Haustypen. Berechne die Wandflächen, die Dachflächen, die gesamten Außenflächen und den Innenraum der Häuser.

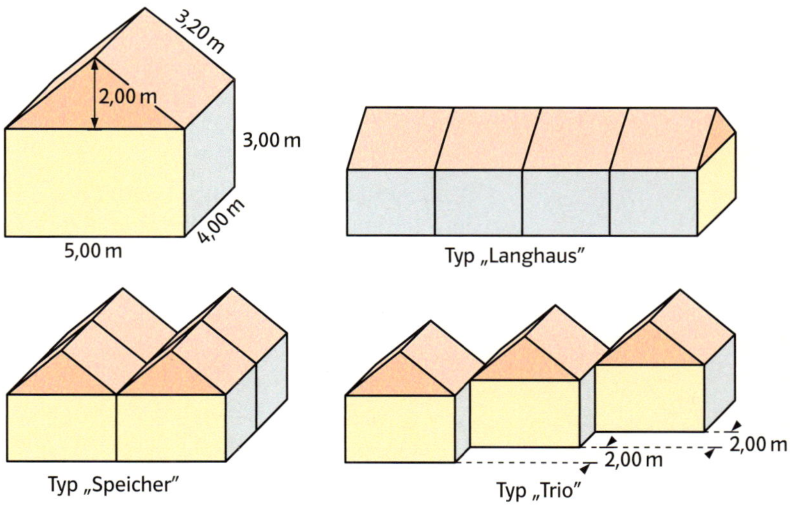

7 Eine Brunnenbaufirma stellt folgende Steine her. Berechne das Volumen und die Oberfläche.

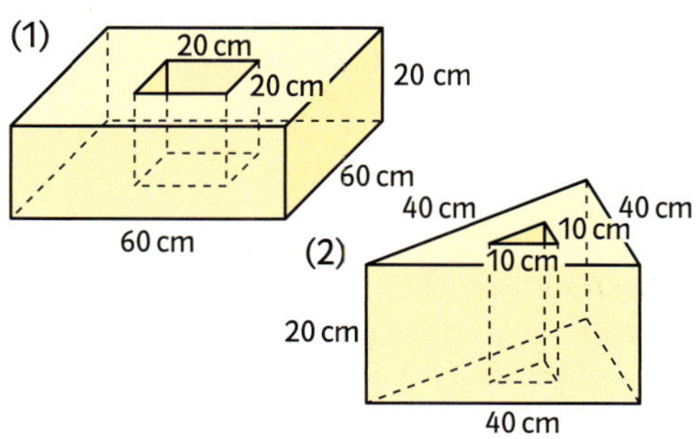

Zusammenfassung

Quader und Würfel

Ein **Quader**
mit den Kantenlängen a, b und c hat
das **Volumen** $V = a \cdot b \cdot c$
und
die **Oberfläche** $O = 2ab + 2ac + 2bc$
$= 2(ab + ac + bc)$

Ein **Würfel** ist ein Quader mit drei gleichen Kantenlängen $a = b = c$.
Er hat das **Volumen** $V = a^3$
und
die **Oberfläche** $O = 6a^2$.

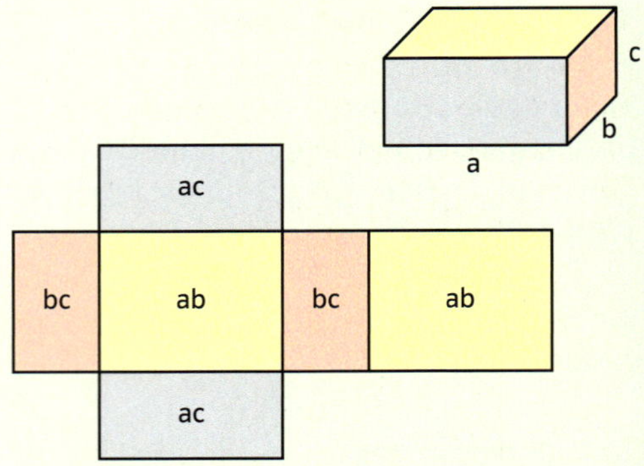

Prisma

Ein **Prisma** ist begrenzt durch die **Grundfläche**, die **Deckfläche** und die **Mantelfläche**.
Grundfläche und Deckfläche sind kongruente Dreiecke, Vierecke oder Vielecke.
Die Mantelfläche besteht aus Rechtecken.

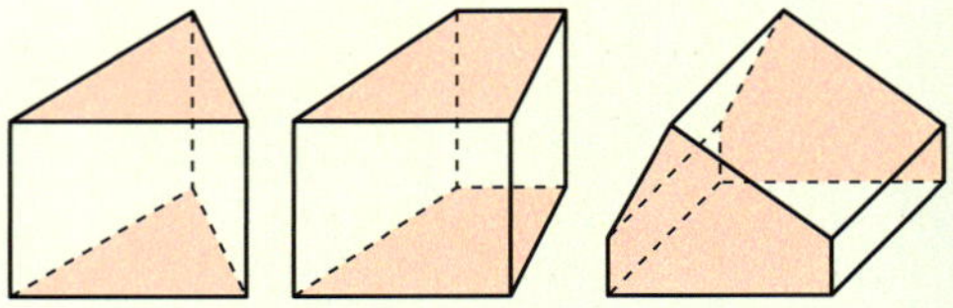

Oberfläche

Die **Oberfläche O** ist die Summe aus dem Doppelten der **Grundfläche G** und der **Mantelfläche M**:
$\mathbf{O = 2 \cdot G + M}$

Die **Mantelfläche M** ist das Produkt aus dem **Umfang u** der Grundfläche mit der **Körperhöhe h**:
$\mathbf{M = u \cdot h}$

$D = G$
$M = M_1 + M_2 + M_3 + M_4$
$u = a_1 + a_2 + a_3 + a_4$

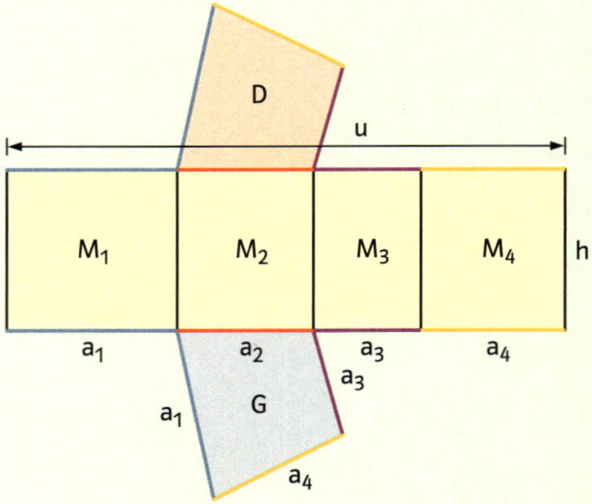

Volumen

Das **Volumen eines Prismas** lässt sich als Produkt aus Grundfläche und Körperhöhe berechnen:
$\mathbf{V = G \cdot h}$

Zusammensetzen von Körpern*

Wird ein Körper aus mehreren Teilkörpern zusammengesetzt, so berechnet sich sein Volumen durch Addition der Volumina der Teilkörper.

Die Oberfläche O eines zusammengesetzten Körpers lässt sich als Summe von Einzelflächen berechnen.
Die Rechnung lässt sich oft durch geschicktes Zusammenfassen vereinfachen.

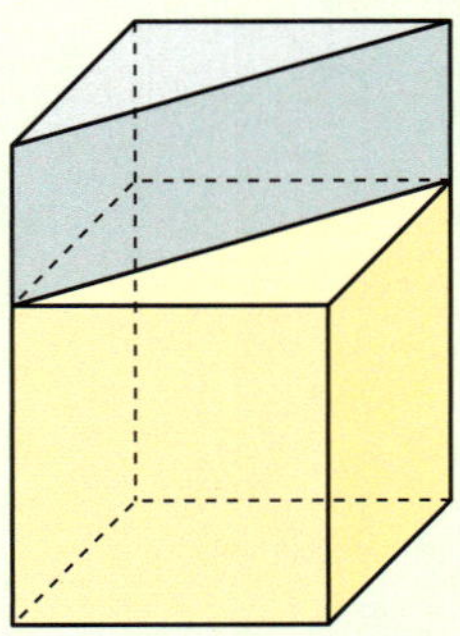

$V = V_1 + V_2$

Üben • Anwenden • Nachdenken

1 Ein Rechteck im Quadernetz fehlt. Übertrage das unvollständige Netz in doppelter Größe ins Heft und ergänze es so, dass du daraus einen Quader falten kannst.

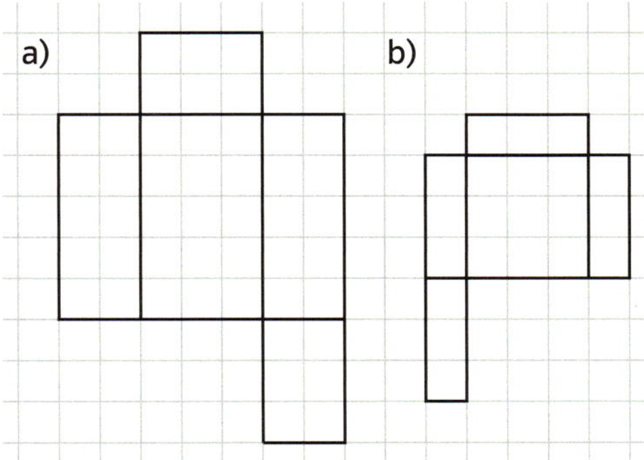

2 a) Warum gilt $V_3 < V_5$ und $V_6 < V_2$? Antworte, ohne zu rechnen.
b) Ordne die sechs Prismenvolumina der Größe nach; beginne mit dem kleinsten. (alle Maße in cm)

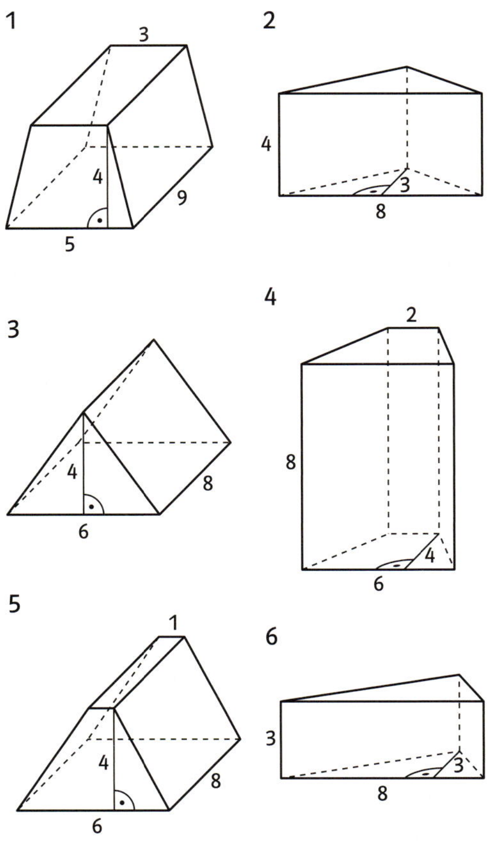

3 Berechne die nicht gegebenen Größen des Prismas.

	a)	b)	c)	d)
u	18 cm	20 dm		
h	36 cm		3,5 cm	25 cm
G	216 cm²	5,8 m²	12 cm²	
M				18 dm²
O			94 cm²	
V		8,7 m³		10 dm³

4 Die obere der zwei parallelen Seiten des Trapezes ist verschiebbar. Bestimme für einige Lagen der Seite die Oberfläche des Prismas. Die Länge der Trapezschenkel liest du aus einer Zeichnung ab. Finde das Prisma mit dem kleinsten Volumen.

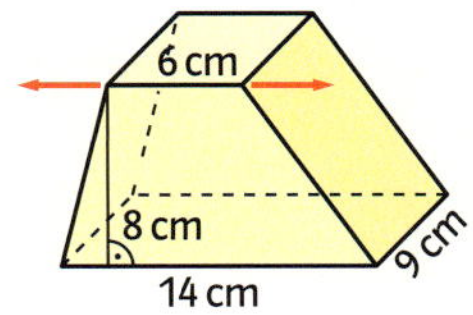

5 Berechne die Oberfläche und das Volumen des Prismas.

a)

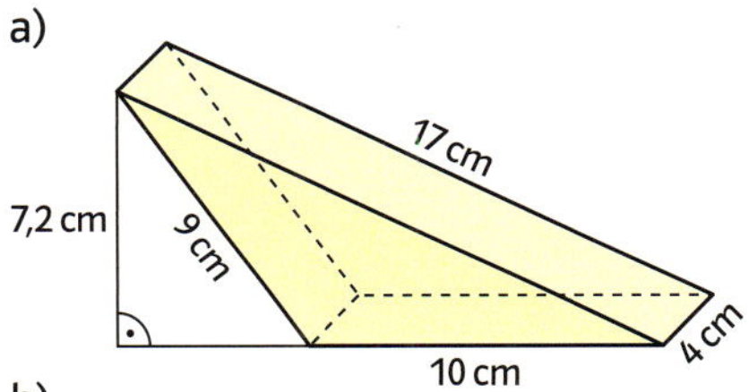

b)

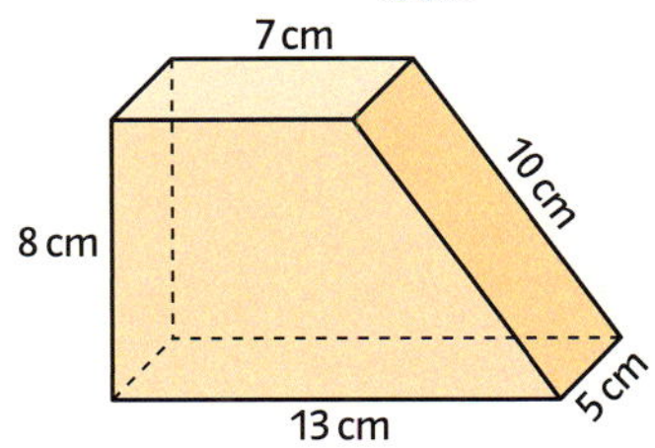

6 Ein Prisma hat als Grundfläche ein Dreieck mit der Grundlinie x und der Höhe 2x. Die Körperhöhe beträgt 10 cm.
a) Vergrößert man die Grundlinie x um 1 cm und die Dreieckshöhe 2x um 2 cm, so erhöht sich das Volumen V des Prismas um 150 cm³. Wie groß ist x?
b) Die Grundlinie wird um 1 cm vergrößert, die Dreieckshöhe um 2 cm verkleinert. Um wie viel verändert sich das Volumen?
c) Gilt das Ergebnis aus Teilaufgabe b) wirklich für jeden Wert von x?

? *Hat ein zusammengesetzter Körper immer eine größere Oberfläche als die zwei Teilkörper zusammen?*

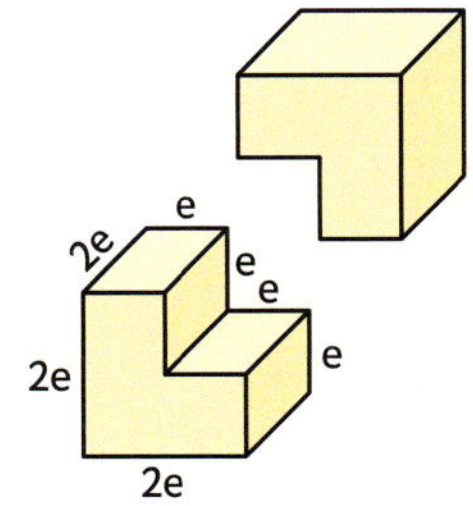

Optimierung: Wer baut die größte Schachtel?

Bea, Christian, David und Jana schneiden aus Rechtecken Schachtelnetze aus. Sie suchen Schachteln mit möglichst großem Volumen.
Ihre Schachteln werden stabil, weil sie an jeder Ecke nur einmal einschneiden und die abgeknickten Quadrate an den Seitenwänden antackern.

■ Schachteln aus gleichen Rechtecken können sehr unterschiedlich aussehen, je nachdem wie groß die abgeschnittenen Quadrate sind.
Probiert das selbst aus. Rechtecke im Format DIN A4 habt ihr sofort bei der Hand. Für quadratische Bodenflächen schneidet ihr von DIN-A4-Rechtecken ein Quadrat ab.

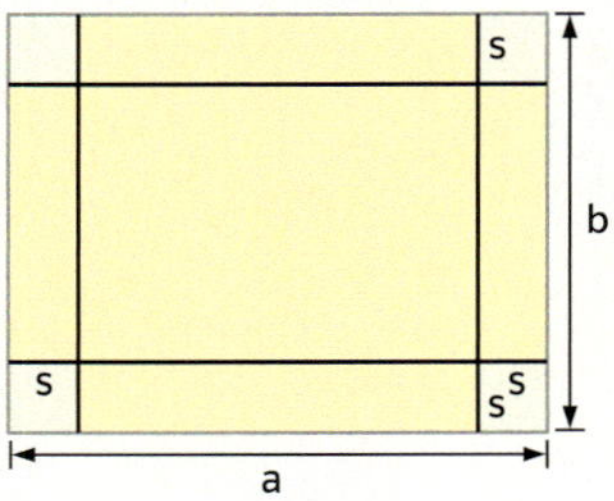

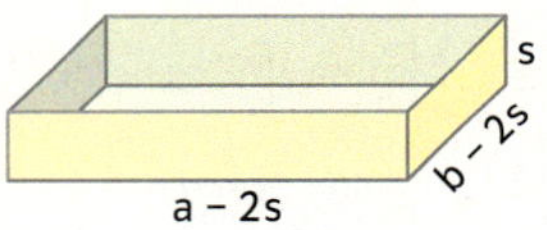

■ Die Seiten des Rechtecks sind a und b, die Schnittlänge ist s.
Schreibt für das Schachtelvolumen V einen Term auf. Berechnet V für
- $a = 20\,cm;\ b = 15\,cm;\ s = 4\,cm.$
- $a = 20\,cm;\ b = 15\,cm;\ s = 6\,cm.$
- $a = 24\,cm;\ b = 24\,cm;\ s = 1\,cm.$
- $a = 24\,cm;\ b = 24\,cm;\ s = 2\,cm.$

■ Mit einer Tabellenkalkulation könnt ihr das größte Volumen suchen, wenn die Rechtecksseiten a und b gegeben sind. Einfacher als Rechtecke sind Quadrate.

B5 fx =(24-2*A5)^2*A5

	A	B	C
1			
2			
3	Schnittlänge		
4	s in cm	Volumen V in cm^3	
5	1	484	
6	2	800	
7	3	972	
8	4	1024	
9	5	980	
10	6	864	
11	7	700	
12	8	512	
13	9	324	
14	10	160	
15	11	44	
16	12	0	
17			
18			
19			

■ Mit dem Programm könnt ihr den Zusammenhang zwischen s und V auch als Graph zeichnen.

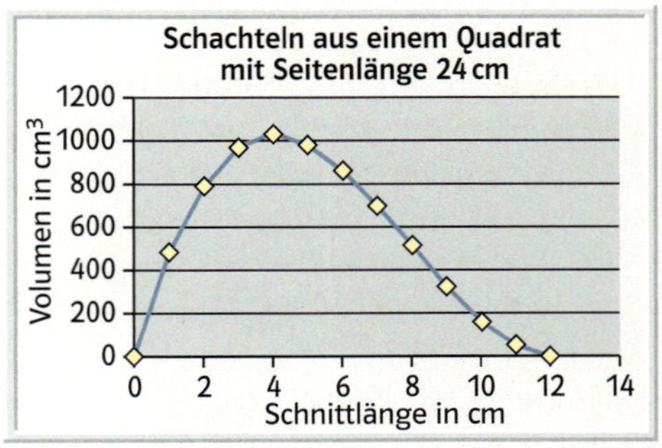

■ Das Rechenblatt rechts zeigt die Suche nach der größten Schachtel aus einem DIN-A4-Rechteck mit $a = 29{,}7\,cm$; $b = 21{,}0\,cm$.
Zunächst wächst s in Einerschritten.
In der Nähe des größten V-Werts wird die Suche in kleineren Schritten wiederholt.

B6 ▼ fx =(29,7-2*A6)*(21-2*A6)*A6

	A	B	C	D	E
2					
3	Schnittlänge s in cm	Volumen V in cm^3		Schnittlänge s in cm	Volumen V in cm^3
4					
5	0	0		3,5	1112,3
6	1	526,3		3,6	1117,8
7	2	873,8		3,7	1122,136
8	3	1066,5		3,8	1125,332
9	4	1128,4		3,9	1127,412
10	5	1083,5		4	1128,4
11	6	955,8		4,1	1128,32
12	7	769,3		4,2	1127,196
13	8	548		4,3	1125,052
14	9	315,9		4,4	1121,912
15	10	97			
16	11	-84,7			
17					
18					

■ Mit dem Programm könnt ihr auch Graphen zeichnen.

■ Sucht die größten Schachteln für Rechtecke mit
$a = 24\,cm$; $b = 15\,cm$.
$a = 20\,cm$; $b = 15\,cm$.
$a = 28\,cm$; $b = 25\,cm$.

■ Sucht die größten Schachteln für Quadrate mit $a = 27\,cm$; $a = 18\,cm$; $a = 20\,cm$.

■ Ihr habt sicher bemerkt, dass die Schnittlängen für die größten Schachteln aus Rechtecken nicht immer natürliche Zahlen sind. Für die größten Schachteln aus Quadraten könnt ihr aber eine Regel finden, wie sich die Schnittlänge s aus der Seitenlänge a berechnen lässt.

■ Wie wäre es mit einer Ausstellung? Alle Schachteln im Bild unten sind aus einem Rechteck mit
$a = 15\,cm$; $b = 24\,cm$ hergestellt.

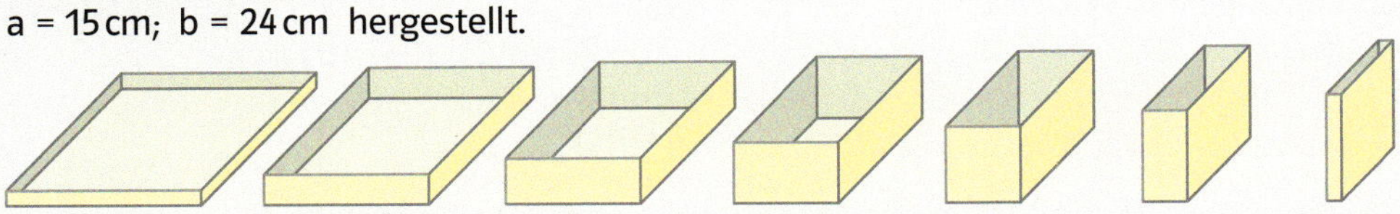

$s = 1\,cm$, $V = 286\,cm^3$ | $s = 2\,cm$, $V = 440\,cm^3$ | $s = 3\,cm$, $V = 486\,cm^3$ | $s = 4\,cm$, $V = 448\,cm^3$ | $s = 5\,cm$, $V = 350\,cm^3$ | $s = 6\,cm$, $V = 216\,cm^3$ | $s = 7\,cm$, $V = 70\,cm^3$

■ Stellt euch vor, die größten Schachteln sollten innen mit teurem Blattgold beklebt werden, $1\,cm^2$ für 1 €.
Wie viel kostet die größte Schachtel mit $a = 72\,cm$; $b = 27\,cm$?
Wie viel kostet die größte Schachtel mit $a = b = 42\,cm$?
Vergleicht auch die Volumina.
Was fällt auf?

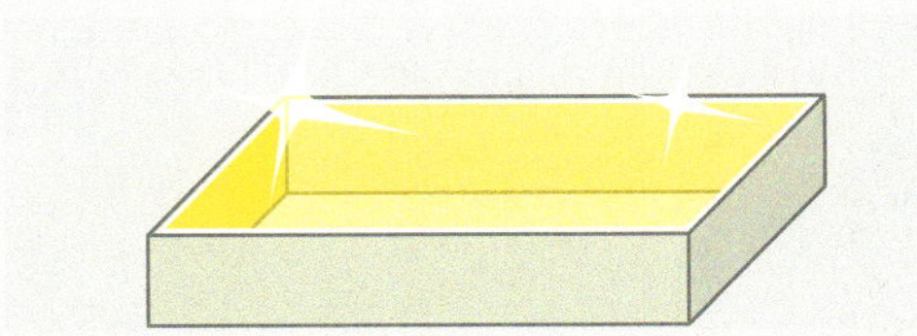

Die Suche nach größten oder besten Werten nennt man in der Mathematik **Optimierung**.

7 Der Nord-Ostsee-Kanal verbindet Nord- und Ostsee. Er kürzt den Weg um etwa 400 sm ab. (1 Seemeile = 1852 m) Die Fahrrinne wurde oft vergrößert.

Urquerschnitt und Erweiterungen

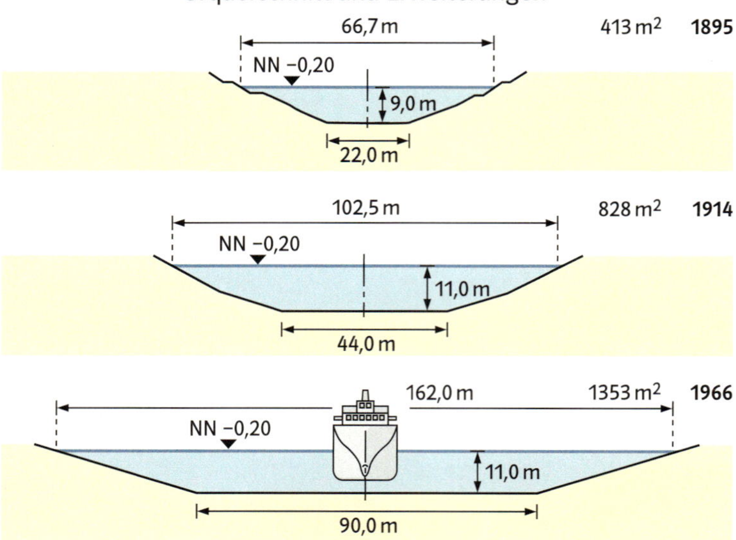

a) In der Grafik sind Längen- und Flächenmaße der Querschnitte angegeben. Prüfe nach, ob die Angaben zueinander passen. Falls Unstimmigkeiten auftauchen, versuche sie zu erklären.
b) Der Kanal ist 98,7 km lang. Du wirst es nicht glauben, aber auch nach dem letzten Ausbau enthält der Kanal weniger als 1 km³ Wasser. Überzeuge dich selbst!
c) Bei Rendsburg überquert die Eisenbahn den Kanal. Der Bahnhof liegt 5 m über NN, die Trasse auf der Brücke 45 m über NN. Die Auffahrtrampe ist etwa 3,5 km lang. Gib die Steigung der Strecke in Prozent an.

8 Gerade Bahnschienen sind sehr lange Prismen mit einer komplizierten Grundfläche, dem so genannten Profil.

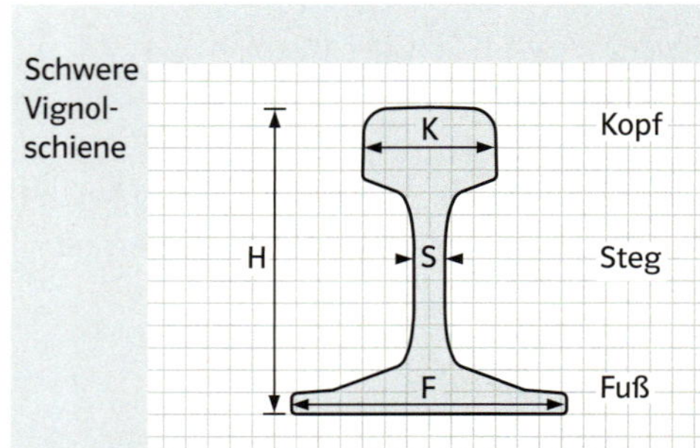

Profilbeispiele	Höhe mm	Fußbreite mm	Kopfbreite mm	Stegstärke mm
S 30	108,0	108,0	60,3	12,300
R 65	180,0	150,0	75,0	18,000

a) In der Tabelle findet ihr Maße für das Profil S 30. Weitere Maße entnehmt ihr der Grafik. Bestimmt genähert den Flächeninhalt des Profils.
b) Der Hersteller gibt an: 1 lfm Schiene vom Profil S 30 hat eine Masse von 30,03 kg. Könnt ihr diese Angabe bestätigen? (1 dm³ Stahl wiegt etwa 7,8 kg.)
c) Skizziert das Profil R 65. Seine Masse pro lfm beträgt nach Herstellerangabe 64,72 kg. Bestätigt diese Aussage.
d) Gleise werden vormontiert und in Längen bis zu 300 m verlegt.
Wie schwer sind die Schienen auf einem solchen Gleisjoch mindestens?
e) Erkundigt euch nach weiteren Schienenprofilen. Warum sind sie so unterschiedlich?

Rückspiegel

1 Ein Quader hat die Kantenlängen $a = 16\,cm$; $b = 9\,cm$; $c = 7{,}5\,cm$. Berechne sein Volumen V und seine Oberfläche O.

2 Ein Quader hat die Kantenlängen $a = 9\,cm$; $b = 7\,cm$ und das Volumen $V = 315\,cm^3$. Berechne die Kantenlänge c.

3 Zeichne die Figur in doppelter Größe. Vervollständige sie zum Netz eines Prismas.

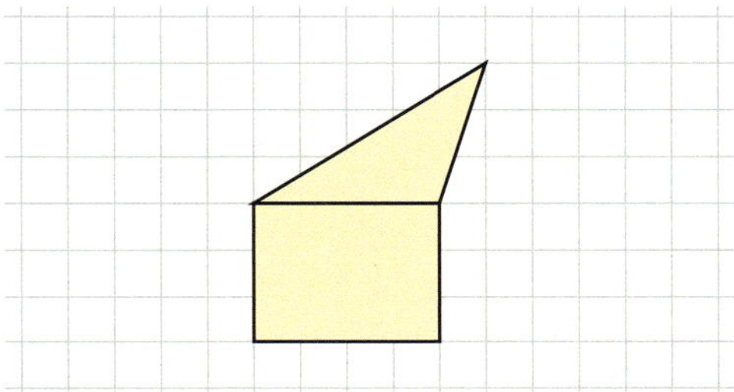

4 Die Grundfläche eines Prismas ist ein Dreieck ABC mit $a = 6\,cm$; $b = 6\,cm$; $c = 5\,cm$. Die Höhe des Prismas ist $h = 8\,cm$. Zeichne das Prisma
a) auf einem Mantelrechteck liegend.
b) auf der Grundfläche stehend.

5 Ein Prisma hat als Grundfläche ein Dreieck mit $a = 15\,cm$; $b = 13\,cm$; $c = 4\,cm$ und der Höhe $h_c = 12\,cm$. Die Höhe des Prismas ist $h = 8\,cm$. Berechne das Volumen und die Oberfläche.

6 Berechne das Volumen und die Oberfläche des Prismas.

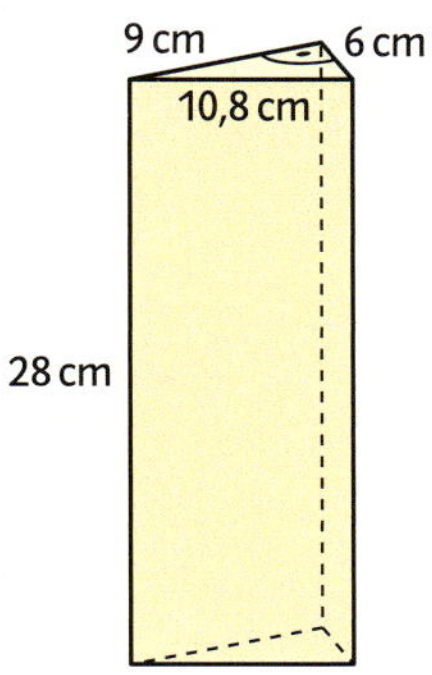

1 Alle Kantenlängen eines Quaders werden verdoppelt. Mit welchem Faktor vergrößert sich das Volumen? Mit welchem Faktor vergrößert sich die Oberfläche?

2 Ein Quader hat die Kantenlängen $a = 9\,cm$; $b = 7\,cm$ und die Oberfläche $O = 286\,cm^2$. Berechne die Kantenlänge c.

3 Zeichne die Figur in doppelter Größe. Vervollständige sie zum Netz eines Prismas.

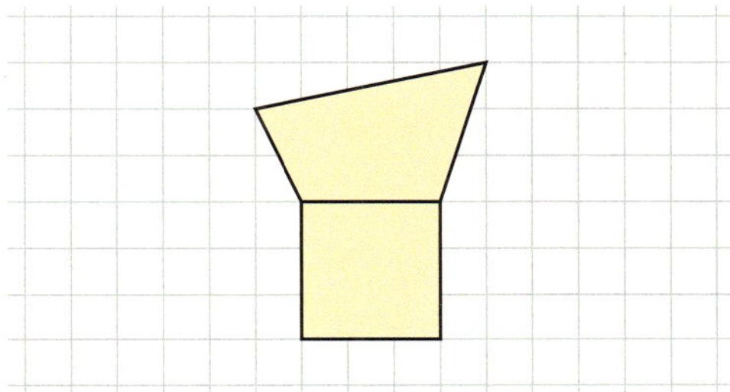

4 Die Grundfläche eines Prismas ist ein symmetrisches Trapez mit $a = 9\,cm$, $c = 3\,cm$ und der Höhe $h_T = 4\,cm$. Die Höhe des Prismas ist $h = 8$ cm. Zeichne das Prisma
a) auf einem Mantelrechteck liegend.
b) auf der Grundfläche stehend.

5 Ein Prisma hat als Grundfläche ein Parallelogramm mit $a = 12{,}5\,cm$; $b = 8{,}5\,cm$ und der Höhe $h_a = 6\,cm$. Die Höhe des Prismas ist $h = 12\,cm$. Berechne das Volumen und die Oberfläche.

6 Berechne das Volumen und die Oberfläche der Schachtel.

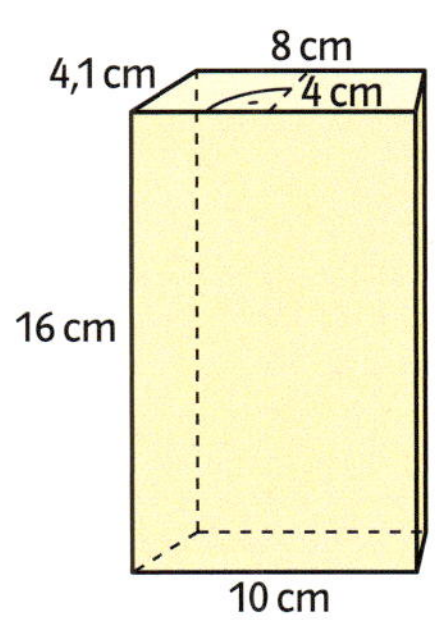

Alles in allem

In den letzten beiden Jahren sind dir im Mathematikunterricht verschiedene Inhalte immer wieder begegnet. Auf viele Ideen und Herangehensweisen konntest du zurückgreifen und sie weiterentwickeln. Auch in den nächsten Jahren werden dich diese Inhalte wie rote Fäden durch die Mathematik begleiten:

Arithmetik / Algebra – mit Zahlen und Symbolen umgehen
Die Beschreibung von Rechenwegen mithilfe von Termen und das Rechnen mit Termen sind unter diesem Inhaltsbereich zu finden. Außerdem wirst du Gleichungen umformen und sie zur Lösung von Textaufgaben einsetzen.

Funktionen – Beziehungen und Veränderungen beschreiben und erkunden
In diesem Inhaltsbereich wirst du dich mit Beziehungen zwischen zwei Größenbereichen befassen und prüfen, welcher Zusammenhang zwischen diesen besteht. Zur Darstellung des Zusammenhangs verwendest du Wertetabellen, Schaubilder und Terme. Zudem lernst du, Fragen des Alltags mithilfe der Prozent- und Zinsrechnung zu beantworten.

Geometrie – ebene und räumliche Strukturen nach Maß und Form erfassen
Bestimmte Figuren und Körper begegnen dir überall: Dreiecke, Vierecke, Quader, Prismen. Du untersuchst und beschreibst ihre Eigenschaften und Besonderheiten und lernst, die Größen von Flächen und Körpern zu bestimmen.

Stochastik – mit Daten und Zufall arbeiten
Hier wirst du Daten erheben und zusammenfassen, übersichtlich darstellen und vergleichen. Die Auswertung der Daten ermöglicht es, bestimmte Fragen zu beantworten. Außerdem wirst du dich mit Zufallsversuchen und der Wahrscheinlichkeit von bestimmten Ergebnissen befassen.

Auf den nächsten Seiten

findest du Aufgaben zu allen Bereichen, die du in den letzten beiden Jahren kennen gelernt hast. Dabei kannst du testen, wie schnell du den roten Faden siehst und an welchen Stellen er schnell reißt.
Alle Lösungen findest du im Anhang.

Arithmetik / Algebra

1 a) Berechne.
$(3x - 2)^2 = \square$
b) Ergänze.
$(\square - \square)^2 = 49x^2 - 42xy\ \square$
c) Gib drei verschiedene Lösungen mit ganzzahligen Koeffizienten an.
$(\square + \square)^2 = \square + 48xy + \square$

2 a) Welcher der Terme ist eine Umformung von $(3x - 4)(3x + 4) - 2(x - 5)^2$?
A $7x^2 - 20x + 66$ **B** $7x^2 + 20x - 66$
C $-7x^2 + 20x + 66$ **D** $9x^2 - 20x - 66$
b) Ergänze.
$(3 - \square)(\square + y) = 3\ \square\ 2y^2$
c) Vervollständige.
$(5a\ \square)^2 = \square\ 70ab\ \square$

3 a) Welcher Term ist äquivalent zu $2x - x(2x - 1)$?
A $2x^2 - 3x$ **C** $-2x^2 + 3x$
B $-3x^2 - 2x$ **D** $3x^2 - 2x$
b) Anna, Lina und Sofie vergleichen ihre Hausaufgaben.

Anna: $2x - 4(x + 1) = 2x - 4x - 1$
Lina: $2x - 4(x + 1) = 2x - 4x - 4$
Sofie: $2x - 4(x + 1) = 2x - 4x + 4$

Wer hat falsch umgeformt? Erkläre.
c) Welche Aussagen passen zur Gleichung: $x + (x + 1) + (x + 2) = 33$?
A Tina ist um ein Jahr älter als Sina, Sina ist um ein Jahr älter als Nina. Alle zusammen sind 33 Jahre alt.
B Nina ist 2 Jahre älter als Sina, Tina ist um 2 Jahre jünger als Nina. Alle zusammen sind 33 Jahre alt.
C Nina ist 2 Jahre älter als Sina, Sina ist um ein Jahr jünger als Tina. Alle zusammen sind 33 Jahre alt.

4 a) Vereinfache.
$(7x + 6y)^2 - (7x + 6y)(7x - 6y)$
b) Ergänze.
$5x(\square\ 2y) = 35x - \square$
c) Petra behauptet: „Ich wähle zwei beliebige Zahlen aus und bilde deren Summe und deren Differenz. Wenn ich nun die Summe quadriere und das Quadrat der Differenz davon subtrahiere, erhalte ich immer eine durch 4 teilbare Zahl."
Hat Petra Recht?

5 a) Faktorisiere. $121x^2 - 66xy + 9y^2$
b) Klammere vor dem Faktorisieren aus. $50s^2 - 140st + 98t^2$
c) Wenn man die Quadrate von vier aufeinander folgenden Zahlen abwechselnd addiert bzw. subtrahiert, erhält man als Ergebnis immer eine gerade Zahl. Begründe.

6 Die Summe von drei aufeinander folgenden natürlichen Zahlen kann man mit dem Term $x + (x + 1) + (x + 2)$ darstellen.
a) Wie heißen die drei Zahlen, wenn die Summe der beiden letzten Zahlen 35 ist?
b) Wie müsste der Term heißen, wenn x die größte der drei Zahlen ist?
c) Die Summe der drei Zahlen ist 99. Wie heißen die drei Zahlen?
Warum kann die Summe nicht 100 sein?

7 a) Finde einen Term mit den Variablen x und y, der für $x = 1$ und $y = 2$ den Wert 10 hat.
b) Gib einen Term mit x und y an, der für $x = -2$ und $y = -3$ den Wert 3 ergibt.
c) Gib drei Wertepaare für x und y an, die in den Term $2 \cdot (x - 2y)$ eingesetzt den Wert 6 ergeben.

8 a) Gib zwei verschiedene Terme für den Flächeninhalt an.

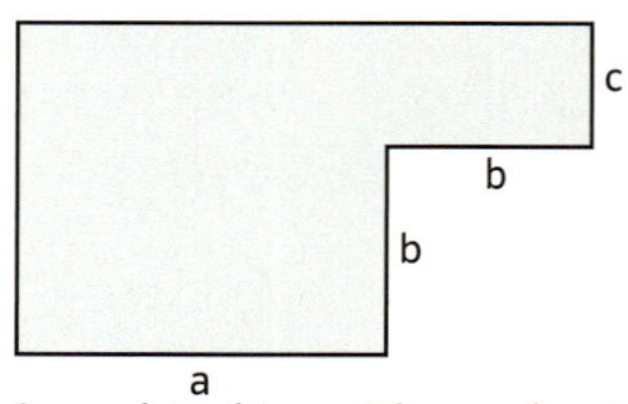

b) Um ein rechteckiges Blumenbeet wird ein Weg angelegt. Welcher Term beschreibt die Wegfläche?

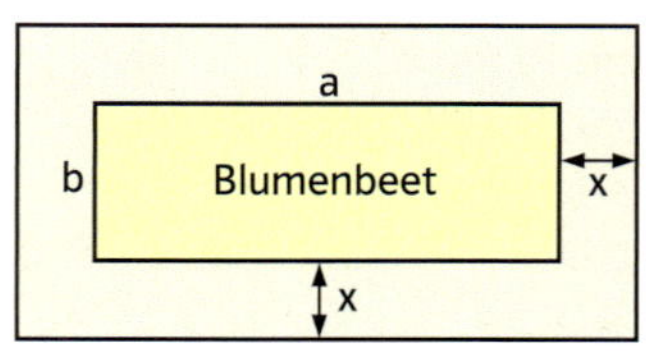

c) Berechne die Fläche eines 80 cm breiten Weges, der um ein Beet von 20 m Länge und 12 m Breite verläuft.

9 Für die Oberfläche eines Quaders gilt: $O = 2a^2 + 4ah$.

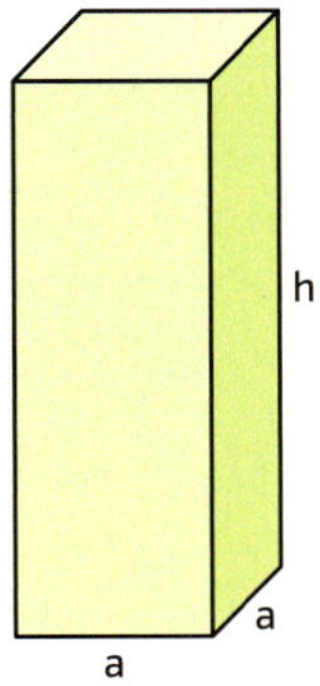

a) Berechne die Oberfläche für $a = 8{,}0\,\text{cm}$ und $h = 15{,}0\,\text{cm}$.
b) Löse die Formel nach h auf.
c) Die Höhe des Quaders ist um 50 % länger als die Grundkante.
Stelle jeweils eine Formel für das Volumen und die Oberfläche des Quaders auf.

10 a) Welche Gleichungern sind äquivalent?

$8x = -7x - 6$

$7x = -14$

$-x + 14 = 6x$

$3x + 5 = -4x - 9$

$-2x - 4 = 10 - 9x$

b) Finde über Äquivalenzumformungen schwierigere Gleichungen.
$x = 3$; $x = -1$; $x = 2{,}5$
c) Schreibe ein Zahlenrätsel, bei dem die gesuchte Zahl 8 ist. Stelle auch die zugehörige Gleichung auf.

11 a) Katharina erhält als Ergebnis die Zahl −3, Robin die Zahl −2. Führe zur Kontrolle eine Probe durch.
$-11 - 5x + 3 = 19 + 12x + 7$
b) Suche für die Gleichung unterschiedliche Ergänzungen. Die Lösungen sollen lauten: $x = 5$; $x = 3{,}5$; $x = 1$; $x = 0$; $x = -5$.
$10x - \square = 10 + 5x$
c) Löse die Gleichung. Interpretiere das Ergebnis.
$5x - 9 + 3(2x + 6) = 12x - (x - 9)$

12 Löse die Gleichung.
a) $\frac{4}{9}x - 5 = 1\frac{2}{9}$
b) $\frac{1}{6} - \left(5x - \frac{1}{3}\right) = \frac{5}{9} - 8x$
c) $\frac{x - 7}{4} = 2 + \frac{5x - 3}{8}$

13 Löse.
a) $10 - 3(5 - 2x) = 7 - 6x$
b) $(4x - 3)(4x + 3) - (2x + 1)(2x - 1)$
$= 6x(2x - 1) - 2$
c) $(x + 5)^2 - (x - 3)^2 = 10x + 52$

14 a) Löse die Gleichung.
$x(x - 2) - x = (x + 1)^2 - 6$
b) Die Differenz aus dem Dreifachen einer Zahl und 5 ist gleich groß wie das Doppelte der um 1 verminderten Zahl.
Welche der Gleichungen beschreibt das Zahlenrätsel korrekt?

A $3x - 5 = 2x - 1$
B $3 \cdot x - 5 = 2x - 1$
C $3 \cdot x - 5 = 2(x - 1)$
D $3(x - 5) = 2x - 1$

c) Die beiden Seiten eines Rechtecks unterscheiden sich um 5,0 m.
Der Umfang beträgt 70,0 m.
Berechne den Flächeninhalt.

15 a) Frau Herder ist heute 5-mal so alt wie sie vor 32 Jahren war.
b) In sieben Jahren wird Miriam 3-mal so alt sein, wie sie vor fünf Jahren war.
c) Finde zur Gleichung eine Altersaufgabe.
$x + 38 = 4(x + 5)$

16 a) Harald hat doppelt so viele 1-Euro-Münzen wie Martina. Insgesamt haben sie 30 Euro. Drücke diesen Sachverhalt mithilfe einer Gleichung aus und berechne die Anzahl der Münzen von Martina.
b) Manuela hat drei 1-Euro-Münzen mehr als Henning. Zusammen haben sie 73 €. Stelle die zugehörige Gleichung auf und berechne die Anzahl der Münzen.
c) Harald sagt zu Martina: „Ich habe dreimal so viele 1-Euro-Münzen wie du, und ich habe auch drei 1-Euro-Münzen mehr als du." Martina wundert sich und sagt: „Meinst du vielleicht, dass du 3-mal so viel Geld hast wie ich und auch 3 € mehr?"

Geometrie

1 a) Welche Figur gehört zum Text?
Das Viereck ABCD hat in D einen rechten Winkel. Die Diagonalen $\overline{AC}$ und $\overline{BD}$ stehen senkrecht aufeinander. Die Strecke $\overline{AE}$ ist kürzer als die Strecke $\overline{EC}$.

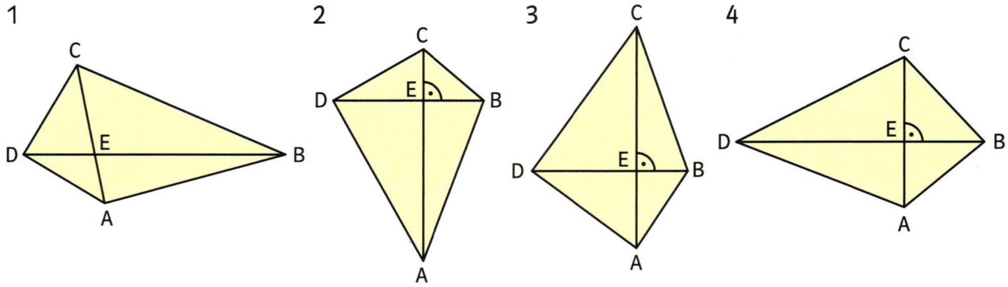

b) Welche der Beschreibungen gehört zur abgebildeten Figur?

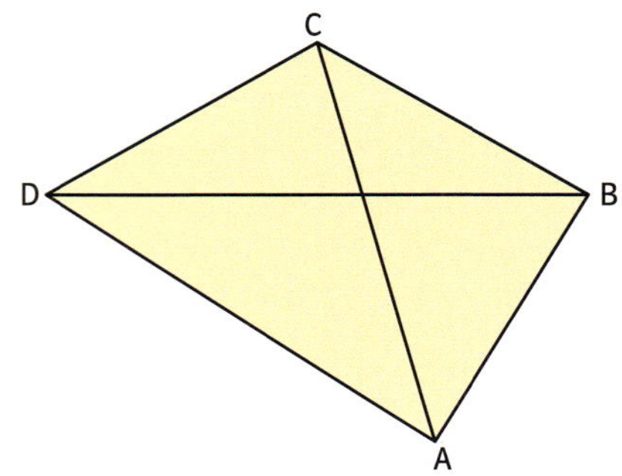

A Das Viereck ABCD hat bei D einen rechten Winkel. Die Diagonalen halbieren sich. Die Strecken $\overline{BC}$ und $\overline{CD}$ sind gleich lang.
B Das Viereck ABCD hat bei A einen rechten Winkel. Die Diagonalen halbieren sich nicht. Die Strecken $\overline{BC}$ und $\overline{CD}$ sind gleich lang.
C Das Viereck ABCD hat bei C einen rechten Winkel. Die Diagonalen halbieren sich. Die Strecken $\overline{AD}$ und $\overline{AB}$ sind gleich lang.

c) Welche Formel gehört zu welchem Körper? Begründe deine Entscheidung.
A $V = a^3 + 3a^2 + 2a$
B $V = 2a^3 - 2a$
C $V = a^3 + 2a^2$

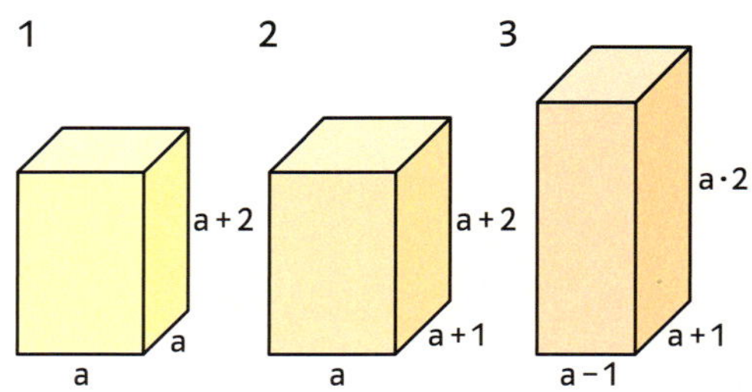

2 a) Wie groß sind die Winkel β und δ?
Es gilt: $\overline{AB} = \overline{BD} = \overline{BC}$.

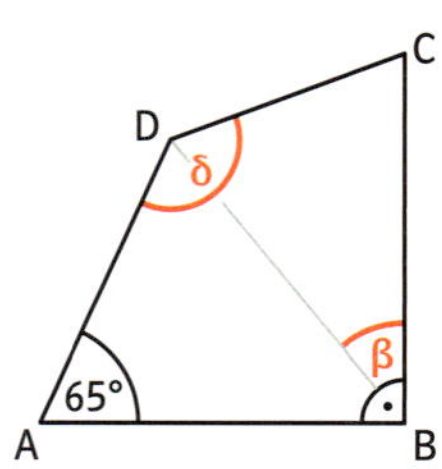

b) Für das Dreieck ABC auf dem Rand gilt:
$\overline{AC} = \overline{BC}$, $\overline{CE} = \overline{DE}$ und $\overline{AD} = \overline{AE}$.
Bestimme den Winkel α.

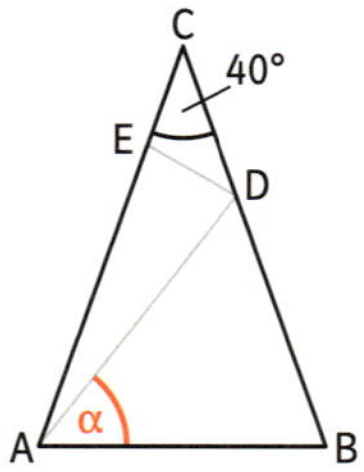

c) Für das Viereck ABCD gilt:
$\overline{AE} = \overline{AD}$; $\overline{CE} = \overline{CD}$; $\overline{BE} = \overline{BC}$
Berechne die Winkel γ und ε.

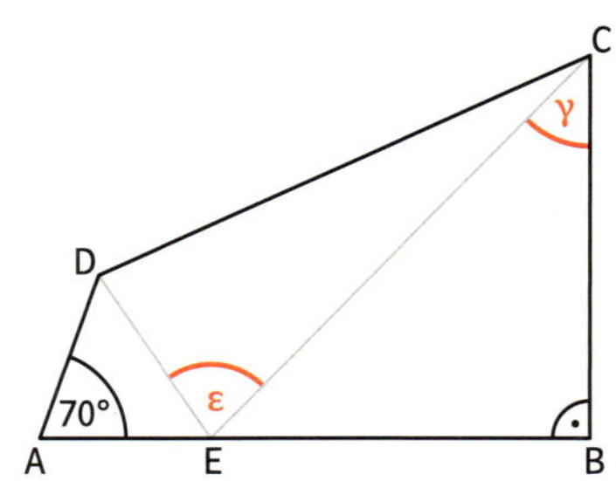

3 a) Konstruiere ein Dreieck aus
a = 5,2 cm; b = 3,5 cm und c = 7,8 cm.
Miss die Innenwinkel.
b) Von einem Dreieck sind zwei Seitenlängen und zwei Winkel bekannt:
a = 7 cm; c = 8,6 cm; α = 42,5°; β = 67,2°
Timo zeichnet mit den Bestimmungsstücken a, c und β und behauptet:
„In meinem Dreieck misst die Seite b = 12,0 cm."
c) Laurin will ein Dreieck mit den Maßen a = 7,5 cm; b = 11,0 cm und c = 18,8 cm konstruieren.

4 a) Der Körper ist aus einem Quader und einem Würfel zusammengesetzt.
Berechne sein Volumen.

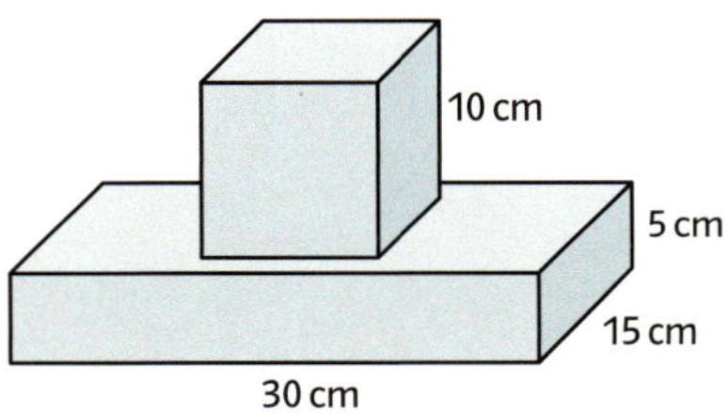

b) Aus einem Würfel wird ein zweiter Würfel mit der halben Kantenlänge herausgearbeitet.
Wie groß ist die Oberfläche des entstandenen Körpers?

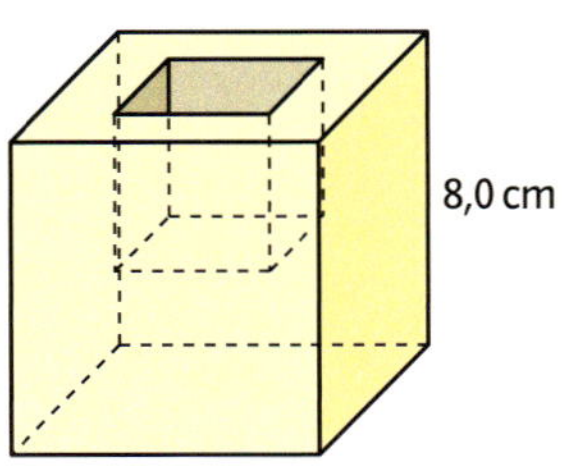

c) Von einem Würfel mit einer Kantenlänge von 15,0 cm werden alle acht Ecken abgeschnitten.
Erkläre, warum sich die Oberfläche dadurch nicht ändert.

5 a) Berechne den Flächeninhalt des Trapezes ABCD mit den parallelen Seiten $\overline{AB}$ und $\overline{CD}$.
Es gilt: $\overline{AB}$ = 10,2 cm,
$\overline{CD}$ = 6,8 cm und h = 5,2 cm.
b) Berechne den Flächeninhalt der gelb gefärbten Figur.

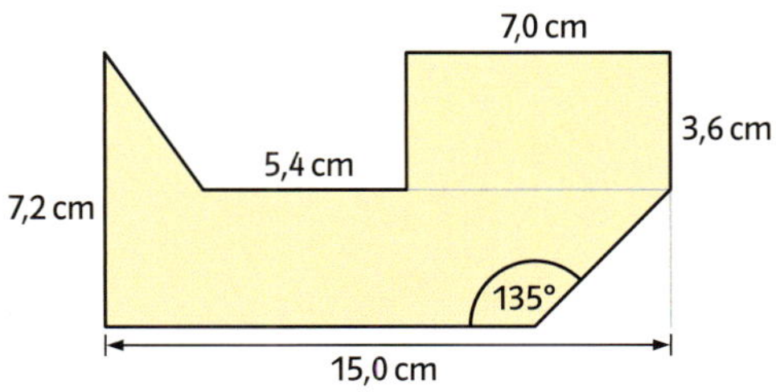

c) Welche Trapeze haben den gleichen Flächeninhalt?

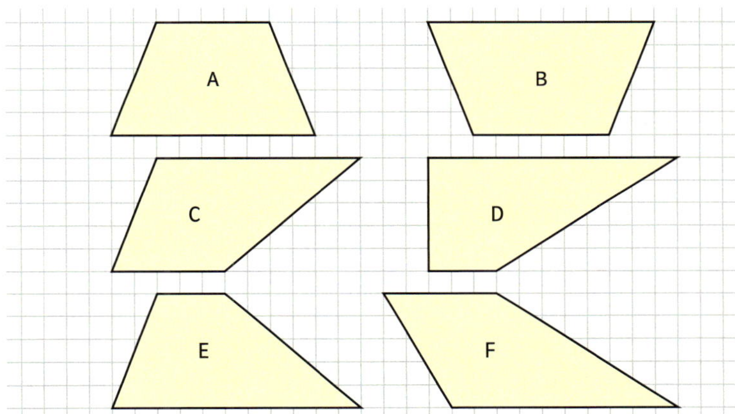

6 Der Würfel ist in drei Richtungen ausgehöhlt.

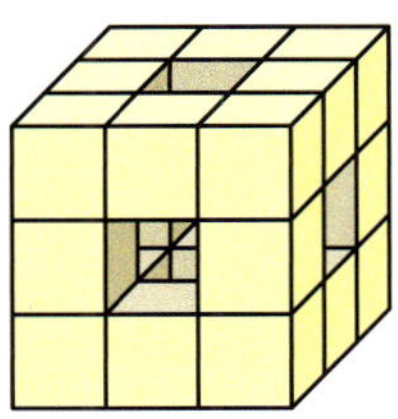

a) Wie groß ist das Volumen, wenn der vollständige Würfel eine Kantenlänge von 12,0 cm hat?
b) Wie groß ist die Oberfläche des ausgehöhlten Würfels?
c) Wie hat sich die Oberfläche prozentual verändert?

Geometrie

7 Auf dem Würfelnetz sind Linien eingezeichnet.

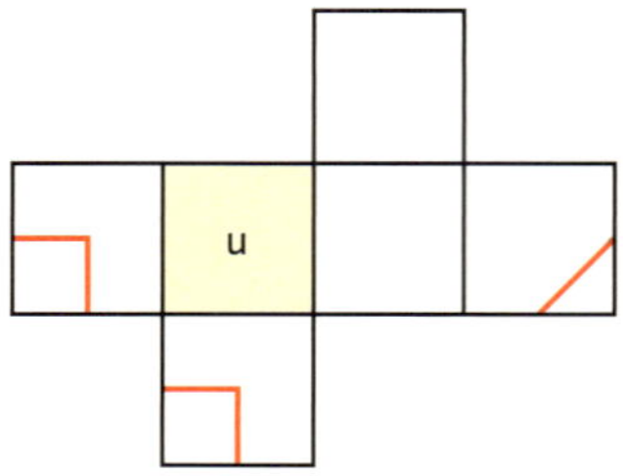

a) Zeichne das Schrägbild mit den Linien.
b) Zerschneidet man den Würfel längs der Linien, entstehen zwei Schnittflächen. Von welcher Art sind sie? Begründe.
c) Durch die beiden Schnitte wird der Würfel in zwei Teilkörper zerlegt. Wie verhält sich das Volumen des kleinen Körpers zum gesamten Würfelvolumen?

8 Der aus drei Quadern zusammengesetzte Glaskörper ist mit Wasser gefüllt.

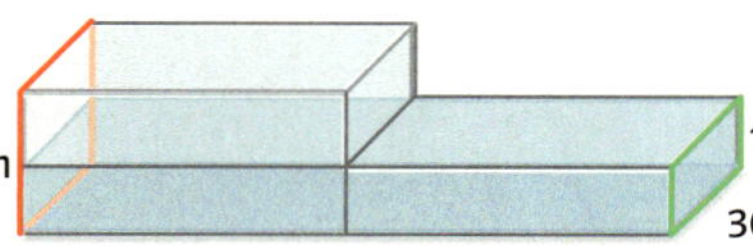

a) Wie hoch steht das Wasser, wenn der Körper auf die rote Seitenfläche gestellt wird?
b) Wie hoch steht das Wasser, wenn der Körper auf der grünen Seitenfläche steht?
c) Wie hoch steht das Wasser, wenn der Körper auf die Vorderfläche gestellt wird?

9 Die abgebildeten Figuren sind Grundflächen von volumengleichen Prismen.

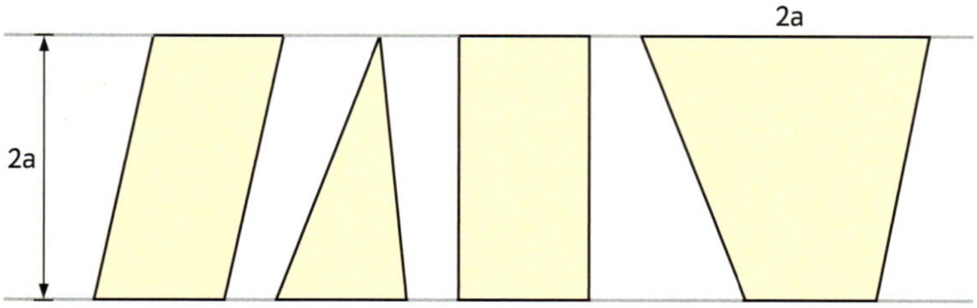

a) Welche Prismen sind gleich hoch?
b) Das Prisma mit der rechteckigen Grundfläche ist 12 cm hoch.
Wie hoch sind dann die anderen Prismen?
c) Vergleiche die Höhen der vier Prismen.

10 a) Ergänze das Netz des Trapezprismas.

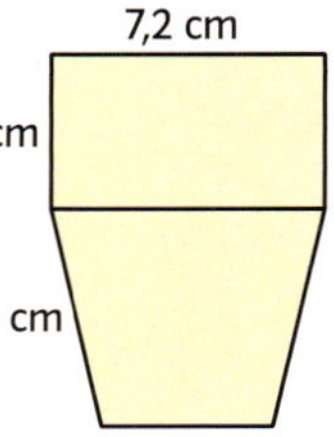

b) Wie groß ist die Oberfläche des Trapezprismas?
c) Ergänze das Netz des Dreiecksprismas und trage den farbigen Streckenzug, der im abgebildeten Schrägbild zu sehen ist, ein. Miss die Länge des Streckenzugs.

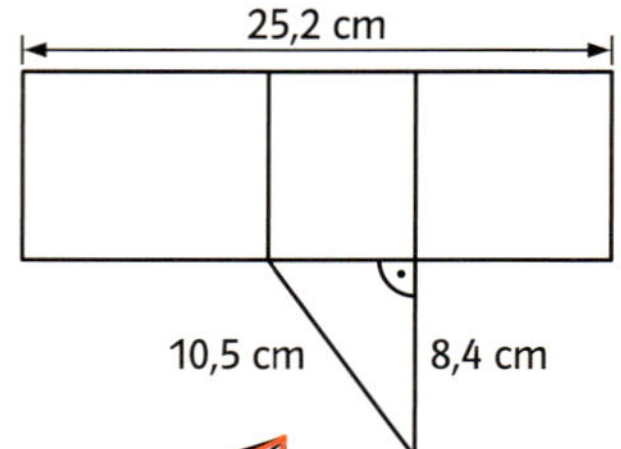

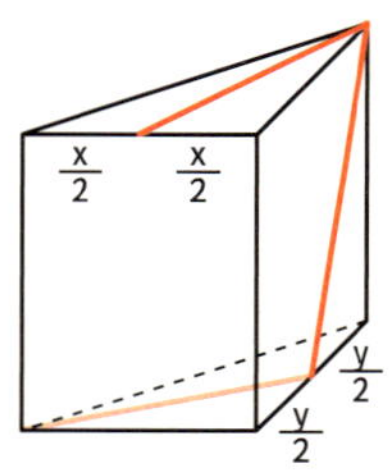

11 Ein Prisma hat als Grundfläche ein rechtwinkliges Dreieck mit $a = 12{,}8\,cm$; $b = 9{,}6\,cm$ und $c = 16{,}0\,cm$. Das Volumen beträgt $750\,cm^3$.
a) Berechne die Höhe des Prismas.
b) Wie groß ist die Oberfläche?
c) Ein Trapezprisma hat die Maße
$a = 6{,}4\,cm$; $c = 3{,}6\,cm$; $h = 8{,}0\,cm$ und $V = 300\,cm^3$.

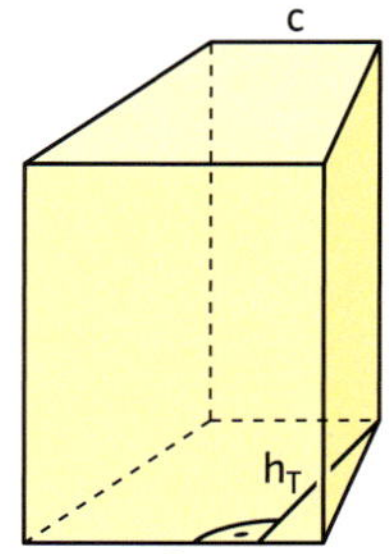

Berechne die Länge der Höhe h_T.

12 a) Wie oft passt der Arbeiter in das Auge? Wie groß ist der Flächeninhalt des gesamten Werbeplakats.
b) Wie viele der vier mal sechs Zentimeter großen Einzelfotos waren zur Herstellung des Plakats notwendig?
c) Wie groß wäre ein Mensch mit solch einem Auge?

Vor dem riesigen Bild eines Auges steht ein Arbeiter. Das Bild ist auf eine Kunststoffplatte aufgebracht und besteht aus mehreren hunderttausend einzelnen, jeweils 4 mal 6 Zentimeter großen Fotos, die mit Computerhilfe zusammengefügt wurden.

Weser Kurier, 1.12.2000

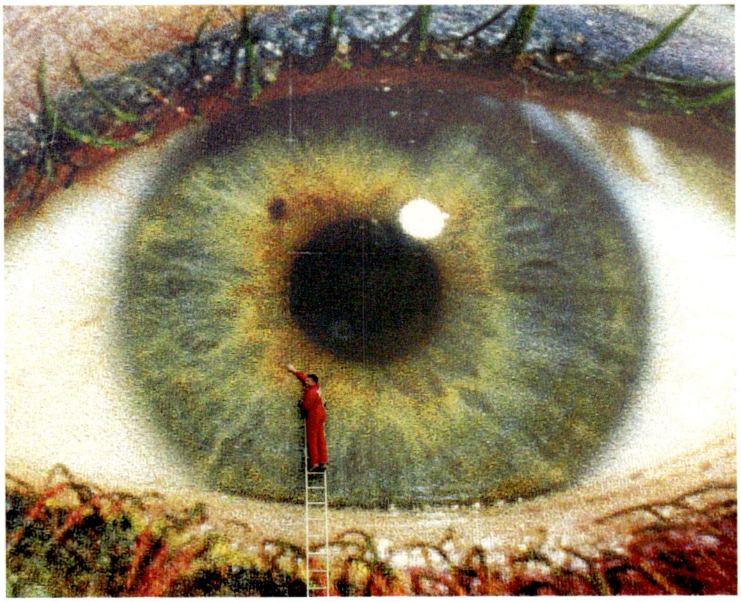

13 a) Bestimme die Größe des in Bronze gegossenen Fußes von Uwe Seeler.
b) Wie viele „normale" Fußballschuhe müssten hintereinander gestellt werden, damit die Länge des Bronzefußes erreicht wird?
c) Wie groß wäre ein komplett in Bronze gegossener Uwe Seeler?

Fuß des ehemaligen HSV-Idols und Ehrenspielführers der Nationalmannschaft Uwe Seeler in Bronze gegossen.
Die 3,9 Tonnen schwere Bronzeskulptur wird am 24. August 2005 in Hamburg enthüllt.

Stuttgarter Zeitung, 15.7.2005

Funktionen

1 a) Alle Behälter sind gleich hoch. Sie werden mit Wasser gefüllt. Das Wasser fließt gleichmäßig zu. Welcher Behälter gehört zu welchem Schaubild? Erkläre.

A

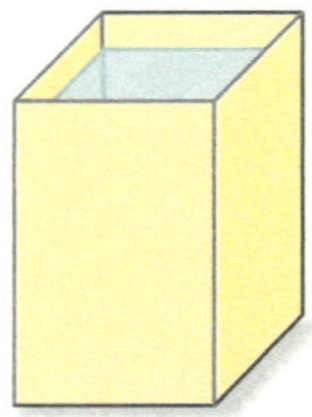

B

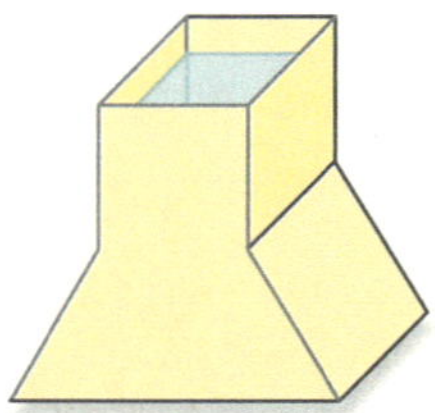

C

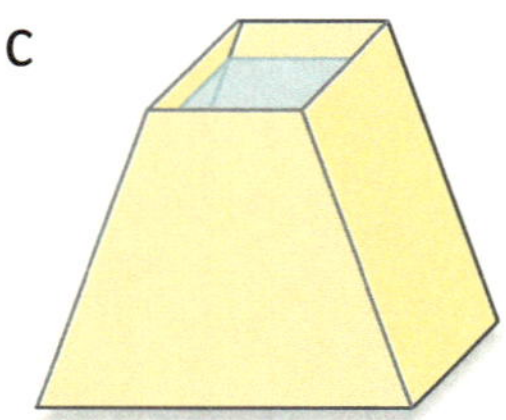

D

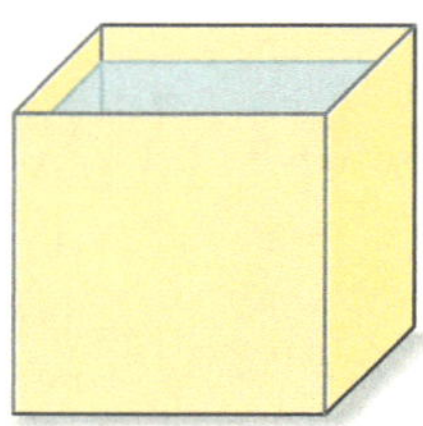

1

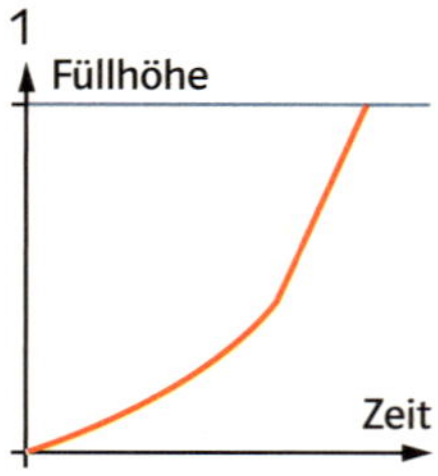

2

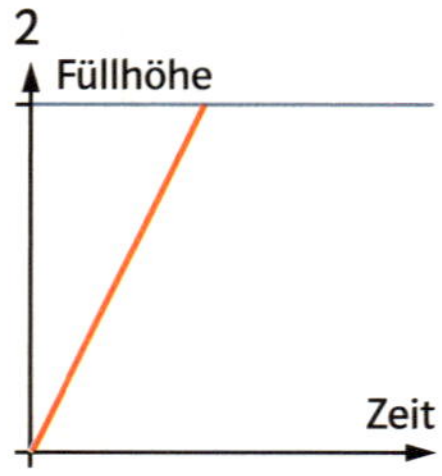

3

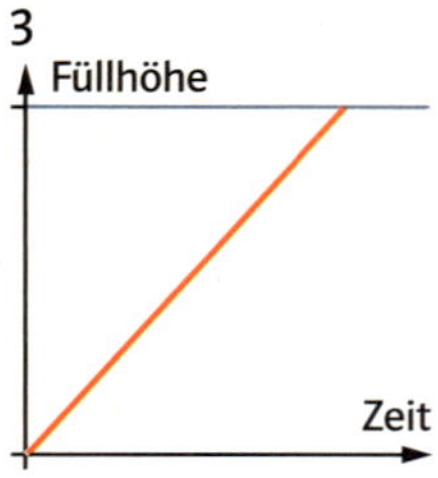

4

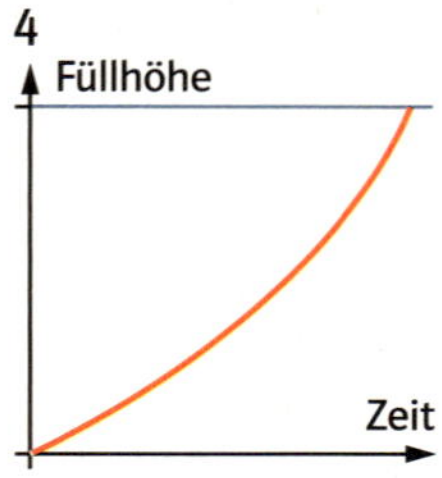

b) Zeichne zu der Geschichte ein passendes Schaubild. Trage die Zeit auf der Waagerechten und die zurückgelegte Wegstrecke auf der Senkrechten ab.
„Jana trainiert ihre Ausdauer durch einen Tempowechsellauf. Nach dem Start läuft sie langsam los. Nach 5 Minuten steigert sie ihr Tempo für die Dauer von 3 Minuten. Anschließend läuft sie 10 Minuten lang wieder das Anfangstempo. Nun sprintet sie 2 Minuten, läuft danach 3 Minuten langsam aus, sprintet erneut über die vorherige Zeitdauer und bleibt 5 Minuten lang stehen und macht Gymnastik.“

c) Der aus Würfeln zusammengesetzte Körper wird durch einen gleichmäßigen Wasserzufluss von oben befüllt.

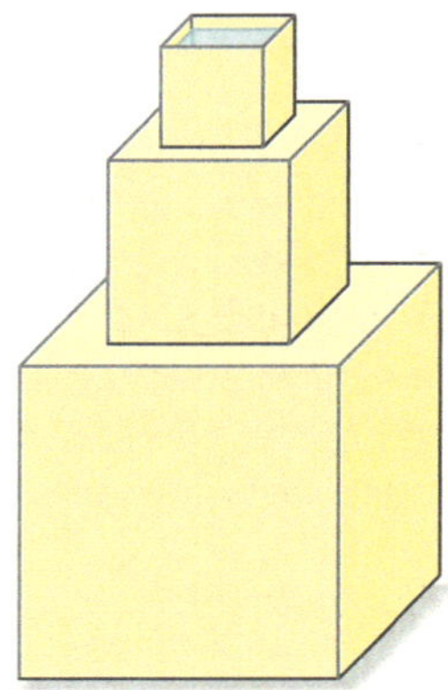

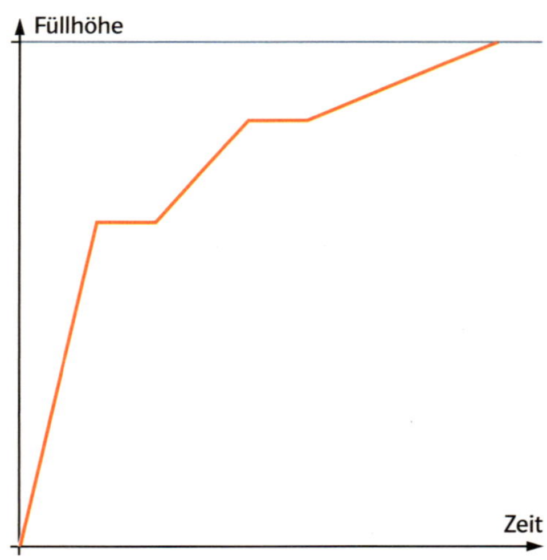

Was wurde im Schaubild falsch gemacht? Erkläre die Fehler und zeichne das richtige Schaubild.

2 Das Schaubild zeigt die Preise für verschieden lange Taxifahrten.

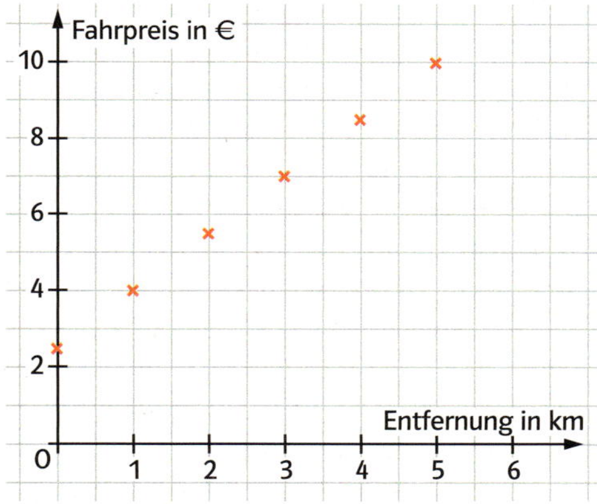

a) Ergänze die Tabelle im Heft.

Entfernung in km						
Fahrpreis in €						

b) Stelle einen Rechenausdruck auf, mit dem du den Fahrpreis einer Taxifahrt für jede beliebige Strecke berechnen kannst.
c) Wie muss der Rechenausdruck lauten, wenn nach einer Preiserhöhung für die Grundgebühr 20 % und den Preis pro Kilometer 12 % mehr verlangt werden?

3 a) Bestimme die Funktionsgleichungen.

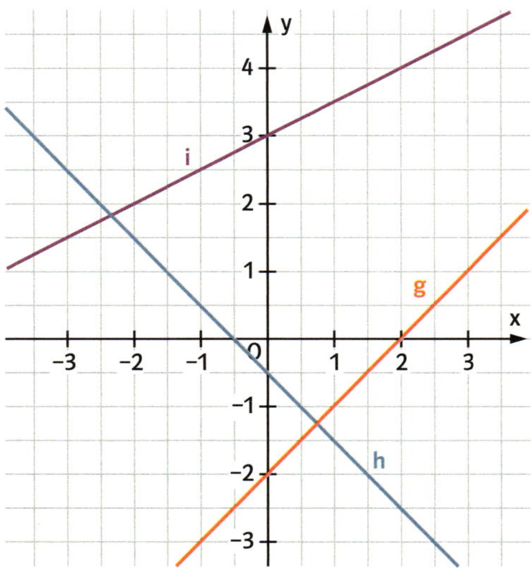

b) Welche der Geraden geht durch den Punkt P(10 | 9)?
c) Die Gerade k verläuft parallel zu i und geht durch den Punkt Q(−4 | −5,5). Bestimme ihre Funktionsgleichung.

4 a) Welche Funktionsgleichung gehört zu welcher Geraden?

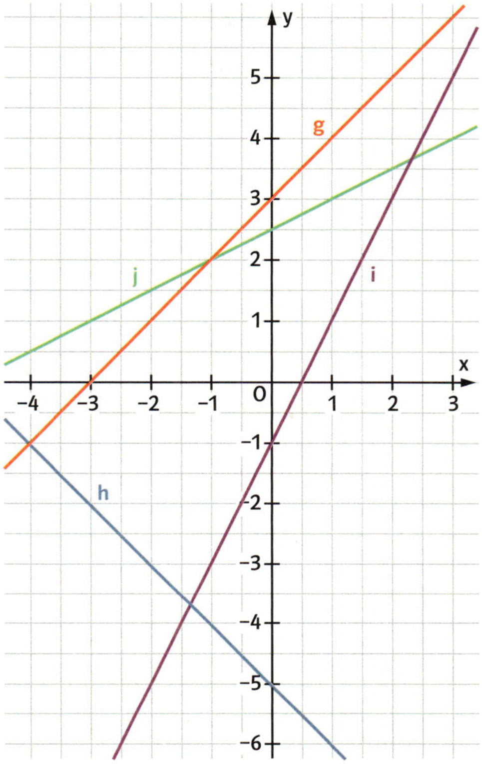

A $f(x) = -x + 3$ **B** $f(x) = \frac{1}{2}x - 2$
C $f(x) = 2x - 1$ **D** $f(x) = x + 3$
E $f(x) = -x - 5$ **F** $f(x) = \frac{1}{2}x + 2{,}5$
G $f(x) = -2x + 2$ **H** $f(x) = -\frac{1}{2}x + 2$

b) Durch den Punkt P(7 | 3) kann man beliebig viele Geraden zeichnen. Gib von zwei möglichen Geraden die Gleichungen an.
c) Eine Gerade g geht durch P(4 | 3). Sie verläuft durch den ersten, dritten und vierten Quadranten. Was kannst du über die Steigung der Geraden aussagen?

5 Die Graphen zweier linearer Funktionen gehen beide durch den Punkt P(3 | 4). Eine der beiden Geraden hat die Steigung $m = \frac{2}{3}$. Die andere Gerade geht durch Q(0 | 7).
a) Zeichne die Geraden in ein Koordinatensystem.
b) Bestimme die Funktionsgleichungen der beiden Geraden.
c) Berechne die Koordinaten der Schnittpunkte mit den Achsen.

6 a) Die Tabelle zeigt die Werte einer linearen Funktion. Zeichne das Schaubild. Wie heißt die Funktionsgleichung?

x	−3	−1	2	3	5
f(x)	−7	−3	3	5	9

b) Gehören die beiden Tabellen zur gleichen linearen Funktion? Begründe.

x	−2	5	8
f(x)	4	7,5	9

x	−10	2	7
f(x)	−10	−4	−1,5

c) Eine lineare Funktion hat die Steigung $m = 2$ und geht durch den Punkt $P(-3\,|\,-2)$. Durch welchen der vier Quadranten verläuft die Gerade nicht?
Verschiebe die Gerade parallel so, dass sie durch diesen Quadranten geht.
Gib eine mögliche Funktionsgleichung an.

7 a) Zeichne die Strecke $\overline{AB}$ mit $A(8\,|\,6)$ und $B(-2\,|\,-1)$ in ein Koordinatensystem. Gib die Gleichung einer Geraden g an, die die Strecke $\overline{AB}$ halbiert und durch $Q(-3\,|\,4{,}5)$ geht.
b) Diese Gerade g bildet zusammen mit den Koordinatenachsen ein Dreieck. Berechne den Flächeninhalt.
c) Die Gerade h hat die Gleichung $f(x) = -x - 5$. Verändere die Steigung von h so, dass sie $\overline{AB}$ schneidet.

8 a) Welche Geraden begrenzen den Drachen?

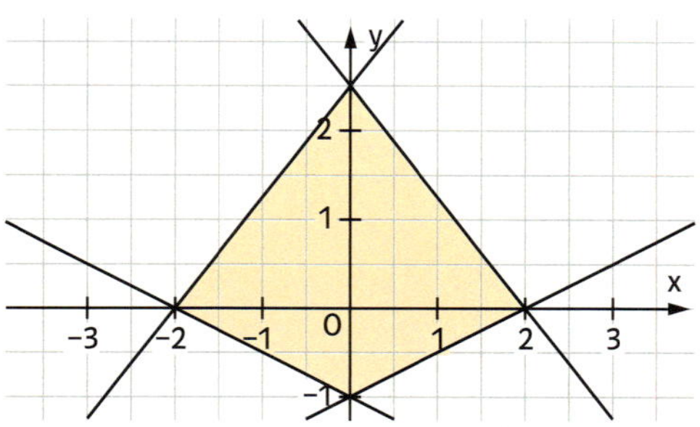

b) Beschreibe Unterschiede und Gemeinsamkeiten der Geraden $f(x) = \frac{1}{3}x$ und $f(x) = 3x$.
c) Gegeben sind die beiden Geraden g mit $f(x) = -x - 1$ und h mit $f(x) = mx + 2$. Wähle die Steigung m so, dass sich die Geraden im zweiten Quadranten schneiden.

9 Im Schaubild kannst du ablesen, wie zwei Kerzen abbrennen.

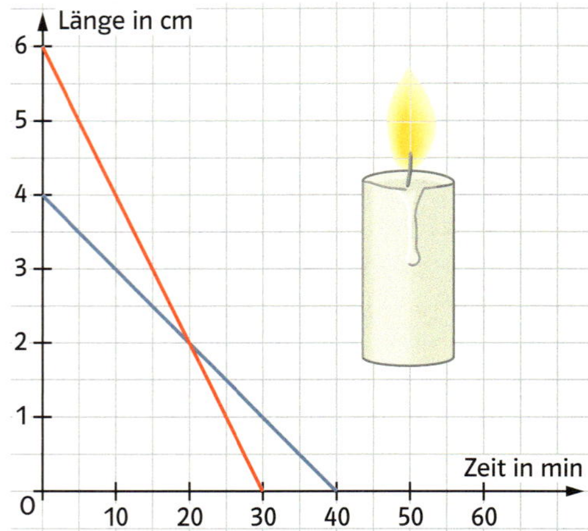

a) Wie lang waren die Kerzen vor dem Anzünden? Welche der beiden Kerzen ist die dickere?
b) Nach welcher Zeit waren die Kerzen gleich weit abgebrannt?
c) Wie lang hätte die rote Kerze sein müssen, damit sie zur gleichen Zeit wie die blaue Kerze vollständig abgebrannt gewesen wäre?

10 a) Eine 18 cm lange zylindrische Kerze brennt in zehn Minuten um 15 mm ab. Wie lange dauert es, bis die Kerze vollständig abgebrannt ist?
b) Drei Kerzen werden gleichzeitig angezündet. Die zugehörigen Graphen verlaufen parallel. Was kannst du über die Form der Kerzen aussagen?
c) Eine 24 cm und eine 12 cm lange Kerze werden gleichzeitig angezündet und brennen ab. Nach fünf Stunden sind beide Kerzen 4 cm hoch. Wie lange brennen die Kerzen jeweils insgesamt?

Rent a mobil
Gefahrener km: 50 Ct
Einmalige Grundgebühr: 30 €

Auto-Service
Gefahrener km: 75 Ct

11 a) Familie Schmid hat eine Fahrstrecke von 500 km, Familie Spatz muss nur 150 km zurücklegen. Gib den beiden Familien einen Ratschlag.
b) Stimmt die Aussage für beide Angebote: Für doppelt so viel Geld, können sie doppelt so weit fahren.
c) Bei welcher Fahrstrecke sind beide Angebote gleich günstig?

Funktionen

12 a) Frau Metzger kauft im Schlussverkauf einen Mantel. Der um 7,5 % reduzierte Preis beträgt dann 222 €.
b) Der Wert einer Antikvase erhöht sich um 12,8 %. Sie kostet dann 1522,80 €.
c) Wegen einer Geschäftsaufgabe werden alle Waren um 20 % verbilligt. Eine Kaffeemaschine wird anschließend nochmals um 50 € billiger verkauft. Sie kostet dann noch 590 €. Um wie viel Prozent wurde der Preis insgesamt reduziert?

13 a) Insgesamt 25 % gespart. Die Jeans kostet jetzt nur noch 69,90 €. Was kostete sie ursprünglich?

A 52,43 € **B** 87,38 €
C 93,20 € **D** 94,90 €

b) Ein Paar Schuhe wird um 10 € verbilligt. Anschließend wird der Preis nochmals um 10 % reduziert. Sie kosten dann 89,10 €.
c) Ein Viertel aller Mitglieder des Sportvereins spielt Tennis. Die Hälfte der Tennisspieler läuft zusätzlich noch Ski.
Wie viel Prozent aller Mitglieder spielen Tennis und laufen gleichzeitig auch Ski?

14 a) Der Preis einer Limonade ist von 1,50 € auf 1,80 € gestiegen. Gib die Preiserhöhung in Prozent an.

A 10 % **B** 15 %
C 20 % **D** 25 %

b) Eine Schokoladentafel ist um 50 % leichter als vorher. Sie wiegt jetzt 150 g.
c) Lara erhält im 1. Lehrjahr eine Ausbildungsvergütung von netto 390 €. Auf die Brutto-Ausbildungsvergütung zahlt sie 15 % Lohnsteuer und 150 € Abgaben.

15 Aus der Werbung: Das neue 4,5 kg Sparpaket! Jetzt 12,5 % mehr Inhalt zum neuen Preis von 16,99 €.
a) Was hat das bisherige Paket gewogen?
b) Auf einem alten Paket steht der Preis 14,99 €. Was meinst du?
c) Auf einem anderen Werbeplakat steht: „Der Preis wird um 20 % reduziert. Davon dürfen Sie noch ein Drittel des Preises abziehen."
Kostet die Ware dann mehr oder weniger als die Hälfte des ursprünglichen Preises?

16 a) Herr Boll kauft eine Bohrmaschine. Er erhält 3 % Skonto. Dies sind 14,67 €.
b) Ein Skateboard wird zweimal nacheinander um 10 % verbilligt. Es kostet jetzt 121,50 €.
c) Im Räumungsverkauf wird ein Fahrrad um die Hälfte billiger angeboten. Da es nicht verkauft wird, entschließt sich der Händler, den Preis nochmals zu halbieren.
Welche Aussage ist richtig?

A Es kostet jetzt weniger als 30 % des ursprünglichen Preises.
B Der Preisnachlass beträgt drei Viertel des anfänglichen Preises.
C Das Fahrrad ist jetzt umsonst zu haben.

17 a) Leon zahlt bei einem Zinssatz von 13,5 % für eine Zeitdauer von 80 Tagen einen Zinsbetrag von 75 €.
b) Marie zahlt für ein Jahr und neun Monate einen Betrag von 5000 € auf einen Sparvertrag ein. Der Zinssatz beträgt 3,8 %.
c) Frau Berg bekommt für eine Spareinlage von ihrer Bank 3,0 % Zinsen.
Wenn der Zinssatz sich auf 5,0 % erhöhen würde, bekäme sie 150 € mehr Zinsen.
Wie hoch ist die Spareinlage?

18 a) Frau Grün überzieht ihr Girokonto 12 Tage lang um 1800 €. Die Bank verrechnet einen Zinssatz von 14,75 %.
b) Familie Bauer möchte ihre Wohnung neu einrichten. Der Gesamtpreis beträgt 18 000 €. Sie zahlt 9500 € an. Für den Restbetrag muss sich Familie Bauer zwischen zwei Angeboten entscheiden.

Stadtsparkasse
Kleinkredit für
6 Monate.
Jahreszinssatz: 9,5 %

Möbelhaus Gigant
Rückzahlung in
6 Monatsraten zu
je 1500 €

c) Familie Roth liegen zwei Darlehensangebote vor.

Bank A: Zinssatz 12 %; Laufzeit 1 Jahr; keine Bearbeitungsgebühr
Bank B: Zinssatz 9 %; Laufzeit 1 Jahr; 200 € Bearbeitungsgebühr

Ab welchem Betrag ist die Bank B günstiger?

1 a) Marco und Stefan sollen sich entscheiden, wer als Erster die Spielkarten ausgibt. Mache Vorschläge für geeignete Zufallsversuche.
b) Welche Zufallsgeräte werden bei den folgenden Spielen benutzt?
- Domino
- BINGO
- Skat
- Roulette
- Schach
- Kniffel

c) Gib die möglichen Ergebnisse der Zufallsversuche an.
- Zwei Münzen werden geworfen.
- Zwei Würfel werden geworfen.
- Das abgebildete Glücksrad wird gedreht.

2 a) Bestimme die Wahrscheinlichkeit, aus einem Kartenspiel mit 32 Karten die Kreuz-Dame zu ziehen.
b) Nicola kann zwischen zwei Möglichkeiten wählen:
- mit dem Würfel eine Sechs würfeln
- aus einem Gefäß mit drei roten und zwölf blauen Kugeln eine rote Kugel ziehen.

Bei welchem Versuch hat sie die höhere Gewinnchance?
c) Zeichne verschiedene Glücksräder, bei denen die Farbe Gelb eine Wahrscheinlichkeit von 25 % hat.

3 a) In einer Lostrommel befinden sich 55 % Nieten, 32 % Trostpreise, 12 % große Gewinne und sechs Hauptgewinne. Wie viele Lose befinden sich insgesamt in der Lostrommel?
b) In einer zweiten Lostrommel befinden sich 800 Lose. Bestimme die Wahrscheinlichkeit, einen Gewinn zu ziehen, wenn 700 Nieten dabei sind.
c) Wie viele Nieten befinden sich in einer Lostrommel mit 780 Losen, wenn die Wahrscheinlichkeit für einen Gewinn $\frac{1}{5}$ beträgt?

4 a) Andreas wirft einen Würfel 500-mal und erhält folgende absolute Häufigkeiten.

Augenzahl	1	2	3	4	5	6
Häufigkeit	0	234	0	114	0	152

Was meinst du zu diesem Ergebnis?
b) Es soll geschätzt werden, mit welcher Wahrscheinlichkeit ein Reißnagel beim Werfen auf den Kopf bzw. auf die Seite fällt.

Name	Schätzung	
	Kopf	Seite
Stefan	26 %	74 %
Lisa	28 %	71 %
Robin	31 %	69 %
Martin	35 %	68 %

Welche Schätzungen sind sicher falsch? Begründe.
c) Mit dem abgebildeten Quader soll gewürfelt werden.

Bei einem Experiment wurde für die Augenzahl 6 eine Wahrscheinlichkeit von 10 % ermittelt. Mit welcher Wahrscheinlichkeit tauchen die übrigen Augenzahlen auf?

5 a) In einem Test von 4800 CD-Playern werden 16 defekte Geräte entdeckt. Wie groß ist die Wahrscheinlichkeit, ein defektes Gerät zu erhalten?
b) Bei der Herstellung eines Elektrogerätes beträgt die Wahrscheinlichkeit für ein defektes Gerät 0,4 %. Die Herstellerfirma liefert 6000 Geräte aus.
c) Die Tabelle zeigt die zwei besten Torwandschützen der Klasse 8 a.
Beim Schulfest sollen die Klassenbesten der Jahrgangsstufe gegeneinander antreten. Wen soll die 8 a für den Wettbewerb auswählen?

	Versuche	Treffer
Frank	44	27
Stefan	32	15

6 Victoria und Giovanni haben die Einnahmen der Schülercafeteria notiert:

27,05 €; 18,50 €; 36,40 €; 43,10 €; 19,30 €; 28,90 €; 52,45 €; 36,20 €; 30,60 €

a) Bestimme Minimum, Maximum und Spannweite.
b) Berechne Mittelwert und Zentralwert.
c) Die beiden Einnahmen 15,60 € und 76,90 € kommen noch hinzu. Vergleiche erneut Mittelwert und Zentralwert.

7 Die Liste zeigt die Internetnutzung in Stunden aller Schülerinnen und Schüler der Klasse 8 a während einer Woche.

17; 10,5; 1,5; 6,5; 9; 23; 8; 0; 7,5; 4; 28; 15; 11,5; 14; 6; 8,5; 2; 0,5; 12; 5,5; 3; 7; 10,5; 1,5; 3,5

a) Ermittle Minimum, Maximum und Spannweite.
b) Bestimme das obere und das untere Quartil. Wie groß ist der Quartilabstand?
c) Bestimme den Mittelwert und den Zentralwert. Streiche aus der Liste die beiden größten und die beiden kleinsten Werte. Wie ändert sich der Mittelwert, wie der Zentralwert?

8 Die Daten zeigen die monatlichen Ausgaben der Klasse 8 a.

Lea 17 €	Tina 42 €	Sina 20 €
Anna 22 €	Nina 22 €	Rosetta 30 €
Jana 18 €	Janine 15 €	Sheela 34 €
Sarah 28 €	Pia 20 €	Olga 32 €
Tom 33 €	Benni 10 €	Ahmed 22 €
Paul 19 €	Mark 16 €	Fabio 46 €
Tim 42 €	Max 36 €	Dirk 19 €

a) Bestimme sämtliche Kennwerte.
b) Erstelle für die Mädchen und die Jungen jeweils einen Boxplot.
Welche Aussage kannst du damit treffen?
c) Die Boxplots zeigen die Ausgaben der Parallelklasse. Vergleiche.

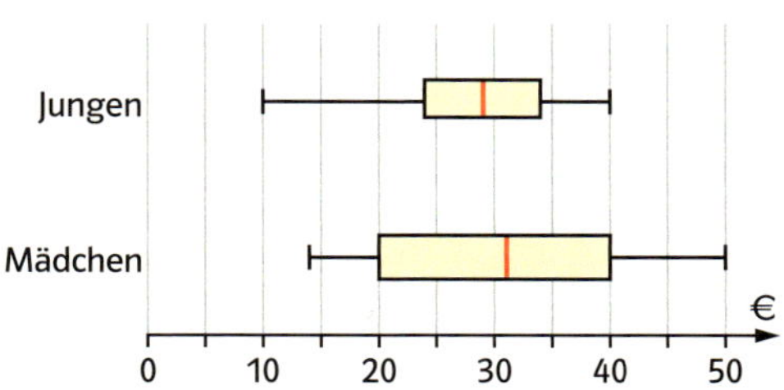

9 a) Übertrage die Tabelle in dein Heft und ergänze die fehlenden Werte der Umfragen.

Min	q_u	z	q_o	Max	q	w
2	9	21		87	36	
0	5	10	15			30
10		31	47	59	31	
7,2		10,4	12,1		3,6	11,5

Zeichne die Boxplots.
b) In einer Umfrage wurde unter jugendlichen Büchereibesuchern die Anzahl der Besuche pro Jahr ermittelt.
- Während die „Lesefaulen" gar nicht in die Bibliothek gehen, besuchen die „Leseratten" die Bücherei bis zu 25-mal im Jahr.
- Immerhin gehen ca. 50 % der Jugendlichen mindestens 3-mal im Jahr zur Bücherei.
- Circa 50 % der Befragten leihen sich zwischen 1-mal und 8-mal im Jahr ein Buch aus.

Zeichne einen zu den Aussagen passenden Boxplot.
c) In einer Realschule bieten Schülerinnen und Schüler der Jahrgangsstufe 10 das Projekt „Schüler helfen Schülern" an. Die Mitschülerinnen und Mitschüler der Jahrgangsstufe 8 wurden befragt, wie oft sie im letzten Schulhalbjahr das Projekt genutzt haben.
Die Ergebnisse sind in einer Häufigkeitsliste zusammengefasst.

Anzahl der Nutzungen	1	2	3	4	5	6	7	8	9	10
Anzahl der Schüler	3	2	2	3	8	10	4	3	4	4

Anzahl der Nutzungen	11	12	13	14	15	16	17	18	19	20
Anzahl der Schüler	6	7	4	5	4	0	2	1	0	1

Zeichne das Säulendiagramm und den Boxplot.
Welche Aussage kannst du mithilfe des Boxplots besser machen als mit dem Säulendiagramm?

Stochastik

Der Natur auf der Spur

Wanderheuschrecke
Gewicht: ca. 2 g
Nahrung/Tag: etwa 2 g

1 Knoten (kn) = $1\,\frac{\text{Seemeile}}{h}\left(\frac{sm}{h}\right) = 1{,}85\,\frac{km}{h}$

Wandernde Vielfraße
Afrikanische Wanderheuschrecken sind rund um die Sahara beheimatet. Bei günstigen Bedingungen (feuchter, warmer, sandiger Boden zur Eiablage und genügend Grünfutter für Jungtiere) vermehren sie sich explosionsartig und bilden Schwärme von bis zu 80 Millionen Tieren je km^2.

- Schätzt die Zahl der Heuschrecken auf dem Bild. Vergleicht euer Vorgehen und eure Ergebnisse.
- Ein kleiner Schwarm frisst täglich eine Tonne Grünfutter. Das ist so viel wie zehn Elefanten benötigen. Wie viele Tiere umfasst dieser Schwarm? Findet ähnliche Vergleiche für einen großen Schwarm von 40 Milliarden Tieren.
- Es gibt Zeiträume, in denen sich die Tiere explosionsartig oder aber kaum vermehren. Findet diese Zeiträume mithilfe des Schaubildes und nennt Gründe dafür.

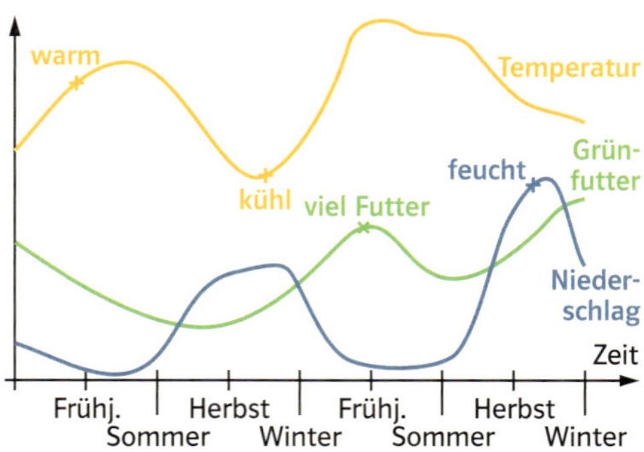

Der Viktoriasee
Der Viktoriasee liegt im Länderdreieck zwischen Tansania, Uganda und Kenia. Er ist der größte See Afrikas.

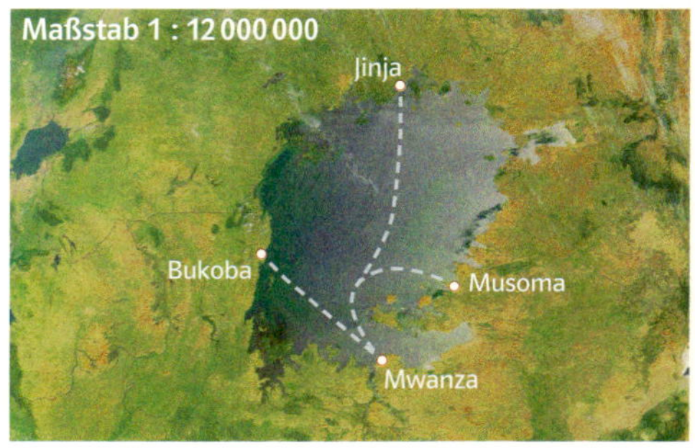

- Ermittelt anhand der Satellitenaufnahme die Größe des Sees. Vergleicht sie mit der Größe Deutschlands.
- Wie lange dauert wohl die Fahrt einer Fähre über den See, wenn diese im Schnitt 11 kn zurücklegt?

Wasser – ein kostbares Gut
Die Gesamtwassermenge des Viktoriasees wird auf ca. 2750 Milliarden Kubikmeter geschätzt; das sind etwa 2,4 % der gesamten Trinkwasservorräte der Erde.

- Wie viel Liter Trinkwasser stehen theoretisch jedem derzeit lebenden Menschen nur aus dem Viktoriasee zur Verfügung?
- Wie viel Trinkwasser gibt es überhaupt auf der Erde?

Natürliche Fabriken

Bäume produzieren durch Photosynthese lebensnotwendigen Sauerstoff. Ein hundertjähriger Baum mit etwa einer Million Blättern setzt pro Jahr etwa 4500 kg Sauerstoff frei. Das sind 3,15 Millionen Liter. Dafür benötigt er etwa 75 000 Tonnen Kohlendioxid.

- Ein Mensch atmet in seinem Leben durchschnittlich ca. 5 000 000 m^3 Luft ein, 21 % davon ist Sauerstoff. Wie viele hundertjährige Bäume braucht er zum Leben?

In Baumschulen werden Setzlinge „auf Lücke" gepflanzt.

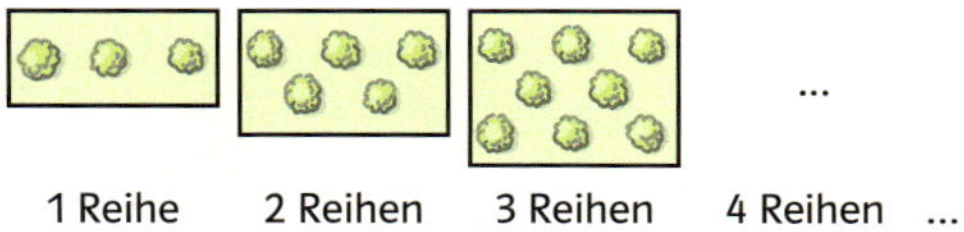

- Ermittelt die Anzahl der Setzlinge in Abhängigkeit von der Anzahl der Reihen. Eine Tabelle verschafft Ordnung und hilft.
- Stellt einen geeigneten Term auf, bei dem r für die Reihenzahl und s für die Setzlinge steht.
- Wie viele Setzlinge befinden sich in 10; 100; 1000; ... Reihen?

Optimale Baumeister

Bienen, Wespen, Hummeln und Hornissen bauen aus Wachs Waben, die aus sechseckigen Zellen bestehen. Nur Bienen bauen ihre Waben doppelseitig; dadurch sparen sie den Boden einer Wabenseite. Eine Arbeiterinnenzelle der Bienen hat eine Diagonale von etwa 5,4 mm und eine Tiefe von 12 mm.

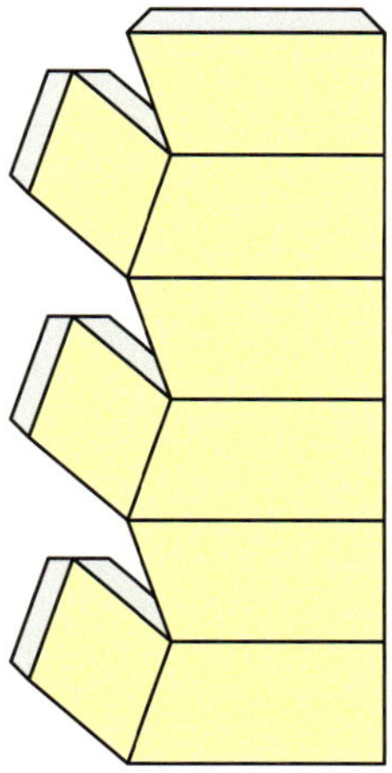

- Übertragt mehrmals das nebenstehende Netz fünfmal so groß auf ein Blatt Papier und setzt eure Zellen anschließend zu einer kleinen Bienenwabe zusammen.
- Aus wie vielen Zellen besteht eine Wabe von der Größe eines Schulheftes? Schätzt zunächst und beschreibt dann eure Vorgehensweise.
- Mit dem Schwänzeltanz beschreiben Sammelbienen den Ort einer Nahrungsquelle, die weiter als 100 m entfernt ist. Erklärt die Zeichnung. Wie ändert sich wohl der Tanz, wenn sich der Futterplatz in entgegengesetzter Richtung zur Sonne befindet?

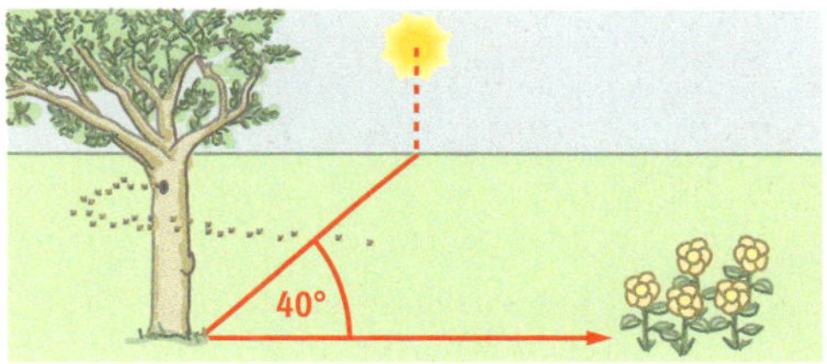

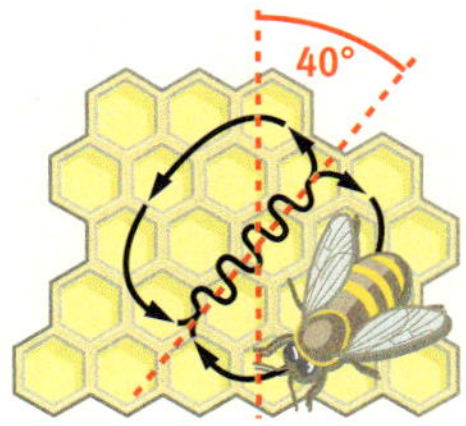

- Recherchiert: Wie sieht der Wabenbau bei Wespen, Hummeln, Hornissen aus?

... und jetzt auf in die Natur!

Plant gemeinsam mit eurer Klassenlehrerin oder eurem Klassenlehrer einen Unterrichtsgang oder einen eintägigen Klassenausflug, bei dem ihr einen Imker besucht und ein kleines Stück gemeinsam durch einen Wald oder einen Park geht. Vielleicht liegt ja auch ein See in der Nähe.
Zur Planung erstellt ihr für jede Station, also Imker, Wald, See usw. einen Fragenkatalog mit den Fragen, die bei der Bearbeitung dieser Seite aufgekommen sind. Diese werden dann während des Ausflugs beantwortet. Im Wald ist der Förster ein Experte, im Park gibt es vielleicht einen Gärtner, der ansprechbar ist. Wer könnte euch zu einem See Auskunft geben? Findet es gemeinsam heraus, vereinbart Termine und legt fest, wie ihr eure Ergebnisse festhaltet: mit Papier und Bleistift, Fotos, einem Video, ...
Und dann kommt die Präsentation!

Die Jagd auf das Gelbe Trikot

Übrigens:
Heute gehen bei der Tour de France fast 200 Fahrer in über 20 Teams mit jeweils 9 Fahrern an den Start.

1 Zoll = 2,54 cm

Kleine Tourgeschichte
Im Jahre 1903 fand die erste „Tour de France“ statt. Damals machten sich 60 wagemutige Radrennfahrer in nur sechs Etappen auf eine 2428 km lange, abenteuerliche Reise quer durch Frankreich. Die erste Etappe führte über zahlreiche Schotterpisten und dauerte bis in die Nacht hinein. Der Franzose Maurice Garin erreichte Paris mit einem Gesamtvorsprung von fast drei Stunden und einer Durchschnittsgeschwindigkeit von $25{,}679\,\frac{km}{h}$. 1997 wurde Jan Ullrich mit einem Vorsprung von 9:09 min auf den Franzosen Richard Virenque erster deutscher Toursieger. Rekordhalter Lance Armstrong aus den USA gewann 2005 mit 4:40 min Vorsprung vor dem Italiener Ivan Basso zum siebten Mal hintereinander die Tour.

Jahr	Strecke	Etappen	Siegerzeit
1997	3945 km	21	100 h 30:35 min
2005	3639 km	21	86 h 15:02 min

- Berechnet für die drei Sieger die Gesamtzeit sowie die durchschnittliche Geschwindigkeit und durchschnittliche Etappenlänge. Vergleicht die Ergebnisse miteinander.
- Wie schnell waren die Zweitplatzierten?
- Erstellt ein passendes Zeit-Weg-Diagramm für alle Gewinner.
- Wie schnell fahrt ihr im Vergleich?

Übrigens:
*Seinen Namen erhielt der Diamantrahmen durch eine falsche Übersetzung von „Diamond“, was auch Raute bedeutet und die Rahmenform beschreibt. Er besteht aus einem **Dreieck** und einem **Trapez**.*

Leicht und stabil
1880 erfand ein Radbauer die Form des sogenannten Diamantrahmens.
Während normale Rahmen heute aus Stahl oder Aluminium bestehen, werden Rennradrahmen aus leichtem Carbon hergestellt, das enorme Kräfte aushält.
Die Radprofis verwenden in der Regel 28-Zoll-Laufräder mit Metall- bzw. aerodynamischen Carbonspeichen.

- Gebt die ungefähre Länge der Speichen konventioneller Laufräder an.
- Schätzt: Wie lang sind die Rohre des Rennradrahmens insgesamt?
- Eine gute Werbeidee? Wie groß wäre die Werbefläche eines Rennrades, wenn die vom Rahmen eingeschlossene Fläche beklebt würde?

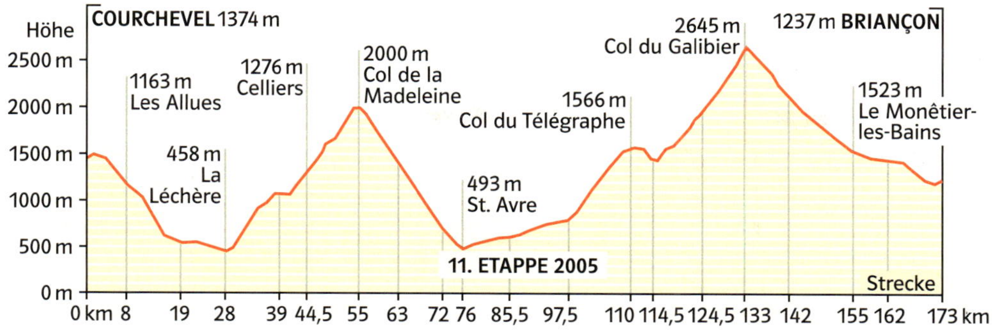

Steile Berge

Die Tour de France besitzt neben vielen flachen Strecken auch schwere Bergetappen im Hochgebirge. Eine davon war 2005 die 173 km lange 11. Alpen-Etappe von Courchevel nach Briançon. Der Kasache Alexander Winokurow gewann an diesem Tag nach rasanter Abfahrt vom 2645 m hohen Col du Galibier vor dem Kolumbianer Santiago Botero.

- Schreibt eine Reportage zur Fahrt über den Col du Galibier vom Start bis ins Ziel. Beachtet dabei das Streckenprofil.
- Zeichnet einen Graphen, der die Inhalte eurer Reportage wiedergibt. Vergleicht ihn mit dem Streckenprofil.
- Berechnet die durchschnittliche Steigung an den beiden größten Bergen.
- Warum nennt man die Tour de France auch die „Tour der Leiden"?

Grüne Punktejäger

Während der beste Fahrer in der Gesamtwertung das Gelbe Trikot erhält, kämpfen spurtstarke Fahrer um das begehrte grüne Sprinttrikot. Die Punkte dafür berechnen sich aus der Zielplatzierung sowie aus Punkten bei Zwischensprints (ZS).

Punktevergabe im Ziel (ab Platz 1):
Flachetappen:
35; 30; 26; 24; 22; 20; 19; 18; 17; … bis 1 Punkt
Mittlere Bergetappen:
25; 22; 20; 18; 16; 15; 14; 13; … bis 1 Punkt
Schwere Bergetappen:
20; 17; 15; 13; 12; 10; 9; … bis 1 Punkt
Einzelzeitfahren:
15; 12; 10; 8; 6; 5; … bis 1 Punkt
Punkte bei Zwischensprints (ab Platz 1):
6; 4 und 2 Punkte

- Wie viele Fahrer erhalten jeweils Punkte?
- Welche maximale Sprintpunktzahl war 2005 möglich?
- Wie könnte der Gewinner seine Punkte erhalten haben? Findet mehrere Wege.
- Wie viel Pozent der maximalen Punktezahl haben die ersten vier Fahrer erreicht?

Grünes Trikot 2005:
1. Thor Hushovd (NOR) 194 P.
2. Stuart O'Grady (AUS) 182 P.
3. Robbie McEwen (AUS) 178 P.
4. A. Winokurow (KAZ) 158 P.

Tour de France 2005:
9 Flachetappen (mit jeweils 3 ZS),
6 Mittlere Bergetappen (mit jeweils 2 ZS),
3 Schwere Bergetappen (mit jeweils 2 ZS),
2 Einzelzeitfahren (ohne ZS),
1 Mannschaftszeitfahren (ohne Punkte)

… und jetzt Startschuss!

Macht mit eurer Klasse doch mal eine Fahrradtour. Messt eure Etappendaten: Strecke, Geschwindigkeit, Pulsfrequenz … Wer wird Etappen-, wer Gesamtsieger? Ihr könnt auch weitere Untersuchungen und Experimente durchführen: Wie funktioniert eure Gangschaltung? Besitzt jemand ein Rad mit Kettenblattschaltung? Wie viele Umdrehungen benötigt ihr bei verschiedenen Gangeinstellungen für bestimmte Strecken? Also, los gehts!

Nomaden der Meere

Rekonstruktion eines Wikingerschiffes

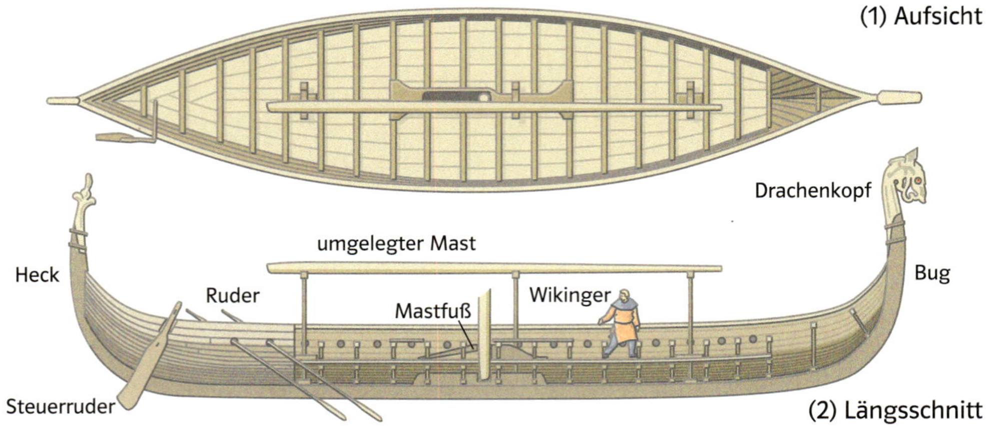

Schiffsbeispiel:
„Skuder"
30 m Länge,
5 m Breite,
30–40 Mann Besatzung,
12 kn durchschnittliche Segel- und Rudergeschwindigkeit

1 Knoten (kn) =
$1\,\frac{\text{Seemeile}}{h}\left(\frac{sm}{h}\right) =$
$1{,}85\,\frac{km}{h}$

Weitgereiste Händler

Der Name Wikinger leitet sich vermutlich vom altnordischen „víkingr" ab, was „Rauben" oder „Seeräuber" bedeutet. Doch die Seemänner aus Skandinavien waren nicht nur Plünderer, sie waren auch geschickte Händler. Wikinger waren mit ihren schnellen, flachen Drachenbooten auf den Meeren und Flüssen in ganz Europa bis nach Asien unterwegs.

- Atlasarbeit: Wie lang war der Seeweg, den die Wikinger vom heutigen Oslo bis nach Istanbul zurücklegen mussten?
- Wie lange waren die Männer dafür im Skuder etwa unterwegs? Bedenkt, dass sie auch Pausen und Zwischenstopps zur Proviantaufnahme machen mussten.
- Wie viel Trinkwasser verbrauchten die Männer wohl auf so einer Fahrt? Wovon hängt die Berechnung ab?

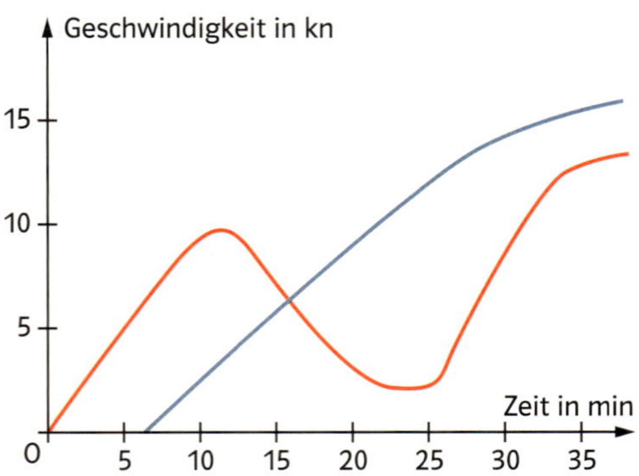

Entdeckungsfahrten im Drachenboot

Neben Händlern und Kriegern waren Wikinger auch Entdecker. Mit ihren hochseetauglichen Drachenbooten stießen sie weit nach Westen in unbekannte Regionen des Nordatlantiks vor. So besiedelten sie nach Island und Grönland um 1000 n. Chr. sogar die Küste Nordamerikas lange Zeit vor Christoph Kolumbus.
Schätzt die nötigen Maße und berechnet näherungsweise.

- Betrachtet die oben abgebildete Konstruktion: Wie viel Platz hatten die Wikinger bei diesem Bootstyp etwa an Deck?
- Wie viel Segelstoff musste vernäht werden?
- Könnt ihr anhand der Zeichnungen und dem Foto erklären, wie viel Wasser verdrängt wurde? Begründet.

Im Geschwindigkeitsrausch

Die „Nordmänner" bauten verschiedene Bootstypen: Große, träge Kriegsschiffe und kleine, wendige Handelsschiffe, die sie auch auf Flüssen navigieren konnten. Als Antrieb diente ein rechteckiges Segel unterstützt von Rudern.

- Welcher Graph des Diagramms gehört zu welchem Bootstyp? Erläutert.
- Schreibt eine passende Geschichte.
- Warum war die maximale Geschwindigkeit eines Wikingerschiffes begrenzt?

Schöner Schein
Zum Schutz vor der skandinavischen Kälte stellten Wikinger feste Kleidung aus gewebten Stoffen, Leder und Pelz her. Aber sie trugen auch Schmuck aus Gold, Silber, Bronze oder bunten Glasperlen. Viele Schmuckstücke wurden mit wiederverwendbaren Ton- oder Steingussformen in Massenproduktion hergestellt. Ein Bronzeschmied aus Jütland (im heutigen Dänemark) überließ z. B. seinen Kunden die Wahl zwischen dem Hammer als Zeichen des nordischen Gottes Thor oder zwei unterschiedlichen Kreuzen, was den späten Einfluss des Christentums auf die Wikinger verdeutlicht.

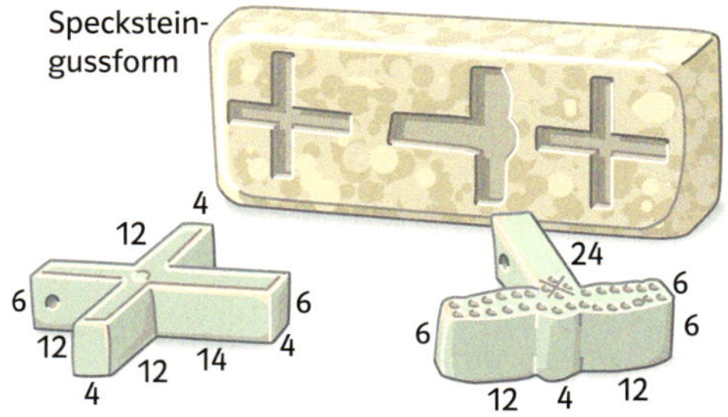

> **Bronze** ist eine Legierung aus mindestens 60 % Kupfer und bis zu 40 % Zinn. Sie besitzt eine Dichte von 8,8 g/cm³. Ihr Schmelzpunkt liegt bei ca. 990 °C.

- Wie schwer sind die zwei Anhänger?
- Wie viel Gramm Kupfer enthalten sie mindestens?
- Wie teuer waren die Schmuckstücke im Verhältnis zueinander?

Langhaus der Wikinger

Leben auf dem Lande
Die Wikinger waren auch ein sesshaftes Bauernvolk. Sie lebten auf großen Höfen, bauten Getreide an und hielten Tiere. Die Langhäuser bestanden aus Holz oder Stein. Die Wikingerfrauen waren die Besitzerinnen von Land und Gut. Waren die Männer auf großer Fahrt, kümmerten sich ihre Frauen um Kinder und Hof.

- Zeichnet den Grundriss dieses Langhauses in geeignetem Maßstab.
- Berechnet die Außenfläche und das Volumen des Gebäudes.
- Wie ändern sich die Werte, wenn sich die Raumhöhe um 0,5 m verringert oder erhöht? Es gibt mehrere Möglichkeiten.
- Zeichnet ein Schrägbild zur Konstrukion des Holzgrundgerüstes.
- Wie lang sind alle Balken zusammen?

Wikingerfamilie

> ***Übrigens:***
> *Wikinger waren sehr fortschrittlich: Sie bügelten. Dafür spannten sie ihre Kleidungsstücke auf flache Bretter und glätteten sie mit Glaskugeln.*

... und jetzt Leinen los!

Feiert doch mal einen richtigen Wikingertag mit eurer Klasse. Wikinger liebten Sport und Spiele: Sie veranstalteten Wettrennen, vertrieben sich an Bord ihrer Schiffe die Langweile mit Geschicklichkeitsspielen und trainierten ihren Verstand mit Schach oder Würfelspielen. Dazu wurde immer gut gegessen und getrunken. Entwickelt für den Tag eigene Wettkampfspiele. Sucht Rezepte im Internet. Die Einladungen könnt ihr in Runenschrift, der Schrift der Wikinger, verfassen. Allerdings kannten die Nordmänner damals noch kein Papier und ritzten ihre Geschichten in Holz, Knochen oder Felsen. Trotzdem konnten viele Wikinger diese Geschichten nicht lesen: Sie waren Analphabeten!

Lösungen des Basiswissens

Basiswissen | Rechnen mit Brüchen, Seite 8

1

a) 1 b) $\frac{3}{5}$ c) 2
d) $\frac{7}{12}$ e) $\frac{4}{5}$ f) $1\frac{1}{15}$
g) $1\frac{3}{8}$ h) $\frac{1}{2}$ i) $\frac{1}{12}$

2

a) $1\frac{1}{18}$ b) $1\frac{6}{35}$ c) $\frac{23}{72}$
d) $1\frac{1}{40}$ e) $\frac{1}{20}$ f) $\frac{1}{9}$
g) $\frac{39}{70}$ h) $\frac{59}{60}$ i) $\frac{11}{40}$

3

a) $1\frac{1}{8}$ b) $4\frac{13}{18}$ c) $4\frac{3}{20}$
d) $\frac{1}{40}$ e) $1\frac{5}{18}$ f) $2\frac{1}{3}$

4

a) $2\frac{1}{4}$ b) $1\frac{1}{4}$ c) $1\frac{4}{5}$
d) $2\frac{5}{8}$ e) $3\frac{1}{3}$ f) $2\frac{1}{9}$

5

a) $\frac{3}{10}$ b) $\frac{9}{10}$ c) $\frac{1}{3}$
d) $\frac{3}{8}$ e) $\frac{9}{28}$ f) $\frac{5}{7}$
g) $\frac{6}{5}$ h) $\frac{1}{2}$ i) $\frac{8}{9}$

6

a) $\frac{21}{30} = \frac{7}{10}$ b) $\frac{15}{56}$ c) $\frac{16}{45}$
d) $\frac{7}{36}$ e) $\frac{35}{36}$ f) $\frac{16}{63}$
g) $1\frac{1}{54}$ h) $\frac{35}{72}$ i) $\frac{21}{64}$

7

a) $\frac{2}{3}$ b) $\frac{2}{15}$ c) $\frac{1}{6}$
d) 2 e) $3\frac{3}{4}$ f) $2\frac{1}{2}$

8

a) $\frac{1}{2}$ b) $\frac{5}{14}$ c) 1
d) $\frac{4}{5}$ e) $\frac{3}{20}$ f) $\frac{1}{18}$

Basiswissen | Rechnen mit rationalen Zahlen, Seite 9

1

a) 59 b) −60 c) −58
d) 11 e) −2,4 f) $-\frac{1}{4}$

2

a) 16 b) 8 c) 59
d) −220 e) −2,6 f) $-\frac{3}{8}$

3

a) 108 b) 242 c) 125
d) 6,4 e) $\frac{1}{6}$ f) $-\frac{1}{6}$

4

a) −330 b) −171 c) −147
d) −12 e) −2 f) −16

5

a) 9 b) 12,5 c) 7
d) 30 e) $\frac{1}{40}$ f) −3

6

a) −8 b) −16 c) −20
d) −30 e) $-\frac{3}{2}$ f) −52

7

a) −68 b) −340 c) −36,1 d) 0
e) −60 f) 71 g) $-\frac{1}{3}$

8

a) 5,6 b) 4 c) 1 d) 250
e) −11,5 f) −0,5 g) −0,25

Basiswissen | Gleichungen lösen, Seite 10

1

a) x = 6 b) x = 2 c) x = 1
d) x = 10 e) x = 0 f) x = −4

2

a) x = 14 b) x = 12 c) x = 5
d) $x = \frac{9}{2}$ e) x = −1 f) $x = \frac{3}{2}$

3

a) x = 2 b) x = 6 c) y = 9
d) y = 0 e) u = −31

4

a) $x = \frac{1}{2}$ b) $y = -\frac{2}{3}$ c) z = −7

5

x = 3

6

a) x = 4 b) x = 15

7

$(x + 4) \cdot 2 + 10 = 3x + 12$

$x = 6$

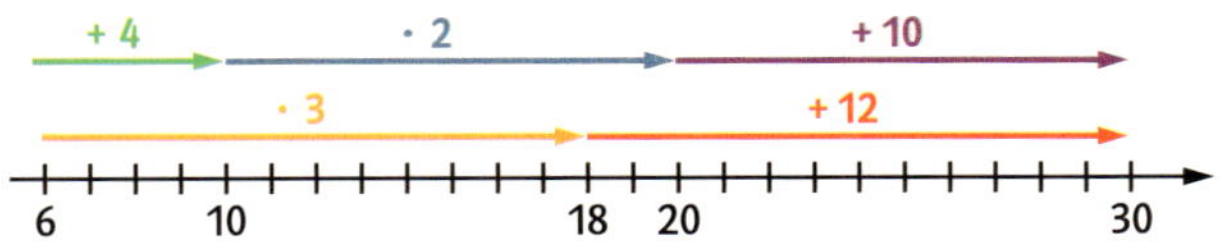

Basiswissen | Dreiecke, Seite 11

1

	α	β	γ	
a)	60°	60°	60°	spitzwinkliges Dreieck
b)	40°	125°	15°	stumpfwinkliges Dreieck
c)	45°	45°	90°	rechtwinkliges Dreieck

2

a)

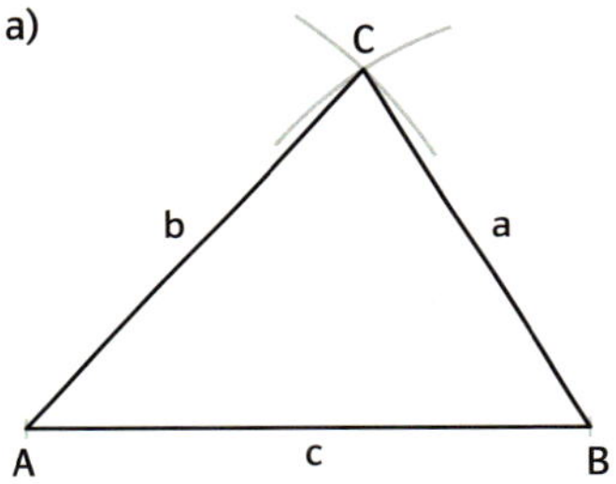

b)

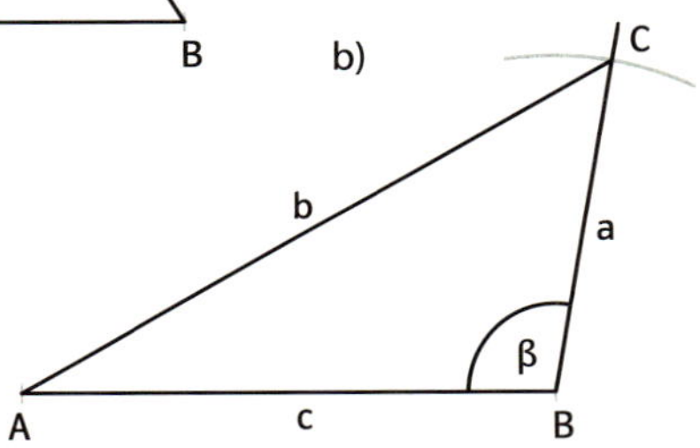

c)

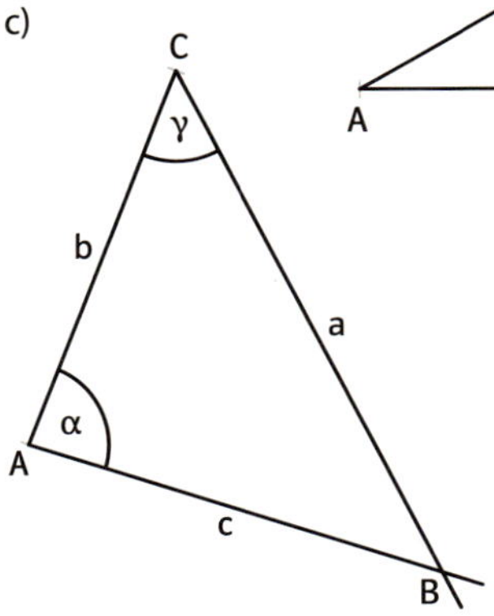

d)

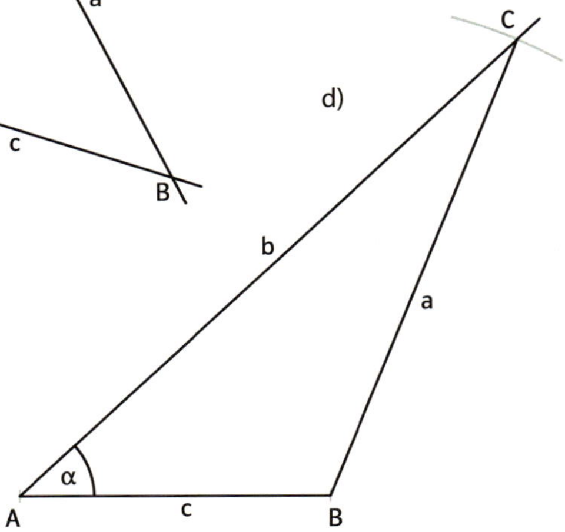

3

Einer maßstäblichen Zeichnung (1 cm entspricht 10 m) entnimmt man: h = 15,9 cm.

Der Turm ist etwa 159 m hoch.

4

a)

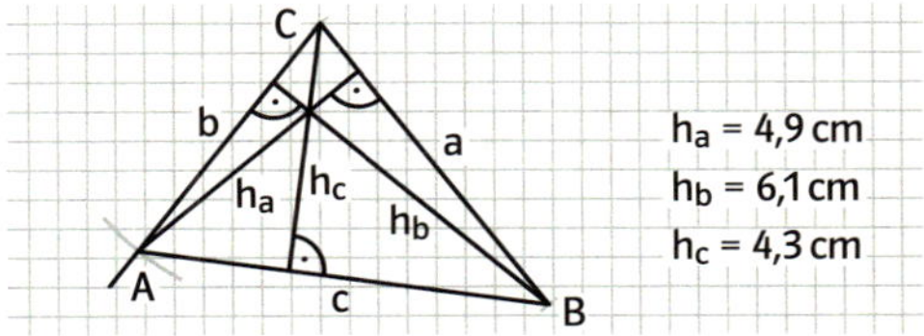

b)

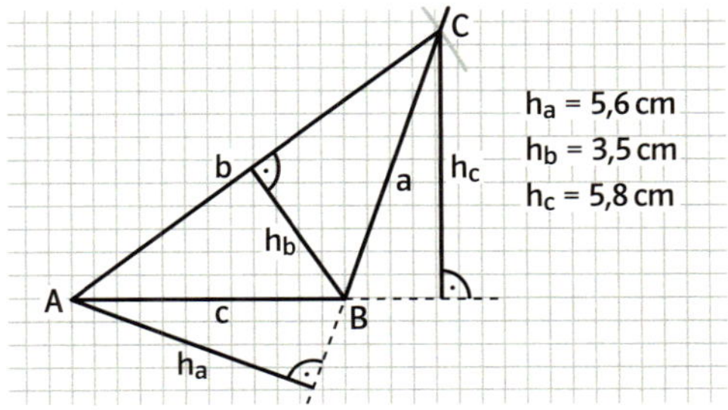

Basiswissen | Vierecke, Seite 12

1

Parallelogramme: Figuren a); d); g); h) und i).

Figur d) hat vier rechte Winkel und ist somit sogar ein Rechteck.

Figur i) hat vier rechte Winkel und vier gleich lange Seiten und ist somit ein Quadrat.

Die Figuren f); g) und i) sind Rauten, da alle Seiten gleich lang sind.

Die Figuren c) und e) sind Drachen, da zwei Paare benachbarter Seiten gleich lang sind und die Figuren eine Symmetrieachse haben.

2

Es gibt drei Möglichkeiten: D(10 | 4) oder D′(6 | 0) oder D″(−4 | 4)

3

a) Quadrat, Raute

b) Quadrat, Raute, Drachen

c) Quadrat, Raute, Rechteck, Parallelogramm

4

mögliche Lösungen:

a)

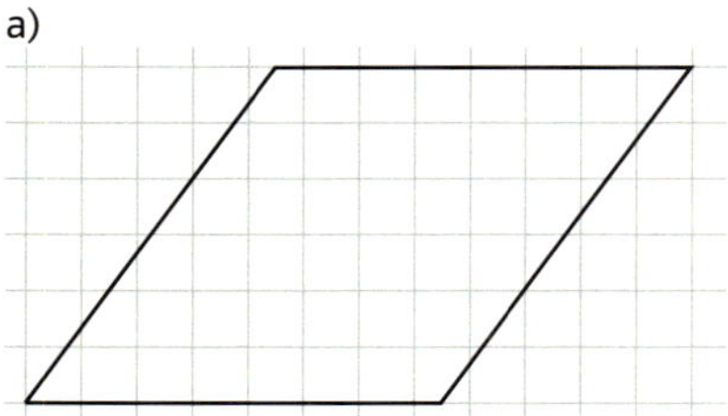

b)

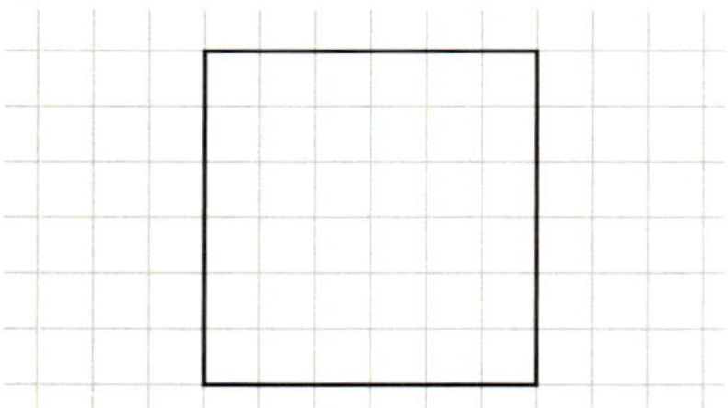

Basiswissen | Daten, Seite 13

1

a) Rangliste: 8 €, 9 €, 12 €, 12 €, 13 €, 14 €, 17 €, 18 €, 19 €, 22 €, 25 €, 26 €, 29 €, 31 €, 33 €, 36 €, 45 €, 47 €, 51 €, 55 €, 62 €, 72 €

b) Minimum: 8 € Zentralwert: 25,50 €
Maximum: 72 € Mittelwert: 29,82 €

2

Mittelwert: 9,8

3

Anzahl der Mängel: 63

a) Beleuchtung	38,1 %
Karosserie	4,8 %
Reifen	25,4 %
Warndreieck	6,3 %
Verbandskasten	7,9 %
ohne TÜV/AU	1,6 %
ohne Papiere	11,1 %
sonstige Mängel	4,8 %

b) Die meisten Mängel betrafen Beleuchtung und Reifen. Dies waren zusammen 63,5 %, also fast $\frac{2}{3}$ aller Mängel.

4

auf keinen Fall	1236 Personen
eigentlich dagegen	645 Personen
unentschieden	372 Personen
eigentlich dafür	501 Personen
sehr dafür	246 Personen

Lösungen der Rückspiegel

Rückspiegel, Seite 31, links

1

a) $2n^2 + 2n = 2n(n + 1)$

b) $2n^2 + 3n + 1 = (2n + 1)(n + 1)$

2

a) $24abx + 18abx^2$ b) $-42m^2n + 3mn^2$

c) $x^2 - x - 12$ d) $-y^2 - 6y + 27$

e) $30x^2 - 3x - 6$ f) $6x^2 + xy - y^2$

3

a)

·	x	−6
x	x^2	$-6x$
5	$5x$	-30

$x^2 - x - 30$
$= (x - 6)(x + 5)$

b)

·	x	−7
x	x^2	$-7x$
12	$12x$	-84

$x^2 + 5x - 84$
$= (x - 7)(x + 12)$

4

a) $81x^2 + 90xy + 25y^2$ b) $9x^2 + 2{,}4xy + 0{,}16y^2$

c) $(y - 8x)^2$ d) $(4a + 5b)^2$

e) $(9t + 11s)(9t - 11s)$ f) $s^2 - 4u^2$

5

a) $x^2 + 16x + 64$ b) $a^2 - 20a + 100 = (a - 10)^2$

c) $121 - 22w + w^2 = (11 - w)^2$ d) $4x^2 - 4xy + y^2 = (2x - y)^2$

e) $(6r + 9s)^2 = 36r^2 + 108rs + 81s^2$

6

a) $0 = 6a^2 + 4ax$ b) $V = a^3 + a^2x = a^2(a + x)$

7

a) $4(x^2 + 6xy + 9y^2) = 4(x + 3y)^2$

b) $3(16x^2 - 40xy + 25y^2) = 3(4x - 5y)^2$

c) $28(u^2 - 4w^2) = 28(u - 2w)(u + 2w)$

d) $0{,}5(p^2 - 4p + 4) = 0{,}5(p - 2)^2$

Rückspiegel, Seite 31, rechts

1

a) $2n^2 + 4n + 2 = (2n + 2)(n + 1)$

b) $n^2 + 4n + 4 = (n + 2)^2$

2

a) $48a^2b + 64ab^2$ b) $-8x^3y + 24x^3$

c) $17r - 17s - rt + st$ d) $16b + 15a - ab - 240$

e) $16x^2 - 49x + 3$ f) $-6x^2 - 3{,}8xy + 0{,}8y^2$

3

a)

$\cdot$	x	-3
x	x^2	$-3x$
14	$14x$	-42

$x^2 + 11x - 42$
$= (x - 3)(x + 14)$

b)

$\cdot$	$-3x$	y
$2x$	$-6x^2$	$2xy$
$-3y$	$9xy$	$-3y^2$

$-6x^2 + 11xy - 3y^2$
$= (-3x + y)(2x - 3y)$

4

a) $256t^2 - 384st + 144s^2$
b) $0{,}49c^2 - 0{,}28cd + 0{,}04d^2$
c) $(3x + 0{,}5y)^2$
d) $(a + 0{,}5b)^2$
e) $\frac{1}{9}a^2 - \frac{1}{4}b^2$
f) $(x + 0{,}5y)(x - 0{,}5y)$

5

a) $9x^2 + 3xy + 0{,}25y^2 = (3x + 0{,}5y)^2$
b) $64m^2 - 32mn + 4n^2 = (8m - 2n)^2$
c) $c^2 - 34c + 289 = (c - 17)^2$
d) mehrere Lösungen möglich
$16r^2 - 56rs + 49s^2 = (4r - 7s)^2$
$4s^2 - 56rs + 196r^2 = (2s - 14r)^2$
e) $(15a - 5b)^2 = 225a^2 - 150ab + 25b^2$

6

a) $O = 22x^2 + 26x + 4$
b) $V = 6x^3 + 12x^2 + 6x$

7

a) $\frac{1}{2}(x^2 - 4x + 4) = \frac{1}{2}(x - 2)^2$
b) $\frac{3}{4}\left(v^2 - \frac{1}{4}w^2\right) = \frac{3}{4}(v - \frac{1}{2}w)(v + \frac{1}{2}w)$
c) $6(25x^2 + 20xy + 4y^2) = 6(5x + 2y)^2$
d) $\frac{1}{5}(x^2 + 4xy + 4y^2) = \frac{1}{5}(x + 2y)^2$

Rückspiegel, Seite 51, links

1

a) $x = 3$ b) $x = 2$ c) $x = -2$ d) $x = 10$

2

a) 9 b) 21 c) 105 d) −15 e) −63

3

a) $x = -\frac{5}{2}$ b) $y = -1$ c) $x = -1$ d) $z = -11$

4

a) $x = 10\,cm$ b) $x = 6\,cm$

5

a) $b = \frac{A}{a}$
b) $b = 4\,cm$; $b = 4{,}5\,cm$, $b = 6{,}5\,cm$

6

a) $v = 7{,}5\,\frac{m}{s}$; $v \approx 7{,}6\,\frac{m}{s}$; $v \approx 8{,}0\,\frac{m}{s}$
b) $v = \frac{75}{10{,}2 - t}\,\frac{m}{s}$; t in s

Rückspiegel, Seite 51, rechts

1

a) $x = 2$ b) $x = 8$ c) $x = 12$ d) $x = 1{,}5$

2

a) −2 b) 0 c) −6
d) +2 e) +0,5

3

a) $x = 4$ b) $y = 21$ c) $x = 1$ d) $z = 7$

4

a) $x = 8\,cm$ b) $x = 12\,cm$

5

a) $G = \frac{P}{p\%}$ b) $G = 420{,}00$ €; $G = 3500\,m$; $G = 960\,kg$

6

a) $v = 112\,\frac{km}{h}$; $v \approx 86{,}9\,\frac{km}{h}$; $v = 105\,\frac{km}{h}$; $v = 126\,\frac{km}{h}$
b) $v = \frac{84}{1 - t}\,\frac{km}{h}$; t in h

Rückspiegel, Seite 71, links

1

2005: 33,33 % der Jugendlichen nutzten das Internet mehr als 10-mal.
2006: 54,12 % der Jugendlichen nutzten das Internet mehr als 10-mal.

2

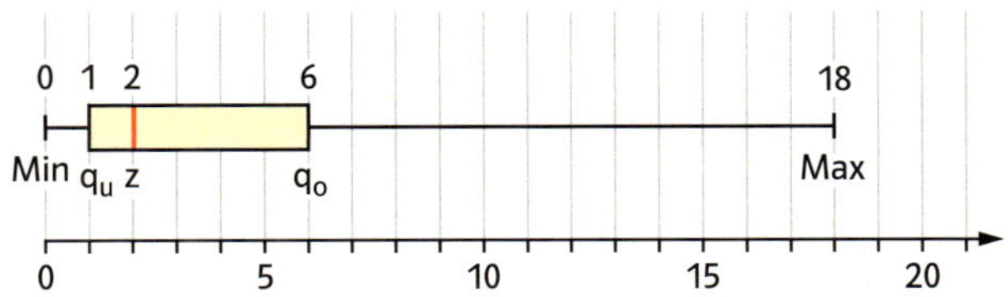

3

	a)	b)	c)	d)
Min	0	9	3	4,7
q_u	5	23	6	5,1
z	18	26	9	7,6
q_o	39	34	13	8,3
Max	127	73	28	14,5
q	34	11	7	3,2
Spannweite	127	64	25	9,8

a)

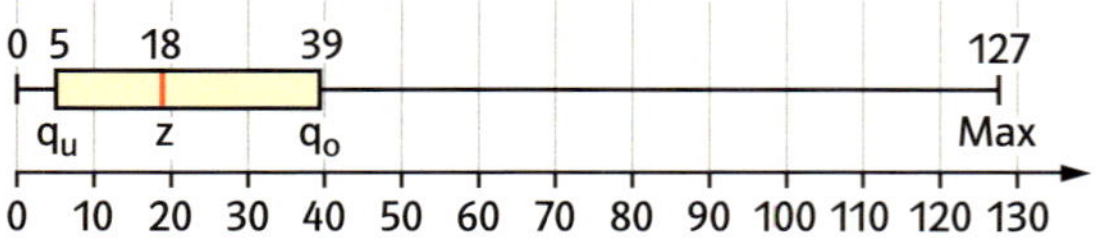

b)

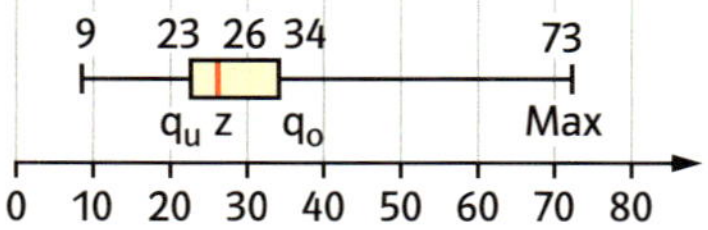

c)

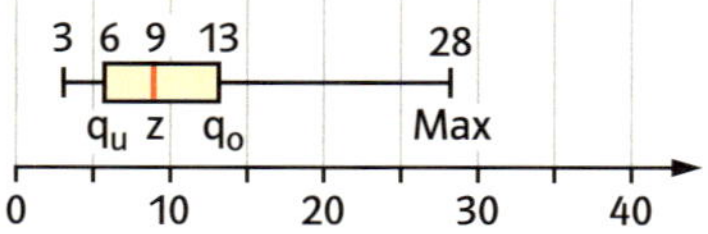

d)

4

a) Bei der Stichprobe sollte Frau Loos in jeder zweiten Kiste einen Apfel untersuchen.

b) Insgesamt hat Frau Loos 1500 Äpfel gekauft.
Etwa $\frac{2}{25} = 0{,}08 = 8\,\%$ davon sind faul. Frau Loos muss mit ungefähr 120 faulen Äpfeln rechnen.

Rückspiegel, Seite 77, rechts

1

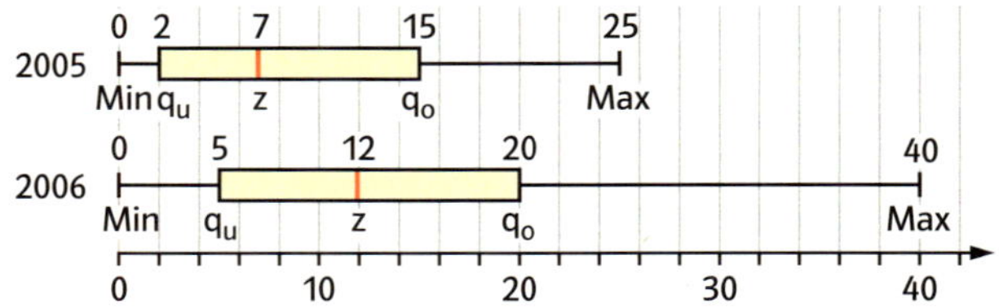

Beispiele für Aussagen:

- In beiden Jahren gab es Schülerinnen und Schüler, die das Internet zur Bewältigung der Hausaufgaben nicht nutzten.
- Insgesamt nahm die Nutzung des Internets im Jahr 2006 gegenüber dem Jahr 2005 zu.
- Während im Jahr 2005 etwa die Hälfte aller Schülerinnen und Schüler das Internet nur 2- bis 15-mal nutzten, machten sie im Jahr 2006 schon 5- bis 20-mal davon Gebrauch.
- Im Jahr 2005 nutzten etwa die Hälfte aller Schülerinnen und Schüler das Internet mindestens 7-mal, im Jahr 2006 nutzten sie es schon mehr als 11-mal.
- Die Spitzengruppe der Vielnutzer (25 %) steigerte die Nutzung von 15- bis 25-mal auf 20- bis 40-mal.
- Im Jahr 2006 setzten sich einige Ausreißer deutlicher nach oben ab als im Jahr 2005.

2

Richtig: Sowohl der Zentralwert (12 > 7) als auch das Maximum (40 > 25) sind im Jahr 2006 größer als im Jahr 2005
Richtig: Der Quartilabstand ist im Jahr 2006 größer als im Jahr 2005 (15 > 13)
Richtig: Das obere Quartil liegt bei 20.
Falsch: Der Zentralwert liegt für das Jahr 2004 bei 7.
Das heißt, mindestens die Hälfte aller Befragten nutzten im Jahr 2005 das Internet nicht mehr als 7-mal.

3 a)

	Min	q_u	z	q_o	Max	Spannweite	q
unter 25 J.	0	3	5	7	14	14	4
25–50 J.	1	3	4	6	12	11	3
über 50 J.	1	4	6	7	15	14	3

b) Beispiele für Aussagen:

- Die Gruppe der unter 25-Jährigen streut in der zentralen Hälfte am stärksten.
- Die Gruppe der 25- bis 50-Jährigen verhält sich am homogensten. Sie hat die kleinste Spannweite und auch der Quartilabstand ist recht klein.
- Die über 50-Jährigen lesen am meisten, der Zentralwert und das Maximum dieser Gruppe sind am größten.
- In der zentralen Hälfte verteilen sich die unter 25-Jährigen am gleichmäßigsten.
- Die zentrale Hälfte der über 50-Jährigen verhält sich völlig entgegengesetzt zur zentralen Hälfte der 25- bis

50-Jährigen. Während bei den über 50-Jährigen die Daten im 3. Viertel sehr dicht liegen, liegen sie bei den 25- bis 50-Jährigen im 2. Viertel sehr dicht.

- Wer 25 Jahre und älter ist, leiht sich mindestens ein Buch pro Jahr aus.

4

a) In 250 Schoten befinden sich 1005 Erbsen. Pro Schote ist mit 4,02 Erbsen zu rechnen. Bei 15 000 Schoten kann man mit 60 300 Erbsen rechnen.
b) Bei 300 Schoten ist mit 1206 Erbsen zu rechnen. Max hat also Unrecht.

Rückspiegel, Seite 91, links

1

a) D(3|5) b) D(−1|6)

2

a)

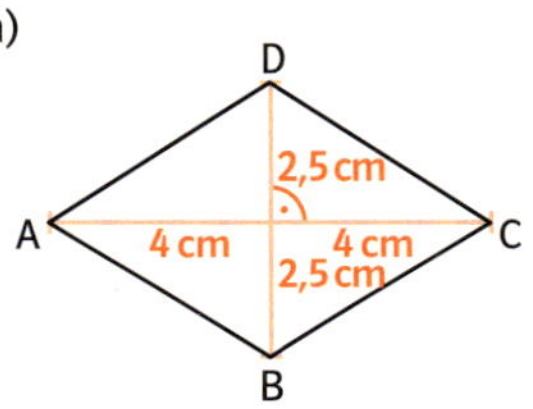

b)

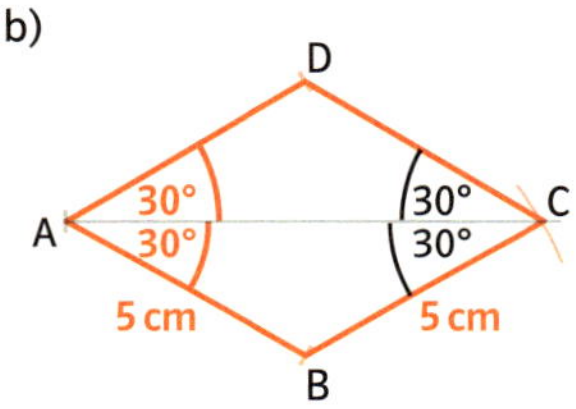

3

$\beta = 115°$; $\gamma = 65°$; $\delta = 115°$

4

$\beta = 67°$

5

$\alpha + \beta + \gamma + \delta = \alpha + (\alpha + 30°) + 3\alpha$
$+ (\alpha + 60°) = 6\alpha + 90°$
$6\alpha + 90° = 360°$
$\alpha = 45$; $\beta = 75°$; $\gamma = 135°$; $\delta = 105°$

6

a) Parallelogramm
b) Nur ganz besondere Parallelogramme sind Rauten. Gegenbeispiel:

c) Drachen oder Raute

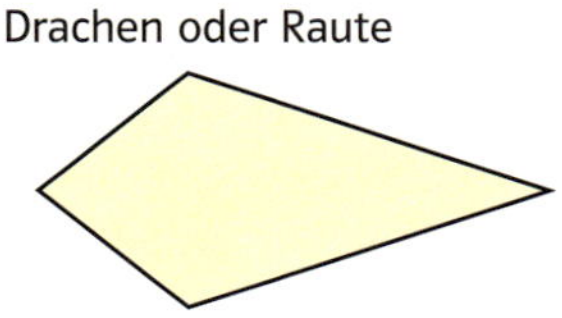

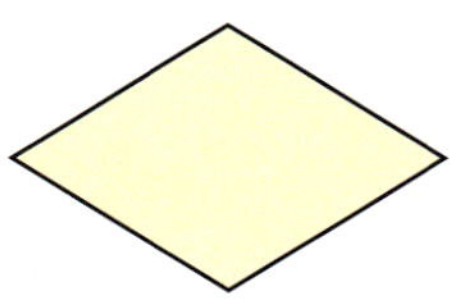

Rückspiegel, Seite 91, rechts

1

a) C(6|8); D(1|3) b) D(−4|6)

2

a)

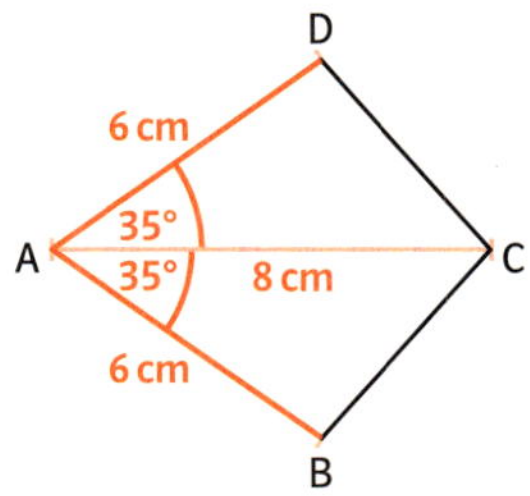

b)

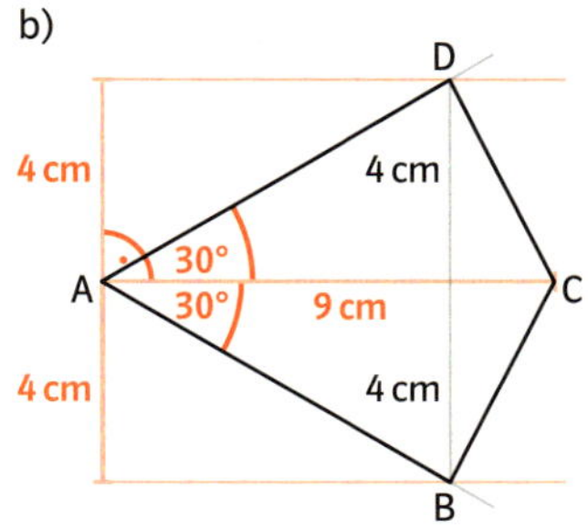

3

$\alpha = 85° + 50° = 135°$; $\beta = 45°$

4

$\alpha = 73°$

5

$\alpha + \beta + \gamma + \delta = \alpha + (2\alpha + 30°) + 2\alpha$
$+ (3\alpha - 70°) = 8\alpha - 40°$
$8\alpha - 40° = 360°$
$\alpha = 50°$
$\beta = 130°$
$\gamma = 100°$
$\delta = 80°$

6

a) Parallelogramm
b) allgemeines, nicht achsensymmetrisches Trapez, wie etwa:

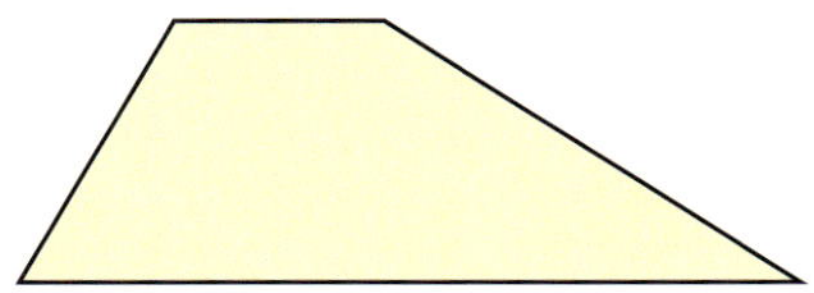

c) Das gilt nur für das regelmäßige Fünfeck.

Rückspiegel, Seite 113, links

1

a = 12 cm $u_R = 50$ cm $u_Q = 48$ cm
Das Rechteck hat den größeren Umfang.

2

a) $u = 19{,}7\,cm$; Der Konstruktion entnimmt man $h_c = 4{,}8\,cm$ und berechnet $A = 18{,}0\,cm^2$.

b) $u = 22{,}0\,cm$; Der Konstruktion entnimmt man $h_a = 5{,}2\,cm$ und berechnet $A = 28{,}6\,cm^2$.

3

$A = 36{,}49\,m^2$

4

$A_1 = 591\,m^2$ $A_2 = 643\,m^2$

5

a) $b = 4{,}0\,cm$ $u = 33{,}0\,cm$

b) $h = 4{,}2\,cm$

6

$A = 39\,000\,cm^2 = 3{,}9\,m^2$

Rückspiegel, Seite 113, rechts

1

$h = 20\,cm$

2

a) $u = 20{,}0\,cm$; Der Konstruktion entnimmt man $h_a = 3{,}0\,cm$ und berechnet $A = 19{,}5\,cm^2$.

b) $u = 22{,}1\,cm$; Der Konstruktion entnimmt man $c = 2{,}5\,cm$ und $h = 4{,}0\,cm$ und berechnet $A = 23{,}4\,cm^2$.

3

$A = 36{,}13\,m^2$

4

$A_1 = 591\,m^2$ $A_2 = 643\,m^2$ $A_3 = 689\,m^2$

5

a) $a = 8{,}0\,cm$; $A = 44{,}0\,cm^2$ b) $c = 5{,}5\,cm$

6

Seite $a = 3e + 2\cdot 2e = 7e$; $A = 10\cdot e^2$

Rückspiegel, Seite 133, links

	Grundwert	Veränderung in Prozent	Veränderter Grundwert
a)	315 €	+19 %	374,85 €
b)	820 km	−5 %	779 km
c)	20 km	+30 %	26 km

2

Herr Ehren muss 1163,87 € bezahlen.

3

a) 679 € b) 672,21 €

4

a) 10,20 € Zinsen; neuer Kontostand 690,20 €

b) 459 €

5

	Kapital	Zinssatz	Zinsen	Zeit
a)	600 €	5 %	10 €	4 Mon.
b)	1200 €	6 %	18 €	$\frac{1}{4}$ Jahr
c)	1800 €	6 %	4,20 €	14 Tage
d)	2400 €	11 %	198 €	270 Tage

6

Rechnungsbetrag abzüglich 2 % Skonto 1231,37 €, also 25,13 €. Zinsen für diesen Betrag 7,90 €. Es lohnt sich, sie spart 17,23 €.

Rückspiegel, Seite 133, rechts

	Grundwert	Veränderung in Prozent	Veränderter Grundwert
a)	23,56 €	+10,5 %	26,03 €
b)	124 m	$-3\frac{1}{4}$ %	119,97 m
c)	125,50 €	−2 %	122,99 €

2

Der Heimtrainer kostete ohne Mehrwertsteuer 755,46 €.

3

a) Der ursprüngliche Preis betrug 300 €.

b) um 23,5 %

4

a) 1330 €

b) Chantal 1,75 % (Jan 1,5 %)

5

	Kapital	Zinssatz	Zinsen	Zeit
a)	564 €	4,5 %	14,81 €	7 Mon.
b)	678,50 €	10,5 %	53,39 €	$\frac{3}{4}$ Jahr
c)	1225,38 €	$3\frac{1}{4}$ %	8,85 €	80 Tage
d)	826,75 €	10,5 %	32,07 €	133 Tage

6

Frau Koch muss für die 9000 € Rest beim Händler 630 € bezahlen, bei der Bank bekommt sie das Geld für 570 € Zinsen. Die Bank ist also günstiger.

Rückspiegel, Seite 157, links

1

a) $f(x) = 2{,}5x$

x	−3	−2	−1	0	1	2	3
f(x)	−7,5	−5	−2,5	0	2,5	5	7,5

b) $f(x) = -2x - 1$

x	−3	−2	−1	0	1	2	3
f(x)	5	3	1	−1	−3	−5	−7

c) $f(x) = 0{,}4x + 1{,}5$

x	−3	−2	−1	0	1	2	3
f(x)	0,3	0,7	1,1	1,5	1,9	2,3	2,7

d) $f(x) = -\frac{3}{5}x + 0{,}8$

x	−3	−2	−1	0	1	2	3
f(x)	2,6	2	1,4	0,8	0,2	−0,4	−1

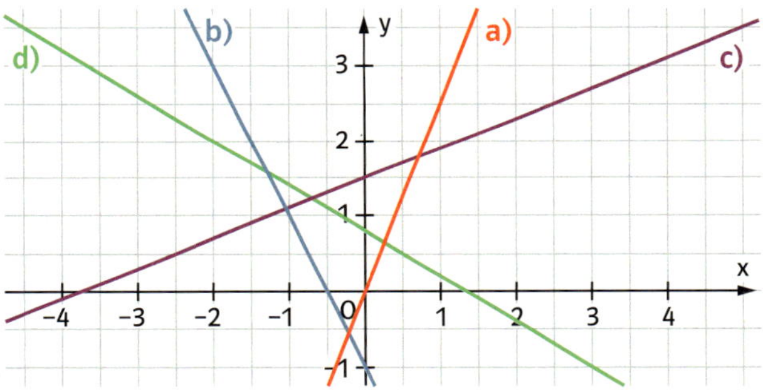

2

a) $f(x) = -\frac{2}{3}x - 4$	linear, Steigung $-\frac{2}{3}$ und y-Achsenabschnitt −4
b) $f(x) = 3x$	proportional, Gerade geht durch den Ursprung
c) $f(x) = 2$	linear, Steigung 0, y-Achsenabschnitt 2
d) $f(x) = x^2 - 5x$	weder linear noch proportional, Schaubild ist keine Gerade

3

g_1: $f(x) = \frac{1}{2}x + 2$ g_2: $f(x) = \frac{3}{2}x - 1{,}5$

g_3: $f(x) = -\frac{3}{4}x + 0{,}5$ g_4: $f(x) = -\frac{2}{5}x - 0{,}5$

4

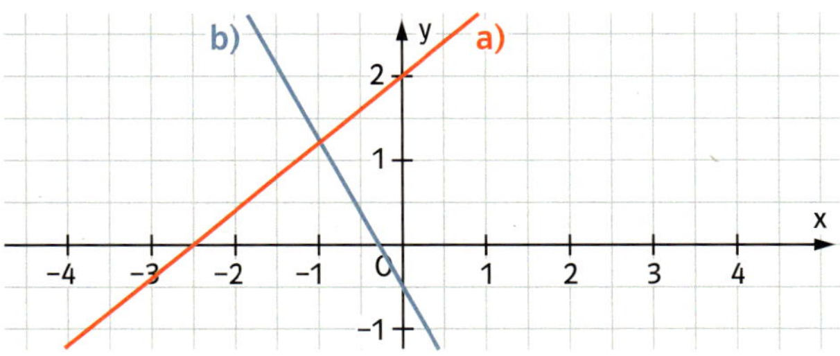

5

a) P(2 | 1,5) Q(4 | 3) b) V(−2 | 4) W(−1,5 | 3) c) S(2 | 0,5) T(5 | 1,25)

6

z. B. $f(x) = -2x + 3$; positiver y-Achsenabschnitt, negative Steigung

7

a) 4 m
b) $f(x) = 0{,}4x + 2$
c) Schaubild, nach ungefähr 20 Tagen

Rückspiegel Seite 157, rechts

1

a)

x	−3	−2	−1	0	1	2	3
f(x)	4,5	3	1,5	0	−1,5	−3	−4,5

b)

x	−3	−2	−1	0	1	2	3
f(x)	0,5	$-\frac{1}{6}$	$-\frac{5}{6}$	−1,5	$-\frac{13}{6}$	$-\frac{17}{6}$	$-\frac{21}{6}$

c)

x	−3	−2	−1	0	1	2	3
f(x)	−0,5	0,5	1,5	2,5	3,5	4,5	5,5

d)

x	−3	−2	−1	0	1	2	3
f(x)	5,5	5	4,5	4	3,5	3	2,5

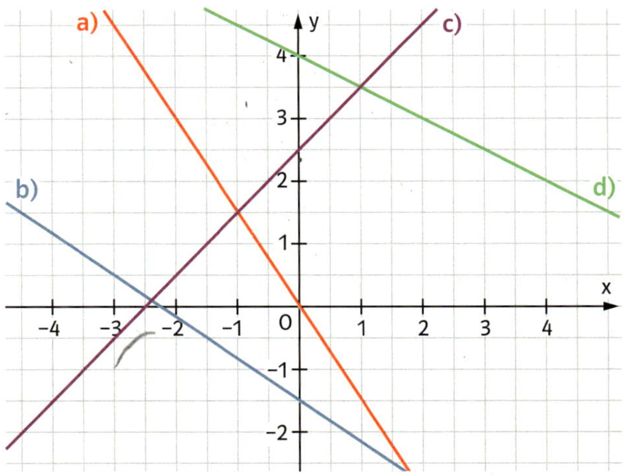

2

$f(x) = 2{,}5x + 1$

3

g_1: $f(x) = \frac{2}{7}x - \frac{5}{2}$ g_2: $f(x) = \frac{5}{3}x + \frac{3}{2}$

g_3: $f(x) = -2x + 2$ g_4: $f(x) = -\frac{5}{6}x - \frac{1}{2}$

4

$f(x) = -1{,}5x + 2$

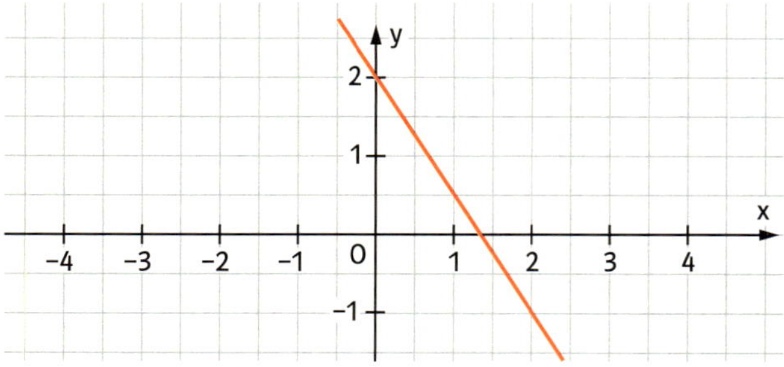

5

a) $f(x) = x + 1$ b) $f(x) = -x + 3$ c) $f(x) = \frac{1}{2}x - 2$

6

a) $f(x) = 15 + 25x$
   x ist die Anzahl der Stunden, y die Wasserhöhe in cm.

b) 15 cm Wasserhöhe sind 12,5 %
   120 cm Wasserhöhe sind 100 %
   $120 = 25x + 15$
   Nach 4,2 h oder 4 h 12 min ist diese Höhe erreicht.

Rückspiegel, Seite 181, links

1

$V = 1080\,cm^3$ $O = 663\,cm^2$

2

$c = 5\,cm$

3

Netz in halber Größe:

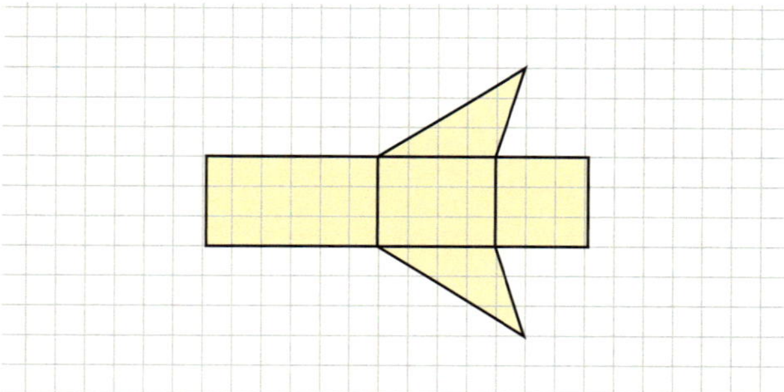

4

Schrägbild in halber Größe:

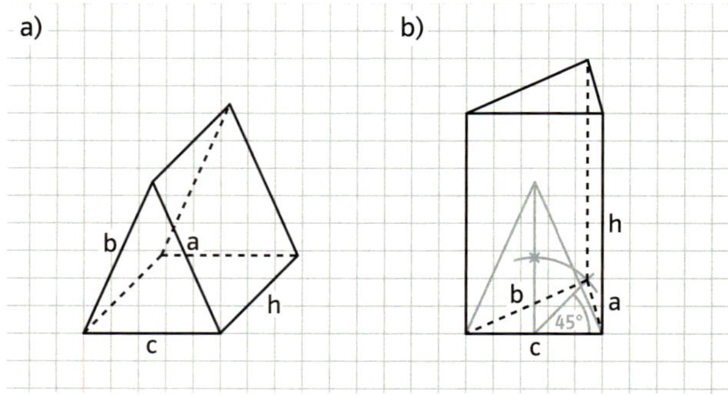

5

$G = \frac{1}{2}c \cdot h_c = 24\,cm^2$ $u = 32\,cm$

$V = G \cdot h = 192\,cm^3$ $M = u \cdot h = 256\,cm^2$

$O = 2 \cdot G + M = 304\,cm^2$

6

$V = \frac{9 \cdot 6}{2} \cdot 28\,cm^3 = 756\,cm^3$

$O = \left(28 \cdot 10{,}8 + 28 \cdot 9 + 28 \cdot 6 + 2 \cdot \frac{9 \cdot 6}{2}\right)cm^2$

$= (302{,}4 + 252 + 168 + 54)\,cm^2 = 776{,}4\,cm^2$

Rückspiegel, Seite 181, rechts

1

Das Volumen vergrößert sich mit dem Faktor 8. Die Oberfläche vergrößert sich mit dem Faktor 4.

2

$c = 5\,cm$

3

Netz in halber Größe:

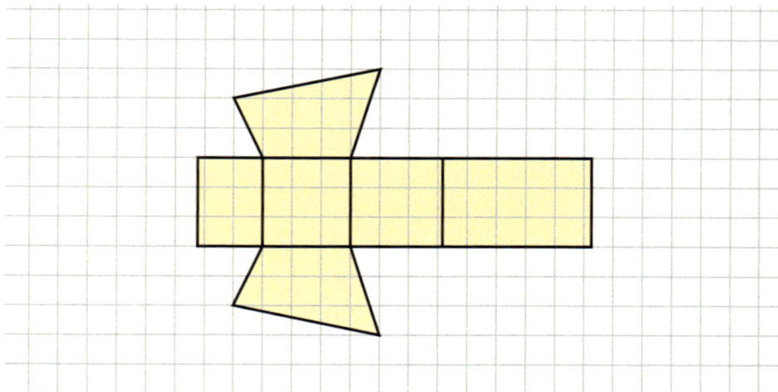

4

Schrägbild in halber Größe:

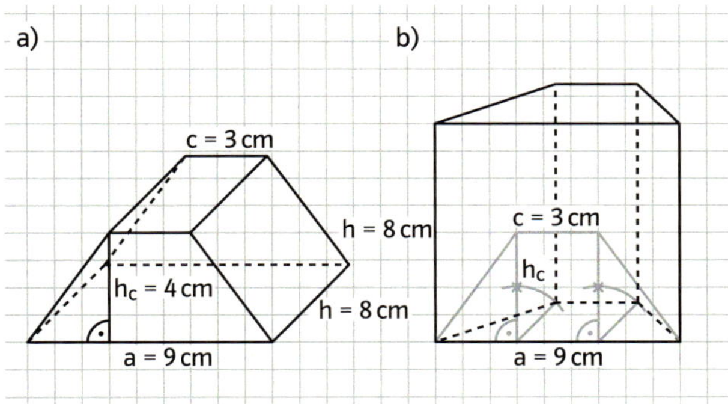

5

$G = a \cdot h_a = 75\,cm^2$ $\quad$ $u = 42\,cm$

$V = G \cdot h = 900\,cm^3$ $\quad$ $M = u \cdot h = 504\,cm^2$

$O = 2 \cdot G + M = 654\,cm^2$

6

$V = 9 \cdot 4 \cdot 16\,cm^3 = 576\,cm^3$

$O = (16 \cdot 10 + 2 \cdot 16 \cdot 4{,}1 + 16 \cdot 8 + 2 \cdot 9 \cdot 4)\,cm^2$

$= (160 + 131{,}2 + 128 + 72)\,cm^2 = 491{,}2\,cm^2$

Lösungen des Sammelpunktes

Arithmetik/Algebra, Seite 184–185

1

a) $(3x - 2)^2 = 9x^2 - 12x + 4$

b) $(7x - 3y)^2 = 49x^2 - 42xy + 9y^2$

c) $(4x + 6y)^2 = 16x^2 + 48xy + 36y^2$

$(3x + 8y)^2 = 9x^2 + 48xy + 64y^2$

$(2x + 12y)^2 = 4x^2 + 48xy + 144y^2$

2

a) B $\quad$ b) $(3 - 2y)(1 + y) = 3 + y - 2y^2$

c) $(5a - 7b)^2 = 25a^2 - 70ab + 49b^2$

oder $(5a + 7b)^2 = 25a^2 + 70ab + 49b^2$

3

a) C $\quad$ b) Anna und Sofie

c) A und C

4

a) $84xy + 72y^2$ $\quad$ b) $5x(7 - 2y) = 35x - 10xy$

c) Ja, Petra hat Recht. Es bleibt nach der Vereinfachung der Term $4xy$ übrig, d.h. das Ergebnis ist durch 4 teilbar.

Termansatz: $(x + y)^2 - (x - y)^2$

5

a) $121x^2 - 66xy + 9y^2 = (11x - 3y)^2$

b) $50s^2 - 140st + 98t^2 = 2(5s - 7t)^2$

c) Termansatz: $x^2 - (x + 1)^2 + (x + 2)^2 - (x + 3)^2 = -4x - 6$

$= 2(-2x - 3)$

Das Ergebnis ist also durch 2 teilbar und somit gerade.

6

a) Die Zahlen heißen 16; 17 und 18.

b) $x + (x - 1) + (x - 2)$

c) Die drei Zahlen heißen 33; 34; 35.

Der Term $x + (x + 1) + (x + 2)$ ergibt umgeformt den Term $3x + 3$. Dieser Term ist durch 3 teilbar.

Die Summe 100 ist nicht durch 3 teilbar.

7

a) z.B. $4x + 3y$ $\quad$ b) z.B. $3x - 3y$

c) z.B. $x = 1$ und $y = -1$; $x = 5$ und $y = 1$;

$x = -1$ und $y = -2$

8

a) $ab + ac + bc$

b) $2ax + 2bx + 4x^2$

c) $53{,}76\,m^2$

9

a) $O = 2a^2 + 4ah$

$O = 2 \cdot 8^2 + 4 \cdot 8 \cdot 15$

$O = 608\,cm^2$

b) $h = \frac{O - 2a^2}{4a}$

c) $V = 1{,}5a^3$; $O = 8a^2$

10

a) $3x + 5 = -4x - 9$ ist äquivalent zu $7x = -14$

$-2x - 4 = 10 - 9x$ ist äquivalent zu $-x + 14 = 6x$

b) $x = 3$ ist äquivalent zu $5x + 4 = 13 + 2x$

$x = -1$ ist äquivalent zu $1{,}5x - 4{,}75 = -7{,}25 - x$

$x = 2{,}5$ ist äquivalent zu $4 - 3x = -3{,}5$

11

a) Probe für Katharinas Rechnung: $7 \neq 10$

Probe für Robins Rechnung: $2 = 2$

Katharinas Ergebnis ist falsch.

Robin hat richtig gerechnet.

b) für $x = 5$: $10x - 15 = 10 + 5x$

für $x = 3{,}5$: $10x - 7{,}5 = 10 + 5x$

für $x = 1$: $10x + 5 = 10 + 5x$

für $x = 0$: $10x + 10 = 10 + 5x$

für $x = -5$: $10x + 35 = 10 + 5x$

c) $11x + 9 = 11x + 9$

Die Gleichung ist allgemeingültig.

12

a) 14 b) $\frac{1}{54}$ c) -9

13

a) 1 b) 1 c) 6

14

a) $x = 1$ b) (C) $3 \cdot x - 5 = 2(x - 1)$ c) $300\,m^2$

15

a) Frau Herder ist heute 40 Jahre alt.

b) Miriam ist heute 11 Jahre alt.

c) Sonja ist fünf Jahre alt, ihre Mutter 38.

In wieviel Jahren ist die Mutter 4-mal so alt wie die Tochter?

Lösung: $x = 6$

16

a) $2x + x = 30$

Martina hat 10 Euromünzen.

b) $x + x + 3 = 73$

Henning hat 35 Münzen, Manuela hat 38 Münzen.

c) $3x = x + 3$ hat keine ganzzahlige Lösung, aber die Lösung $x = 1{,}50$ €.

Geometrie, Seite 186–189

1

a) (3) b) B

c) 1C; $V = a^2(a + 2) = a^3 + 2a^2$

2A; $V = a(a + 1)(a + 2) = (a^2 + a)(a + 2)$

$= a^3 + 2a^2 + a^2 + 2a = a^3 + 3a^2 + 2a$

3B; $V = (a - 1)(a + 1)\,2a = (a^2 - 1)\,2a = 2a^3 - 2a$

2

a) $ß = 40°$; $\delta = 135°$ b) $\alpha = 50°$ c) $\gamma = 45°$; $\varepsilon = 80°$

3

a) $\alpha = 32°$; $\beta = 21°$; $\gamma = 126°$

b) Es sind zu viele Angaben.

c) Die Seiten a und b sind zusammen kürzer als c.

4

a) $V = 3250\,cm^3$

b) $O = 448\,cm^2$

c) An jeder Ecke entstehen drei neue Quadratflächen, die mit den vorherigen Außenflächen übereinstimmen. Daher ändert sich beim Abschneiden von Außenecken die Oberflächengröße nicht.

5

a) $A = 44{,}2\,cm^2$ b) $A = 77{,}4\,cm^2$

c) A, C, D, E

6

a) Es werden 7 Teilwürfel entnommen.

Das Volumen beträgt somit $1280\,cm^3$.

b) Durch die Ausschachtung wird die Oberfläche vergrößert. Sie besteht aus 72 Teilquadraten (20 Würfel, 8 davon haben 3 freie Flächen, 12 haben 4 freie Flächen).

$O = 1152\,cm^2$

c) Die Oberfläche hat um $33{,}\overline{3}\,\%$ zugenommen.

7

a)

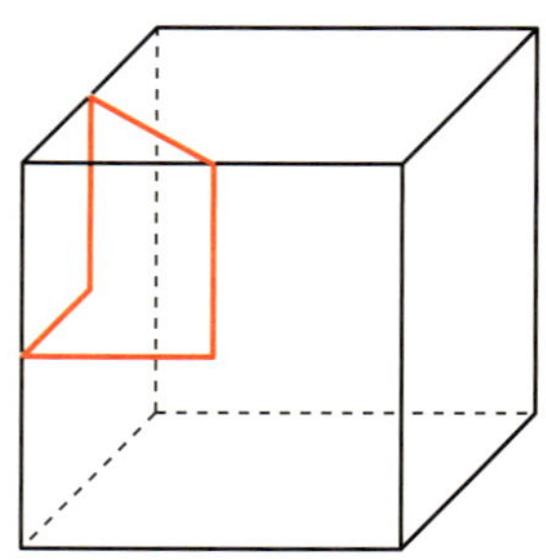

b) Es entstehen ein Rechteck und ein Dreieck.

Das Rechteck ist kein Quadrat. Die Seiten sind paarweise verschieden lang.

c) Das Volumen des kleinen Körpers verhält sich zum gesamten Würfelvolumen wie 1:16.

8

a) 50 cm b) 75 cm

c) $\frac{2}{3}$ des Gesamtvolumens sind mit Wasser gefüllt.

Wenn der Körper auf der Vorderfläche liegt, füllt das Wasser erneut zwei Drittel der Körperhöhe.

Also steht das Wasser 20 cm hoch. Rechnerische Lösung ebenso möglich.

9

a) Die Prismen mit der parallelogrammförmigen und der rechteckigen Grundfläche sind gleich hoch.

b) Das parallelogrammförmige Prisma ist ebenfalls 12 cm hoch.

Das Dreiecksprisma ist doppelt so hoch, also 24 cm.

Das trapezförmige Prisma ist 8 cm hoch.

c) Die Höhen verhalten sich wie 3 : 6 : 3 : 2.

10

a)

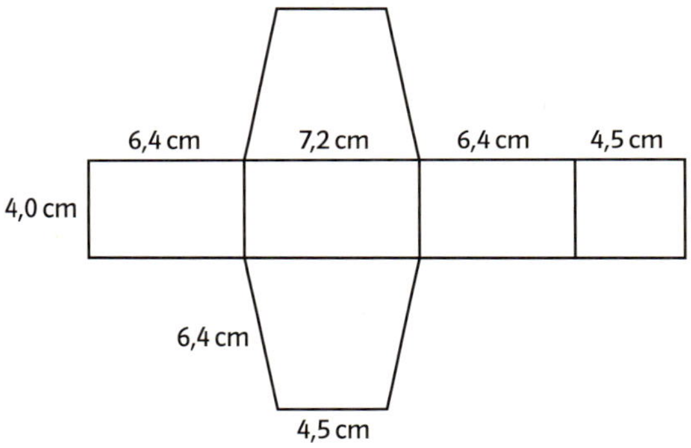

b) Die Höhe der Trapezfläche kann durch Abmessen bestimmt werden: $h_t = 6{,}3$ cm.

Damit gilt für die Oberfläche: $O = 171{,}7\,cm^2$.

c)

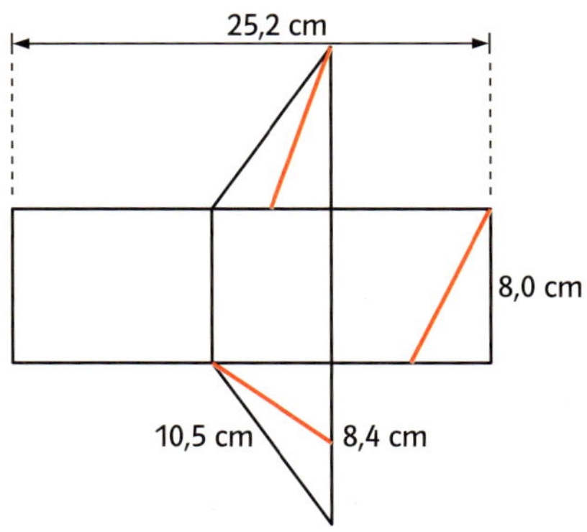

Der Streckenzug hat eine Länge von ungefähr 25,6 cm.

11

a) Die Körperhöhe beträgt 12,2 cm.

b) $O = 591{,}36\,cm^2$

c) $h_T = 7{,}5$ cm

12

a) Der Arbeiter passt in der Höhe ungefähr 5-mal in das Auge. Wenn man annimmt, dass der Arbeiter 1,80 m groß ist, hat das gesamte Plakat eine Länge von ca. 15 m und eine Höhe von ca. 12 m. Der Flächeninhalt beträgt somit ungefähr $180\,m^2$.

b) Es wären ungefähr 66 700 Einzelfotos notwendig.

c) Das Auge hat auf dem Werbeplakat ungefähr die Höhe von 9 m. Das Auge eines Menschen ist ungefähr 2 cm hoch. Das ist bei einer Körpergröße von 1,80 m der 90. Teil. Also wäre der „Plakatmensch“ $90 \cdot 9\,m = 810\,m$ groß.

13

a) Die Länge des Unterarms entspricht etwa der Länge des kleinen Zehs. Der kleine Zeh passt ungefähr 10-mal in die gesamte Fußlänge. Rechnet man mit 50 cm Unterarmlänge, dann wäre der Fuß somit ungefähr 5 m lang und etwa 1,80 m breit.

b) Ungefähr 15 bis 18 Fußballschuhe.

c) Die Fußlänge misst etwa ein Sechstel der Körpergröße. Der komplett in Bronze gegossene Uwe Seeler wäre dann 30 m hoch.

Funktionen, Seite 190–193

1

a) A 2; Behälter hat überall den selben Querschnitt, füllt sich also gleichmäßig; geringes Volumen; Wasser steigt schnell

B 1; Behälter füllt sich erst langsam, dann schneller, da der Querschnitt kleiner wird; weiter oben gleichmäßig

C 4; Behälter füllt sich erst langsam, dann immer schneller; gleichmäßige Verengung nach oben hin

D 3 Behälter überall den selben Querschnitt, füllt sich gleichmäßig; großes Volumen; Wasser steigt langsam

b)

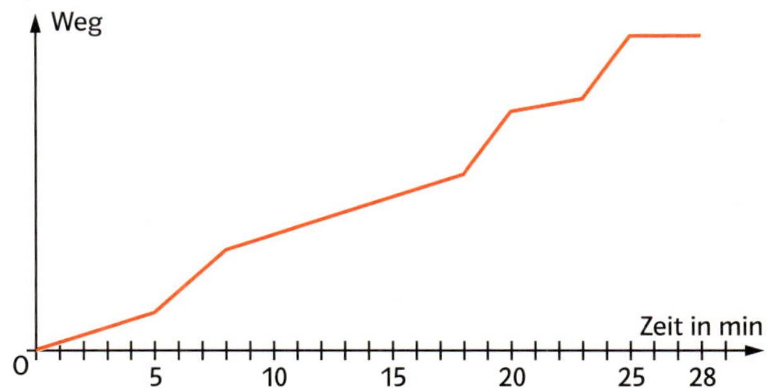

c) Es gibt keine waagrechten Abschnitte im Schaubild und die ansteigenden Abschnitte sind vertauscht: der flache gehört zum größten Würfel, der steile zum kleinsten.

2

a)

Entfernung in km	0	1	2	3	4	5
Fahrpreis in €	2,50	4,00	5,50	7,00	8,50	10,00

b) $1{,}50 \cdot x + 2{,}50$
c) $1{,}68 \cdot x + 3{,}00$

3

a) g: $f(x) = x - 2$ h: $f(x) = -x - 0{,}5$ i: $f(x) = 0{,}5x + 3$
b) keine
c) $f(x) = 0{,}5x - 3{,}5$

4

a) g D; h E; i C; j F
b) $f(x) = x - 4$; $f(x) = \frac{1}{2}x - \frac{1}{2}$; $f(x) = 2x - 11$; $f(x) = -x + 10$
c) Die Steigung muss größer als $\frac{3}{4}$ sein.

5

a)

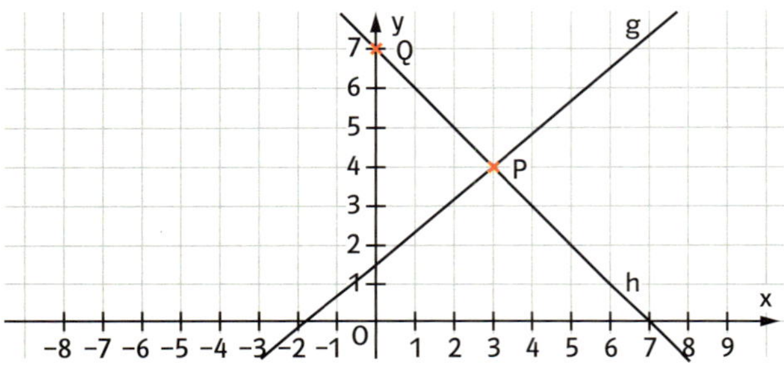

b) g: $f(x) = \frac{2}{3}x + 2$ h: $f(x) = -x + 7$
c) g: $S_1(-3\,|\,0)$; $S_2(0\,|\,2)$ h: $S_1(7\,|\,0)$; $S_2(0\,|\,7)$

6

a) Gerade durch $(0\,|\,-1)$ und $(1\,|\,1)$
$f(x) = 2x - 1$
b) Nein.
1. Tabelle: $f(x) = \frac{1}{2}x + 5$ 2. Tabelle: $f(x) = \frac{1}{2}x - 5$
c) $f(x) = 2x + 4$, geht somit nicht durch den IV. Quadranten.
z. B. $f(x) = 2x - 3$

7

a) Zeichnung von $\overline{AB}$
Der Punkt $P(3\,|\,2{,}5)$ halbiert die Strecke $\overline{AB}$.
Die Gerade g hat die Gleichung $f(x) = -\frac{1}{3}x + 3{,}5$.
b) Der Flächeninhalt des Dreiecks ist $A = \frac{10{,}5 \cdot 3{,}5}{2}$ FE, also 18,375 FE.
c) z. B. die Gerade h mit $f(x) = 3x - 5$

8

a) Der Drachen wird durch die Geraden g_1 mit $f(x) = -\frac{5}{4}x + 2{,}5$, g_2 mit $f(x) = \frac{5}{4}x + 2{,}5$, g_3 mit $f(x) = \frac{1}{2}x - 1$ und g_4 mit $f(x) = \frac{1}{2}x - 1$ begrenzt.
b) Die Gerade mit $f(x) = \frac{1}{3}x$ verläuft flacher als die Winkelhalbierende $f(x) = x$.
Die Gerade mit $f(x) = 3x$ verläuft steiler als die Winkelhalbierende $f(x) = x$.
Beide Geraden gehen durch den Ursprung und haben eine positive Steigung.
c) Wählt man bei der Geraden h beispielsweise die Steigung $m = 1$, dann schneiden sich die Geraden im II. Quadranten im Punkt $P(-1{,}5\,|\,0{,}5)$.

9

a) Die Kerze, die zur roten Gerade gehört, war 6 cm lang, die Kerze, die zur blauen Gerade gehört, war 4 cm lang.
Die „blaue" Kerze ist die dickere der beiden.
b) Die Kerzen waren nach 20 Minuten etwa gleich weit abgebrannt.
c) Die rote Kerze hätte 8 cm lang sein müssen.

10

a) 120 Minuten
b) Die zylinderförmigen Kerzen sind dann gleich dick.
c) Die 24 cm lange Kerze brennt insgesamt 6 Stunden, die 12 cm lange Kerze brennt insgesamt 7,5 Stunden.

11

a) Familie Schmid zahlt bei Rent a mobil 280 €, bei Auto-Service 375 €.
Familie Spatz zahlt bei Rent a mobil 105 €, bei Auto-Service 112,50 €.
In beiden Fällen ist Rent a mobil günstiger.
b) Nein, diese Aussage gilt lediglich für die Firma Auto-Service.
c) Bei 120 gefahrenen Kilometern sind die beiden Angebote gleich günstig (90 €).

12

a) Der Mantel kostete ursprünglich 240 €.
b) Die Antikvase hatte zuvor einen Wert von 1350 €.
c) 26,25 %

13

a) 93,20 € b) Ursprünglicher Preis: 110 €
c) 12,5 %

14

a) 20 % b) Die Schokoladentafel wog vorher 300 g.
c) 635,29 €

15

a) Das bisherige Paket dürfte 4,0 kg schwer gewesen sein.
b) Wäre der Preis proportional angehoben worden, hätte das neue 4,5-kg-Sparpaket nur 16,86 € kosten dürfen.
Es ist somit kein Sparpaket.
c) Die Ware kostet dann noch 53,3 % des ursprünglichen Preises, also noch mehr als die Hälfte.

16

a) 474,33 €   b) 150 €

c) Der neue Preis beträgt noch 25 % des ursprünglichen Preises.

Folgende Aussagen sind deshalb richtig:

(1) Es kostet jetzt weniger als 30 % des ursprünglichen Preises.

(2) Der Preisnachlass beträgt drei Viertel des anfänglichen Preises.

17

a) K = 2500 €

b) Marie bekommt nach 1 Jahr und 9 Monaten 5337,92 € ausbezahlt.

c) Die Spareinlage beträgt 7500 €.

18

a) Es fallen 8,85 € Zinsen an.

b) Gesamtkosten über Möbelhaus Gigant: 18 500 €
Gesamtkosten über Stadtsparkasse: 18 403,75 €

c) ab 6666,67 €

Stochastik, Seite 194–195

1

a) z. B. eine Münze werfen oder eine Karte ziehen

b)
- Spielsteine
- Glücksrad
- Zahlentrommel
- es gibt kein Zufallsgerät
- Karten
- Würfel

c) WW, WZ, ZW, ZZ

Augensumme von 2 bis 12

Eine Zahl von 1 bis 10 oder eine der Farben Rot, Gelb, Blau usw.

2

a) $\frac{1}{32}$

b) $\frac{1}{6} < \frac{3}{15}$

$\frac{1}{6} < \frac{1}{5}$ Nicola sollte sich für die zweite Möglichkeit entscheiden.

c) ein Glücksrad mit 8 Feldern, davon 2 Felder gelb oder ein Glücksrad mit 12 Feldern, davon 3 Felder gelb

3

a) 600 Lose

b) $\frac{100}{800} = \frac{1}{8} = 12{,}5\,\%$

c) 624 Nieten

4

a) Die Augenzahlen sind gleich wahrscheinlich und müssten annähernd mit gleicher Häufigkeit auftreten. Der Würfel enthält offensichtlich eine andere Beschriftung. Vermutlich sind 3 Seiten des Würfels mit der Augenzahl 2, zwei Seiten mit der Augenzahl 6 und eine Seite mit der Augenzahl 4 beschriftet.

b) Bei jeder Schülerin und bei jedem Schüler müssen die Wahrscheinlichkeiten zusammen 100 % ergeben. Das ist bei Lisa und Martin nicht der Fall.

c) Augenzahl 1: 10 %

Augenzahlen 2; 3; 4; 5: jeweils 20 %

5

a) $\frac{16}{4800} = \frac{1}{300} = 0{,}33\ldots\,\%$

b) Es muss mit 24 defekten Geräten gerechnet werden.

c) $\frac{27}{44} = 0{,}6136$ $\frac{15}{32} = 0{,}4687$

Die 8 a sollte Frank für den Wettbewerb auswählen.

6

a) Minimum 18,50 €; Maximum 52,45 €; Spannweite 33,95 €

b) Mittelwert 32,50 €; Zentralwert 30,60 €

c) neuer Mittelwert 35 €; neuer Zentralwert 30,60 €

7

a) Minimum 0; Maximum 28; Spannweite 28

b) unteres Quartil: 3,5; oberes Quartil: 11,5; Quartilabstand: 8

c) Mittelwert 8,62; Zentralwert 7,5

Der Mittelwert ändert sich auf 7,81; der Zentralwert verändert sich nicht.

8

a) Minimum: 10 €   Maximum: 46 €
Spannweite: 36 €   Mittelwert: 25,86 €
unteres Quartil: 19 €   Zentralwert: 22 €
oberes Quartil: 33 €   Quartilabstand: 14 €

b)

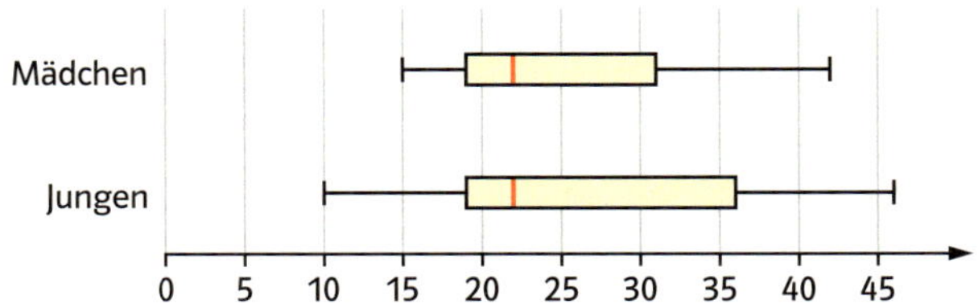

c) Die Jungen der Parallelklasse zeigen ein viel einheitlicheres Ausgabeverhalten: die zentrale Hälfte liegt dichter und die Spannweite ist kleiner, vor allem die Ausreißer nach oben fehlen.

Dagegen sind die Mädchen der Klasse 8a einheitlicher im Ausgabeverhalten als die Mädchen der Parallelklasse.

9

a)

Min	q_u	z	q_o	Max	q	w
2	9	21	45	87	36	85
0	5	10	15	30	10	30
10	16	31	47	59	31	49
7,2	8,5	10,4	12,1	18,7	3,6	11,5

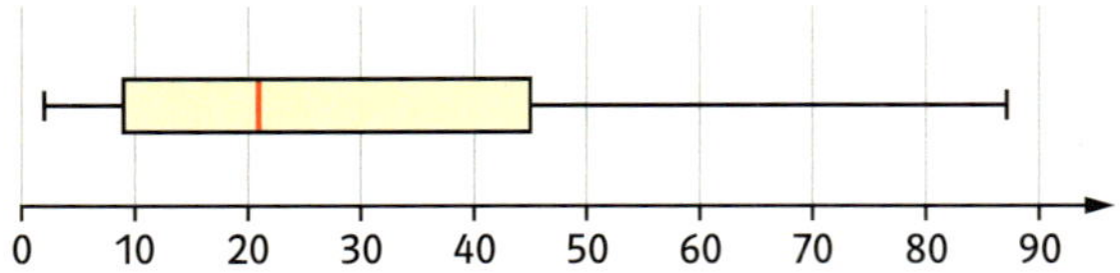

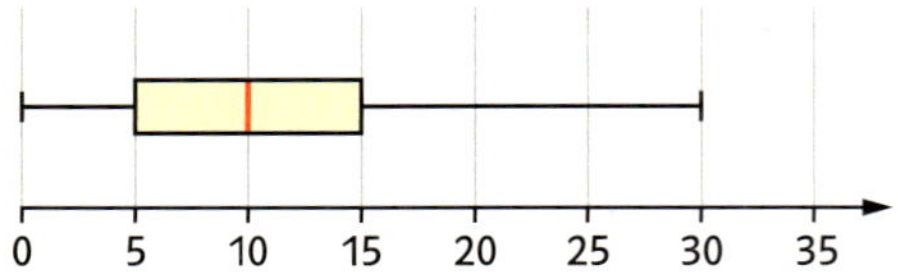

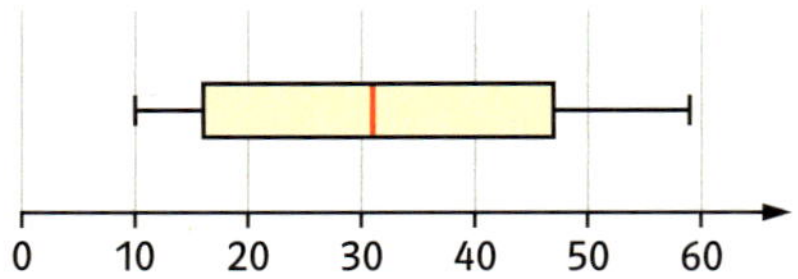

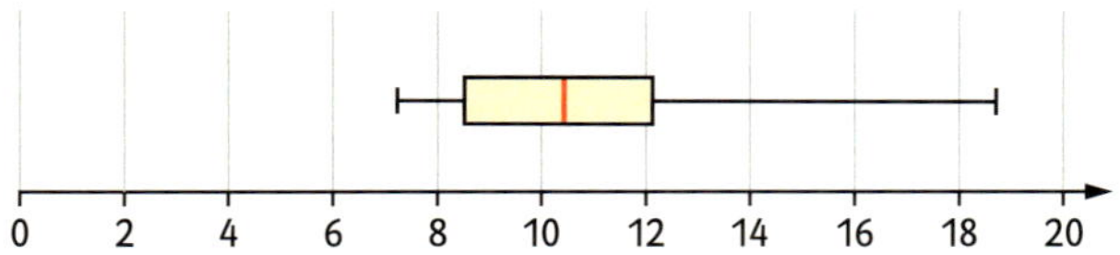

b)

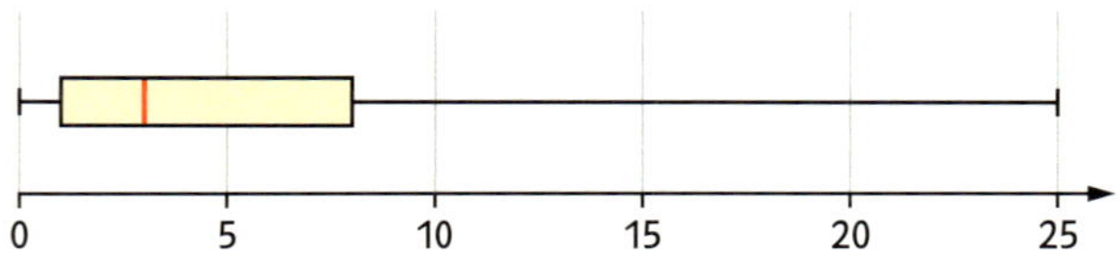

c)

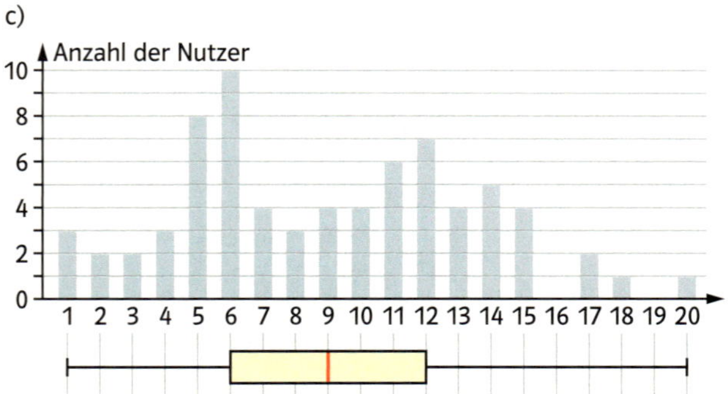

Mindestens die Hälfte der 73 befragten Schülerinnen und Schüler der Jahrgangsstufe 8 nutzen das Angebot 6- bis 12-mal im Schulhalbjahr. Mindestens die Hälfte der Jugendlichen besuchen mehr als 9-mal pro Schulhalbjahr das Angebot des Projektes „Schüler helfen Schülern".

Register

Mathematische Symbole

=	gleich	$\sphericalangle ASB$	Winkel mit Scheitel S und den Punkten A auf dem ersten und B auf dem zweiten Schenkel
<	kleiner als		
>	größer als		
$\mathbb{N}$	Menge der natürlichen Zahlen	g, h, …	Buchstaben für Geraden
$\mathbb{Z}$	Menge der ganzen Zahlen	A, B, … , P, Q, …	Buchstaben für Punkte
$\mathbb{Q}$	Menge der rationalen Zahlen	$\alpha, \beta, \gamma, \delta, \ldots$	griechische Buchstaben für Winkel
$g \perp h$	die Geraden g und h sind zueinander senkrecht	$\overline{AB}$	Strecke mit den Endpunkten A und B
$g \parallel h$	die Geraden g und h sind parallel	$A(-2 \mid 4)$	Punkt im Koordinatensystem mit dem x-Wert −2 und y-Wert 4
⊾	rechter Winkel		

Maßeinheiten und Umrechnungen

Zeiteinheiten

Jahr	Tag	Stunde	Minute	Sekunde
1 a =	365 d			
	1 d =	24 h		
		1 h =	60 min	
			1 min =	60 s

Gewichtseinheiten

Tonne	Kilogramm	Gramm	Milligramm
1 t =	1000 kg		
	1 kg =	1000 g	
		1 g =	1000 mg

Längeneinheiten

Kilometer	Meter	Dezimeter	Zentimeter	Millimeter
1 km =	1000 m			
	1 m =	10 dm		
		1 dm =	10 cm	
			1 cm =	10 mm

Flächeneinheiten

Quadrat-kilometer	Hektar	Ar	Quadrat-meter	Quadrat-dezimeter	Quadrat-zentimeter	Quadrat-millimeter
1 km^2 =	100 ha					
	1 ha =	100 a				
		1 a =	100 m^2			
			1 m^2 =	100 dm^2		
				1 dm^2 =	100 cm^2	
					1 cm^2 =	100 mm^2

Raumeinheiten

Kubikmeter	Kubikdezimeter	Kubikzentimeter	Kubikmillimeter
1 m^3 =	1000 dm^3		
	1 dm^3 =	1000 cm^3	
	1 l =	1000 ml	
		1 cm^3 =	1000 mm^3

Bildquellenverzeichnis

S. 4.1: Avenue Images GmbH (Stockbyte), Hamburg – S. 4.2: Getty Images (Paula Hibl), München – S. 4.3: Avenue Images GmbH (Photo Disc), Hamburg – S. 4.4: Getty Images (Altrendo), München – S. 5.1: Corbis (zefa/Engel), Düsseldorf – S. 5.2: Avenue Images GmbH (Thinkstock), Hamburg – S. 5.3: Klett-Archiv (komaamok), Stuttgart – S. 5.4: Avenue Images GmbH (Brand X Pictures), Hamburg – S. 6.1: Avenue Images GmbH (Brand X Pictures), Hamburg – S. 14.1: Avenue Images GmbH (Photo Disc), Hamburg – S. 15.1: Corbis (zefa/Allig), Düsseldorf – S. 26.1: Getty Images RF (PhotoDisc), München – S. 29.1: Picture-Alliance (akg/von Linden), Frankfurt – S. 29.2: Corbis (Archivo Iconografico), Düsseldorf – S. 32.1: Avenue Images GmbH (Stockbyte), Hamburg – S. 32.2: Getty Images (Tony Stone), München – S. 32.3: Klett-Archiv (Helga Schröder), Stuttgart – S. 32.4: Avenue Images GmbH (PhotoDisc), Hamburg – S. 37.1: Alamy Images RM (profimedia), Abingdon, Oxon – S. 38.1: Casio, Norderstedt – S. 38.2-4: Klett-Archiv (komaamok), Stuttgart – S. 39.1: Getty Images/Bongarts, Hamburg – S. 39.2: Mauritius (Keyphoto Internation), Mittenwald – S. 39.3: Getty Images (Image Bank), München – S. 40.1: Avenue Images GmbH (Image Source), Hamburg – S. 43.1: Helga Lade (Photri), Frankfurt – S. 46.1: Nokia, Espoo – S. 46.2: Corbis, Düsseldorf – S. 49.1: Avenue Images GmbH (image 100), Hamburg – S. 50.1: Ziegelwerk Schmid, Bönnigheim – S. 50.2: Mauritius (Rawi), Mittenwald – S. 50.3: www.bilderbox.com (Fotofinder), Thening – S. 52.1: Getty Images (Altrendo), München – S. 52.2: Getty Images (Taxi), München – S. 53.1: Corbis (zefa/Winkler), Düsseldorf – S. 53.2-3: Getty Images (Taxi), München – S. 53.4: Getty Images (Image Bank), München – S. 54.1: Bananastock RF, Watlington/Oxon – S. 55.1: Das Fotoarchiv, Essen – S. 56.1: iStockphoto (RF/David Freund), Calgary, Alberta – S. 57.1: Avenue Images GmbH (Iconotec), Hamburg – S. 57.2: MEV, Augsburg – S. 58.1: mecom (avanti), Hamburg – S. 59.1: Avenue Images GmbH (Design Pics), Hamburg – S. 60.1: DPA (Matthias Schrader), Hamburg – S. 61.1: Bananastock RF, Watlington/Oxon – S. 63.1: Mauritius (age), Mittenwald – S. 64.1: Mauritius (age), Mittenwald – S. 65.1: Klett-Archiv, Stuttgart – S. 67.1: Loescher Editore (Rio Movie), Torino – S. 68.1: Avenue Images GmbH (image 100), Hamburg – S. 69.1: iStockphoto (RF), Calgary, Alberta - S. 70.1: Getty Images (M. Krasowitz), München – S. 70.2: Corbis (RF), Düsseldorf – S. 72.1: Getty Images (Paula Hibl), München – S. 72.2: Klett-Archiv (Simianer & Blühdorn), Stuttgart – S. 73.1: Klett-Archiv (Simianer & Blühdorn), Stuttgart – S. 73.2: Getty Images (PM Images), München – S. 73.3-5: Klett-Archiv (Simianer & Blühdorn), Stuttgart – S. 75.1: Fotofinder (archivberlin), Berlin – S. 79.1: Klett-Archiv (Simianer & Blühdorn), Stuttgart – S. 82.1-3: Klett-Archiv (Simianer & Blühdorn), Stuttgart – S. 83.1: Corbis (Ralph A. Clevenger), Düsseldorf – S. 83.2: Mauritius (Rosenfeld), Mittenwald – S. 83.3: Corbis (Adam Woolfitt), Düsseldorf – S. 83.4: Musiolek, Wilhelm, Lehrte/Arpke – S. 83.5: Dieter Gebhardt, Asperg – S. 86.1: Corbis (Richard Hamilton Smi), Düsseldorf – S. 88.1: Corbis (Schuster), Düsseldorf – S. 88.2: Getty Images (Peter Anderson), München – S. 89.1: Getty Images RF (Photo Disc), München – S. 92.1: Klett-Archiv (komaamok), Stuttgart – S. 92.2-7: Klett-Archiv (Simianer & Blühdorn), Stuttgart – S. 93.1: Klett-Archiv (komaamok), Stuttgart – S. 93.2: Klett-Archiv (Simianer & Blühdorn), Stuttgart – S. 93.3: Getty Images (Taxi), München – S. 93.4: Getty Images (iconica), München – S. 94.1: Mauritius (age), Mittenwald – S. 104.1: Okapia (Möller), Frankfurt – S. 105.1: Klett-Archiv, Stuttgart – S. 110.1: Mauritius (Mehlig), Mittenwald – S. 111.1: MEV, Augsburg – S. 114.1: Corbis (zefa/Engel), Düsseldorf – S. 114.2-3: Avenue Images GmbH (Stockdisc), Hamburg – S. 115.1: Getty Images (Stone), München – S. 122.1: MEV, Augsburg – S. 123.1: creativ collection, Freiburg – S. 124.1: Getty Images RF, München – S. 127.1: Klett-Archiv (Simianer & Blühdorn), Stuttgart – S. 128.1: Image Source (RF), Köln – S. 130.1: photopool (Sven Simon), Hersbruck – S. 132.1: MEV, Augsburg – S. 134.1: Avenue Images GmbH (Brand X Pictures), Hamburg – S. 134.2: Avenue Images GmbH (Stockdisc), Hamburg – S. 134.3: Corbis (zefa/Klawitter), Düsseldorf – S. 135.1: Avenue Images GmbH (Stockdisc), Hamburg – S. 135.2: Getty Images (Photographer's Choice), München – S. 135.3: Getty Images (Photonica), München – S. 136.1: Avenue Images GmbH (Image Source), Hamburg – S. 137.1: iStockphoto (RF), Calgary, Alberta – S. 138.1: Fotofinder (FreeLens Pool), Berlin – S. 138.2: Alamy Images RF (Black Star), Abingdon, Oxon – S. 141.1: MEV, Augsburg – S. 142.1: iStockphoto (RF/Espie), Calgary, Alberta – S. 145.1: Klett-Archiv (Simianer & Blühdorn), Stuttgart – S. 147.1: MEV, Augsburg – S. 147.2: Mauritius (Hackenberg), Mittenwald – S. 148.1: Mauritius (Heidi Velten), Mittenwald – S. 149.1: Getty Images, München – S. 150.1: Lokomotiv-Ateliers für Visuelle Kom (Fotofinder), Stadtlohn – S. 151.1: Avenue Images GmbH (Corbis RF), Hamburg – S. 154.1: Mauritius (Gilsdorf), Mittenwald – S. 156.1: Avenue Images GmbH (image 100), Hamburg – S. 156.2: Getty Images (Stone), München – S. 158.1: Avenue Images GmbH (Thinkstock), Hamburg – S. 158.2-3: Klett-Archiv (komaamok), Stuttgart – S. 162.1: Klett-Archiv (Simianer & Blühdorn), Stuttgart – S. 167.1: Illuscope, Waidhofen/Thaya – S. 170.1: www.wasserfest.de – S. 172.1: Mauritius (Rosenfeld), Mittenwald – S. 172.2: Silvestris, Dießen – S. 178.1: Klett-Archiv (Wellstein), Stuttgart – S. 179.1: Klett-Archiv (Wellstein), Stuttgart – S. 180.1: Fotofinder (FreeLens Pool), Berlin – S. 180.2: CEMAFER, Breisach am Rheinße – S. 182.1: Getty Images (Stone), München – S. 182.2: Corbis (Randy Faris), Düsseldorf - S. 182.3: Corbis (Stevenson), Düsseldorf – S. 182.4: Getty Images (FoodPix), München – S. 182.5: Mauritius (age fotostock), Mittenwald – S. 183.1: Getty Images (photonica/Neo Vision), München – S. 183.2: Corbis (creasource), Düsseldorf – S. 189.1: Picture-Alliance (dpa), Frankfurt – S. 189.2: Picture-Alliance (Weißbrod), Frankfurt – S. 196.1: Okapia (Ingo Arndt), Frankfurt – S. 196.2: ullstein bild (AP), Berlin – S. 196.3: Astrofoto, Sörth – S. 197.1: Fotolia LLC (RF/Elias), New York – S. 198.1: IMAGO (Hoch Zwei), Berlin – S. 198.2: IMAGO (Reporters), Berlin – S. 199: IMAGO (Reporters), Berlin – S. 200: Alamy Images RM (Tor Eigeland), Abingdon, Oxon

Nicht in allen Fällen war es uns möglich, den uns bekannten Rechteinhaber ausfindig zu machen. Berechtigte Ansprüche werden selbstverständlich im Rahmen der üblichen Vereinbarungen abgegolten.